CAMBRIDGE LIBRARY COLLECTION

Books of enduring scholarly value

Mathematical Sciences

From its pre-historic roots in simple counting to the algorithms powering modern desktop computers, from the genius of Archimedes to the genius of Einstein, advances in mathematical understanding and numerical techniques have been directly responsible for creating the modern world as we know it. This series will provide a library of the most influential publications and writers on mathematics in its broadest sense. As such, it will show not only the deep roots from which modern science and technology have grown, but also the astonishing breadth of application of mathematical techniques in the humanities and social sciences, and in everyday life.

Oeuvres complètes

Augustin-Louis, Baron Cauchy (1789-1857) was the pre-eminent French mathematician of the nineteenth century. He began his career as a military engineer during the Napoleonic Wars, but even then was publishing significant mathematical papers, and was persuaded by Lagrange and Laplace to devote himself entirely to mathematics. His greatest contributions are considered to be the Cours d'analyse de l'École Royale Polytechnique (1821), Résumé des leçons sur le calcul infinitésimal (1823) and Leçons sur les applications du calcul infinitésimal à la géométrie (1826-8), and his pioneering work encompassed a huge range of topics, most significantly real analysis, the theory of functions of a complex variable, and theoretical mechanics. Twenty-six volumes of his collected papers were published between 1882 and 1958. The first series (volumes 1–12) consists of papers published by the Académie des Sciences de l'Institut de France; the second series (volumes 13–26) of papers published elsewhere.

Oeuvres complètes

Series 2

VOLUME 13

AUGUSTIN LOUIS CAUCHY

CAMBRIDGE
UNIVERSITY PRESS

CAMBRIDGE UNIVERSITY PRESS

Cambridge New York Melbourne Madrid Cape Town Singapore São Paolo Delhi

Published in the United States of America by Cambridge University Press, New York

www.cambridge.org
Information on this title: www.cambridge.org/9781108003261

This edition first published 1932
This digitally printed version 2009

ISBN 978-1-108-00326-1

ŒUVRES

COMPLÈTES

D'AUGUSTIN CAUCHY

PARIS. — IMPRIMERIE GAUTHIER-VILLARS ET Cie

57850 Quai des Grands-Augustins, 55.

ŒUVRES

COMPLÈTES

D'AUGUSTIN CAUCHY

PUBLIÉES SOUS LA DIRECTION SCIENTIFIQUE

DE L'ACADÉMIE DES SCIENCES

ET SOUS LES AUSPICES

DE M. LE MINISTRE DE L'INSTRUCTION PUBLIQUE.

IIe SÉRIE. — TOME XIII.

PARIS,

GAUTHIER-VILLARS ET Cie, ÉDITEURS,

LIBRAIRES DU BUREAU DES LONGITUDES, DE L'ÉCOLE POLYTECHNIQUE,

Quai des Grands-Augustins, 55.

MCMXXXII

SECONDE SÉRIE.

I. — MÉMOIRES PUBLIÉS DANS DIVERS RECUEILS

AUTRES QUE CEUX DE L'ACADÉMIE.

II. — OUVRAGES CLASSIQUES.

III. — MÉMOIRES PUBLIÉS EN CORPS D'OUVRAGE.

IV. — MÉMOIRES PUBLIÉS SÉPARÉMENT.

III.

MÉMOIRES

PUBLIÉS EN CORPS D'OUVRAGE.

EXERCICES D'ANALYSE

ET DE

PHYSIQUE MATHÉMATIQUE

(NOUVEAUX EXERCICES)

TOME III. — PARIS, 1844.

DEUXIÈME ÉDITION

RÉIMPRIMÉE

D'APRÈS LA PREMIÈRE ÉDITION.

EXERCICES D'ANALYSE

ET DE

PHYSIQUE MATHÉMATIQUE,

PAR LE BARON AUGUSTIN CAUCHY,

Membre de l'Académie des Sciences de Paris, de la Société Italienne, de la Société royale de Londres, des Académies de Berlin, de Saint-Pétersbourg, de Prague, de Stockholm, de Gœttingue, de l'Académie Américaine, etc.

TOME TROISIÈME.

PARIS,

BACHELIER, IMPRIMEUR-LIBRAIRE

DE L'ÉCOLE POLYTECHNIQUE, DU BUREAU DES LONGITUDES, ETC.,

QUAI DES AUGUSTINS, N° 55.

1844

EXERCICES D'ANALYSE

ET DE

PHYSIQUE MATHÉMATIQUE

MÉMOIRE

SUR

L'ANALYSE INFINITÉSIMALE.

PRÉLIMINAIRES. — *Considérations générales.*

Lorsque des variables sont liées entre elles par une ou plusieurs équations, alors, en vertu de ces équations mêmes, quelques-unes de ces variables deviennent fonctions des autres considérées comme indépendantes. Alors aussi des accroissements simultanément attribués aux diverses variables se trouvent liés entre eux et à ces variables par des équations nouvelles qui se déduisent immédiatement des équations données. Ajoutons que, si, les accroissements des variables étant supposés infiniment petits, on néglige, vis-à-vis de ces accroissements considérés comme infiniment petits du premier ordre, les infiniment petits des ordres supérieurs au premier, les nouvelles équations deviendront linéaires par rapport aux accroissements infiniment petits des variables. Leibnitz et les premiers géomètres qui se sont occupés de l'analyse infinitésimale ont appelé *différentielles* des variables leurs accroissements infiniment petits, et ils ont donné le nom d'*équations différentielles* aux équations linéaires qui subsistent entre ces différentielles. Cette définition des différentielles et des équations différentielles a le grand avantage d'être très générale et de s'étendre à tous les cas possibles. Toutefois, pour ceux qui l'adoptent, les équations différentielles ne deviennent exactes que dans le cas où les différentielles s'évanouissent, c'est-à-dire dans le cas où ces équations mêmes disparaissent. A la vérité, l'inconvénient que nous venons de rappeler n'a point arrêté Euler, et ce grand géomètre, tirant la conséquence rigoureuse des principes généralement admis, a considéré les différentielles comme de véritables zéros qui ont entre eux des rapports finis. Mais d'autres géomètres non moins illustres, et Lagrange à leur tête, n'ont pu se résoudre à introduire dans un même calcul plusieurs sortes de zéros distincts les uns des autres, et c'est pour ce motif qu'à la notion des différentielles Lagrange a songé à substituer la notion des fonctions dérivées, sur laquelle il sera convenable de nous arrêter quelques instants.

Examinons en particulier le cas où l'on considère une seule variable indépendante et une seule fonction de cette variable. Si l'on attribue à cette variable un accroissement infiniment petit, l'accroissement correspondant de la fonction se trouvera lié à la variable et à l'accroissement de la variable, par une équation qui deviendra linéaire à l'égard des deux accroissements, quand on négligera les infiniment petits du second ordre ou d'un ordre supérieur vis-à-vis des infiniment petits du premier ordre. Or l'équation linéaire ainsi obtenue fournira, pour le rapport entre les accroissements infiniment petits de la fonction donnée et de la variable, une fonction nouvelle. Cette fonction nouvelle est précisément celle que Lagrange appelle la *fonction dérivée* (1). Elle représente en réalité la limite du rapport entre les accrois-

---

(1) La méthode de *maximis* et *minimis*, donnée par Fermat, peut être réduite à la recherche du rapport qu'on obtient quand on divise, par un accroissement indéterminé attribué à une variable, l'accroissement correspondant de la fonction qui doit devenir un *maximum* ou un *minimum*, et à la détermination de la valeur particulière qu'acquiert ce rapport, quand l'accroissement de la variable s'évanouit. Or cette valeur particulière, comme Lagrange en a fait la remarque, est encore la *fonction dérivée*.

sements infiniment petits et simultanés de la fonction et de la variable. Mais, au lieu de lui donner cette origine, Lagrange l'a considérée comme représentant le coefficient de l'accroissement de la variable dans le premier terme de l'accroissement de la fonction développée en une série ordonnée suivant les puissances ascendantes de l'accroissement de la variable.

Dans le cas où l'on considère un développement en série, abstraction faite du système d'opérations qui a pu produire ce développement, le seul moyen de savoir si le développement dont il s'agit appartient à une fonction donnée, est d'examiner si cette fonction équivaut à la somme de la série supposée convergente. Par suite, pour établir sur des bases rigoureuses la théorie des fonctions dérivées, telle que Lagrange l'a conçue, il faudrait commencer par faire voir que l'accroissement d'une fonction quelconque est, sinon dans tous les cas possibles, du moins sous certaines conditions, la somme d'une série convergente ordonnée suivant les puissances ascendantes de l'accroissement de la variable. Or la démonstration générale d'un semblable théorème ne peut se donner a priori, et repose nécessairement, même dans le cas où les accroissements deviennent infiniment petits, sur diverses propositions antécédentes; d'où il résulte que ce théorème doit être naturellement regardé, non comme le principe et la base du calcul différentiel, mais comme un des résultats auxquels conduisent les applications de ce calcul. Aussi les difficultés que l'on rencontre, quand on veut déduire la notion des fonctions dérivées de la considération d'une série composée d'un nombre infini de termes, se trouvent-elles à peine dissimulées par toutes les ressources qu'a développées le génie de Lagrange dans les premiers chapitres de la *Théorie des fonctions analytiques*.

On échappe aux difficultés que nous venons de signaler, quand on considère une *fonction dérivée comme la limite du rapport entre les accroissements infiniment petits et simultanés de la fonction donnée et de la variable dont elle dépend*. En adoptant cette définition on pourrait, avec quelques auteurs, nommer *différentielle de la variable indépen-*

dante l'accroissement de cette variable, et *différentielle de la fonction donnée* le produit de la fonction dérivée par la différentielle de la variable. On pourrait enfin, lorsqu'une même quantité dépend de plusieurs variables, nommer *différentielle totale* de cette quantité la somme des différentielles qu'on obtiendrait en la considérant successivement comme fonction de chacune des variables dont il s'agit. Mais alors le sens du mot *différentielle*, loin de se trouver généralement fixé, en vertu d'une définition simple applicable à tous les cas possibles, exigerait, pour être complètement déterminé, que l'on expliquât avec précision quelles sont les variables regardées comme indépendantes; et, si, pour fixer les idées, on s'occupait uniquement de deux variables liées entre elles par une seule équation, non seulement la différentielle de la première variable serait définie autrement que la différentielle de la seconde, mais, de plus, la définition de chaque différentielle varierait lorsqu'on changerait la variable indépendante, en considérant tantôt la seconde variable comme fonction de la première, tantôt la première comme fonction de la seconde.

On évitera ces inconvénients si l'on considère les *différentielles* de deux ou de plusieurs variables liées entre elles par une ou plusieurs équations, comme *des quantités finies dont les rapports sont rigoureusement égaux aux limites des rapports entre les accroissements infiniment petits et simultanés de ces variables*. Cette définition nouvelle, que j'ai adoptée dans mon *Calcul différentiel* et dans le Mémoire *sur les méthodes analytiques*, me paraît joindre à l'exactitude désirable tous les avantages qu'offrait, sous le rapport de la simplicité et de la généralité, la définition primitivement admise par Leibnitz et par les géomètres qui l'ont suivi. A la vérité, les différentielles de plusieurs variables ne se trouvent pas complètement déterminées par la définition nouvelle; et cette définition, lors même que toutes les variables se réduisent à des fonctions de l'une d'entre elles, détermine seulement les rapports entre les différentielles de ces diverses variables. Mais l'indétermination qui subsiste est plutôt utile que nuisible dans les problèmes qui se résolvent à l'aide du calcul infinitésimal, attendu qu'elle permet toujours de disposer arbitrairement au moins d'une différentielle; et d'ailleurs, c'est précisément en vertu de cette indétermination même que la définition nouvelle embrasse, comme cas particuliers, les définitions diverses qu'offrirait, pour divers systèmes de variables indépendantes, la théorie que nous rappelions tout à l'heure. En vertu de la nouvelle définition, les divers systèmes de valeurs que peuvent acquérir les différentielles de plusieurs variables liées entre elles par des équations données, restent évidemment les mêmes, quelles que soient celles de ces variables que l'on considère comme indépendantes; et les équations différentielles, c'est-à-dire les équations linéaires auxquelles satisfont les divers systèmes de valeurs, ne sont plus, comme dans la théorie de Leibnitz, des équations approximatives, mais des équations exactes.

Pour écarter complètement l'idée que les formules employées dans le calcul différentiel sont des formules approximatives, et non des formules rigoureusement exactes, il me paraît important de considérer les différentielles comme des quantités finies, en les distinguant soigneusement des accroissements infiniment petits des variables. La considération de ces derniers accroissements peut et doit être employée comme moyen de découverte ou de démonstration dans la recherche des formules ou dans l'établissement des théorèmes. Mais alors le calculateur se sert des infiniment petits comme d'intermédiaires qui doivent le conduire à la connaissance des relations qui subsistent entre des quantités finies; et jamais, à mon avis, des quantités infiniment petites ne doivent être admises dans les équations finales, où leur présence deviendrait sans objet et sans utilité. D'ailleurs, si l'on considérait les différentielles comme des quantités toujours très petites, on renoncerait, par cela même, à l'avantage de pouvoir, entre les différentielles de plusieurs variables, en prendre une pour unité. Or, pour se former une idée précise d'une quantité quelconque, il importe de la rapporter à l'unité de son espèce. Il importe donc de choisir une unité parmi les différentielles. Ajoutons qu'un choix convenable de cette unité suffit pour transformer en différentielles ce qu'on appelle des fonctions dérivées. En effet, en vertu des définitions adoptées, la *dérivée d'une fonction est ce que devient sa différentielle, quand la différentielle de la variable indépendante est prise pour unité.*

Remarquons encore que la considération d'une variable dont la différentielle est prise pour unité simplifie l'énoncé de la définition que nous avons donnée pour les différentielles en général, et permet de réduire cette définition aux termes suivants :

La différentielle d'une variable quelconque est la limite du rapport entre les accroissements infiniment petits que peuvent acquérir simultanément la variable dont il s'agit, et la variable dont la différentielle est prise pour unité.

Or, la définition précédente fournit le moyen de démontrer fort simplement les propositions fondamentales du calcul différentiel, et en particulier les théorèmes généraux relatifs à la différentiation des fonctions de fonctions, et des fonctions composées. C'est ce que nous allons expliquer dans ce Mémoire, après avoir indiqué en peu de mots les notations dont nous ferons usage.

1. — *Notations.*

Conformément aux principes établis dans les préliminaires, nous appellerons *différentielles* de plusieurs variables, *des quantités finies dont les rapports sont rigoureusement égaux aux limites des rapports entre les accroissements simultanés et infiniment petits des variables proposées.*

Pour étendre cette définition au cas où les variables deviendraient imaginaires, il suffirait d'y remplacer le mot *quantités* par ceux-ci : *expressions imaginaires,* attendu qu'alors les différentielles elles-mêmes cesseraient généralement d'être réelles. En conséquence, la définition générale des différentielles sera la suivante :

Les différentielles de plusieurs variables réelles ou imaginaires sont des quantités finies ou des expressions imaginaires finies, qui, comparées les unes aux autres, offrent des rapports égaux aux limites des rapports entre les accroissements simultanés et infiniment petits de ces variables.

Nous indiquerons, suivant l'usage, les accroissements simultanés, finis ou infiniment petits de variables proposées, à l'aide de la lettre caractéristique Δ, et leurs différentielles à l'aide de la lettre caractéristique d. En conséquence, si l'on nomme

$$x, \quad y, \quad z, \quad \ldots, \quad u, \quad v, \quad w, \quad \ldots$$

les variables proposées, leurs accroissements simultanés, finis ou infiniment petits, seront

$$\Delta x, \quad \Delta y, \quad \Delta z, \quad \ldots, \quad \Delta u, \quad \Delta v, \quad \Delta w, \quad \ldots$$

tandis que les notations

$$dx, \quad dy, \quad dz, \quad \ldots, \quad du, \quad dv, \quad dw, \quad \ldots$$

représenteront les différentielles de ces mêmes variables, c'est-à-dire des variables nouvelles dont les rapports seront égaux aux limites des rapports entre les accroissements

$$\Delta x, \quad \Delta y, \quad \Delta z, \quad \ldots, \quad \Delta u, \quad \Delta v, \quad \Delta w, \quad \ldots$$

supposés infiniment petits.

Il importe d'observer que, dans le cas même où chacun des rapports entre les accroissements infiniment petits des variables proposées converge vers une limite unique et finie, la définition ci-dessus adoptée ne détermine pas complètement les différentielles des variables, mais seulement les rapports qui existent entre ces différentielles. On pourra donc toujours disposer arbitrairement au moins de la différentielle d'une variable; et l'on ne doit pas s'en étonner, puisque les relations qui peuvent exister entre les diverses variables devront toujours laisser au moins une de ces variables entièrement arbitraire.

Un moyen de simplifier les calculs est évidemment de réduire à l'unité la valeur de la différentielle qui demeure arbitraire. D'ailleurs la variable, à laquelle appartient cette différentielle, pourra être ou l'une des variables proposées, ou même une nouvelle variable avec laquelle on ferait varier toutes les autres. En effet, rien n'empêche de concevoir que les accroissements simultanés

$$\Delta x,\quad \Delta y,\quad \Delta z,\quad \ldots,\quad \Delta u,\quad \Delta v,\quad \Delta w,\quad \ldots$$

des variables proposées

$$x,\quad y,\quad z,\quad \ldots,\quad u,\quad v,\quad w,\quad \ldots$$

correspondent à l'accroissement Δt d'une variable t, comprise ou non comprise parmi les premières, et de prendre l'unité pour la différentielle de cette variable t, qui devra être considérée comme indépendante de toutes les autres, et qui pourra être censée, si l'on veut, représenter le temps. Il y a plus : si l'on pose

$$\Delta t = \iota,$$

rien n'empêchera de considérer l'accroissement ι de la variable indépendante t comme une nouvelle variable indépendante. C'est ce que nous ferons désormais. D'ailleurs, pour abréger le discours, nous désignerons la variable indépendante t, de laquelle toutes les autres seront censées dépendre, et dont la différentielle sera réduite à l'unité, sous le nom de *variable primitive*.

Cela posé, soit s une variable distincte de la variable primitive t. En vertu des définitions adoptées, le rapport entre les différentielles

$$ds,\quad dt$$

sera la limite du rapport entre les accroissements infiniment petits

$$\Delta s,\quad \Delta t.$$

On aura donc

$$\frac{ds}{dt} = \lim \frac{\Delta s}{\Delta t}; \tag{1}$$

ou, ce qui revient au même,

$$ds = dt \lim \frac{\Delta s}{\Delta t}. \tag{2}$$

Or de cette dernière équation, jointe aux formules

$$dt = 1, \qquad \Delta t = i,$$

on tirera

$$(3) \qquad ds = \lim \frac{\Delta s}{i}.$$

Effectivement, il résulte des définitions admises que la *différentielle d'une variable quelconque s sera la limite du rapport entre les accroissements infiniment petits Δs et i de cette variable et de la variable primitive.*

Concevons maintenant que l'on nomme s et x deux variables quelconques liées entre elles par une certaine équation. Cette équation, résolue par rapport à s, déterminera s en fonction de x. D'ailleurs, s étant considéré comme fonction de la variable x, le rapport entre les différentielles ds, dx de cette fonction et de cette variable sera la limite du rapport entre les accroissements infiniment petits Δs, Δx. On aura effectivement, en remplaçant s par x dans la formule (1),

$$(4) \qquad \frac{ds}{dx} = \lim \frac{\Delta s}{\Delta x},$$

ou, ce qui revient au même,

$$(5) \qquad ds = dx \lim \frac{\Delta s}{\Delta x}.$$

Or la valeur qu'acquerrait la différentielle ds de la fonction, si la différentielle dx de la variable se réduisait à l'unité, est précisément ce qu'on nomme la *fonction dérivée* de s, relative à la variable x. Si l'on désigne par la lettre caractéristique D_x, et à l'aide de la notation

$$D_x s,$$

cette fonction dérivée, on aura, en vertu de la formule (5),

$$(6) \qquad D_x s = \lim \frac{\Delta s}{\Delta x},$$

et, par suite, cette formule donnera généralement

$$(7) \qquad ds = D_x s\, dx.$$

Concevons à présent que s représente une fonction de plusieurs variables

$$x,\quad y,\quad z,\quad \ldots,\quad u,\quad v,\quad w,\quad \ldots.$$

On pourra partager ces variables en divers groupes ou systèmes, et chercher l'accroissement que la fonction s reçoit quand on attribue des accroissements infiniment petits

$$\Delta x,\quad \Delta y,\quad \Delta z,\quad \ldots,\quad \Delta u,\quad \Delta v,\quad \Delta w,\quad \ldots,$$

à toutes les variables

$$x,\quad y,\quad z,\quad \ldots,\quad u,\quad v,\quad w,\quad \ldots,$$

ou seulement aux variables comprises dans le premier groupe, dans le second, dans le troisième, ... En opérant ainsi, on obtiendra, dans le premier cas, l'*accroissement total de s*, que nous continuerons à exprimer par la notation

$$\Delta s,$$

et dans le second cas un *accroissement partiel* de s, qui correspondra au changement de valeur des variables comprises dans un seul groupe, et qui sera représenté par l'une des notations

$$\Delta_{,} s,\quad \Delta_{,,} s,\quad \Delta_{,,,} s,\quad \ldots.$$

A l'*accroissement total* Δs correspondra la *différentielle totale ds* déterminée par la formule (3); et de même aux *accroissements partiels*

$$\Delta_{,} s,\quad \Delta_{,,} s,\quad \Delta_{,,,} s,\quad \ldots,$$

correspondront des *différentielles partielles*

$$d_{,} s,\quad d_{,,} s,\quad d_{,,,} s,\quad \ldots,$$

déterminées par des équations de la forme

$$(8)\qquad d_{,} s = \lim \frac{\Delta_{,} s}{i}.$$

Après avoir partagé en plusieurs groupes les variables desquelles dépend la fonction s, on peut calculer non seulement *ses accroissements partiels du premier ordre*

$$\Delta_{,}s,\quad \Delta_{,,}s,\quad \Delta_{,,,}s,\quad \ldots,$$

correspondants au changement de valeurs des variables comprises dans les divers groupes, mais encore *ses accroissements partiels du second ordre*, par exemple

$$\Delta_{,}\Delta_{,,}s,\quad \Delta_{,}\Delta_{,,,}s,\quad \ldots,\quad \Delta_{,,}\Delta_{,,,}s,\quad \ldots;$$

ses accroissements partiels du troisième ordre, par exemple,

$$\Delta_{,}\Delta_{,,}\Delta_{,,,}s,\quad \ldots,$$

etc. A ces *accroissements partiels des divers ordres* correspondront des *différentielles partielles des divers ordres*. Ainsi, en particulier, outre les *différentielles partielles du premier ordre* représentées par les notations

$$d_{,}s,\quad d_{,,}s,\quad d_{,,,}s,\quad \ldots,$$

on pourra obtenir des *différentielles partielles du second ordre* représentées par les notations

$$d_{,}d_{,,}s,\quad d_{,}d_{,,}s,\quad \ldots,\quad d_{,,}d_{,,,}s,\quad \ldots,$$

des *différentielles partielles du troisième ordre* représentées par les notations

$$d_{,}d_{,,}d_{,,,}s,\quad \ldots.$$

Il y a plus, outre les accroissements et différentielles de divers ordres que produisent plusieurs opérations successivement effectuées, mais dissemblables entre elles, on pourra considérer des accroissements totaux ou partiels, et des différentielles totales ou partielles qui seraient les résultats d'opérations dont plusieurs deviendraient semblables les unes aux autres. Tels seraient, par exemple, les accroissements totaux ou partiels exprimés par les notations

$$\Delta\Delta s,\quad \Delta\Delta\Delta s,\quad \Delta\Delta\Delta\Delta s,\quad \ldots,$$
$$\Delta_{,}\Delta_{,}s,\quad \Delta_{,}\Delta_{,}\Delta_{,}s,\quad \ldots,\quad \Delta_{,,}\Delta_{,,}\Delta_{,}s,\quad \ldots,$$

et les différentielles totales ou partielles exprimées par les notations

$$dds,\quad ddds,\quad dddds,\quad \ldots,$$
$$d_{\prime}d_{\prime}s,\quad d_{\prime}d_{\prime}d_{\prime}s,\quad \ldots,\quad d_{\prime\prime}d_{\prime\prime}d_{\prime}s,\quad \ldots.$$

Pour plus de commodité, on est convenu d'écrire

$$\Delta^2,\quad \Delta^3,\quad \ldots,\quad \text{au lieu de}\quad \Delta\Delta,\quad \Delta\Delta\Delta,\quad \ldots,$$
$$\Delta_{\prime}^2,\quad \Delta_{\prime}^3,\quad \ldots,\quad \text{au lieu de}\quad \Delta_{\prime}\Delta_{\prime},\quad \Delta_{\prime}\Delta_{\prime}\Delta_{\prime},\quad \ldots,$$

et pareillement

$$d^2,\quad d^3,\quad \ldots,\quad \text{au lieu de}\quad dd,\quad ddd,\quad \ldots,$$
$$d_{\prime}^2,\quad d_{\prime}^3,\quad \ldots,\quad \text{au lieu de}\quad d_{\prime}d_{\prime},\quad d_{\prime}d_{\prime}d_{\prime},\quad \ldots,$$

comme si les notations

$$\Delta\Delta,\quad \Delta\Delta\Delta,\quad \ldots,\quad \Delta_{\prime}\Delta_{\prime},\quad \Delta_{\prime}\Delta_{\prime}\Delta_{\prime},\quad \ldots,$$
$$dd,\quad ddd,\quad \ldots,\quad d_{\prime}d_{\prime},\quad d_{\prime}d_{\prime}d_{\prime},\quad \ldots$$

représentaient de véritables produits. Eu égard à cette convention, les accroissements totaux et différentielles totales des divers ordres de la fonction s se trouveront représentés par les notations

$$\Delta s,\quad \Delta^2 s,\quad \Delta^3 s,\quad \ldots,$$
$$ds,\quad d^2 s,\quad d^3 s,\quad \ldots,$$

et les accroissements partiels ou dérivées partielles

$$\Delta_{\prime}\Delta_{\prime}s,\quad \Delta_{\prime}\Delta_{\prime}\Delta_{\prime}s,\quad \ldots,\quad \Delta_{\prime\prime}\Delta_{\prime\prime}\Delta_{\prime}s,\quad \ldots,\quad d_{\prime}d_{\prime}s,\quad d_{\prime}d_{\prime}d_{\prime}s,\quad \ldots,\quad d_{\prime\prime}d_{\prime\prime}d_{\prime}s,\quad \ldots,$$

par les notations

$$\Delta_{\prime}^2 s,\quad \Delta_{\prime}^3 s,\quad \ldots,\quad \Delta_{\prime\prime}^2\Delta_{\prime}s,\quad \ldots,\quad d_{\prime}^2 s,\quad d_{\prime}^3 s,\quad \ldots,\quad d_{\prime\prime}^2 d_{\prime}s,\quad \ldots.$$

On pourrait supposer que, s étant une fonction de plusieurs variables $x, y, z, \ldots$, chacune des caractéristiques

$$\Delta_{\prime},\quad \Delta_{\prime\prime},\quad \Delta_{\prime\prime\prime},\quad \ldots$$

fût relative au changement de valeur d'une seule variable

$$x,\quad \text{ou}\quad y,\quad \text{ou}\quad z,\quad \ldots.$$

Dans ce cas particulier, nous remplacerons ces caractéristiques par les suivantes

$$\Delta_x, \quad \Delta_y, \quad \Delta_z, \quad \ldots;$$

en sorte que la notation

$$\Delta_x s,$$

par exemple, représentera l'accroissement partiel de la fonction s, correspondant à l'accroissement Δx de la seule variable x. Alors aussi nous remplacerons les caractéristiques

$$d_{\prime}, \quad d_{\prime\prime}, \quad d_{\prime\prime\prime}, \quad \ldots$$

par les suivantes

$$d_x, \quad d_y, \quad d_z, \quad \ldots,$$

dont chacune indiquera une différentiation effectuée sur une fonction de $x, y, z, \ldots$ par rapport à une seule variable x, ou y, ou z, ..; et les notations

$$d_x s, \quad d_y s, \quad d_z s, \quad \ldots$$

représenteront les *différentielles partielles* de la fonction s relatives aux diverses variables. Ce n'est pas tout : en vertu des conventions admises, on devra représenter par la notation $D_x s$ la dérivée de s relative à la seule variable x, par $D_y s$ la dérivée de s relative à la seule variable y, etc...; et pour déterminer les valeurs de ces diverses dérivées qui devront naturellement s'appeler les *dérivées partielles* de s relatives à x, à y, à z, ..., on obtiendra, au lieu de l'équation (6), des équations semblables et de la forme

$$(9) \qquad D_x s = \lim \frac{\Delta_x s}{\Delta x}, \qquad D_y s = \lim \frac{\Delta_y s}{\Delta y}, \qquad D_z s = \lim \frac{\Delta_z s}{\Delta z}, \qquad \ldots.$$

Enfin, à la place de la formule (7), on obtiendra les suivantes

$$(10) \qquad d_x s = D_x s\, dx, \qquad d_y s = D_y s\, dy, \qquad d_z s = D_z s\, dz, \qquad \ldots,$$

qui montrent comment les différentielles partielles

$$d_x s, \quad d_y s, \quad d_z s, \quad \ldots$$

peuvent se déduire des dérivées partielles

$$D_x s, \quad D_y s, \quad D_z s, \quad \ldots.$$

Lorsqu'une même fonction s se trouve successivement soumise à plusieurs opérations indiquées par quelques-uns des signes

$$d_x,\quad d_y,\quad d_z,\quad \ldots$$

ou

$$D_x,\quad D_y,\quad D_z,\quad \ldots,$$

on obtient, dans le premier cas, des différentielles partielles de divers ordres, telles que

$$d_x d_y s,\quad d_x d_z s,\quad d_y d_z s,\quad \ldots,\quad d_x d_y d_z s,\quad \ldots,$$

et dans le second cas des *dérivées partielles de divers ordres*, telles que

$$D_x D_y s,\quad D_x D_z s,\quad D_y D_z s,\quad \ldots,\quad D_x D_y D_z s,\quad \ldots.$$

Lorsqu'une de ces opérations se trouve répétée plusieurs fois de suite, alors, au lieu de plusieurs caractéristiques pareilles, placées à la suite l'une de l'autre, on écrit une seule caractéristique affectée d'un exposant égal à leur nombre, comme nous l'avons déjà fait dans des cas semblables. En opérant de cette manière, on réduit, par exemple, les expressions

$$d_x d_x d_y s,\quad d_x d_x d_y d_y s,\quad \ldots$$

à celles-ci

$$d_x^2 d_y s,\quad d_x^2 d_y^2 s,\quad \ldots,$$

et les expressions

$$D_x D_x D_y s,\quad D_x D_x D_y D_y s,\quad \ldots$$

à celles-ci

$$D_x^2 D_y s,\quad D_x^2 D_y^2 s,\quad \ldots.$$

Lorsque les relations qui existent entre les variables proposées laissent non pas seulement une, mais plusieurs variables indéterminées, en sorte que plusieurs variables puissent être considérées comme indépendantes, il est clair qu'on peut disposer arbitrairement des différentielles de toutes les variables indépendantes. Alors on simplifie les calculs en considérant ces mêmes différentielles comme autant de constantes arbitraires.

II. — *Sur la continuité des fonctions, de leurs dérivées et de leurs différentielles. Propriétés diverses des différentielles.*

Nous disons, comme l'on sait, qu'une fonction est *continue*, entre deux limites données d'une variable dont elle dépend, ou dans le voisinage d'une valeur particulière attribuée à cette variable, lorsque entre ces limites ou dans le voisinage de cette valeur particulière, la fonction, conservant sans cesse une valeur unique et finie, varie de telle sorte qu'un accroissement infiniment petit, attribué à la variable, produise toujours un accroissement infiniment petit de la fonction elle-même.

Supposer, comme on le fait dans le calcul différentiel, qu'à des accroissements infiniment petits des variables correspondent des accroissements infiniment petits des fonctions, c'est supposer implicitement que les fonctions restent continues. On ne doit donc pas être étonné de rencontrer dans le calcul différentiel des définitions, des formules et des théorèmes qui cessent d'être applicables, ou d'offrir un sens précis et déterminé dans le cas où l'on attribue aux variables des valeurs pour lesquelles les fonctions deviennent discontinues. On ne doit pas être étonné de voir, dans des cas semblables, les formules (3) et (6) du § I fournir, pour la différentielle ds d'une fonction donnée, ou pour sa dérivée $D_x s$ relative à une seule variable x, des valeurs infinies ou même indéterminées (¹).

Sans perdre de vue ces observations, nous allons maintenant faire voir avec quelle facilité les propriétés diverses des différentielles et des fonctions dérivées se déduisent des principes établis dans le

(¹) Pour en donner un exemple très-simple, posons $s = \frac{1}{x}$; alors l'équation (6) du § I, savoir,

$$D_x s = \lim \frac{\Delta s}{\Delta x},$$

se réduira simplement à

$$D_x s = -\lim \frac{1}{x(x+\Delta x)},$$

et donnera généralement, pour dérivée de $\frac{1}{x}$, la fonction $-\frac{1}{x^2}$ qui sera une quantité négative si la variable x, étant réelle, diffère de zéro. Mais, si la variable x s'évanouit, la même formule fournira une valeur infinie de $D_x s$; et l'on doit ajouter que cette valeur pourra être censée à volonté ou positive, ou négative, attendu qu'en faisant converger x et Δx vers zéro, on peut disposer arbitrairement du signe et de la valeur du rapport $\frac{\Delta x}{x}$.

premier paragraphe, et en particulier de la définition que nous avons donnée des différentielles, jointe à la considération d'une variable dont la différentielle est prise pour unité.

Soit s une variable ou fonction quelconque. Soient encore

$$\Delta s \quad \text{et} \quad \iota$$

les accroissements infiniment petits et simultanés de la variable s et de la variable primitive dont la différentielle est prise pour unité. Comme nous l'avons remarqué dans le § I, la différentielle ds sera, en vertu de sa définition même, déterminée par la formule

$$ds = \lim \frac{\Delta s}{\iota}. \tag{1}$$

Cela posé, concevons d'abord que la fonction s soit équivalente à la somme de plusieurs autres fonctions $u, v, w, \ldots$, en sorte qu'on ait

$$s = u + v + w + \ldots. \tag{2}$$

Si l'on désigne par

$$\Delta s, \quad \Delta u, \quad \Delta v, \quad \Delta w, \quad \ldots$$

les accroissements infiniment petits et simultanés de

$$s, \quad u, \quad v, \quad w, \quad \ldots,$$

l'accroissement total de s se réduira évidemment à la somme des accroissements correspondants des autres fonctions $u, v, w, \ldots$. On aura donc

$$\Delta s = \Delta u + \Delta v + \Delta w + \ldots$$

et par suite

$$\frac{\Delta s}{\iota} = \frac{\Delta u}{\iota} + \frac{\Delta v}{\iota} + \frac{\Delta w}{\iota} + \ldots.$$

Si, dans cette dernière formule, on fait converger ι vers la limite zéro, alors, eu égard à l'équation (2), on verra les rapports

$$\frac{\Delta s}{\iota}, \quad \frac{\Delta u}{\iota}, \quad \frac{\Delta v}{\iota}, \quad \frac{\Delta w}{\iota}, \quad \ldots$$

converger vers les limites respectives

$$ds, \quad du, \quad dv, \quad dw, \quad \ldots;$$

puis on en conclura, en passant aux limites,

$$(3) \qquad ds = du + dv + dw + \ldots.$$

En d'autres termes, l'équation

$$(4) \qquad \Delta(u + v + w + \ldots) = \Delta u + \Delta v + \Delta w + \ldots$$

entraînera la formule

$$(5) \qquad d(u + v + w + \ldots) = du + dv + dw + \ldots.$$

On peut donc énoncer la proposition suivante.

Théorème I. — La différentielle de la somme de plusieurs fonctions se réduit à la somme de leurs différentielles.

Corollaire. — Si l'on suppose les fonctions u, v, ... réduites à deux seulement, la formule (5) deviendra

$$d(u + v) = du + dv.$$

Or, de cette dernière formule il résulte que, si une fonction donnée u reçoit un accroissement quelconque v, l'accroissement correspondant de la différentielle du sera représenté par dv. En d'autres termes : *l'accroissement de la différentielle sera la différentielle de l'accroissement.*

Supposons maintenant deux fonctions r, s, liées entre elles par l'équation

$$(6) \qquad s = ar,$$

dans laquelle a désigne un coefficient constant. Quand on fera croître r de Δr, le produit ar croîtra d'une quantité représentée par le produit $a\,\Delta r$. Donc, en nommant Δr, Δs les accroissements infiniment petits et simultanés des fonctions r, s, on aura

$$\Delta s = a\,\Delta r.$$

En divisant par ι chaque membre de la dernière équation, et faisant converger ι vers la limite zéro, on trouvera non seulement

$$\frac{\Delta s}{\iota} = a \frac{\Delta r}{\iota},$$

mais encore

$$ds = a\,dr. \tag{7}$$

En d'autres termes, l'équation

$$\Delta(ar) = a\,\Delta r \tag{8}$$

entraînera la formule

$$d(ar) = a\,dr. \tag{9}$$

On peut donc énoncer encore la proposition suivante.

Théorème II. — Lorsqu'on multiplie une fonction par un coefficient constant, la différentielle de cette fonction se trouve à son tour multipliée par le même coefficient.

Supposons enfin la fonction s liée à d'autres fonctions $u, v, w, \ldots$ par une équation linéaire ou de la forme

$$s = au + bv + cw + \ldots, \tag{10}$$

dans laquelle $a, b, c, \ldots$ désignent des coefficients constants. Alors, en raisonnant toujours de la même manière, on obtiendra la formule

$$ds = a\,du + b\,dv + c\,dw + \ldots, \tag{11}$$

qui entraînera la suivante

$$d(au + bv + cw + \ldots) = a\,du + b\,dv + c\,dw + \ldots, \tag{12}$$

et qui peut se déduire directement des équations (5) et (9).

Les théorèmes et les formules que nous venons d'établir subsistent évidemment dans le cas même où l'on se bornerait à changer les valeurs de quelques-unes des variables comprises dans les fonctions données, et où l'on remplacerait en conséquence les accroissements totaux et les différentielles totales par des accroissements partiels et par des différentielles partielles. Ainsi, en particulier, les formules (4), (8) continueront de subsister, si l'on y remplace la caractéristique Δ, qui indique l'accroissement total d'une fonction, par l'une des caractéristiques

$$\Delta_x, \quad \Delta_y, \quad \Delta_z, \quad \ldots, \quad \Delta_{\prime}, \quad \Delta_{\prime\prime}, \quad \Delta_{\prime\prime\prime}, \quad \ldots,$$

qui indique des accroissements partiels relatifs à diverses variables x, y, z, ... ou à divers groupes de variables. Pareillement, les formules (5), (9), (12) continueront de subsister, si l'on y remplace la caractéristique d qui indique la différentielle totale d'une fonction par l'une des caractéristiques

$$d_x, \quad d_y, \quad d_z, \quad \ldots, \quad d_{\prime}, \quad d_{\prime\prime}, \quad d_{\prime\prime\prime}, \quad \ldots,$$

qui indiquent des différentielles partielles relatives, soit aux variables x, y, z, ..., soit à des groupes de variables. Il y a plus : comme une différentielle partielle relative à une seule variable x se réduit à la dérivée correspondante, lorsque dx se réduit à l'unité, les formules (5), (9), (12) subsisteront encore, quand on y remplacera la caractéristique d par l'une des caractéristiques

$$D_x, \quad D_y, \quad D_z, \quad \ldots.$$

L'équation (1), de laquelle nous avons déduit les formules (5), (9) et (12), entraîne encore une multitude d'autres conséquences dignes de remarque, et en particulier celles que nous allons indiquer.

Supposons que la fonction s et sa différentielle ds restent continues, par rapport aux variables dont elles dépendent, dans le voisinage du système des valeurs particulières attribuées à ces mêmes variables. Concevons d'ailleurs que l'on fasse coïncider la variable primitive dont l'accroissement est représenté par ι, et dont la différentielle est réduite à l'unité, avec l'une des variables données, ou avec une variable nouvelle dont toutes les autres soient des fonctions continues. Non seulement la différentielle ds sera la limite de laquelle s'approchera indéfiniment le rapport $\frac{\Delta s}{\iota}$, tandis que ι s'approchera indéfiniment de la limite zéro; mais de plus, pour de très petits modules de ι, ce rapport différera très peu de sa limite, en sorte qu'on pourra énoncer la proposition suivante.

Théorème III. — Si une fonction s de plusieurs variables et sa différentielle ds restent continues dans le voisinage d'un système de valeurs attribuées à ces variables; si d'ailleurs on fait coïncider la variable primitive, ou avec l'une de ces variables, ou avec une variable nouvelle dont toutes les autres soient fonctions continues; alors, pour des valeurs infiniment petites attribuées à l'accroissement ι de la variable primitive, la différence entre le rapport $\frac{\Delta s}{\iota}$ et la différentielle ds sera infiniment petite.

Corollaire I. — Le théorème III s'étend au cas même où l'accroissement total Δs et la différentielle totale ds seraient remplacés par un accroissement partiel

$$\Delta_{,} s, \quad \text{ou} \quad \Delta_{,,} s, \quad \text{ou} \quad \Delta_{,,,} s, \quad \ldots$$

et par la différentielle correspondante

$$d_{,} s \quad \text{ou} \quad d_{,,} s, \quad \text{ou} \quad d_{,,,} s, \quad \ldots.$$

On pourrait d'ailleurs supposer ici les caractéristiques

$$\Delta_{,}, \quad \Delta_{,,}, \quad \Delta_{,,,}, \quad \ldots, \quad d_{,}, \quad d_{,,}, \quad d_{,,,}, \quad \ldots,$$

relatives chacune à une seule variable x, ou y, ou z, ... et par conséquent réduites aux caractéristiques

$$\Delta_x, \quad \Delta_y, \quad \Delta_z, \quad \ldots, \quad d_x, \quad d_y, \quad d_z, \quad \ldots.$$

Corollaire II. — Concevons maintenant que les variables, dont s est fonction, soient partagées en deux groupes. Indiquons à l'aide de la caractéristique Δ l'accroissement total de la fonction s ou d'une fonction de même nature, et à l'aide de la caractéristique $\Delta_{,}$ ou $\Delta_{,,}$ l'accroissement partiel que prend la même fonction pour des accroissements infiniment petits attribués aux variables comprises dans un seul groupe. Soient en conséquence $\Delta_{,} s$ ou $\Delta_{,,} s$ l'accroissement infiniment petit de s correspondant à des accroissements infiniment petits des variables comprises dans le premier ou dans le second groupe; et Δs l'accroissement total de s. Enfin, nommons $s_{,}$ ce que devient s quand on fait croître seulement les variables comprises dans le premier groupe, et $s_{,,}$ ce que devient s quand on fait croître toutes les variables à la fois. On aura évidemment

$$s_{,} = s + \Delta_{,} s,$$
$$s_{,,} = s_{,} + \Delta_{,,} s_{,} = s + \Delta_{,} s + \Delta_{,,} s_{,},$$

et, par suite, la valeur de $\Delta s = s_{,,} - s$ sera

(13) $$\Delta s = \Delta_{,} s + \Delta_{,,} s_{,}.$$

En divisant par ι les deux membres de cette dernière équation, l'on trouvera

$$\frac{\Delta s}{\iota} = \frac{\Delta_{,} s}{\iota} + \frac{\Delta_{,,} s_{,}}{\iota}.$$

Supposons, d'ailleurs, que la fonction s et ses deux différentielles partielles

$$d_{,} s, \quad d_{,,} s$$

soient des fonctions continues des diverses variables, dans le voisinage du système des valeurs attribuées à ces variables mêmes. Alors, pour des valeurs infiniment petites de ι, en vertu du corollaire I, le rapport $\frac{\Delta_{,} s}{\iota}$ différera infiniment peu de $d_{,} s$, et le rapport $\frac{\Delta_{,,} s_{,}}{\iota}$ de $d_{,,} s_{,}$. Mais, d'autre part, à l'accroissement infiniment petit

$$s_{,} - s = \Delta_{,} s$$

de la fonction s correspondra l'accroissement

$$d_{,,} s_{,} - d_{,,} s = \Delta_{,} d_{,,} s$$

de la différentielle $d_{,,} s$; et ce dernier accroissement sera encore infiniment petit, puisque $d_{,,} s$ sera, par hypothèse, fonction continue de s. Donc le rapport $\frac{\Delta_{,,} s_{,}}{\iota}$ différera indéfiniment peu non seulement de $d_{,,} s_{,}$, mais aussi de $d_{,,} s$. Donc, dans l'hypothèse admise, si l'on fait converger ι vers la limite zéro, les rapports

$$\frac{\Delta_{,} s}{\iota}, \quad \frac{\Delta_{,,} s_{,}}{\iota}$$

convergeront respectivement vers les limites

$$d_{,}s, \quad d_{,,}s;$$

et, par suite, la formule

$$\frac{\Delta s}{\iota} = \frac{\Delta_{,} s}{\iota} + \frac{\Delta_{,,} s_{,}}{\iota}$$

entraînera celle-ci

$$ds = d_{,}s + d_{,,}s$$

En conséquence, on peut énoncer la proposition suivante.

Théorème IV. — Soit s une fonction de diverses variables que nous supposerons partagées en deux groupes. Soient, de plus,

$$d_{,}s$$

la différentielle partielle de s correspondante au système des variables comprises dans le premier groupe;

$$d_{,,}s$$

la différentielle partielle de s correspondante au système des variables comprises dans le second groupe; et

$$ds$$

la différentielle totale de s correspondante au système de toutes les variables. Si la fonction s et les différentielles partielles

$$d_{,}s, \quad d_{,,}s$$

restent fonctions continues des diverses variables dans le voisinage du système des valeurs attribuées à ces variables mêmes, la différentielle totale ds sera la somme des différentielles partielles, en sorte qu'on aura

$$ds = d_{,}s + d_{,,}s. \tag{14}$$

Corollaire. — Concevons maintenant que la fonction s dépende de plusieurs variables partagées en trois groupes, et nommons

$$d_{\prime} s, \quad d_{\prime\prime} s, \quad d_{\prime\prime\prime} s$$

les différentielles partielles de s correspondantes à ces trois groupes. Supposons, d'ailleurs, que la fonction s et ces trois différentielles partielles restent fonctions continues des diverses variables, dans le voisinage du système des valeurs attribuées à ces variables mêmes. Si l'on considère les deux derniers groupes de variables comme n'en formant plus qu'un seul, la différentielle partielle de s correspondante à ce nouveau groupe sera, en vertu du théorème précédent, représentée par la somme

$$d_{\prime\prime} s + d_{\prime\prime\prime} s;$$

et, en vertu du même théorème, il suffira d'ajouter cette somme à $d_{\prime} s$ pour obtenir la différentielle totale de s ou ds. On aura donc

$$ds = d_{\prime} s + d_{\prime\prime} s + d_{\prime\prime\prime} s.$$

Par des raisonnements semblables, on passera aisément du cas où les variables sont partagées en trois groupes, au cas où elles sont partagées en quatre groupes, etc., et en continuant ainsi on établira généralement la proposition suivante.

Théorème V. — Soit s une fonction de plusieurs variables, que nous supposerons partagées en divers groupes. Soient de plus

$$d_{\prime} s, \quad d_{\prime\prime} s, \quad d_{\prime\prime\prime} s, \ldots$$

les différentielles partielles de s, correspondantes au premier, au second, au troisième ... groupe. Enfin, supposons que la fonction s et chacune de ces différentielles restent fonctions continues des diverses variables dans le voisinage du système des valeurs attribuées à ces variables mêmes. La différentielle totale ds de la fonction s sera la somme des différentielles partielles $d_{\prime} s$, $d_{\prime\prime} s$, $d_{\prime\prime\prime} s$, ..., en sorte qu'on aura

$$ds = d_{\prime} s + d_{\prime\prime} s + d_{\prime\prime\prime} s + \ldots \tag{15}$$

Corollaire I. — Au lieu de déduire le théorème V du précédent, on pourrait l'établir directement à l'aide des considérations suivantes. Les variables que renferme la fonction s étant, comme on vient de le dire, partagées en divers groupes, désignons, à l'aide des caractéristiques

$$\Delta_{\prime},\quad \Delta_{\prime\prime},\quad \Delta_{\prime\prime\prime},\quad \ldots,$$

les accroissements partiels de la fonction s ou d'une fonction de même nature, qui correspondent à des accroissements infiniment petits des valeurs des variables comprises dans le premier, le second, le troisième, ... groupe. Soient encore $s_{\prime}$ ce que devient la fonction s en vertu des accroissements attribués aux variables comprises dans le premier; $s_{\prime\prime}$ ce que devient la fonction s en vertu des accroissements attribués aux variables comprises dans les deux premiers groupes; $s_{\prime\prime\prime}$ ce que devient la même fonction, en vertu des accroissements attribués aux variables comprises dans les trois premiers groupes, ..., et ainsi de suite. On pourra évidemment considérer $s_{\prime\prime}$ comme représentant ce que devient $s_{\prime}$ en vertu des accroissements attribués aux seules variables comprises dans le second groupe; $s_{\prime\prime\prime}$ comme représentant ce que devient $s_{\prime\prime}$ en vertu des accroissements attribués aux seules variables comprises dans le troisième groupe, etc. On aura donc

$$\begin{aligned}
s_{\prime} &= s + \Delta_{\prime} s,\\
s_{\prime\prime} &= s_{\prime} + \Delta_{\prime\prime} s_{\prime},\\
s_{\prime\prime\prime} &= s_{\prime\prime} + \Delta_{\prime\prime\prime} s_{\prime\prime},\\
&\ldots\ldots\ldots\ldots\ldots,
\end{aligned}$$

et par suite

$$\begin{aligned}
s_{\prime} &= s + \Delta_{\prime} s,\\
s_{\prime\prime} &= s + \Delta_{\prime} s + \Delta_{\prime\prime} s_{\prime},\\
s_{\prime\prime\prime} &= s + \Delta_{\prime} s + \Delta_{\prime\prime} s_{\prime} + \Delta_{\prime\prime\prime} s_{\prime\prime},\\
&\ldots\ldots\ldots\ldots\ldots\ldots\ldots\ldots,
\end{aligned}$$

ou, ce qui revient au même,

$$\begin{aligned}
s_{\prime} - s &= \Delta_{\prime} s,\\
s_{\prime\prime} - s &= \Delta_{\prime} s + \Delta_{\prime\prime} s_{\prime},\\
s_{\prime\prime\prime} - s &= \Delta_{\prime} s + \Delta_{\prime\prime} s_{\prime} + \Delta_{\prime\prime\prime} s_{\prime\prime},\\
&\ldots\ldots\ldots\ldots\ldots\ldots\ldots\ldots
\end{aligned}$$

Donc les différences

$$s_{\prime} - s, \quad s_{\prime\prime} - s, \quad s_{\prime\prime\prime} - s, \quad \ldots$$

pourront être respectivement représentées par les sommes composées avec le premier, ou les deux premiers, ou les trois premiers, ..., termes de la suite

$$\Delta_{\prime} s, \quad \Delta_{\prime\prime} s_{\prime}, \quad \Delta_{\prime\prime\prime} s_{\prime\prime}, \quad \ldots;$$

et la somme de tous les termes de cette suite représentera la dernière de toutes ces différences qui sera précisément l'accroissement total de la fonction s correspondant aux accroissements infiniment petits de toutes les variables. Donc, en nommant Δs cet accroissement total de la fonction s, on aura

$$\Delta s = \Delta_{\prime} s + \Delta_{\prime\prime} s_{\prime} + \Delta_{\prime\prime\prime} s_{\prime\prime} + \ldots.$$

Concevons à présent que l'on divise par ι les deux membres de la formule précédente. On trouvera

$$\frac{\Delta s}{\iota} = \frac{\Delta_{\prime} s}{\iota} + \frac{\Delta_{\prime\prime} s_{\prime}}{\iota} + \frac{\Delta_{\prime\prime\prime} s_{\prime\prime}}{\iota} + \ldots;$$

puis en attribuant à ι une valeur infiniment petite, et supposant que les fonctions

$$s, \quad d_{\prime} s, \quad d_{\prime\prime} s_{\prime}, \quad d_{\prime\prime\prime} s_{\prime\prime}, \quad \ldots$$

restent fonctions continues des diverses variables dans le voisinage du système de valeurs attribuées à ces variables, on reconnaîtra que les rapports

$$\frac{\Delta_{\prime} s}{\iota}, \quad \frac{\Delta_{\prime\prime} s}{\iota}, \quad \frac{\Delta_{\prime\prime\prime} s}{\iota}, \quad \ldots$$

di èrent infiniment peu, le premier de $d_{\prime} s$; le deuxième de $d_{\prime\prime} s_{\prime}$, et, par suite, de $d_{\prime\prime} s$; le troisième de $d_{\prime\prime\prime} s_{\prime\prime}$, et, par suite, de $d_{\prime\prime\prime} s_{\prime}$, ou même de $d_{\prime\prime\prime} s$, etc. Donc, en faisant converger ι vers la limite zéro, on verra les rapports

$$\frac{\Delta_{\prime} s}{\iota}, \quad \frac{\Delta_{\prime\prime} s_{\prime}}{\iota}, \quad \frac{\Delta_{\prime\prime\prime} s_{\prime\prime}}{\iota}, \quad \ldots$$

converger respectivement vers les limites

$$d_{,}s, \quad d_{,,}s, \quad d_{,,,}s, \quad \ldots;$$

et la formule

$$\frac{\Delta s}{\iota} = \frac{\Delta_{,}s}{\iota} + \frac{\Delta_{,,}s_{,}}{\iota} + \frac{\Delta_{,,,}s_{,,}}{\iota} + \ldots$$

entraînera la suivante

$$ds = d_{,}s + d_{,,}s + d_{,,,}s + \ldots.$$

Corollaire II. — Le théorème V continuerait évidemment de subsister si chacune des caractéristiques

$$d_{,}, \quad d_{,,}, \quad d_{,,,}, \quad \ldots$$

se rapportait à une seule variable. Mais alors, en désignant par $x, y, z, \ldots$ les diverses variables, on pourrait à ces caractéristiques substituer les suivantes

$$d_x, \quad d_y, \quad d_z, \quad \ldots;$$

et, par suite, la formule (15) deviendrait

$$(16) \qquad ds = d_x s + d_y s + d_z s + \ldots.$$

III. — *Formules générales pour la différentiation des fonctions d'une ou de plusieurs variables.*

Les principes établis dans les paragraphes précédents fournissent immédiatement les diverses formules générales qui servent à la différentiation des fonctions d'une ou de plusieurs variables. Entrons à ce sujet dans quelques détails.

Considérons d'abord une fonction s d'une seule variable x. Si cette fonction est du nombre de celles que l'on nomme *fonctions simples*, sa dérivée $D_x s$ devra se déduire, dans chaque cas particulier, de l'équation (6) du paragraphe I, c'est-à-dire de la formule

$$(1) \qquad D_x s = \lim \frac{\Delta s}{\Delta x}.$$

Cette dérivée étant obtenue, la formule (7) du § I, savoir,

(2) $$ds = D_x s\, dx,$$

fournira immédiatement la valeur générale de la différentielle *ds*.

Si s est une fonction de fonction de x, si, par exemple, s est fonction de la variable y, cette variable étant elle-même fonction de la variable x, alors la différentielle ds se trouvera déterminée non plus par l'équation (2), mais par le système de deux équations de même forme, savoir,

(3) $$ds = D_y s\, dy, \qquad dy = D_x y\, dx,$$

en sorte qu'on aura

(4) $$ds = D_y s\, D_x y\, dx.$$

Pareillement, si s était fonction de z, z étant fonction de y, et y fonction de x, on trouverait successivement

(5) $$ds = D_z s\, dz, \qquad dz = D_y z\, dy, \qquad dy = D_x y\, dx,$$

puis on en conclurait

(6) $$ds = D_z s\, D_y z\, D_x y\, dx;$$

et ainsi de suite.

Supposons maintenant que s soit non plus une fonction de fonction, mais une fonction composée de plusieurs variables x, y, z, ... Alors, en vertu de la formule (15) du paragraphe précédent, on aura généralement

(7) $$ds = d_x s + d_y s + d_z s + \ldots.$$

Mais les formules (10) du § I donneront

(8) $$d_x s = D_x s\, dx, \qquad d_y s = D_y s\, dy, \qquad d_z s = D_z s\, dz, \quad \ldots.$$

Donc alors la valeur de la différentielle ds se trouvera déterminée par la formule

$$ds = D_x s\, dx + D_y s\, dy + D_z s\, dz + \ldots.$$

Si s était une fonction de plusieurs autres

$$u,\quad v,\quad w,\quad \ldots,$$

qui fussent elles-mêmes fonctions de plusieurs variables indépendantes

$$x,\quad y,\quad z,\quad \ldots,$$

alors, au lieu de la formule (9), on obtiendrait la suivante

$$(10)\qquad ds = \mathrm{D}_u s\, du + \mathrm{D}_v s\, dv + \mathrm{D}_w s\, dw + \ldots,$$

et chacune des différentielles du, dv, dw, ... se trouverait à son tour déterminée par une équation semblable à la formule (9), en sorte qu'on aurait

$$(11)\qquad \left\{\begin{array}{l} du = \mathrm{D}_x u\, dx + \mathrm{D}_y u\, dy + \mathrm{D}_z u\, dz + \ldots, \\ dv = \mathrm{D}_x v\, dx + \mathrm{D}_y v\, dy + \mathrm{D}_z v\, dz + \ldots, \\ \ldots\ldots\ldots\ldots\ldots\ldots\ldots\ldots\ldots\ldots\ldots \end{array}\right.$$

Donc alors, pour obtenir la valeur générale de ds exprimée en fonction des variables x, y, z, ... et de leurs différentielles dx, dy, dz, ..., il suffirait de substituer dans le second membre de l'équation (10) les valeurs de du, dv, dw, ... fournies par les formules (11).

Il pourrait arriver que, s étant fonction de u, v, w, ..., chacune des lettres u, v, w, ... représentât non plus une fonction des variables indépendantes, mais une fonction composée d'autres fonctions. Au reste, il est clair que, dans tous les cas, quel que soit le nombre des variables diverses, supposées fonctions les unes des autres, la différentielle totale de s pourra être déterminée par le système de plusieurs équations semblables aux formules (9), (10), (11).

Les formules qui précèdent comprennent, comme cas particuliers, d'autres formules générales qu'on en déduirait sans peine. Ainsi, par exemple, comme en désignant par a, b deux constantes arbitraires, on trouve

$$\Delta(ax + b) = \Delta(ax) = a\,\Delta x,$$

par conséquent

$$\frac{\Delta(ax + b)}{\Delta x} = a,$$

la formule (1) donnera

$$\mathrm{D}_x(ax + b) = a.$$

Par suite, si l'on pose

$$s = au + bv + cw + \ldots,$$

la formule (10) donnera

$$ds = adu + bdv + cdw + \ldots,$$

en sorte qu'on aura

$$d(au + bv + cw + \ldots) = adu + bdv + cdw + \ldots.$$

On se trouve ainsi ramené immédiatement à la formule (12) du § II, laquelle comprend comme cas particuliers les formules (5) et (9) du même paragraphe.

Supposons maintenant que diverses variables se trouvent liées entre elles par une ou plusieurs équations. Les deux membres de chaque équation étant égaux, leurs différentielles seront égales, et l'égalité de ces différentielles constituera une équation nouvelle. On appelle *équations différentielles* les nouvelles équations que l'on obtient en différentiant les deux membres de chacune des équations données. Comme une quantité constante est celle qui ne varie pas, ou, en d'autres termes, celle qui ne reçoit pas d'accroissement, il est clair que la différentielle d'une constante s'évanouit avec son accroissement même. Donc lorsqu'une équation offre pour second membre zéro, ou une autre constante, il suffit de différentier le premier membre de cette équation pour obtenir l'équation différentielle correspondante.

Les règles qui servent à déterminer la différentielle du premier ordre d'une fonction quelconque peuvent encore évidemment servir à déterminer la différentielle de cette différentielle ou la différentielle du second ordre, et généralement les différentielles des divers ordres. Pareillement, étant données une ou plusieurs équations entre diverses variables, on pourra tirer parti des règles dont il s'agit pour différentier plusieurs fois de suite chaque équation, et pour obtenir ainsi ce qu'on appelle des équations différentielles de divers ordres.

Dans le paragraphe qui va suivre, nous ferons connaître diverses propriétés remarquables des différentielles et des fonctions dérivées d'un ordre quelconque.

IV. — *Propriétés des différentielles et des fonctions dérivées des divers ordres.*

Aux théorèmes et aux formules que nous avons établis dans les paragraphes précédents, il est utile de joindre la démonstration de quelques propriétés générales des différentielles des divers ordres. L'une de ces propriétés appartient à la fois aux accroissements des fonctions, à leurs différentielles et à leurs dérivées. Elle consiste en ce qu'on peut intervertir arbitrairement l'ordre dans lequel se succèdent deux ou plusieurs opérations, dont chacune est exprimée ou par l'une des caractéristiques

$$\Delta,\quad \Delta_{,},\quad \Delta_{,,},\quad \Delta_{,,,},\quad \ldots,\quad \Delta_x,\quad \Delta_y,\quad \Delta_z,\quad \ldots,$$

qui servent à indiquer des accroissements totaux ou partiels, ou par l'une des caractéristiques

$$d,\quad d_{,},\quad d_{,,},\quad d_{,,,},\quad \ldots,\quad d_x,\quad d_y,\quad d_z,\quad \ldots,$$

qui servent à indiquer des différentielles totales ou partielles, ou même par l'une des caractéristiques

$$D_x,\quad D_y,\quad D_z,\quad \ldots,$$

qui servent à indiquer des dérivées partielles, sans altérer en aucune manière le résultat définitif de ces opérations diverses. Pour établir cette proposition, il suffit évidemment de faire voir que l'on pourra toujours, sans inconvénient, échanger entre elles deux de ces caractéristiques, écrites à la suite l'une de l'autre. Il y a plus : on pourra se borner à considérer le cas où les deux caractéristiques seraient dissemblables, la proposition étant évidente dans le cas contraire.

Or, supposons que, la lettre s désignant une fonction de plusieurs variables $x, y, z, \ldots$, on nomme ς un accroissement partiel ou même total de cette fonction. On aura, en vertu des formules (4) et (5) du § II,

$$\Delta(s+\varsigma)=\Delta s+\Delta\varsigma,$$
$$d(s+\varsigma)=ds+d\varsigma.$$

Donc, à un accroissement quelconque de s, représenté par ς, correspondront un accroissement de Δs représenté par $\Delta\varsigma$, et un accroissement de la différentielle ds représenté par $d\varsigma$. Ce n'est pas tout : comme les formules (4) et (5) du § II continuent de subsister, dans le cas même où l'on y remplace la caractéristique Δ par l'une des caractéristiques

$$\Delta_{,}, \Delta_{,,}, \Delta_{,,,}, \ \ldots, \ \Delta_x, \ \Delta_y, \ \Delta_z, \ \ldots,$$

et la caractéristique d par l'une des caractéristiques

$$d_{,}, \ d_{,,}, \ d_{,,,}, \ \ldots, \ d_x, \ d_y, \ d_z, \ \ldots,$$

ou même par l'une des caractéristiques

$$\mathrm{D}_x, \ \mathrm{D}_y, \ \mathrm{D}_z, \ \ldots,$$

on peut affirmer qu'à l'accroissement ς de la fonction s correspondront les accroissements

$$\Delta_{,}\varsigma, \ \Delta_{,,}\varsigma, \ \Delta_{,,,}\varsigma, \ \ldots, \ \Delta_x\varsigma, \ \Delta_y\varsigma, \ \Delta_z\varsigma, \ \ldots$$

des expressions

$$\Delta_{,}s, \ \Delta_{,,}s, \ \Delta_{,,,}s, \ \ldots, \ \Delta_x s, \ \Delta_y s, \ \Delta_z s, \ \ldots$$

et les accroissements

$$d_{,}\varsigma, \ d_{,,}\varsigma, \ d_{,,,}\varsigma, \ \ldots, \ d_x\varsigma, \ d_y\varsigma, \ d_z\varsigma, \ \mathrm{D}_x\varsigma, \ \mathrm{D}_y\varsigma, \ \mathrm{D}_z\varsigma, \ \ldots$$

des expressions

$$d_{,}s, \ d_{,,}s, \ d_{,,,}s, \ \ldots, \ d_x s, \ d_y s, \ d_z s, \ \ldots, \ \mathrm{D}_x s, \ \mathrm{D}_y s, \ \mathrm{D}_z s; \ \ldots.$$

Cela posé, concevons que les accroissements correspondants dont il s'agit se réduisent à ceux que l'on indique par l'une des caractéristiques

$$\Delta, \ \Delta_{,}, \ \Delta_{,,}, \ \Delta_{,,,}, \ \ldots. \ \Delta_x, \ \Delta_y, \ \Delta_z, \ \ldots.$$

On conclura immédiatement de ce qui précède que l'on peut sans inconvénient échanger entre elles deux de ces caractéristiques, ou échanger l'une d'elles avec l'une des suivantes

$$d,\quad d_{,},\quad d_{,,},\quad d_{,,,},\quad \ldots,\quad d_x,\quad d_y,\quad d_z,\quad \ldots,\quad D_x,\quad D_y,\quad D_z,\quad \ldots.$$

Ainsi, par exemple, de ce qu'à l'accroissement ς de s, correspond l'accroissement $\Delta_{,}\varsigma$ de $\Delta_{,}s$, on conclura qu'en posant

$$\varsigma = \Delta_{,,} s,$$

on doit avoir

$$\Delta_{,}\varsigma = \Delta_{,,} \Delta_{,} s.$$

On aura donc par suite

$$(1)\qquad \Delta_{,}\Delta_{,,} s = \Delta_{,,} \Delta_{,} s.$$

Pareillement, de ce qu'à l'accroissement ς de s correspond l'accroissement $d_{,}\varsigma$ de $d_{,}s$, on conclura qu'en posant

$$\varsigma = \Delta_{,,} s,$$

on doit avoir

$$d_{,}\varsigma = \Delta_{,,} d_{,}\varsigma.$$

On aura donc par suite

$$(2)\qquad d_{,}\Delta_{,,} s = \Delta_{,,} d_{,} s.$$

On pourra d'ailleurs remplacer, dans les formules (1) et (2), les caractéristiques $\Delta_{,}$, $\Delta_{,,}$ par deux quelconques des caractéristiques

$$\Delta,\quad \Delta_{,},\quad \Delta\ ,\quad \Delta_{,,,},\quad \ldots,\quad \Delta_x,\quad \Delta_y,\quad \Delta_z,\quad \ldots;$$

et la caractéristique $d_{,}$ par l'une quelconque des caractéristiques

$$d,\quad d_{,},\quad d_{,,},\quad d_{,,,},\quad \ldots,\quad d_x,\quad d_y,\quad d_z,\quad \ldots,\quad D_x,\quad D_y,\quad D_z,\quad \ldots.$$

Concevons maintenant que l'on divise les deux membres de la formule (2) par l'accroissement ι de la variable primitive. On trouvera

$$\frac{d_{,}\Delta_{,,} s}{\iota} = \frac{\Delta_{,,} d_{,} s}{\iota},$$

ou, ce qui revient au même, eu égard à la formule (9),

$$d_{,}\frac{\Delta_{,,} s}{\iota} = \frac{\Delta_{,,}\, d_{,} s}{\iota};$$

puis, en faisant converger vers la limite zéro l'accroissement ι et les accroissements correspondants des variables comprises dans le groupe auquel se rapporte la caractéristique $\Delta_{\prime\prime}$, on verra les rapports

$$\frac{\Delta_{\prime\prime} s}{\iota}, \quad \frac{\Delta_{\prime\prime} d_{\prime} s}{\iota}$$

converger respectivement vers les limites

$$d_{\prime\prime} s, \quad d_{\prime\prime} d_{\prime} s.$$

Donc, en passant aux limites, on trouvera

$$(3) \qquad d_{\prime} d_{\prime\prime} s = d_{\prime\prime} d_{\prime} s.$$

Ajoutons que, si la caractéristique $d_{\prime\prime}$ indique une différentielle partielle relative à une seule variable, et se réduit par exemple à d_x, on pourra aussi la réduire à D_x en prenant dx pour unité. Cela posé, comme la formule (2) continue de subsister quand on y remplace la caractéristique $\Delta_{\prime\prime}$ par l'une quelconque des suivantes

$$\Delta, \quad \Delta_{\prime}, \quad \Delta_{\prime\prime}, \quad \Delta_{\prime\prime\prime}, \quad \ldots, \quad \Delta_x, \quad \Delta_y, \quad \Delta_z, \quad \ldots,$$

et la caractéristique $d_{\prime}$ par l'une quelconque des suivantes

$$d, \quad d_{\prime}, \quad d_{\prime\prime}, \quad d_{\prime\prime\prime}, \quad \ldots, \quad d_x, \quad d_y, \quad d_z, \quad \ldots, \quad D_x, \quad D_y, \quad D_z, \quad \ldots,$$

il est clair que la formule (3) continuera de subsister si l'on y remplace les caractéristiques $d_{\prime}$, $d_{\prime\prime}$ par deux quelconques des caractéristiques

$$d, \quad d_{\prime}, \quad d_{\prime\prime}, \quad d_{\prime\prime\prime}, \quad \ldots, \quad d_x, \quad d_y, \quad d_z, \quad \ldots, \quad D_x, \quad D_y, \quad D_z, \quad \ldots.$$

En résumé, les formules (1), (2), (3) et autres semblables entraînent la proposition suivante.

THÉORÈME I. — *Supposons qu'une fonction s de plusieurs variables soit successivement soumise à diverses opérations dont chacune, ayant pour but de fournir un accroissement total ou partiel, une différentielle totale ou partielle, ou même une dérivée partielle, se trouve indiquée par l'une des caractéristiques*

$$\begin{array}{llllllll}
\Delta, & \Delta_{\prime}, & \Delta_{\prime\prime}, & \Delta_{\prime\prime\prime}, & \ldots, & \Delta_x, & \Delta_y, & \Delta_z, \quad \ldots, \\
d, & d_{\prime}, & d_{\prime\prime}, & d_{\prime\prime\prime}, & \ldots, & d_x, & d_y, & d_z, \quad \ldots, \\
 & & & & & D_x, & D_y, & D_z, \quad \ldots.
\end{array}$$

L'expression qui résultera de ces opérations diverses offrira une valeur indépendante de l'ordre dans lequel se succéderont ces mêmes opérations, et par conséquent les caractéristiques qui serviront à les indiquer. On pourra donc, sans altérer cette valeur, intervertir arbitrairement l'ordre dans lequel les diverses lettres caractéristiques se trouveront rangées, comme si le système de ces lettres, écrites à la suite les unes des autres, représentait un véritable produit.

Corollaire I. — Il suit des formules (8) et (9) du § II, que le théorème III doit être étendu au cas même où l'une des caractéristiques, cessant d'indiquer un accroissement ou une différentielle, représenterait un coefficient constant.

Corollaire II. — Le théorème III, et même l'équation (15), comprennent comme cas particulier la formule

$$d_x d_y s = d_y d_x s, \tag{4}$$

de laquelle on tire immédiatement la suivante

$$\mathrm{D}_x \mathrm{D}_y s = \mathrm{D}_y \mathrm{D}_x s, \tag{5}$$

en considérant les variables x, y comme indépendantes et réduisant les différentielles dx ou dy de chacune d'elles à l'unité. Au reste, la formule (5) pourrait être démontrée directement comme il suit :

Corollaire III. — Concevons que, s étant une fonction de deux variables x, y, on attribue à ces variables des accroissements infiniment petits

$$\Delta x = \alpha, \qquad \Delta y = 6,$$

indépendants l'un de l'autre et de ces variables mêmes. On aura d'abord

$$\Delta_x \Delta_y s = \Delta_y \Delta_x s;$$

et par suite

$$\frac{\Delta_x \Delta_y s}{\alpha} = \frac{\Delta_y \Delta_x s}{\alpha},$$

ou, ce qui revient au même, eu égard à la formule (8) du § II,

$$\frac{\Delta_x(\Delta_y s)}{\alpha} = \Delta_y\left(\frac{\Delta_x s}{\alpha}\right),$$

puis on conclura, en faisant converger $\alpha = \Delta x$ vers la limite zéro,

$$\mathrm{D}_x \Delta_y s = \Delta_y \mathrm{D}_x s.$$

Si maintenant on divise par ϐ les deux membres de la dernière équation, on trouvera

$$\frac{\mathrm{D}_x \Delta_y s}{\text{ϐ}} = \frac{\Delta_y \mathrm{D}_x s}{\text{ϐ}},$$

ou, ce qui revient au même, eu égard à la formule (9) du § II,

$$\mathrm{D}_x \frac{\Delta_y s}{\text{ϐ}} = \frac{\Delta_y(\mathrm{D}_x s)}{\text{ϐ}};$$

puis on en conclura, en faisant converger $\text{ϐ} = \Delta_y s$ vers la limite zéro,

$$\mathrm{D}_x \mathrm{D}_y s = \mathrm{D}_y \mathrm{D}_x s.$$

V. — *Sur l'analyse des caractéristiques.*

Les lettres que l'on emploie dans la haute analyse sont de deux espèces. Les unes servent à représenter des quantités constantes ou variables, ou des expressions imaginaires; les autres à indiquer des opérations diverses, et dans ce dernier cas elles se nomment ordinairement *caractéristiques*. Ici, en particulier, nous désignerons sous le nom de *caractéristiques différentielles* les lettres

$$\begin{array}{cccccccc} \Delta, & \Delta_{\prime}, & \Delta_{\prime\prime}, & \Delta_{\prime\prime\prime}, & \ldots, & \Delta_x, & \Delta_y, & \Delta_z, & \ldots, \\ d, & d_{\prime}, & d_{\prime\prime}, & d_{\prime\prime\prime}, & \ldots, & d_x, & d_y, & d_z, & \ldots, \\ & & & & & \mathrm{D}_x, & \mathrm{D}_y, & \mathrm{D}_z, & \ldots, \end{array}$$

employées dans les paragraphes précédents pour représenter diverses opérations dont chacune a pour but de fournir un accroissement total ou partiel, une différentielle totale ou partielle, ou bien encore une dérivée partielle d'une fonction donnée. De telles opérations peuvent se succéder les unes aux autres en nombre quelconque, et nous avons déjà observé qu'alors le résultat définitif est indépendant de l'ordre dans lequel ces opérations s'effectuent, par conséquent de l'ordre dans lequel sont rangées les caractéristiques qui les indiquent. Or, de même qu'il est souvent utile de remplacer par une seule lettre une expression composée qui renfermait plusieurs lettres propres à représenter certaines quantités constantes ou variables, de même, pour simplifier les calculs, il peut être souvent utile de remplacer, soit par une seule lettre, soit du moins par un seul signe ou caractère spécial, le système de plusieurs opérations indiquées par diverses caractéristiques. Nous ajouterons qu'il paraît convenable d'affecter à cet emploi un caractère nouveau plutôt qu'une lettre, afin de ne pas augmenter le nombre de celles qui ont été enlevées à l'analyse algébrique, et qui représentent, dans la haute analyse, non de simples quantités, mais des opérations de diverses natures. C'est pour ces motifs que divers auteurs, entre autres MM. Laplace et Brisson, ont employé, dans des cas semblables, deux caractères empruntés à la Géométrie, savoir, le triangle et le carré, en ayant soin de renverser le triangle, de manière qu'il ne puisse être confondu avec un Δ. Nous suivrons ici cet exemple, comme nous l'avons déjà fait en diverses circonstances; et nous représenterons en particulier par l'un des caractères

$$\nabla,\quad \nabla_{\prime},\quad \nabla_{\prime\prime\prime},\quad \ldots,\quad \nabla',\quad \nabla'',\quad \ldots$$

le système de plusieurs opérations qu'indiqueraient, si elles étaient écrites à la suite l'une de l'autre, deux ou plusieurs des caractéristiques ci-dessus mentionnées

$$\begin{array}{llllllll}\Delta, & \Delta_{\prime}, & \Delta_{\prime\prime}, & \Delta_{\prime\prime\prime}, & \ldots, & \Delta_x, & \Delta_y, & \Delta_z, \quad \ldots, \\ d, & d_{\prime}, & d_{\prime\prime}, & d_{\prime\prime\prime}, & \ldots, & d_x, & d_y, & d_z, \quad \ldots, \\ & & & & & \mathrm{D}_x, & \mathrm{D}_y, & \mathrm{D}_z, \quad \ldots .\end{array}$$

Cela posé, si, pour fixer les idées, on prend

$$(1) \qquad \nabla = \mathrm{D}_x\,\mathrm{D}_y,$$

on aura, en nommant s une fonction quelconque de x, y,

$$(2) \qquad \nabla s = \mathrm{D}_x\,\mathrm{D}_y s.$$

Pareillement, si l'on prend

$$(3)\qquad \nabla = d_x d_y d_z,$$

on aura

$$(4)\qquad \nabla s = d_x d_y d_z s, \ \ldots.$$

D'ailleurs, suivant l'observation ci-dessus rappelée, on pourra, dans les formules (2), (4), etc., et par suite aussi dans les formules (1), (3), etc., intervertir arbitrairement l'ordre dans lequel seront rangées les diverses caractéristiques, comme si les expressions

$$D_x D_y, \quad d_x d_y d_z, \quad \ldots$$

étaient de véritables produits. Pour conserver le souvenir de cette analogie, nous appellerons les expressions

$$D_x D_y, \quad d_x d_y d_z, \quad \ldots,$$

et autres semblables, des *produits de caractéristiques*. Les *facteurs* de ces produits seront les caractéristiques elles-mêmes que l'on pourra échanger entre elles dans chaque produit, en sorte qu'on aura par exemple, en vertu de la formule (1),

$$\nabla = D_x D_y = D_y D_x;$$

en vertu de la formule (3),

$$\begin{aligned} \nabla &= d_x d_y d_z = d_y d_z d_x = d_z d_x d_y \\ &= d_x d_z d_y = d_z d_y d_x = d_y d_x d_z, \ \ldots. \end{aligned}$$

Il suit d'ailleurs de ce qui a été dit dans le § II (théorème III, corollaire I), que l'on peut sans inconvénient, dans de semblables produits, et par conséquent dans les expressions que représenteront les notations

$$\nabla, \quad \nabla_{\prime}, \quad \nabla_{\prime\prime}, \quad \ldots,$$

remplacer une ou plusieurs caractéristiques par des coefficients constants.

Supposons maintenant qu'il s'agisse de combiner entre elles, par voie d'addition, plusieurs expressions de la forme

$$\nabla s,\quad \nabla_{\prime} s,\quad \nabla_{\prime\prime} s,\quad \ldots.$$

Le résultat de cette addition sera la somme

$$\nabla s + \nabla_{\prime} s + \nabla_{\prime\prime} s + \ldots.$$

Mais, pour simplifier les notations, nous nous bornerons à écrire une seule fois la lettre s à la suite de l'expression

$$\nabla + \nabla_{\prime} + \nabla_{\prime\prime} + \ldots,$$

et en conséquence nous conviendrons de représenter la somme dont il s'agit par la formule

$$(\nabla + \nabla_{\prime} + \nabla_{\prime\prime} + \ldots) s.$$

Cette convention nouvelle fournit un moyen d'abréger les formules. Elle permet, par exemple, de réduire l'équation (22) du § II, savoir,

(5) $$ds = d_x s + d_y s + d_z s + \ldots,$$

à la forme la plus simple

(6) $$ds = (d_x + d_y + d_z + \ldots) s.$$

Il y a plus : la formule (6) devant subsister quelle que soit la fonction représentée par la lettre s, on l'abrégera encore en effaçant cette lettre, et alors on trouvera

(7) $$d = d_x + d_y + d_z + \ldots.$$

Les expressions de la forme

$$d_x + d_y + d_z + \ldots,$$

ou plus généralement de la forme

$$\nabla + \nabla_{\prime} + \nabla_{\prime\prime} + \ldots,$$

devront être naturellement appelées des *sommes de caractéristiques*. Lorsqu'une semblable somme se réduit d'elle-même, comme on le voit dans la formule (7), à une seule caractéristique, on peut profiter de cette réduction pour simplifier le calcul. Dans le cas contraire, on parvient au même but en se servant d'un caractère nouveau pour représenter une telle somme. Nous supposerons ici que l'on affecte à cet emploi l'un des caractères

$$\Box, \quad \Box_{,}, \quad \Box_{,,}, \quad \ldots, \quad \Box', \quad \Box'', \quad \ldots.$$

Cela posé, lorsque nous prendrons pour exemple

$$(8) \qquad \Box = \nabla + \nabla_{,} + \nabla_{,,} + \ldots,$$

la formule (8) sera une formule symbolique dont nous nous servirons pour exprimer que le sens de la notation $\Box s$ se trouvera défini, quelle que soit la fonction s, par l'équation

$$(9) \qquad \Box s = \nabla s + \nabla_{,} s + \nabla_{,,} s + \ldots.$$

Les nouveaux caractères

$$\begin{array}{llllll} \nabla, & \nabla_{,}, & \nabla_{,,}, & \ldots, & \nabla', & \nabla'', \quad \ldots, \\ \Box, & \Box_{,}, & \Box_{,,}, & \ldots, & \Box', & \Box'', \quad \ldots, \end{array}$$

destinés à représenter ou des produits formés avec les *caractéristiques simples*

$$\begin{array}{llllllll} \Delta, & \Delta_{,}, & \Delta_{,,}, & \Delta_{,,,}, & \ldots, & \Delta_x, & \Delta_y, & \Delta_z, \quad \ldots, \\ d, & d_{,}, & d_{,,}, & d_{,,,}, & \ldots, & d_x, & d_y, & d_z, \quad \ldots, \\ & & & & & \mathrm{D}_x, & \mathrm{D}_y, & \mathrm{D}_z, \quad \ldots, \end{array}$$

ou des sommes de semblables produits, sont ce que nous pouvons appeler des *caractéristiques composées*. Les propriétés de ces nouvelles caractéristiques se déduisent aisément des principes établis dans les précédents paragraphes. Ainsi, en particulier, puisque les formules (4), (5) du § I s'étendent au cas même où l'on remplace les accroissements totaux par des accroissements partiels, ou les différentielles totales par des différentielles partielles, il est clair qu'en désignant par u, v, w, ... des fonctions quelconques, on aura non seulement

$$\begin{array}{l} d_{,}(u + v + w + \ldots) = d\,u + d_{,}v + d_{,}w + \ldots, \\ d_{,,}(u + v + w + \ldots) = d_{,,}u + d_{,,}v + d_{,,}w + \ldots, \\ \ldots\ldots\ldots\ldots\ldots\ldots\ldots\ldots\ldots\ldots\ldots\ldots, \end{array}$$

mais encore

$$d_{,}d_{,,}(u+v+w+\ldots)=d_{,}(d_{,,}u+d_{,,}v+d_{,,}w+\ldots)$$
$$=d_{,}d_{,,}u+d_{,}d_{,,}v+d_{,}d_{,,}w+\ldots,$$

et que l'on trouvera généralement de la même manière

$$(10)\quad d_{,}d_{,,}d_{,,,}\ldots(u+v+w+\ldots)=d_{,}d_{,}d_{,,,}\ldots u+d_{,}d_{,,}d_{,,,}\ldots v+d_{,}d_{,,}d_{,,,}\ldots w+\ldots.$$

Il y a plus : on pourra, dans la dernière équation, remplacer chacune des caractéristiques par l'une quelconque des caractéristiques simples dont nous nous servons pour indiquer des accroissements, des différentielles ou des dérivées; ou même par un coefficient constant. Donc, dans la formule (10) on pourra au produit $d_{,}d_{,,}d_{,,,}\ldots$ substituer l'un quelconque de ceux que peut représenter la caractéristique composée ∇, et l'on aura généralement

$$(11)\qquad \nabla(u+v+w+\ldots)=\nabla u+\nabla v+\nabla w+\ldots.$$

Ce n'est pas tout; comme, en vertu des conventions adoptées, on aura généralement

$$(12)\qquad (\nabla+\nabla_{,}+\nabla_{,,}+\ldots)s=\nabla s+\nabla_{,}s+\nabla_{,,}s+\ldots,$$

il est clair que si l'on pose

$$(13)\qquad s=u+v+w+\ldots,$$

on tirera des formules (11) et (12)

$$\begin{aligned}(\nabla+\nabla_{,}+\nabla_{,,}+\ldots)s= &\ \nabla u+\nabla_{,}u+\nabla_{,,}u+\ldots\\ &+\nabla v+\nabla_{,}v+\nabla_{,,}v+\ldots\\ &+\nabla w+\nabla_{,}w+\nabla_{,,}w+\ldots,\end{aligned}$$

ou, ce qui revient au même, eu égard à la formule (12),

$$\begin{aligned}(\nabla+\nabla_{,}+\nabla_{,,}+\ldots)s= &\ (\nabla+\nabla_{,}+\nabla_{,,}+\ldots)u\\ &+(\nabla+\nabla_{,}+\nabla_{,,}+\ldots)v\\ &+(\nabla+\nabla_{,}+\nabla_{,,}+\ldots)w\\ &\ldots\ldots\ldots\ldots\ldots\ldots\end{aligned}$$

Donc, en supposant pour abréger

$$\square=\nabla+\nabla_{,}+\nabla_{,,}+\ldots,$$

on aura

$$\Box s = \Box u + \Box v + \Box w + \ldots, \tag{14}$$

ou, en d'autres termes,

$$\Box(u + v + w + \ldots) = \Box u + \Box v + \Box w + \ldots. \tag{15}$$

Les formules (11) et (15), qui sont semblables aux formules (4), (5) du § II, entraîneront évidemment la proposition suivante.

Théorème I. — *Le résultat que produit l'application d'une caractéristique simple ou composée à la somme de plusieurs termes ne diffère pas de celui qu'on obtiendrait en appliquant successivement la même caractéristique aux divers termes dont il s'agit.*

Supposons maintenant qu'à une expression de la forme

$$\nabla_{,} s,$$

on veuille appliquer une nouvelle caractéristique composée $\nabla_{,,}$. Il est clair que, dans l'expression nouvelle

$$\nabla_{,,}\nabla_{,} s,$$

ainsi obtenue, la partie indépendante de s, savoir,

$$\nabla_{,,}\nabla_{,},$$

représentera tout à la fois un produit de caractéristiques simples et ce qu'on peut appeler le *produit* des caractéristiques composées $\nabla_{,}$, $\nabla_{,,}$. Or, l'ordre dans lequel se succèdent les facteurs du premier produit pouvant être interverti arbitrairement, il en résulte que, dans le second produit, on pourra échanger entre elles les caractéristiques composées $\nabla_{,}$, $\nabla_{,,}$. On aura donc généralement

$$\nabla_{,,}\nabla_{,} s = \nabla_{,}\nabla_{,,} s. \tag{16}$$

Il y a plus : si l'on pose

$$\Box = \nabla + \nabla_{,} + \nabla_{,,} + \ldots$$

et

$$\square' = \nabla' + \nabla'' + \ldots,$$

on trouvera non seulement

$$\square s = \nabla s + \nabla_{,} s + \nabla_{,,} s + \ldots,$$

mais encore, eu égard à la formule (14),

$$\square' \square s = \square' \nabla s + \square' \nabla_{,} s + \square' \nabla_{,,} s + \ldots.$$

D'autre part, eu égard à la formule (9), on aura

$$\begin{aligned} \square' \nabla s &= \nabla' \nabla s + \nabla'' \nabla s + \ldots, \\ \square' \nabla_{,} s &= \nabla' \nabla_{,} s + \nabla'' \nabla_{,} s + \ldots, \\ \square' \nabla_{,,} s &= \nabla' \nabla_{,,} s + \nabla'' \nabla_{,,} s + \ldots, \\ &\ldots\ldots\ldots\ldots\ldots\ldots \end{aligned}$$

Donc on trouvera définitivement

$$(17) \qquad \begin{aligned} \square' \square s = \ & \nabla' \nabla s + \nabla' \nabla_{,} s + \nabla' \nabla_{,,} s + \ldots \\ & + \nabla'' \nabla s + \nabla'' \nabla_{,} s + \nabla'' \nabla_{,,} s + \ldots \\ & + \ldots\ldots\ldots\ldots\ldots\ldots \end{aligned}$$

On trouvera de même

$$(18) \qquad \begin{aligned} \square \square' s = \ & \nabla \nabla' s + \nabla_{,} \nabla' s + \nabla_{,,} \nabla' s + \ldots \\ & + \nabla \nabla'' s + \nabla_{,} \nabla'' s + \nabla_{,,} \nabla'' s + \ldots \\ & + \ldots\ldots\ldots\ldots\ldots\ldots \end{aligned}$$

Donc, eu égard à la formule (16), on aura généralement

$$(19) \qquad \square' \square s = \square \square' s.$$

Les formules (16), (18), qui sont semblables aux formules (13), (14), (15) du § I, entraînent évidemment la proposition suivante.

Théorème II. — *Le résultat que produit l'application simultanée de deux caractéristiques différentielles, simples ou composées, à une fonction quelconque s, est indépendant de l'ordre dans lequel se trouvent rangées ces mêmes caractéristiques.*

Corollaire. — Si l'on efface la lettre *s* dans les deux membres de la formule (19), on obtiendra la suivante

$$(20) \qquad \square'\square = \square\square'.$$

En vertu de cette dernière, l'expression $\square'\square$, qui représente le *produit* de deux caractéristiques composées, sera, comme tout produit de deux facteurs, indépendant de l'ordre dans lequel ces mêmes facteurs se trouveront écrits.

Concevons maintenant que l'on applique simultanément à une fonction quelconque s diverses caractéristiques simples ou composées. On pourra, sans altérer la valeur de l'expression ainsi obtenue, échanger entre elles deux quelconques de ces caractéristiques, et, à l'aide de semblables échanges plusieurs fois répétés, on pourra évidemment amener à la première, à la seconde, à la troisième place, etc. telle caractéristique que l'on voudra. Donc, l'expression obtenue offrira une valeur indépendante de l'ordre dans lequel on rangera les diverses caractéristiques, et l'on pourra énoncer la proposition suivante.

Théorème III. — *Le résultat que produit l'application simultanée de plusieurs caractéristiques différentielles, simples ou composées, à une fonction quelconque s, offre une valeur indépendante de l'ordre dans lequel ces mêmes caractéristiques se trouvent rangées.*

Corollaire. — En vertu du théorème IV, une expression de la forme

$$\square\square_{,}\square_{,,}\ldots s$$

offrira toujours une valeur indépendante de l'ordre dans lequel se succéderont les caractéristiques $\square$, $\square_{,}$, $\square_{,,}$, ..., et par suite le *produit* de ces caractéristiques, c'est-à-dire l'expression

$$\square\square_{,}\square_{,,}\ldots,$$

sera, comme un produit de quantités véritables, indépendant de l'ordre dans lequel ses divers facteurs se trouveront écrits.

Lorsqu'on efface la lettre s dans les deux membres de la formule (18), cette formule, qui suppose

$$\square = \nabla + \nabla_{,} + \nabla_{,,} + \ldots, \qquad \square = \nabla' + \nabla'' + \ldots,$$

se réduit simplement à

$$\begin{aligned}\square\square' = \; & \nabla\nabla' + \nabla_{,}\nabla' + \nabla_{,,}\nabla' + \ldots \\ & + \nabla\nabla'' + \nabla_{,}\nabla'' + \nabla_{,,}\nabla' + \ldots \\ & + \ldots\ldots\ldots\ldots\ldots\ldots\end{aligned}$$

On aura donc généralement

$$(21) \qquad \begin{aligned}(\nabla + \nabla_{,} + \nabla_{,,} + \ldots)(\nabla' + \nabla'' + \ldots) = \; & \nabla\nabla' + \nabla_{,}\nabla' + \nabla_{,,}\nabla' + \ldots \\ & + \nabla\nabla'' + \nabla_{,}\nabla'' + \nabla_{,,}\nabla'' + \ldots \\ & + \ldots\ldots\ldots\ldots\ldots\ldots,\end{aligned}$$

non seulement lorsque les lettres

$$\nabla, \quad \nabla_{,}, \quad \nabla_{,,}, \quad \ldots, \quad \nabla', \quad \nabla'', \quad \ldots$$

représenteront des quantités véritables, mais aussi lorsqu'elles représenteront des produits de caractéristiques. Au reste, la formule (20) est une conséquence immédiate des deux formules

$$\begin{aligned}(\nabla + \nabla_{,} + \nabla_{,,} + \ldots)\nabla's &= \nabla\nabla's + \nabla_{,}\nabla's + \nabla_{,,}\nabla's + \ldots, \\ \nabla'(\nabla + \nabla_{,} + \nabla_{,,} + \ldots)s &= \nabla'\nabla s + \nabla'\nabla_{,}s + \nabla'\nabla_{,,}s + \ldots,\end{aligned}$$

qui se tirent immédiatement, la première de l'équation (12), la seconde des formules (11), (12), et qui se réduisent, quand on efface la lettre s, aux deux suivantes

$$(22) \qquad \begin{cases}(\nabla + \nabla_{,} + \nabla_{,,} + \ldots)\nabla' = \nabla\nabla' + \nabla_{,}\nabla' + \nabla_{,,}\nabla' + \ldots, \\ \nabla'(\nabla + \nabla_{,} + \nabla_{,,} + \ldots) = \nabla'\nabla + \nabla'\nabla_{,} + \nabla'\nabla_{,,} + \ldots.\end{cases}$$

Observons d'ailleurs qu'une expression de la forme

$$\square + \square_{,} + \square_{,,} + \ldots,$$

se réduisant, en dernière analyse, à une somme de produits de caractéristiques simples, n'offre rien de plus général qu'une expression de la forme

$$\nabla + \nabla_{,} + \nabla_{,,} + \ldots.$$

Cela posé, comme les produits de caractéristiques simples renfermés dans le développement de l'expression

$$(\square + \square_{,} + \square_{,,} + \ldots)(\square' + \square'' + \ldots)$$

seront précisément ceux qu'on obtiendra en développant les expressions diverses

$$\begin{array}{llll} \square\square', & \square_{,}\square', & \square_{,,}\square', & \ldots, \\ \square\square'', & \square_{,}\square'', & \square_{,,}\square'', & \ldots, \end{array}$$

il est clair que la formule (21) entraînera encore la suivante

$$(23)\quad (\square + \square_{,} + \square_{,,} + \ldots)(\square' + \square'' + \ldots) = \begin{array}{l} \square\square' + \square_{,}\square' + \square_{,,}\square' + \ldots \\ + \square\square'' + \square_{,}\square'' + \square_{,,}\square'' + \ldots \\ + \ldots\ldots\ldots\ldots\ldots\ldots\ldots\ldots \end{array}$$

En conséquence, on pourra énoncer la proposition suivante.

Théorème IV. — *Si l'on multiplie l'une par l'autre deux sommes de caractéristiques différentielles, simples ou composées, le produit de ces deux sommes sera la somme des produits partiels qu'on obtiendra en multipliant successivement les divers termes de la première somme par les divers termes de la seconde. Il se calculera donc de la même manière que si les divers termes compris dans les deux sommes représentaient de véritables quantités.*

Corollaire. — Après s'être servi du théorème précédent pour obtenir le produit de deux sommes de caractéristiques multipliées l'une par l'autre, on peut s'en servir encore pour obtenir des résultats auxquels on parviendrait en multipliant d'abord ce produit par une troisième somme, puis le produit des trois sommes par une quatrième, et ainsi de suite. En opérant de cette manière, on obtiendra successivement diverses formules qui seront toutes fournies par le théorème suivant.

Théorème V. — *Si l'on multiplie l'une par l'autre plusieurs sommes de caractéristiques différentielles, simples ou composées, le produit de ces sommes sera la somme des produits partiels qu'on pourra former en mul-*

tipliant un terme quelconque de la première somme, par un terme quelconque de la seconde, par un terme quelconque de la troisième, etc. Le produit cherché pourra donc se calculer, comme si les divers termes des sommes proposées représentaient de véritables quantités.

Corollaire I. — Si les différentes sommes, étant au nombre de n, devenaient toutes pareilles l'une à l'autre, le théorème V fournirait le développement d'une expression de la forme

$$(\Box + \Box_{,} + \Box_{,,} + \ldots)^n.$$

Si chaque somme renferme deux termes seulement, l'expression dont il s'agit sera réduite à

$$(\Box + \Box_{,})^n,$$

et l'on trouvera

$$(24) \quad (\Box + \Box_{,})^n = \Box^n + \frac{n}{1}\Box^{n-1}\Box_{,} + \frac{n(n-1)}{1.2}\Box^{n-2}\Box_{,}^2 + \ldots + \Box_{,}^n.$$

On peut aisément, de cette dernière formule, déduire, comme on va le voir, diverses formules générales que présentent le calcul des différences finies et le calcul différentiel.

Corollaire I. — Soient s une fonction de x, et Δs l'accroissement de s correspondant à l'accroissement Δx de la variable x. Posons d'ailleurs

$$(25) \qquad \Box = 1 + \Delta,$$

en sorte qu'on ait

$$(26) \qquad \Box s = s + \Delta s.$$

La notation

$$\Box s$$

représentera évidemment ce que devient s quand on fait croître x de Δx; et par suite les notations

$$\Box s, \quad \Box^2 s, \quad \Box^3 s, \quad \ldots$$

représenteront ce que devient s quand on fait croître une ou plusieurs fois de suite x de Δx, c'est-à-dire, en d'autres termes, quand on attribue à x les accroissements

$$\Delta x, \quad 2\Delta x, \quad 3\Delta x, \quad \ldots.$$

Donc, en général, $\square^n s$ sera ce que devient s quand on fait croître x de $n\Delta x$. D'ailleurs, on tirera de la formule (25) non seulement

$$\Delta = \square - 1, \tag{27}$$

mais aussi

$$\square^n = (1 + \Delta)^n, \qquad \Delta^n = (\square - 1)^n,$$

et par suite, eu égard à la formule (24),

$$\square^n = 1 + \frac{n}{1}\Delta + \frac{n(n-1)}{2}\Delta^2 + \ldots + \Delta^n, \tag{28}$$

$$\Delta^n = \square^n - \frac{n}{1}\square^{n-1} + \frac{n(n-1)}{1.2}\square^{n-2} + \ldots \pm 1. \tag{29}$$

On aura donc

$$\square^n s = s + \frac{n}{1}\Delta s + \frac{n(n-1)}{1.2}\Delta^2 s + \ldots + \Delta^n s \tag{30}$$

et

$$\Delta^n s = \square^n s - \frac{n}{1}\square^{n-1}s + \frac{n(n-1)}{1.2}\square^{n-2}s - \ldots \pm s. \tag{31}$$

Corollaire II. — Supposons maintenant que s représente une fonction de deux variables x, y. On aura généralement

$$ds = d_x s + d_y s, \tag{32}$$

ou, ce qui revient au même,

$$ds = (d_x + d_y)s.$$

En effaçant s dans les deux membres de cette dernière formule, on trouvera

$$d = d_x + d_y, \tag{33}$$

et par suite

$$d^n = (d_x + d_y)^n;$$

puis on conclura, eu égard à la formule (24),

$$(34)\qquad d^n = d_x^n + \frac{n}{1} d_x^{n-1} d_y + \frac{n(n-1)}{1.2} d_x^{n-2} d_y^2 + \ldots + d_y^n.$$

On aura donc généralement

$$(35)\qquad d^n s = d_x^n s + \frac{n}{1} d_x^{n-1} d_y s + \frac{n(n-1)}{1.2} d_x^{n-2} d_y^2 s + \ldots + d_y^n s.$$

Corollaire III. — Supposons

$$(36)\qquad s = uv,$$

u et v étant des fonctions quelconques d'autres variables qui peuvent n'être que les mêmes dans u et dans v. Désignons, à l'aide de la caractéristique $d_{\prime}$, une différentiation partielle opérée comme si u seul variait, et à l'aide de la caractéristique $d_{\prime\prime}$ une différentiation partielle opérée comme si v seul variait. On aura

$$(37)\qquad ds = d_{\prime} s + d_{\prime\prime} s,$$

ou, ce qui revient au même,

$$ds = (d_{\prime} + d_{\prime\prime}) s.$$

En effaçant s dans les deux membres de cette dernière formule, on trouvera

$$d = d_{\prime} + d_{\prime\prime},$$

et par suite

$$d^n = (d_{\prime} + d_{\prime\prime})^n,$$

puis on en conclura, eu égard à la formule (24),

$$(38)\qquad d^n = d_{\prime}^n + \frac{n}{1} d_{\prime}^{n-1} d_{\prime\prime} + \frac{n(n-1)}{1.2} d_{\prime}^{n-2} d_{\prime\prime}^2 + \ldots + d_{\prime\prime}^n.$$

On aura donc généralement

$$(39)\qquad d^n s = d_{\prime}^n s + \frac{n}{1} d_{\prime}^{n-1} d_{\prime\prime} s + \frac{n(n-1)}{1.2} d_{\prime}^{n-2} d_{\prime\prime}^2 s + \ldots + d_{\prime\prime}^n s.$$

D'autre part, en faisant varier dans s le seul facteur u, on tirera successivement de la formule (36)

$$d_{,}s = v\,d_{,}u, \qquad d_{,}^2 s = v\,d_{,}^2 u, \qquad d_{,}^3 s = v\,d_{,}^3 u, \qquad \ldots,$$

et généralement

$$(40) \qquad d_{,}^l s = v\,d_{,}^l u,$$

l étant un nombre entier quelconque ; puis, en faisant varier le seul facteur v, on tirera successivement de la formule (40)

$$d_{,,}d_{,}^l s = d_{,,}v . d_{,}^l u, \qquad d_{,,}^2 d_{,}^l s = d_{,,}^2 v . d_{,}^l u, \qquad \ldots,$$

et généralement

$$(41) \qquad d_{,,}^m d_{,}^l s = d_{,,}^m v\,d_{,}^l u.$$

Il y a plus, comme on aura identiquement

$$d_{,,}^m v = d^m v, \qquad d_{,}^l u = d^l u,$$

la formule (41) pourra être réduite à

$$(42) \qquad d_{,,}^m d_{,}^l s = d^m v\,d^l u.$$

Donc, en remplaçant s par le produit uv dans l'équation (39), on trouvera

$$(43) \quad d^n(uv) = v\,d^n u + \frac{n}{1}dv\,d^{n-1}u + \frac{n(n-1)}{1.2}d^2 v\,d^{n-2}u + \ldots + u\,d^n v.$$

La démonstration que nous venons de donner de la formule (43) semble, au premier abord, n'être applicable qu'au cas où les variables desquelles dépend le facteur u sont distinctes des variables desquelles dépend le facteur v ; en sorte que les caractéristiques $d_{,}$, $d_{,,}$ indiquent des différentiations relatives à deux groupes de variables distincts l'un de l'autre. Toutefois la formule (43) s'étend au cas même où plusieurs variables

$$x, \quad y, \quad z, \quad \ldots$$

seraient communes aux deux groupes ; et, pour rendre notre démonstration applicable à ce dernier cas, il suffit de concevoir que l'on range, parmi les opérations indiquées à l'aide de la caractéristique $d_{\prime}$, les différentiations relatives aux x, y, z, ... qui se trouvent compris dans le facteur u ou qui en proviennent, et, parmi les opérations indiquées à l'aide de la caractéristique $d_{\prime\prime}$, les différentiations relatives aux x, y, z, ... qui se trouvent compris dans le facteur v ou qui en proviennent.

Dans le cas particulier où u est fonction d'une seule variable x, et v fonction d'une seule variable y, l'équation (43) peut être déduite directement de l'équation (35).

MÉMOIRE

SUR LE

CALCUL DES VARIATIONS

Préliminaires. — *Considérations générales.*

Les premiers géomètres qui se sont occupés des problèmes dont les solutions se tirent aujourd'hui du calcul des variations, ont été conduits à examiner ce qui se passe quand on fait varier infiniment peu, non seulement diverses quantités, et les fonctions qui en dépendent, mais encore les formes mêmes de ces fonctions. Ainsi, en particulier, dans le bel Ouvrage qui a pour titre : *Methodus inveniendi lineas curvas maximi minimive proprietate gaudentes*, Euler a considéré les accroissements infiniment petits que prennent diverses fonctions d'une abscisse variable, par exemple, l'ordonnée d'une courbe et les dérivées de cette ordonnée, quand le point avec lequel coïncide l'extrémité de l'ordonnée se trouve remplacé, non par un second point de la même courbe, très voisin du premier et correspondant à une nouvelle abscisse, mais par un point correspondant à la même abscisse et situé sur une seconde courbe très voisine de la première. Ces accroissements infiniment petits d'une nouvelle espèce, distincts, sous un certain point de vue, de ceux que Leibnitz avait désignés sous le nom de *différentielles*, devaient être naturellement considérés comme le résultat d'un nouveau genre de différentiation. Aussi ont-ils été nommés par Euler des différentielles d'un nouveau genre (*Methodus*, p. 27). Euler a d'ailleurs reconnu combien il importait de ne pas représenter simultanément, à l'aide de la même notation, les nouvelles différentielles et les différentielles ordinaires, avec lesquelles on pourrait aisément les confondre ; et, pour éviter cette confusion, il a imaginé d'exprimer les différentielles ordinaires, considérées comme des accroissements infiniment petits, à l'aide de valeurs consécutives des variables et des fonctions. Il eût été plus simple de représenter, à l'aide d'une nouvelle notation, les nouvelles différentielles ; et, si Euler eût pris ce dernier parti, il serait immédiatement arrivé au *calcul des variations* de notre illustre Lagrange.

En réalité, les variations de Lagrange étaient primitivement ce que deviennent les différentielles de Leibnitz, c'est-à-dire les accroissements infiniment petits des variables et des fonctions, quand on suppose ces accroissements produits non seulement par le changement de valeur des variables, mais aussi par le changement de forme des fonctions diverses. Mais, après avoir cherché à écarter du calcul différentiel la notion des quantités infiniment petites, Lagrange ne pouvait vouloir la conserver dans le calcul des variations. Aussi, dans la *Théorie des fonctions analytiques,* les variations se présentent-elles, non plus comme des accroissements petits simultanément attribués aux variables ou fonctions proposées, mais comme des dérivées relatives à une nouvelle variable généralement distincte de toutes les autres.

Euler, qui a lui-même accueilli avec empressement le calcul des variations, considérait les variations non comme des dérivées, mais comme des différentielles relatives à une nouvelle variable indépendante qui peut être censée représenter le temps.

Sans exclure ce point de vue, nous donnerons pour les variations une définition analogue à celle que nous avons donnée pour les différentielles dans le précédent Mémoire ; et, *lorsque plusieurs quantités et fonctions pourront changer simultanément de valeurs et de forme, leurs variations seront*, pour nous, *de nouvelles variables et de nouvelles fonctions dont les rapports seront égaux aux limites des rapports entre les accroissements infiniment petits des variables et des fonctions proposées.*

Cette définition, que j'ai proposée aux géomètres dans le Mémoire *sur les méthodes analytiques* (voir le Recueil publié à Milan, et intitulé : *Bibliotheca italiana*), peut être simplifiée par la considération d'une variable dont la variation serait l'unité, et être ainsi réduite aux termes suivants :

La variation d'une variable ou fonction quelconque est la limite du rapport entre les accroissements infiniment petits que peuvent acquérir simultanément la variable ou la fonction dont il s'agit et une variable nouvelle dont la variation serait prise pour unité.

En vertu de cette dernière définition, les variations se réduisent à des différentielles prises par rapport à une nouvelle variable, comme le voulait Euler. Seulement ces différentielles, au lieu d'être ou des quantités infiniment petites, ou de véritables zéros, offrent des valeurs finies.

I. — *Définitions. Notations.*

Comme je l'ai rappelé dans le précédent Mémoire, les *différentielles* de plusieurs quantités variables dépendantes ou indépendantes les unes des autres peuvent être définies *de nouvelles quantités dont les rapports sont égaux aux limites des rapports entre les accroissements simultanés et infiniment petits des variables proposées.*

On peut donner, pour les variations des quantités et des fonctions, une définition analogue, comprise dans les termes suivants :

Lorsque plusieurs quantités et fonctions changent simultanément de valeurs et de formes, leurs variations se réduisent à de nouvelles quantités et à de nouvelles fonctions dont les rapports sont égaux aux limites des rapports entre les accroissements infiniment petits et correspondants des quantités et des fonctions proposées.

Ces définitions, que j'ai données dans le Mémoire *sur les méthodes analytiques*, mettent en évidence l'analogie qui existe entre le calcul différentiel et le calcul des variations. Lorsque les formes des fonctions proposées ne varient pas, les variations des diverses quantités que l'on considère se réduisent simplement à leurs différentielles.

Pour étendre les définitions précédentes au cas où les variables deviendraient imaginaires, il suffirait d'y remplacer le mot *quantité* par ceux-ci *expressions imaginaires*, attendu qu'alors les variations elles-mêmes cesseraient généralement d'être réelles.

Nous indiquerons, suivant l'usage, les accroissements simultanés, finis ou infiniment petits, des variables ou fonctions proposées, à l'aide de la caractéristique Δ, et leurs variations à l'aide de la caractéristique δ. En conséquence, si l'on nomme

$$x,\quad y,\quad z,\quad \ldots,\quad u,\quad v,\quad w,\quad \ldots$$

ces variables ou fonctions, leurs accroissements simultanés, finis ou infiniment petits, seront

$$\Delta x,\quad \Delta y,\quad \Delta z,\quad \ldots,\quad \Delta u,\quad \Delta v,\quad \Delta w,\quad \ldots,$$

tandis que les notations

$$\delta x,\quad \delta y,\quad \delta z,\quad \ldots,\quad \delta u,\quad \delta v,\quad \delta w,\quad \ldots$$

représenteront leurs variations, c'est-à-dire des variables ou des fonctions nouvelles dont les rapports seront égaux aux limites des rapports entre les accroissements infiniment petits

$$\Delta x,\quad \Delta y,\quad \Delta z,\quad \ldots,\quad \Delta u,\quad \Delta v,\quad \Delta w,\quad \ldots.$$

On peut concevoir que les accroissements infiniment petits

$$\Delta x,\quad \Delta y,\quad \Delta z,\quad \ldots,\quad \Delta u,\quad \Delta v,\quad \Delta w,\quad \ldots,$$

des variables ou fonctions proposées

$$x,\quad y,\quad z,\quad \ldots,\quad u,\quad v,\quad w,\quad \ldots,$$

correspondent à l'accroissement infiniment petit Δt d'une seule variable indépendante t, comprise ou non comprise parmi les variables données, et qui sera censée, si l'on veut, représenter le temps. Cela posé, soit s une variable ou fonction distincte de t. En vertu des définitions adoptées, le rapport entre les variations δs, δt sera la limite du rapport entre les accroissements infiniment petits Δs, Δt, en sorte qu'on aura

$$\frac{\delta s}{\delta t} = \lim \frac{\Delta s}{\Delta t},$$

et, par suite,

$$\delta s = \delta t \lim \frac{\Delta s}{\Delta t}.$$

Il importe d'observer que les variations de plusieurs quantités ne se trouvent pas complètement déterminées par la définition que nous en avons donnée. Cette définition, lors même que toutes les quantités proposées se réduisent à des fonctions d'une seule variable indépendante, fournit seulement le rapport entre la variation δs d'une variable ou fonction quelconque s, et la variation δt de la variable indépendante t. Mais cette dernière variation δt demeure entièrement arbitraire.

Lorsque l'on compare, comme on vient de le faire, les variations de toutes les variables ou fonctions proposées à la variation d'une seule variable indépendante t, un moyen de simplifier les calculs est de réduire cette variation qui reste arbitraire à l'unité. Ajoutons que, si l'on pose

$$\Delta t = \iota,$$

rien n'empêchera de considérer l'accroissement ι de la variable indépendante t comme une nouvelle variable indépendante. C'est ce que nous ferons désormais, en sorte que l'accroissement ι sera supposé indépendant de la variable t et de toutes les autres. D'ailleurs, pour abréger le discours, nous désignerons la variable indépendante t, de laquelle les valeurs des autres variables ainsi que les formes des diverses fonctions seront censées dépendre, et dont la variation sera réduite à l'unité, sous le nom de *variable primitive*. Cela posé, *la variation d'une variable quelconque s ne sera autre chose que la limite du rapport entre les accroissements infiniment petits Δs et ι de cette variable et de* *la variable primitive*. Effectivement, de l'équation

$$\delta s = \delta t \lim \frac{\Delta s}{\Delta t},$$

jointe aux formules

$$\delta t = 1, \qquad \Delta t = \iota,$$

on tirera immédiatement

$$(1) \qquad \delta s = \lim \frac{\Delta s}{\iota}.$$

Concevons, maintenant, que la quantité s dépende de plusieurs variables ou fonctions

$$x, \quad y, \quad z, \quad \ldots, \quad u, \quad v, \quad w, \quad \ldots.$$

On pourra partager ces variables ou fonctions en divers groupes ou systèmes, et chercher l'accroissement que s reçoit quand on attribue des accroissements infiniment petits

$$\Delta x, \quad \Delta y, \quad \Delta z, \quad \ldots, \quad \Delta u, \quad \Delta v, \quad \Delta w, \quad \ldots$$

à toutes les variables

$$x, \quad y, \quad z, \quad \ldots, \quad u, \quad v, \quad w, \quad \ldots,$$

ou seulement aux variables comprises dans le premier groupe, dans le second, dans le troisième,.... En opérant ainsi, on obtiendra, dans le premier cas, l'*accroissement total* de s que nous continuerons à exprimer par la notation

$$\Delta s,$$

et, dans le second cas, un *accroissement partiel* de s, qui correspondra au changement de valeur ou de forme des variables ou fonctions comprises dans un seul groupe, et qui sera représenté par l'une des notations

$$\Delta_{,} s, \quad \Delta_{,,} s, \quad \Delta_{,,,} s, \quad \ldots.$$

A l'accroissement total Δs correspondra la *variation totale* δs déterminée par la formule (1); et de même, aux accroissements partiels

$$\Delta_{,} s, \quad \Delta_{,,} s, \quad \Delta_{,,,} s, \quad \ldots$$

correspondront des *variations partielles*

$$\delta_{,}s, \quad \delta_{,,}s, \quad \delta_{,,,}s, \quad \ldots,$$

déterminées par des équations de la forme

$$(2) \qquad \delta_{,}s = \lim \frac{\Delta_{,}s}{\iota}.$$

Si la quantité s était une fonction de

$$x, \quad y, \quad z, \quad \ldots, \quad u, \quad v, \quad w, \quad \ldots,$$

qui pût changer de forme, alors, dans la recherche de l'accroissement total Δs et de la variation totale δs, il faudrait tenir compte du changement de forme dont il s'agit. En ayant égard seulement à ce changement de forme, et laissant d'ailleurs invariables les quantités

$$x, \quad y, \quad z, \quad \ldots, \quad u, \quad v, \quad w, \quad \ldots,$$

on obtiendrait non plus la variation totale de s, mais une variation partielle qui devrait naturellement s'appeler la *variation propre* de la fonction s.

Pareillement, si des fonctions de diverses variables $x, y, z, \ldots$ sont représentées par $u, v, w, \ldots$ et peuvent changer de forme, les *variations propres* de ces fonctions ne seront autre chose que leurs variations partielles correspondantes, non pas au changement de valeur d'une ou de plusieurs variables, mais seulement au changement de forme dont il s'agit.

Lorsque, dans un calcul, diverses variables seront fonctions les unes des autres, nous appellerons variables simples ou du premier ordre celles dont toutes les autres seront des fonctions. Nous appellerons, au contraire, variables du second ordre celles qui s'exprimeront en fonction des variables du premier ordre, variables du troisième ordre celles qui s'exprimeront en fonction des variables du second ordre, et ainsi de suite. Cela posé, il est clair que les variations propres des variables simples se confondront toujours avec leurs variations totales.

Lorsqu'une fonction s dépendra de variables de divers ordres, représentées chacune par une fonction qui pourra changer de forme, nous désignerons à l'aide de la caractéristique $\Game$, et par la notation

$$\Game s,$$

ou la variation propre de la quantité s, si cette quantité, considérée comme fonction des autres variables, peut elle-même changer de forme; ou, dans le cas contraire, la variation partielle de s correspondante aux variations propres de quelques-unes des autres variables, savoir, de celles qui seront de l'ordre le plus élevé. Si l'on désigne par

$$x, \quad y, \quad z, \quad \ldots, \quad u, \quad v, \quad w, \quad \ldots$$

les variables de divers ordres, desquelles dépendra la quantité s, les variations propres de ces variables seront elles-mêmes représentées, à l'aide de la caractéristique $\Game$, par les notations

$$\Game x, \quad \Game y, \quad \Game z, \quad \ldots, \quad \Game u, \quad \Game v, \quad \Game w, \quad \ldots;$$

et, si la variable x se réduit à une variable simple, on aura identiquement

$$\delta x = \Game x.$$

Concevons à présent que, la quantité s étant une quantité qui dépende de plusieurs variables et de plusieurs fonctions, on nomme

$$\Delta_{\prime} s, \quad \Delta_{\prime\prime} s, \quad \Delta_{\prime\prime\prime} s, \quad \ldots$$

des *accroissements partiels* de s, dont chacun corresponde aux accroissements infiniment petits que reçoivent quelques-unes de ces fonctions, lorsqu'on change infiniment peu leur forme sans changer la valeur des variables qu'elles renferment. Aux accroissements partiels

$$\Delta_{\prime} s, \quad \Delta_{\prime\prime} s, \quad \Delta_{\prime\prime\prime} s, \quad \ldots$$

correspondront encore des *variations partielles* de s, qui pourront encore être représentées par

$$\delta_{\prime} s, \quad \delta_{\prime\prime} s, \quad \delta_{\prime\prime\prime} s, \quad \ldots$$

et qui se trouveront encore déterminées par des formules semblables à l'équation (2).

Après avoir partagé en plusieurs groupes les variables ou fonctions desquelles dépend la quantité s, on peut calculer non seulement ses *accroissements partiels du premier ordre*

$$\Delta_{,}s, \quad \Delta_{,,}s, \quad \Delta_{,,,}s, \quad \ldots,$$

correspondants au changement de valeur des variables ou au changement de forme des fonctions comprises dans les divers groupes, mais encore ses *accroissements partiels du second ordre*, par exemple,

$$\Delta_{,}\Delta_{,,}s, \quad \Delta_{,}\Delta_{,,,}s, \quad \ldots, \quad \Delta_{,,}\Delta_{,,,}s, \quad \ldots;$$

ses accroissements partiels du troisième ordre, par exemple,

$$\Delta_{,}\Delta_{,,}\Delta_{,,,}s, \quad \ldots,$$

etc. A ces *accroissements partiels des divers ordres* correspondront des *variations partielles des divers ordres*. Ainsi, en particulier, outre les *variations partielles du premier ordre* représentées par les notations

$$\delta_{,}s, \quad \delta_{,,}s, \quad \delta_{,,,}s, \quad \ldots,$$

on pourra obtenir des *variations partielles du second ordre* représentées par les notations

$$\delta_{,}\delta_{,,}s, \quad \delta_{,}\delta_{,,,}s, \quad \ldots, \quad \delta_{,,}\delta_{,,,}s, \quad \ldots,$$

des *variations partielles du troisième ordre* représentées par les notations

$$\delta_{,}\delta_{,,}\delta_{,,,}s, \quad \ldots.$$

Il y a plus, outre les accroissements et variations de divers ordres que produisent plusieurs opérations successivement effectuées, mais dissemblables entre elles, on pourra considérer des accroissements totaux ou partiels, et des variations totales ou partielles, qui seraient les résultats d'opérations dont plusieurs seraient semblables les unes aux autres. Tels seraient, par exemple, les accroissements totaux ou partiels exprimés par les notations

$$\Delta\Delta s,\quad \Delta\Delta\Delta s,\quad \Delta\Delta\Delta\Delta s,\quad \ldots,$$
$$\Delta_{\prime}\Delta_{\prime} s,\quad \Delta_{\prime}\Delta_{\prime}\Delta_{\prime} s,\quad \ldots,\quad \Delta_{\prime\prime}\Delta_{\prime\prime}\Delta_{\prime} s,\quad \ldots,$$

et les variations totales ou partielles exprimées par les notations

$$\delta\delta s,\quad \delta\delta\delta s,\quad \delta\delta\delta\delta s,\quad \ldots,$$
$$\delta_{\prime}\delta_{\prime} s,\quad \delta_{\prime}\delta_{\prime}\delta_{\prime} s,\quad \delta_{\prime\prime}\delta_{\prime\prime}\delta_{\prime} s,\quad \ldots.$$

Pour plus de commodité, on est convenu d'écrire

$$\Delta^2,\quad \Delta^3,\quad \ldots,\quad \text{au lieu de}\quad \Delta\Delta,\quad \Delta\Delta\Delta,\quad \ldots;$$
$$\Delta_{\prime}^2,\quad \Delta_{\prime}^3,\quad \ldots,\quad \text{au lieu de}\quad \Delta_{\prime}\Delta_{\prime},\quad \Delta_{\prime}\Delta_{\prime}\Delta_{\prime},\quad \ldots;$$

et pareillement

$$\delta^2,\quad \delta^3,\quad \ldots,\quad \text{au lieu de}\quad \delta_{\prime}\delta_{\prime},\quad \delta_{\prime}\delta_{\prime}\delta_{\prime},\quad \ldots,$$

comme si les notations

$$\Delta\Delta,\quad \Delta\Delta\Delta,\quad \ldots,\quad \Delta_{\prime}\Delta_{\prime},\quad \Delta_{\prime}\Delta_{\prime}\Delta_{\prime},\quad \ldots,$$
$$\delta\delta,\quad \delta\delta\delta,\quad \ldots,\quad \delta_{\prime}\delta_{\prime},\quad \delta_{\prime}\delta_{\prime}\delta_{\prime},\quad \ldots$$

représentaient de véritables produits. Eu égard à cette convention, les variations totales des divers ordres de la fonction s se trouvent représentées par les notations

$$\delta s,\quad \delta^2 s,\quad \delta^3 s,\quad \ldots,$$

tandis que les variations partielles

$$\delta_{\prime}\delta_{\prime} s,\quad \delta_{\prime}\delta_{\prime}\delta_{\prime} s,\quad \ldots,\quad \delta_{\prime\prime}\delta_{\prime\prime}\delta_{\prime},\quad \ldots$$

se trouvent représentées par les notations

$$\delta_{\prime}^2 s,\quad \delta_{\prime}^3 s,\quad \ldots,\quad \delta_{\prime\prime}^2\delta_{\prime} s,\quad \ldots.$$

En terminant ce paragraphe, nous ferons remarquer la connexion intime qui existe, en vertu des principes mêmes que nous avons établis, entre le calcul des variations et le calcul différentiel.

Nous avons déjà observé que les variations totales de quantités variables peuvent être censées se réduire à leurs différentielles, dans le cas où les fonctions comprises parmi ces quantités ne changent pas de forme.

J'ajoute que, dans tous les cas, les variations totales des quantités que l'on considère peuvent être regardées comme des dérivées ou des différentielles prises par rapport à la variable primitive t, dont l'accroissement Δt est censé déterminer les changements de valeur ou de forme des variables, ou des fonctions proposées. En effet, s étant l'une quelconque de ces variables ou fonctions, nommons, comme ci-dessus,

$$\Delta s$$

l'accroissement total de s correspondant à l'accroissement $\iota = \Delta t$ de la variable primitive t; et posons, pour abréger,

$$S = s + \Delta s.$$

Les deux quantités

$$s, \quad S$$

pourront être considérées comme représentant les deux valeurs particulières que prendra une certaine fonction s de la variable t, pour une valeur donnée de cette variable, et pour la même valeur augmentée de $\iota = \Delta t$. Par suite, la limite vers laquelle convergera le rapport

$$\frac{\Delta s}{\iota},$$

tandis que Δt s'approchera indéfiniment de la limite zéro, ne sera autre chose que la valeur particulière de la dérivée

$$\mathrm{D}_t \mathrm{s},$$

correspondante à la valeur donnée de t. Donc, en vertu de l'équation (1), la variation totale δs se confondra simplement avec la dérivée

$$\mathrm{D}_t \mathrm{s},$$

ou plutôt avec la valeur qu'acquerra cette dérivée pour une valeur particulière de t.

D'ailleurs, t étant, par hypothèse, la variable primitive, la différentielle dt se réduira simplement à l'unité; en sorte que la fonction dérivée

$$D_t s$$

ne différera pas de la différentielle partielle

$$d_t s$$

prise par rapport à t.

Il est juste d'observer que, dans la vingt-deuxième Leçon du *Calcul des fonctions*, Lagrange avait déjà regardé les variations de quantités variables comme représentant des dérivées prises par rapport à une nouvelle variable, distincte de toutes celles que l'on considérait d'abord.

II. — *Sur la continuité des fonctions et de leurs variations. Propriétés générales des variations de plusieurs variables ou fonctions liées entre elles par des équations connues.*

Supposer, comme on le fait dans le calcul des variations, qu'à des accroissements infiniment petits des variables correspondent des accroissements infiniment petits des fonctions, c'est supposer implicitement que les fonctions restent continues. On ne doit donc pas être étonné de rencontrer, dans le calcul des variations, des définitions, des formules et des théorèmes qui cessent d'être applicables ou d'offrir un sens précis et déterminé, quand les fonctions deviennent discontinues. On ne doit pas être étonné de voir, dans des cas semblables, la formule (1) du § I fournir, pour la variation δs, une valeur infinie ou même indéterminée.

Sans perdre de vue ces observations, nous allons maintenant faire voir avec quelle facilité on peut, des principes établis dans le premier paragraphe, déduire les propriétés générales des variations de plusieurs variables ou fonctions liées entre elles par des relations connues.

Soit s une variable ou fonction quelconque; soient encore

$$\Delta s \quad \text{et} \quad \iota$$

les accroissements infiniment petits et simultanés de la variable ou fonction s, et de la variable primitive, dont la variation est l'unité. La variation de s ou δs sera, comme on l'a vu dans le § I, déterminée par la formule

(1) $$\delta s = \lim \frac{\Delta s}{\iota}.$$

Cela posé, concevons d'abord que la variable ou fonction s soit la somme de plusieurs autres variables ou fonctions

$$u, \quad v, \quad w,$$

en sorte qu'on ait

(2) $$s = u + v + w + \ldots.$$

Quand on attribuera aux variables ou fonctions

$$u, \quad v, \quad w, \quad \ldots$$

les accroissements infiniment petits

$$\Delta u, \quad \Delta v, \quad \Delta w, \quad \ldots,$$

s croîtra évidemment d'une quantité représentée par la somme de ces accroissements. On aura donc

$$\Delta s = \Delta u + \Delta v + \Delta w + \ldots;$$

puis, en divisant par ι chaque membre de la dernière équation, et faisant ensuite converger ι vers la limite zéro, on trouvera non seulement

$$\frac{\Delta s}{\iota} = \frac{\Delta u}{\iota} + \frac{\Delta v}{\iota} + \frac{\Delta w}{\iota} + \ldots,$$

mais encore, eu égard à la formule (1),

(3) $$\delta s = \delta u + \delta v + \delta w + \ldots$$

En d'autres termes, l'équation

(4) $$\Delta(u + v + w + \ldots) = \Delta u + \Delta v + \Delta w + \ldots$$

entraînera la formule

$$\delta(u + v + w + \ldots) = \delta u + \delta v + \delta w + \ldots. \tag{5}$$

On peut donc énoncer la proposition suivante.

Théorème I. — *La variation de la somme de plusieurs fonctions ou variables se réduit à la somme de leurs variations.*

Corollaire. — Si l'on suppose les fonctions u, v,... réduites à deux seulement, la formule (5) deviendra

$$\delta(u + v) = \delta u + \delta v.$$

Or il résulte de cette dernière formule que, si une fonction donnée u reçoit un accroissement quelconque v, l'accroissement correspondant de la variation δu sera représenté par δv. En d'autres termes, *l'accroissement de la variation sera la variation de l'accroissement.*

Supposons maintenant que deux variables ou fonctions r, s soient liées entre elles par l'équation

$$s = ar, \tag{6}$$

a désignant une quantité constante. Quand on fera croître r de Δr, le produit ar croîtra d'une quantité représentée par le produit $a\Delta r$. Donc, en nommant Δr, Δs les accroissements infiniment petits et simultanés des variables ou fonctions r, s, on aura

$$\Delta s = a\,\Delta r.$$

En divisant par ι chaque membre de la dernière équation, et faisant ensuite converger ι vers la limite zéro, on trouvera non seulement

$$\frac{\Delta s}{\iota} = a\frac{\Delta r}{\iota},$$

mais encore, eu égard à la formule (1),

$$\delta s = a\,\delta r. \tag{7}$$

En d'autres termes, l'équation

$$\Delta(ar) = a\,\Delta r \tag{8}$$

entraînera la formule

$$\delta(ar) = a\,\delta r. \tag{9}$$

On peut donc énoncer la proposition suivante.

THÉORÈME II. — *Lorsqu'on multiplie une fonction par un coefficient constant, la variation de cette fonction se trouve à son tour multipliée par ce même coefficient.*

Supposons encore la fonction s liée à d'autres fonctions u, v, w, .. par une équation linéaire, de sorte qu'on ait

$$s = au + bv + cw + \ldots, \tag{10}$$

a, b, c,... désignant des coefficients constants; alors, en raisonnant toujours de la même manière, on obtiendra la formule

$$\delta s = a\,\delta u + b\,\delta v + c\,\delta w + \ldots, \tag{11}$$

qui entraînera la suivante

$$\delta(u + v + w + \ldots) = a\,\delta u + b\,\delta v + c\,\delta w + \ldots, \tag{12}$$

et qui peut se déduire directement des équations (5) et (9).

Supposons enfin que deux variables ou fonctions r, s soient liées entre elles par la formule

$$s = \mathrm{f}(r), \tag{13}$$

$\mathrm{f}(r)$ étant une fonction déterminée de r; et représentons par $D_r s$ la dérivée de s prise par rapport à r. On aura

$$D_r s = \lim \frac{\Delta s}{\Delta r}. \tag{14}$$

D'ailleurs l'équation identique

$$\Delta s = \frac{\Delta s}{\Delta r}\,\Delta r$$

entraînera la suivante

$$\frac{\Delta s}{\iota} = \frac{\Delta s}{\Delta r}\frac{\Delta r}{\iota},$$

de laquelle on conclura, en faisant converger ι vers la limite zéro, et ayant égard à la formule (14),

$$(15) \qquad \delta s = \mathrm{D}_r s\, \delta r.$$

En d'autres termes, on aura

$$(16) \qquad \delta\, \mathrm{f}(r) = \mathrm{D}_r \mathrm{f}(r)\, \delta r.$$

Les théorèmes et les formules que nous venons d'établir subsistent évidemment dans le cas où l'on se bornerait à changer les valeurs ou les formes de quelques variables ou de quelques fonctions, et où l'on remplacerait en conséquence les accroissements totaux et les variations totales par des accroissements partiels et des variations partielles. Ainsi, en particulier, les formules (4), (8) continueront de subsister, si l'on y remplace la caractéristique Δ, qui indique l'accroissement total d'une fonction, par l'une des caractéristiques

$$\Delta_{\prime}, \quad \Delta_{\prime\prime}, \quad \Delta_{\prime\prime\prime}, \quad \ldots,$$

employées pour indiquer des accroissements partiels relatifs au changement de valeur ou de forme de diverses variables ou fonctions, ou même des variables ou fonctions comprises dans divers groupes. Pareillement, les formules (5), (9), (12) continueront de subsister, si l'on y remplace la caractéristique δ, qui indique la variation totale d'une fonction, par l'une des caractéristiques

$$\delta_{\prime}, \quad \delta_{\prime\prime}, \quad \delta_{\prime\prime\prime}, \quad \ldots,$$

employées pour indiquer les variations partielles.

Si les variations partielles que l'on considère se réduisent à des variations propres; alors à la caractéristique δ on devra substituer, non plus une des caractéristiques $\delta_{\prime}$, $\delta_{\prime\prime}$, $\delta_{\prime\prime\prime}$, ..., mais la caractéristique $\mathcal{S}$; et en conséquence, à la place des formules (5), (9), (12), on obtiendra les suivantes :

$$(17)\qquad \mathcal{J}(u+v+w+\ldots)=\mathcal{J}u+\mathcal{J}v+\mathcal{J}w+\ldots,$$

$$(18)\qquad \mathcal{J}(ar)=a\mathcal{J}r,$$

$$(19)\qquad \mathcal{J}(au+bv+cw+\ldots)=a\mathcal{J}u+b\mathcal{J}v+c\mathcal{J}w+\ldots.$$

Ajoutons qu'en vertu de la convention établie dans le § I (pages 65 et 66), on pourra remplacer à la fois, dans les deux membres de la formule (16), la caractéristique δ par la caractéristique $\mathcal{J}$. On trouvera ainsi, pourvu que $f(r)$ ne cesse pas de représenter une fonction déterminée de r,

$$(20)\qquad \mathcal{J}f(r)=D_r f(r)\,\mathcal{J}r.$$

L'équation (1), de laquelle nous avons déduit les formules (5), (9), (12), (16), ..., entraîne encore une multitude d'autres conséquences dignes de remarque, et en particulier celles que nous allons indiquer.

Supposons que la fonction s et sa variation δs restent continues par rapport aux variables dont elles dépendent dans le voisinage du système de valeurs particulières attribuées à ces mêmes variables. Concevons d'ailleurs que l'on fasse coïncider la variable primitive, dont l'accroissement est représenté par ι, et dont la variation est réduite à l'unité, avec l'une des variables données, ou avec une variable nouvelle dont toutes les autres soient des fonctions continues. Non seulement la variation δs sera la limite de laquelle s'approchera indéfiniment le rapport $\frac{\Delta s}{\iota}$, tandis que ι s'approchera indéfiniment de la limite zéro; mais, de plus, pour de très petits modules de ι, ce rapport différera très peu de sa limite, en sorte qu'on pourra énoncer la proposition suivante.

Théorème III. — *Si une fonction s et sa variation δs restent continues, par rapport aux variables dont elles dépendent, dans le voisinage du système de valeurs attribuées à ces variables; si d'ailleurs on fait coïncider la variable primitive, ou avec l'une de ces variables, ou avec une variable* *nouvelle dont toutes les autres soient fonctions continues; alors, pour des valeurs infiniment petites attribuées à l'accroissement* ι *de la variable primitive, la différence entre le rapport* $\frac{\Delta s}{\iota}$ *et la variation* δs *sera infiniment petite.*

Corollaire I. — Le théorème III s'étend au cas même où l'accroissement total Δs et la variation totale δs seraient remplacés par un accroissement partiel

$$\Delta_{,}s, \quad \text{ou} \quad \Delta_{,,}s, \quad \text{ou} \quad \Delta_{,,,}s, \quad \ldots$$

et par la variation correspondante

$$\delta_{,}s, \quad \text{ou} \quad \delta_{,,}s, \quad \text{ou} \quad \delta_{,,,}s, \quad \ldots.$$

Corollaire II. — Concevons à présent que les variables et fonctions diverses, desquelles dépend la fonction s, soient partagées en deux groupes. Indiquons à l'aide de la caractéristique Δ l'accroissement total de la fonction s ou d'une fonction de même nature, et à l'aide des caractéristiques Δ'' ou $\Delta_{,,}$ les accroissements partiels de la même fonction correspondants à des changements infiniment petits de valeur ou de forme des variables ou fonctions comprises dans un seul groupe. Soit, en conséquence, $\Delta_{,}s$ ou $\Delta_{,,}s$ l'accroissement infiniment petit de s qui correspond à des changements de valeur ou de forme des variables ou fonctions comprises dans le premier ou dans le second groupe. Soit, au contraire, Δs l'accroissement total de s. Enfin, posons

$$(21) \qquad s_{,} = s + \Delta_{,}s \quad \text{et} \quad s_{,,} = s_{,} + \Delta_{,,}s_{,}.$$

$s_{,,}$ sera évidemment ce que devient s quand on change à la fois les valeurs de toutes les variables et les formes de toutes les fonctions. On aura donc

$$s_{,,} = s + \Delta s.$$

D'ailleurs on tirera des formes (21)

$$(22) \qquad s_{,,} = s_{,} + \Delta_{,,}s_{,} = s_{,} + \Delta_{,}s + \Delta_{,,}s_{,},$$

par conséquent

$$s_{,,} - s = \Delta_{,}s + \Delta_{,,}s_{,};$$

et, comme la formule (22) donnera

$$\Delta s = s_{\prime\prime} - s,$$

on trouvera définitivement

$$\Delta s = \Delta_{\prime} s + \Delta_{\prime\prime} s_{\prime}. \tag{23}$$

En divisant par ι les deux membres de cette dernière équation, on aura

$$\frac{\Delta s}{\iota} = \frac{\Delta_{\prime} s}{\iota} + \frac{\Delta_{\prime\prime} s_{\prime}}{\iota}.$$

Soient maintenant

$$\delta_{\prime} s, \quad \delta_{\prime\prime} s$$

les variations partielles de la fonction s correspondantes aux accroissements partiels

$$\Delta_{\prime} s_{\prime\prime} \quad \Delta_{\prime\prime} s;$$

et supposons que

$$s, \quad \delta_{\prime} s, \quad \delta_{\prime\prime} s$$

soient des fonctions continues des diverses variables, dans le voisinage du système des valeurs attribuées à ces variables mêmes. Alors, pour des valeurs infiniment petites de ι, en vertu du corollaire I, le rapport $\frac{\Delta_{\prime} s}{\iota}$ différera infiniment peu de $\delta_{\prime} s$, et le rapport $\frac{\Delta_{\prime\prime} s_{\prime}}{\iota}$ de $\delta_{\prime\prime} s_{\prime}$. Mais, d'autre part, à l'accroissement infiniment petit

$$s_{\prime} - s = \Delta_{\prime} s$$

de la fonction s correspondra l'accroissement

$$\delta_{\prime\prime} s_{\prime} - \delta_{\prime\prime} s = \Delta_{\prime} \delta_{\prime\prime} s$$

de la variation $\delta_{\prime\prime} s$, et ce dernier accroissement sera encore infiniment petit, puis $\delta_{\prime\prime} s$ sera, par hypothèse, fonction continue des diverses variables. Donc $\delta_{\prime\prime} s_{\prime}$ différera infiniment peu de $\delta_{\prime\prime} s$; et, par suite, le rapport $\frac{\Delta_{\prime\prime} s_{\prime}}{\iota}$ différera infiniment peu non seulement de $\delta_{\prime\prime} s_{\prime}$, mais aussi de $\delta_{\prime\prime} s$. Donc, dans l'hypothèse admise, si l'on fait converger ι vers la limite zéro, les rapports

$$\frac{\Delta_{\prime} s}{\iota}, \quad \frac{\Delta_{\prime\prime} s_{\prime}}{\iota}$$

convergeront respectivement vers les limites

$$\delta_{,}s, \quad \delta_{,,}s;$$

et, par suite, la formule

$$\frac{\Delta s}{i} = \frac{\Delta_{,} s}{i} + \frac{\Delta_{,,} s_{,}}{i}$$

entraînera celle-ci

$$\delta s = \delta_{,} s + \delta_{,,} s.$$

En conséquence, on peut énoncer la proposition suivante.

Théorème IV. — *Soit s une fonction dépendante de variables et fonctions diverses que nous supposerons partagées en deux groupes. Soient, de plus,*

$$\delta_{,} s$$

la variation partielle de s correspondante au changement de valeur ou de forme des variables ou des fonctions comprises dans le premier groupe;

$$\delta_{,,} s$$

la variation partielle de s, correspondante au changement de valeur ou de forme des variables ou des fonctions comprises dans le second groupe; et δs la variation totale de s. Si la fonction s et ses variations partielles

$$\delta_{,} s, \quad \delta_{,,} s$$

restent fonctions continues des diverses variables, dans le voisinage du système des valeurs attribuées à ces variables mêmes, la variation totale δs sera la somme des variations partielles, en sorte qu'on aura

$$(24) \qquad \delta s = \delta_{,} s + \delta_{,,} s.$$

Corollaire. — Concevons maintenant que les variables et fonctions diverses desquelles dépend la fonction s soient partagées en trois groupes, et nommons

$$\delta_{,} s, \quad \delta_{,,} s, \quad \delta_{,,,} s$$

les variations partielles de s correspondantes à ces trois groupes. Supposons d'ailleurs que la fonction s et ces trois variations partielles restent fonctions continues des diverses variables dans le voisinage du système des valeurs attribuées à ces variables mêmes. Si l'on considère les deux derniers groupes comme n'en formant plus qu'un seul; la variation partielle de s, correspondante à ce nouveau groupe, sera, en vertu du théorème précédent, représentée par la somme

$$\delta_{\prime\prime} s + \delta_{\prime\prime\prime} s;$$

et, en vertu du même théorème, il suffira d'ajouter cette somme à $\delta_{\prime} s$ pour obtenir la variation totale de s, ou δs. On aura donc

$$\delta s = \delta_{\prime} s + \delta_{\prime\prime} s + \delta_{\prime\prime\prime} s.$$

Par des raisonnements semblables on passera aisément du cas où les variables ou fonctions sont partagées en trois groupes, au cas où elles sont partagées en quatre groupes, etc.; et, continuant ainsi, on établira généralement la proposition suivante.

Théorème V. — *Soit s une fonction dépendante de variables et fonctions diverses que nous supposerons partagées en divers groupes. Soient, de plus,*

$$\delta_{\prime} s, \quad \delta_{\prime\prime} s, \quad \delta_{\prime\prime\prime} s, \quad \ldots$$

les variations partielles de s correspondantes au premier, au second, au troisième, etc. groupe. Enfin, supposons que la fonction s et chacune de ces variations restent fonctions continues des diverses variables dans le voisinage du système de valeurs attribuées à ces variables mêmes. La variation totale δs de la fonction s sera la somme des variations partielles $\delta_{\prime} s$, $\delta_{\prime\prime} s$, $\delta_{\prime\prime\prime} s$, ...; en sorte qu'on aura

$$\delta s = \delta_{\prime} s + \delta_{\prime\prime} s + \delta_{\prime\prime\prime} s + \ldots. \tag{25}$$

Corollaire I. — Au lieu de déduire le cinquième théorème du précédent, on pourrait l'établir directement à l'aide des considérations suivantes. Les variables et fonctions diverses desquelles dépend la fonction s étant, comme on vient de le dire, partagées en divers groupes; désignons à l'aide des caractéristiques

$$\Delta_{\prime}, \quad \Delta_{\prime\prime}, \quad \Delta_{\prime\prime\prime}, \quad \ldots$$

les accroissements partiels de la fonction s ou d'une fonction de même nature, qui correspondent à des changements de valeur ou de forme des variables ou des fonctions comprises dans le premier, le second, le troisième, etc. groupe. Si l'on pose successivement

$$(26)\qquad \left\{\begin{array}{l} s_{\prime} = s + \Delta_{\prime} s, \\ s_{\prime\prime} = s_{\prime} + \Delta_{\prime\prime} s_{\prime}, \\ s_{\prime\prime\prime} = s_{\prime\prime} + \Delta_{\prime\prime\prime} s_{\prime\prime}, \\ \ldots\ldots\ldots\ldots, \end{array}\right.$$

le dernier terme de la suite

$$s_{\prime}, \quad s_{\prime\prime}, \quad s_{\prime\prime\prime}, \quad \ldots$$

sera évidemment ce que devient s en vertu des changements de valeur de toutes les variables et des changements de forme de toutes les fonctions données. Donc ce dernier terme sera la valeur de $s + \Delta s$, c'est-à-dire la fonction s augmentée de son accroissement total Δs. D'autre part, on tirera successivement des formules (26),

$$\begin{array}{l} s_{\prime} = s + \Delta_{\prime} s, \\ s_{\prime\prime} = s + \Delta_{\prime} s + \Delta_{\prime\prime} s_{\prime}, \\ s_{\prime\prime\prime} = s + \Delta_{\prime} s + \Delta_{\prime\prime} s_{\prime} + \Delta_{\prime\prime\prime} s_{\prime\prime}, \\ \ldots\ldots\ldots\ldots\ldots\ldots \end{array}$$

Donc le dernier terme de la suite

$$s_{\prime}, \quad s_{\prime\prime}, \quad s_{\prime\prime\prime}, \quad \ldots$$

sera encore équivalent à la fonction s augmentée de la somme des termes de la suite

$$\Delta_{\prime} s, \quad \Delta_{\prime\prime} s_{\prime}, \quad \Delta_{\prime\prime\prime} s_{\prime\prime}, \quad \ldots.$$

Donc cette somme sera précisément la valeur de l'accroissement total Δs, et l'on aura

$$(27)\qquad \Delta s = \Delta_{\prime} s + \Delta_{\prime\prime} s_{\prime} + \Delta_{\prime\prime\prime} s_{\prime\prime} + \ldots;$$

puis on en conclura

$$(28)\qquad \frac{\Delta s}{\iota} = \frac{\Delta_{\prime} s}{\iota} + \frac{\Delta_{\prime\prime} s_{\prime}}{\iota} + \frac{\Delta_{\prime\prime\prime} s_{\prime\prime}}{\iota} + \ldots.$$

Si maintenant on attribue à ι une valeur infiniment petite, et si l'on suppose que les fonctions

$$s, \quad \delta_{,}s, \quad \delta_{,,}s, \quad \delta_{,,,}s, \quad \ldots$$

restent fonctions continues des diverses variables dans le voisinage du système de valeurs attribuées à ces variables; on reconnaîtra que les rapports

$$\frac{\Delta_{,}s}{\iota}, \quad \frac{\Delta_{,,}s_{,}}{\iota}, \quad \frac{\Delta_{,,,}s_{,,}}{\iota}, \quad \ldots$$

diffèrent infiniment peu, le premier de $\delta_{,}s$; le second de $\delta_{,,}s_{,}$, et par suite de $\delta_{,,}s$; le troisième de $\delta_{,,,}s_{,,}$, et par suite de $\delta_{,,,}s_{,}$, ou même de $\delta_{,,,}s$, ... Donc, en faisant converger ι vers la limite zéro, on verra les rapports

$$\frac{\Delta_{,}s}{\iota}, \quad \frac{\Delta_{,,}s_{,}}{\iota}, \quad \frac{\Delta_{,,,}s_{,,}}{\iota}, \quad \ldots$$

converger respectivement vers les limites

$$\delta_{,}s, \quad \delta_{,,}s, \quad \delta_{,,,}s, \quad \ldots,$$

et la formule (28) entraînera l'équation (25).

III. — *Formules générales, propres à fournir les variations des fonctions d'une ou de plusieurs variables.*

Les principes établis dans le paragraphe précédent fournissent immédiatement les diverses formules générales à l'aide desquelles on peut déterminer les variations des fonctions d'une ou de plusieurs variables. Entrons à ce sujet dans quelques détails.

Considérons d'abord une fonction s d'une seule variable x. Si la forme de cette fonction est complètement déterminée, et si s se trouve immédiatement exprimée en fonction de x, la variation δs pourra être déterminée à l'aide de l'équation (15) du paragraphe précédent, de laquelle on tirera

$$(1) \qquad \delta s = D_x s \, \delta x.$$

Alors aussi on pourra considérer les variations

$$\delta s, \quad \delta x,$$

comme représentant de simples différentielles

$$ds, \quad dx;$$

de sorte que la formule (1) se confondra en réalité avec l'équation

$$(2) \qquad ds = \mathrm{D}_x s\, dx.$$

Corollaire I. — Si la forme de la fonction s cesse d'être complètement déterminée, alors, en vertu du théorème IV du § II, la variation totale de s sera la somme de ses deux variations partielles correspondantes, l'une au changement de valeur de la variable x, l'autre au changement de forme de s considéré comme fonction de x. D'ailleurs de ces deux variations partielles, la seconde sera précisément celle que nous appelons *la variation propre de la fonction s*, et que, d'après les conventions admises dans le § I, nous représentons par $\mathcal{S}\!\!\!\!\!\!\;\;\, s$, tandis que la première sera la valeur de δs fournie par l'équation (1), ou le produit $\mathrm{D}_x s\, \delta x$. On aura donc généralement, dans l'hypothèse admise,

$$(3) \qquad \delta s = \mathcal{S}s + \mathrm{D}_x s\, \delta x.$$

Corollaire II. — Concevons maintenant que la valeur de s soit fournie par l'équation

$$(4) \qquad s = \mathrm{f}(x, y, z, \ldots, u, v, w, \ldots),$$

dans laquelle les lettres

$$x, \quad y, \quad z, \quad \ldots, \quad u, \quad v, \quad w, \quad \ldots$$

désignent des variables ou fonctions diverses. Supposons d'ailleurs que, la forme de la fonction f étant complètement déterminée, on indique, à l'aide des caractéristiques

$$\delta_{\prime}, \quad \delta_{\prime\prime}, \quad \delta_{\prime\prime\prime}, \quad \ldots,$$

des variations partielles dont chacune corresponde à la variation totale d'une seule des variables ou fonctions

$$x,\quad y,\quad z,\quad \ldots,\qquad u,\quad v,\quad w,\quad \ldots.$$

Alors les valeurs de

$$\delta_{,}s,\quad \delta_{,,}s,\quad \delta_{,,,}s,\quad \ldots$$

pourront être calculées à l'aide de la formule (15) du § II; puisque, d'après la remarque faite dans le § II (page 74), on peut se servir de cette formule pour déterminer, non seulement les variations totales, mais encore les variations partielles correspondantes de deux variables ou fonctions liées l'une à l'autre. Donc ces valeurs pourront être réduites aux produits

$$\mathrm{D}_x s\,\delta x,\quad \mathrm{D}_y s\,\delta y,\quad \mathrm{D}_z s\,\delta z,\quad \ldots,\quad \mathrm{D}_u s\,\delta u,\quad \mathrm{D}_v s\,\delta v,\quad \mathrm{D}_w s\,\delta w,\quad \ldots.$$

D'autre part, en vertu du théorème V du § II, il suffira d'ajouter ces valeurs l'une à l'autre pour obtenir la variation totale de s. On aura donc, dans l'hypothèse admise,

$$\delta s = \mathrm{D}_x s\,\delta x + \mathrm{D}_y s\,dy + \mathrm{D}_z s\,\delta z + \ldots + \mathrm{D}_u s\,\delta u + \mathrm{D}_v s\,\delta v + \mathrm{D}_w s\,\delta w + \ldots. \tag{5}$$

Dans le cas où les formes des diverses fonctions contenues dans s restent complètement déterminées, les variations

$$\delta x,\quad \delta y,\quad \delta z,\quad \ldots,\quad \delta u,\quad \delta v,\quad \delta w,\quad \ldots,\quad \delta s$$

se réduisent à de simples différentielles

$$dx,\quad dy,\quad dz,\quad \ldots,\quad du,\quad dv,\quad dw,\quad \ldots,\quad ds,$$

et l'équation (5) à la formule

$$ds = \mathrm{D}_x s\,dx + \mathrm{D}_y s\,dy + \mathrm{D}_z s\,dz + \ldots + \mathrm{D}_u s\,du + \mathrm{D}_v s\,dv + \mathrm{D}_w s\,dw + \ldots. \tag{6}$$

Corollaire III. — Si la forme de la fonction f cessait d'être complètement déterminée; alors, pour obtenir la valeur générale de δs, il faudrait, en vertu de la formule (25) du § II, ajouter au second membre de l'équation (5) la variation propre de s, c'est-à-dire la variation partielle de s relative, non plus au changement de valeur ou de forme des variables ou fonctions

$$x,\quad y,\quad z,\quad \ldots,\qquad u,\quad v,\quad w,\quad \ldots,$$

mais au changement de forme de la fonction indiquée par la lettre f. Alors, en désignant par $\mathcal{S}s$ la variation propre de s, on trouverait

$$(7)\quad \delta s = \mathcal{S}s + D_x s\,\delta x + D_y s\,\delta y + D_z s\,\delta z + \ldots + D_u s\,\delta u + D_v s\,\delta v + D_w s\,\delta w + \ldots.$$

Pareillement, si les lettres

$$u,\quad v,\quad w,\quad \ldots$$

désignaient des fonctions de x, y, z, ... dont les formes ne fussent pas complètement déterminées; alors, pour obtenir la variation totale δu, il faudrait à la somme

$$D_x u\,\delta x + D_y u\,\delta y + D_z u\,\delta z + \ldots$$

ajouter la variation propre $\mathcal{S}u$ de la fonction u. On aurait en conséquence

$$(8)\quad \begin{cases} \delta u = \mathcal{S}u + D_x u\,\delta x + D_y u\,\delta y + D_z u\,\delta z + \ldots, \\ \text{et pareillement} \\ \delta v = \mathcal{S}v + D_x v\,\delta x + D_y v\,\delta y + D_z v\,\delta z + \ldots, \\ \delta w = \mathcal{S}w + D_x w\,\delta x + D_y w\,\delta y + D_z w\,\delta z + \ldots, \\ \ldots\ldots\ldots\ldots\ldots\ldots\ldots\ldots\ldots\ldots\ldots\ldots \end{cases}$$

Corollaire IV. — Pour déduire de l'équation (25) du § II l'équation (5) relative au cas où la forme de la fonction f est complètement déterminée, il a suffi de supposer que chacune des lettres caractéristiques

$$\delta_{,},\quad \delta_{,,},\quad \delta_{,,,},\quad \ldots$$

se rapportait, dans l'équation (25) du § II, à la variation totale d'une seule des variables ou fonctions

$$x,\quad y,\quad z,\quad \ldots,\qquad u,\quad v,\quad w,\quad \ldots.$$

Si l'on supposait, au contraire, que chacune des caractéristiques

$$\delta_{,},\quad \delta_{,,},\quad \delta_{,,,},\quad \ldots$$

se rapporte à la variation propre d'une seule des variables ou fonctions

$$x,\ y,\ z,\ \ldots,\qquad u,\ v,\ w,\ \ldots,$$

on obtiendrait, au lieu de la formule (5), une autre formule qui fournirait pour δs une seconde valeur nécessairement équivalente à la première. Confirmons l'exactitude de cette assertion par un exemple, et supposons, pour fixer les idées, que la valeur de s étant donnée par la formule (4), x, y, z, ... représentent des variables indépendantes dont u, v, w, ... soient fonctions. Les variations propres

$$\mathfrak{d}x,\ \mathfrak{d}y,\ \mathfrak{d}z,\ \ldots$$

des variables indépendantes x, y, z, ... se confondront avec leurs variations totales

$$\delta x,\ \delta y,\ \delta z,$$

en sorte qu'on aura identiquement

$$(9)\qquad \delta x = \mathfrak{d}x,\qquad \delta y = \mathfrak{d}y,\qquad \delta z = \mathfrak{d}z,\qquad \ldots.$$

Mais les variations propres

$$\mathfrak{d}u,\ \mathfrak{d}v,\ \mathfrak{d}w,\ \ldots$$

des fonctions u, v, w, ... seront distinctes de leurs variations totales, et liées à ces dernières par les formules (8). Cela posé, nommons $[s]$ la fonction de $x, y, z, \ldots$ à laquelle se réduit la fonction de $x, y, z, \ldots, u, v, w, \ldots$, représentée par s, lorsqu'on y substitue les valeurs de u, v, w, ..., exprimées en fonction de x, y, z, ... On pourra concevoir que, dans la formule (25) du § II, chacune des variations

$$\delta_{\prime} s,\ \delta_{\prime\prime} s,\ \delta_{\prime\prime\prime} s,\ \ldots$$

correspond, non plus à la variation totale, mais à la variation propre d'une seule des variables $x, y, z, \ldots$, ou d'une seule des fonctions $u, v, w, \ldots$. Seulement alors, pour tenir parfaitement compte de l'influence exercée sur la variation totale δs par la variation propre de x, on devra considérer s, non plus comme une fonction de $x, y, z, \ldots, u, v, w, \ldots$, mais comme une fonction des seules variables indépendantes x, y,

z, ... Donc alors les variations partielles de s, correspondantes aux variations propres

$$\eth x, \quad \eth y, \quad \eth z, \quad \ldots$$

des variables x, y, z, ..., seront, eu égard à la formule (1), représentées par les produits

$$D_x[s]\eth x, \quad D_y[s]\eth y, \quad D_z[s]\eth z, \quad \ldots;$$

tandis que les variations partielles de s, correspondantes aux variations propres

$$\eth u, \quad \eth v, \quad \eth w, \quad \ldots,$$

seront, eu égard à la même formule, représentées par les produits

$$D_u s \eth u, \quad D_v s \eth v, \quad D_w s \eth w, \quad \ldots.$$

Donc la formule (25) du § II donnera

$$(10) \qquad \begin{aligned} \delta s = {} & D_x[s]\eth x + D_y[s]\eth y + D_z[s]\eth z + \ldots \\ & + D_u\, s\, \eth u + D_v\, s\, \eth v + D_w\, s\, \eth w + \ldots. \end{aligned}$$

Il est facile de comparer l'une à l'autre les valeurs de δs fournies par les équations (5) et (10). En effet, eu égard aux formules (9), l'équation (10) peut s'écrire comme il suit :

$$(11) \qquad \begin{aligned} \delta s = {} & D_x[s]\,\delta x + D_y[s]\,\delta y + D_z[s]\,\delta z \ldots \\ & + D_u\, s\, \eth u + D_v\, s\, \eth v + D_w\, s\, \eth w \ldots. \end{aligned}$$

D'autre part, en considérant u, v, w, et, par suite, s comme fonctions de x, y, z, on aura non seulement

$$(12) \qquad \left\{ \begin{aligned} du &= D_x u\, dx + D_y u\, dy + D_z u\, dz + \ldots, \\ dv &= D_x v\, dx + D_y v\, dy + D_z v\, dz + \ldots, \\ dw &= D_x w\, dx + D_y w\, dy + D_z w\, dz + \ldots, \\ & \ldots\ldots\ldots\ldots\ldots\ldots\ldots\ldots\ldots\ldots, \end{aligned} \right.$$

mais encore

$$(13) \qquad ds = D_x[s]\, dx + D_y[s]\, dy + D_z[s]\, dz + \ldots.$$

Cette dernière valeur de ds devant coïncider avec celle que fournit l'équation (6), quelles que soient les valeurs attribuées aux différentielles

$$dx, \quad dy, \quad dz, \quad \ldots,$$

on en conclura, en réduisant l'une de ces différentielles à zéro, et les autres à l'unité,

$$(14)\quad \left\{\begin{array}{l} D_x[s] = D_x s + D_u s\, D_x u + D_v s\, D_x v + D_w s\, D_x w + \ldots, \\ D_y[s] = D_y s + D_u s\, D_y u + D_v s\, D_y v + D_w s\, D_y w + \ldots, \\ D_z[s] = D_z s + D_u s\, D_z u + D_v s\, D_z v + D_w s\, D_z w + \ldots, \\ \ldots\ldots\ldots\ldots\ldots\ldots\ldots\ldots\ldots\ldots\ldots\ldots \end{array}\right.$$

Or, eu égard à ces dernières formules, on reconnaîtra sans peine que la valeur de δs fournie par l'équation (11) est précisément celle qu'on obtient quand on substitue dans le second membre de l'équation (5) les valeurs de

$$\delta u,\quad \delta v,\quad \delta w,\quad \ldots,$$

tirées des formules (8).

Corollaire V. — Supposons que, la quantité s étant une fonction déterminée de variables de divers ordres représentées par

$$x,\quad y,\quad z,\quad \ldots,\qquad u,\quad v,\quad w,\quad \ldots,$$

on nomme

$$u,\quad v,\quad w,\quad \ldots$$

celles de ces variables qui sont de l'ordre le plus élevé. Alors, d'après les principes exposés dans le § I, ce qu'on devra exprimer par la notation

$$\delta\!\!\!\!\iota\, s,$$

ce sera la variation partielle de s correspondante aux variations propres

$$\delta\!\!\!\!\iota\, u,\quad \delta\!\!\!\!\iota\, v,\quad \delta\!\!\!\!\iota\, w,\quad \ldots$$

des variables de l'ordre le plus élevé, contenues dans la fonction s. Donc $\delta\!\!\!\!\iota\, s$ se trouvera réduit à la somme des derniers termes compris dans le second membre de la formule (11), et l'on aura, dans l'hypothèse admise,

$$(15)\qquad \delta\!\!\!\!\iota\, s = D_u s\, \delta\!\!\!\!\iota\, u + D_v s\, \delta\!\!\!\!\iota\, v + D_w s\, \delta\!\!\!\!\iota\, w + \ldots.$$

Par suite, la formule (10) pourra être réduite à

$$(16)\qquad \delta s = \delta\!\!\!\!\iota\, s + D_x[s]\, \delta x + D_y[s]\, \delta y + D_z[s]\, \delta z + \ldots.$$

IV. — *Propriétés des variations des divers ordres.*

Les théorèmes et les formules que nous avons établis dans les paragraphes précédents se rapportent seulement aux variations du premier ordre. Nous allons passer maintenant aux variations des divers ordres, et démontrer quelques-unes de leurs propriétés générales. L'une de ces propriétés appartient à la fois aux accroissements et aux variations; elle consiste en ce qu'on peut intervertir arbitrairement l'ordre dans lequel se succèdent deux ou plusieurs opérations dont chacune est exprimée, ou par l'une des caractéristiques

$$\Delta,\quad \Delta_{,},\quad \Delta_{,,},\quad \Delta_{,,,},\quad \ldots,$$

qui indiquent des accroissements totaux ou partiels; ou par l'une des caractéristiques

$$\delta,\quad \delta_{,},\quad \delta_{,,},\quad \delta_{,,,},\quad \ldots,$$

qui indiquent des variations totales ou partielles, sans altérer en aucune manière le résultat définitif de ces opérations mêmes. Pour établir cette proposition, il suffit évidemment de faire voir que l'on pourra toujours, sans inconvénient, échanger entre elles deux caractéristiques écrites à la suite l'une de l'autre. Il y a plus : on pourra se borner à considérer le cas où ces deux caractéristiques seraient dissemblables, la proposition étant évidente dans le cas contraire.

Or, soit s une fonction qui dépende de diverses variables, ou même de fonctions diverses; et nommons ς un accroissement partiel, ou même total de s, qui corresponde à des changements de valeur des variables ou à des changements de forme des fonctions proposées et de la fonction s elle-même. On aura, en vertu des formules (4) et (5) du § II,

$$(1)\qquad \left\{\begin{aligned} \Delta(s+\varsigma) &= \Delta s + \Delta\varsigma,\\ \delta(s+\varsigma) &= \delta s + \delta\varsigma. \end{aligned}\right.$$

Donc à un accroissement quelconque de s représenté par ς, correspondront un accroissement de Δs représenté par $\Delta\varsigma$, et un accroissement de la variation δs représenté par $\delta\varsigma$. Ce n'est pas tout : comme les formules (4) et (5) du § II, et, par suite, les formules (1) continuent de subsister dans le cas même où l'on y remplace la caractéristique Δ par l'une des caractéristiques

$$\Delta_{,}, \quad \Delta_{,,}, \quad \Delta_{,,,}, \quad \ldots$$

et la caractéristique δ par l'une des caractéristiques

$$\delta_{,}, \quad \delta_{,,}, \quad \delta_{,,,}, \quad \ldots,$$

on peut affirmer qu'à l'accroissement ς de la fonction s correspondront les accroissements

$$\Delta_{,}\varsigma, \quad \Delta_{,,}\varsigma, \quad \Delta_{,,,}\varsigma, \quad \ldots, \qquad \delta_{,}\varsigma, \quad \delta_{,,}\varsigma, \quad \delta_{,,,}\varsigma, \quad \ldots$$

des expressions

$$\Delta_{,}s, \quad \Delta_{,,}s, \quad \Delta_{,,,}s, \quad \ldots, \qquad \delta_{,}s, \quad \delta_{,,}s, \quad \delta_{,,,}s, \quad \ldots.$$

On en conclut immédiatement que, si deux des caractéristiques

$$\Delta, \quad \Delta_{,}, \quad \Delta_{,,}, \quad \Delta_{,,,}, \quad \ldots,$$

ou bien encore l'une de ces caractéristiques et l'une des suivantes

$$\delta, \quad \delta_{,}, \quad \delta_{,,}, \quad \delta_{,,,}, \quad \ldots$$

se trouvent simultanément appliquées à une même fonction, on pourra toujours intervertir l'ordre dans lequel se succéderont les deux caractéristiques dont il s'agit, sans altérer le résultat définitif des deux opérations qu'elles indiqueront. Ainsi, par exemple, de ce qu'à l'accroissement ς de s correspondent l'accroissement $\Delta_{,}\varsigma$ de $\Delta_{,}s$ et l'accroissement $\delta_{,}\varsigma$ de $\delta_{,}s$, on conclura qu'en posant

$$\varsigma = \Delta_{,,}s,$$

on doit avoir

$$\Delta_{,}\varsigma = \Delta_{,,}\Delta_{,}s, \qquad \delta_{,}\varsigma = \Delta_{,,}\delta_{,}s.$$

Or, si dans les deux dernières formules on remet pour ς sa valeur $\Delta_{,,}s$, elles donneront

(2) $$\Delta_{,}\Delta_{,,}s = \Delta_{,,}\Delta_{,}s,$$

(3) $$\delta_{,}\Delta_{,,}s = \Delta_{,,}\delta_{,}s.$$

Concevons maintenant que l'on divise les deux membres de la formule (3) par l'accroissement ι de la variable primitive. On trouvera

$$\frac{\delta_{,}\Delta_{,,}s}{\iota} = \frac{\Delta_{,,}\delta_{,}s}{\iota},$$

ou, ce qui revient au même, eu égard à la formule (9) du § II,

$$\delta_{,}\frac{\Delta_{,,}s}{\iota} = \frac{\Delta_{,,}\delta_{,}s}{\iota};$$

puis, en faisant converger vers la limite zéro l'accroissement ι de la variable primitive et les accroissements correspondants qu'indique la caractéristique $\Delta_{,,}$, on verra les rapports

$$\frac{\Delta_{,,}s}{\iota}, \quad \frac{\Delta_{,,}\delta_{,}s}{\iota}$$

converger vers les limites

$$\delta_{,,}s, \quad \delta_{,,}\delta_{,}s.$$

Donc, en passant aux limites, on trouvera

$$\delta_{,}\delta_{,,}s = \delta_{,,}\delta_{,}s. \tag{4}$$

Ajoutons que, dans la formule (4), on pourra remplacer chacune des caractéristiques $\delta_{,}$, $\delta_{,,}$ par l'une quelconque des suivantes

$$\delta, \quad \delta_{,}, \quad \delta_{,,}, \quad \delta_{,,,}, \quad \ldots .$$

En résumé, les formules (2), (3), (4), et celles qu'on peut en déduire, entraînent la proposition dont voici l'énoncé :

Théorème I. — *Soit s une fonction qui dépende de diverses variables ou même de fonctions diverses; et supposons cette fonction successivement soumise à diverses opérations dont chacune, ayant pour but de fournir un accroissement total ou partiel, ou bien encore une variation totale ou partielle, se trouve indiquée par l'une des caractéristiques*

$$\Delta, \quad \Delta_{,}, \quad \Delta_{,,}, \quad \Delta_{,,,}, \quad \ldots, \qquad \delta, \quad \delta_{,}, \quad \delta_{,,}, \quad \delta_{,,,}, \quad \ldots .$$

L'expression qui résultera de ces opérations successivement effectuées offrira une valeur indépendante de l'ordre dans lequel se succéderont ces mêmes opérations, et par conséquent les caractéristiques qui serviront à les indiquer. On pourra donc, sans altérer cette valeur, intervertir arbitrairement l'ordre dans lequel les diverses lettres caractéristiques se trouvent rangées, comme si le système de ces lettres, écrites à la suite les une des autres, représentait un véritable produit.

Corollaire I. — Il suit des formules (8) et (9) du § II que le théorème précédent doit être étendu au cas même où l'une des caractéristiques, cessant d'indiquer un accroissement ou une variation, représenterait un coefficient constant.

Corollaire II. — On peut concevoir que, parmi les caractéristiques

$$\delta_{,}, \quad \delta_{,,}, \quad \delta_{,,,}, \quad \ldots,$$

plusieurs indiquent des variations relatives, non à des changements de formes de certaines fonctions, mais à des changements de valeurs de certaines variables x, y, z, ... Lorsque chacune des caractéristiques de cette espèce se rapporte à une seule variable x, ou y, ou z, ..., elle peut être immédiatement remplacée par

$$d_x, \quad \text{ou} \quad d_y, \quad \text{ou} \quad d_z, \quad \ldots,$$

et même par

$$\mathrm{D}_x, \quad \text{ou} \quad \mathrm{D}_y, \quad \text{ou} \quad \mathrm{D}_z, \quad \ldots,$$

si la variable dont il s'agit est une variable indépendante, ce qui permet de réduire sa variation à l'unité.

Le théorème III du § II, et les théorèmes qui s'en déduisent, sont relatifs à des variations totales ou partielles du premier ordre. Mais, en partant de ces théorèmes, on peut en obtenir d'autres du même genre qui soient relatifs à des variations totales ou partielles d'ordres supérieurs. Tel est, en particulier, le suivant :

THÉORÈME II. — *Supposons qu'une fonction s, et une variation de s, totale ou partielle, d'un ordre n supérieur au premier, restent continues, par rapport aux variables dont elles dépendent, dans le voisinage du système de valeurs attribuées à ces variables. Faisons d'ailleurs coïncider la variable primitive, ou avec l'une de ces variables, ou avec une variable nouvelle dont toutes les autres soient fonctions continues. La variation que l'on considère différera infiniment peu du rapport qu'on obtiendra quand on divisera par* ι^n *l'accroissement infiniment petit de* s *correspondant à cette même variation.*

Démonstration. — Considérons, par exemple, une variation de la forme

$$\delta_{\prime\prime}\delta_{\prime}s,$$

et admettons les suppositions énoncées dans le théorème II, en sorte que

$$s \quad \text{et} \quad \delta_{\prime\prime}\delta_{\prime}s$$

restent fonctions continues des diverses variables, dans le voisinage du système des valeurs attribuées à ces mêmes variables. En vertu du théorème III du § II (corollaire I), la variation $\delta_{\prime\prime}\delta_{\prime}s$ différera infiniment peu du rapport

$$\frac{\Delta_{\prime\prime}\delta_{\prime}s}{\iota} = \frac{\delta_{\prime}\Delta_{\prime\prime}s}{\iota}.$$

Donc ce rapport devra rester à son tour fonction continue des diverses variables, dans le voisinage du système des valeurs attribuées à ces mêmes variables. Il y a plus : en vertu du théorème cité, le rapport

$$\frac{\delta_{\prime}\Delta_{\prime\prime}s}{\iota},$$

que l'on peut, eu égard à l'équation (9) du § II, présenter sous la forme

$$\delta_{\prime}\frac{\Delta_{\prime\prime}s}{\iota},$$

différera infiniment peu de l'expression

$$\frac{\Delta_{\prime}\left(\frac{\Delta_{\prime\prime}s}{\iota}\right)}{\iota},$$

ou, ce qui revient au même, du rapport

$$\frac{\Delta_{\prime}\Delta_{\prime\prime}s}{\iota^2} = \frac{\Delta_{\prime\prime}\Delta_{\prime}s}{\iota^2}.$$

Donc ce dernier rapport différera infiniment peu de la variation

$$\delta_{\prime\prime}\delta_{\prime}s.$$

En raisonnant comme on vient de le faire, on pourra évidemment démontrer le théorème II dans tous les cas possibles.

Corollaire. — Supposons que l'accroissement ι de la variable primitive soit considéré comme un infiniment petit du premier ordre; alors, en vertu du théorème II, l'accroissement total ou partiel de s, correspondant à une variation de l'ordre n, sera un infiniment petit de l'ordre n, si cette variation reste fonction continue des variables dont s dépend, dans le voisinage du système des valeurs attribuées à ces variables, et si d'ailleurs elle acquiert, pour le système dont il s'agit, une valeur différente de zéro. Si, de ces deux conditions, la première était remplie sans que la seconde le fût, ou, en d'autres termes, si la variation de l'ordre n offrait pour valeur particulière une valeur nulle, sans cesser d'être continue dans le voisinage de cette valeur, l'accroissement correspondant à la variation proposée deviendrait pour l'ordinaire un infiniment petit d'un ordre supérieur au premier. Mais ce n'est là évidemment qu'un cas exceptionnel; et en général ce que nous appellerons un accroissement de l'ordre n sera en même temps, en vertu du théorème II, un infiniment petit de l'ordre n. Ainsi, non seulement un accroissement du premier ordre sera généralement, comme on peut le conclure du théorème III du § II, un infiniment petit du premier ordre; mais de plus un accroissement du second ordre sera généralement un infiniment petit du second ordre, etc.

V. — *Sur la variation d'une intégrale définie simple ou multiple.*

Soit d'abord s une intégrale définie simple, relative à la variable x, et prise entre les limites

$$x = x, \qquad x = X,$$

en sorte qu'on ait

$$s = \int_x^X k\,dx. \tag{1}$$

Supposons d'ailleurs, dans cette intégrale,

$$k = f(x, u, v, w, \ldots) \tag{2}$$

u, v, w, ... désignant des fonctions de x dont la forme puisse varier, et la lettre f indiquant au contraire une fonction de forme invariable. Il suit de la formule (25) du § II que, pour obtenir la variation totale de l'intégrale s, il suffira de calculer : 1° la variation partielle de s correspondante au changement de forme des fonctions u, v, w, ... contenues dans k, et par conséquent aux variations propres de u, v, w, ... ; 2° la variation partielle de s correspondante au changement de valeurs des quantités x, X, et par conséquent aux variations propres des limites de l'intégrale; puis d'ajouter l'une à l'autre ces deux variations partielles de s.

Calculons d'abord la première, et supposons que les limites x, X restant invariables, on change infiniment peu la forme des fonctions

$$u, \quad v, \quad w, \quad \ldots.$$

Nommons

$$\Delta k, \quad \Delta s$$

les accroissements infiniment petits de k et de s, correspondants à ce changement de forme. La formule (1) entraînera la suivante

$$s + \Delta s = \int_x^X (k + \Delta k)\,dx,$$

et par conséquent la suivante

$$\Delta s = \int_x^X \Delta k\,dx.$$

Soit d'ailleurs ι l'accroissement infiniment petit d'une variable indépendante dont la variation serait l'unité. On tirera de la dernière formule

$$\frac{\Delta s}{\iota} = \int_x^X \frac{\Delta k}{\iota}\,dx. \tag{3}$$

Soient enfin

$$\delta_{\iota} u, \quad \delta_{\iota} v, \quad \delta_{\iota} w, \quad \ldots$$

les variations propres des fonctions

$$u, \quad v, \quad w, \quad \ldots;$$

et représentons par les notations

$$\delta_{\iota} k, \quad \delta_{\iota} s$$

les variations partielles correspondantes de k et de s. En faisant converger ι vers la limite zéro, on verra, dans la formule (3), les rapports

$$\frac{\Delta k}{\iota}, \quad \frac{\Delta s}{\iota}$$

converger vers les limites

$$\delta_{\iota} k, \quad \delta_{\iota} s;$$

et l'on aura, par suite,

$$\delta_{\iota} s = \int_{x}^{X} \delta_{\iota} k \, dx. \tag{4}$$

D'ailleurs, en vertu de la formule (15) du § III, la variation $\delta_{\iota} k$ se trouvera liée aux variations propres

$$\delta_{\iota} u, \quad \delta_{\iota} v, \quad \delta_{\iota} w, \quad \ldots$$

des fonctions u, v, w, ... par l'équation

$$\delta_{\iota} k = \mathrm{D}_u k \, \delta_{\iota} u + \mathrm{D}_v k \, \delta_{\iota} v + \mathrm{D}_w k \, \delta_{\iota} w + \ldots. \tag{5}$$

Si dans la formule (4) on substitue la valeur de s tirée de l'équation (1), on trouvera

$$\delta_{\iota} \int_{x}^{X} k \, dx = \int_{x}^{X} \delta_{\iota} k \, dx. \tag{6}$$

On peut donc, dans une expression de la forme

$$\delta_{\iota} \int_{x}^{X} k \, dx,$$

intervertir l'ordre des deux opérations indiquées par les signes δ_{ι} *et* $\int$.

Cherchons maintenant la variation partielle de s, à laquelle on se trouve conduit quand on fait varier seulement les limites x, x. Pour obtenir cette variation partielle, on devra, dans l'équation (2), considérer comme complètement déterminées, non seulement la forme de la fonction f, mais encore les formes des fonctions u, v, w, ... Soit, dans cette hypothèse,

$$\Delta s$$

l'accroissement infiniment petit de s correspondant aux accroissements infiniment petits

$$\Delta x, \quad \Delta \mathrm{x},$$

des limites x et x. L'équation (1) entraînera la suivante

$$s + \Delta s = \int_{x+\Delta x}^{\mathrm{x}+\Delta\mathrm{x}} k\, dx,$$

et de cette dernière, combinée avec la formule (1), on tirera

$$\Delta s = \int_{\mathrm{x}}^{\mathrm{x}+\Delta\mathrm{x}} k\, dx - \int_{x}^{x+\Delta x} k\, dx,$$

par conséquent

$$\frac{\Delta s}{\iota} = \frac{\int_{\mathrm{x}}^{\mathrm{x}+\Delta\mathrm{x}} k\, dx}{\Delta\mathrm{x}} \frac{\Delta\mathrm{x}}{\iota} - \frac{\int_{x}^{x+\Delta x} k\, dx}{\Delta x} \frac{\Delta x}{\iota}. \tag{7}$$

Supposons maintenant que l'on fasse converger ι, et par suite, les accroissements infiniment petits

$$\Delta x, \quad \Delta \mathrm{x}$$

vers la limite zéro. Alors, en désignant par $\delta_{,} s$ la variation partielle de s correspondante à l'hypothèse admise, on verra non seulement les rapports

$$\frac{\Delta x}{\iota}, \quad \frac{\Delta \mathrm{x}}{\iota}, \quad \frac{\Delta s}{\iota}$$

converger respectivement vers les limites

$$\delta x, \quad \delta \mathrm{x}, \quad \delta_{,} s,$$

mais encore les rapports

$$\frac{\int_{x}^{x+\Delta x} k\,dx}{\Delta x}, \quad \frac{\int_{X}^{X+\Delta X} k\,dx}{\Delta X}$$

converger vers des limites qui, eu égard aux propriétés connues des intégrales définies, seront précisément les valeurs de k correspondantes aux valeurs x, X de la variable x. Si l'on représente ces valeurs de k par les notations ([1])

$$\overset{x=x}{|}\,k, \quad \overset{x=X}{|}\,k,$$

alors, en posant $\iota = 0$, on tirera de la formule (7) l'équation

$$\delta_{,} s = \overset{x=X}{|}\,k\,\delta X - \overset{x=x}{|}\,k\,\delta x, \tag{8}$$

que, pour abréger. on peut écrire comme il suit :

$$\delta_{,} s = \left(\delta X \overset{x=X}{|} - \delta x \overset{x=x}{|}\right) k. \tag{9}$$

D'ailleurs, les deux valeurs de x, représentées par x, X étant deux quantités qui, dans l'intégrale s, peuvent varier indépendamment l'une de l'autre, et indépendamment des formes attribuées aux fonctions $u, v, w, \ldots$, les variations totales

$$\delta X, \quad \delta x$$

de ces deux quantités ne différeront pas de leurs variations propres

$$\delta_{\iota} X, \quad \delta_{\iota} x.$$

([1]) Dans un Mémoire qui a remporté le grand prix de Mathématiques, M. Sarrus observe, avec raison, qu'il convient de joindre aux notations adoptées par les analystes un *signe de substitution*, c'est-à-dire un signe propre à indiquer la substitution d'une lettre à une autre lettre. Celui dont je me sers ici diffère peu du signe de substitution qui a été adopté par M. Sarrus, et qui est un trait recourbé en forme de crosse, à la droite duquel l'auteur place, en haut et en bas, les deux lettres dont l'une doit être substituée à l'autre. La notation nouvelle que je propose se prête aisément à des réductions qui permettent de rendre les formules plus simples et plus concises, comme on le verra ci-après dans le § VII.

Donc l'équation (9) pourra encore s'écrire comme il suit :

$$(10)\qquad \delta_{,}s = \left(\mathcal{I}\mathrm{X}\overset{x=\mathrm{X}}{\Big|} - \mathcal{I}x\overset{x=x}{\Big|}\right)k.$$

Après avoir trouvé les deux variations partielles

$$\mathcal{I}s,\quad \delta_{,}s$$

dont la somme doit fournir la variation totale δs de l'intégrale s, il suffira de combiner l'équation

$$(11)\qquad \delta s = \mathcal{I}s + \delta_{,}s$$

avec les formules (4) et (10) pour obtenir la formule générale

$$(12)\qquad \delta s = \int_x^{\mathrm{X}} \mathcal{I}s\,dx + \left(\mathcal{I}\mathrm{X}\overset{x=\mathrm{X}}{\Big|} - \mathcal{I}x\overset{x=x}{\Big|}\right)k.$$

Supposons maintenant que la lettre s représente une intégrale définie double, relative aux variables x, y, et prise : 1° par rapport à y entre les limites

$$y = \mathrm{y},\qquad y = \mathrm{Y};$$

2° par rapport à x entre les limites

$$x = x,\qquad x = \mathrm{X},$$

en sorte qu'on ait

$$(13)\qquad s = \int_x^{\mathrm{X}}\int_{\mathrm{y}}^{\mathrm{Y}} k\,dx\,dy,$$

y, Y pouvant désigner deux fonctions quelconques de la variable x. Supposons d'ailleurs, dans cette intégrale,

$$(14)\qquad k = \mathrm{f}(x, y, u, v, w, \ldots),$$

u, v, w, ... désignant des fonctions de x, y, dont la forme puisse varier, et la lettre f indiquant au contraire une fonction de forme invariable. Il suit de la formule (15) du § II que, pour obtenir la variation totale de l'intégrale s, il suffira de calculer : 1° la variation partielle de s correspondante au changement de forme des fonctions u, v, w, ... contenues dans k, et par conséquent aux variations propres de

$u, v, w, \ldots$; 2° la variation partielle de s correspondante au changement de valeurs des limites x, X, et par conséquent aux variations propres de x, X; 3° la variation partielle de s correspondante au changement de forme des limites y, Y, considérées comme fonctions de x, et par conséquent aux variations propres de y, Y; puis d'ajouter l'une à l'autre ces trois variations partielles de s.

Cela posé, en nous conformant aux notations précédemment adoptées, désignons par

$$\delta k$$

la variation partielle de k correspondante aux variations propres

$$\delta u, \quad \delta v, \quad \delta w, \quad \ldots$$

des fonctions $u, v, w, \ldots$; et représentons encore par

$$\delta \int_{y}^{Y} k\,dy, \qquad \delta \int_{x}^{X} \int_{y}^{Y} k\,dx\,dy = \delta s,$$

les variations correspondantes des intégrales

$$\int_{y}^{Y} k\,dy, \qquad \int_{x}^{X} \int_{y}^{Y} k\,dx\,dy = s.$$

Indiquons, au contraire, à l'aide de la caractéristique

$$\delta_{\prime},$$

placée devant la dernière de ces intégrales, sa variation partielle correspondante aux variations propres δx, $\delta \mathrm{X}$ des limites x, X; et à l'aide de la caractéristique

$$\delta_{\prime\prime},$$

placée devant l'une ou l'autre intégrale, sa variation partielle correspondante aux variations propres δy, $\delta \mathrm{Y}$ des limites y, Y. A l'aide des raisonnements par lesquels nous avons établi la formule (6), on prouvera que l'on peut, dans l'expression

$$\delta s = \delta \int_{x}^{X} \int_{y}^{Y} k\,dx\,dy.$$

intervertir l'ordre des opérations indiquées par les signes Δ et $\int$, de manière à transporter successivement la lettre Δ après le premier, puis après le second des deux signes d'intégration. On aura donc

$$\Delta \int_x^X \int_y^Y k\,dx\,dy = \int_x^X \Delta \int_y^Y k\,dx\,dy = \int_x^X \int_y^Y \Delta k\,dx\,dy;$$

et, par suite, la variation partielle de s correspondante aux variations propres des fonctions $u, v, w, \ldots$ pourra être déterminée à l'aide de l'équation

$$(15) \qquad \Delta s = \int_x^X \int_y^Y \Delta k\,dx\,dy,$$

à laquelle on devra joindre la formule (15) du § III, savoir,

$$(16) \qquad \Delta k = \mathrm{D}_u k \Delta u + \mathrm{D}_v k \Delta v + \mathrm{D}_w k \Delta w + \ldots.$$

Cherchons maintenant la variation partielle représentée par $\delta_{,} s$, et correspondante aux variations propres Δx, $\Delta \mathrm{X}$ des limites x, X de l'intégration qui se rapporte à la variable x dans la formule (13). Comme, pour déduire cette formule de l'équation (1), il suffit de remplacer dans le second membre la lettre k par l'intégrale $\int_y^Y k\,dy$, il est clair que la même opération transformera le second membre de l'opération (10), de manière à le faire coïncider avec la valeur cherchée de $\delta_{,} s$. On aura donc, dans le cas présent,

$$(17) \qquad \delta_{,} s = \left(\Delta \mathrm{X} \overset{x=\mathrm{X}}{|} - \Delta x \overset{x=x}{|} \right) \int_y^Y k\,dy.$$

Quant à la variation partielle de s, représentée par $\delta_{,,} s$, et correspondante aux variations propres Δy, $\Delta \mathrm{Y}$ des limites y, Y de l'intégration qui se rapporte à la variable y dans la formule (13), elle se déduira aisément de la formule

$$\delta_{,,} s = \delta_{,,} \int_x^X \int_y^Y k\,dx\,dy,$$

dans laquelle on pourra encore, en opérant comme dans la formule (6), transporter le signe $\delta_{\prime\prime}$ après le signe de l'intégration relative à x. On aura donc

$$\delta_{\prime\prime} s = \int_{x}^{\mathrm{X}} \delta_{\prime\prime} \int_{\mathfrak{y}}^{\mathrm{Y}} k\, dx\, dy.$$

Mais en remplaçant, dans la formule (6), l'intégrale (1), savoir,

$$s = \int_{x}^{\mathrm{X}} k\, dx,$$

par l'intégrale

$$\int_{\mathfrak{y}}^{\mathrm{Y}} k\, dy,$$

et substituant par suite la caractéristique $\delta_{\prime\prime}$ à la caractéristique $\delta_{\prime}$, on trouvera

$$\delta_{\prime\prime} \int_{\mathfrak{y}}^{\mathrm{Y}} k\, dy = \left(\mathcal{J}\mathrm{Y} \Big|^{y=\mathrm{Y}} - \mathcal{J}\mathfrak{y} \Big|^{y=\mathfrak{y}} \right) k.$$

Donc, on aura définitivement

$$(18) \qquad \delta_{\prime\prime} s = \int_{x}^{\mathrm{X}} \left(\mathcal{J}\mathrm{Y} \Big|^{y=\mathrm{Y}} - \mathcal{J}\mathfrak{y} \Big|^{y=\mathfrak{y}} \right) k\, dx.$$

Après avoir trouvé les trois variations partielles

$$\mathcal{J}s, \quad \delta_{\prime} s, \quad \delta_{\prime\prime} s,$$

dont la somme doit fournir la variation totale δs de l'intégrale s, il suffira de combiner l'équation

$$(19) \qquad \delta s = \mathcal{J}s + \delta_{\prime} s + \delta_{\prime\prime} s$$

avec les formules (15), (17), (18) pour obtenir la formule générale

$$(20) \qquad \begin{aligned} \delta s = \int_{x}^{\mathrm{X}} \int_{\mathfrak{y}}^{\mathrm{Y}} \mathcal{J}k\, dy\, dx &+ \left(\mathcal{J}\mathrm{X} \Big|^{x=\mathrm{X}} - \mathcal{J}x \Big|^{x=x} \right) \int_{\mathfrak{y}}^{\mathrm{Y}} k\, dy \\ &+ \int_{x}^{\mathrm{X}} \left(\mathcal{J}\mathrm{Y} \Big|^{y=\mathrm{Y}} - \mathcal{J}\mathfrak{y} \Big|^{y=\mathfrak{y}} \right) k\, dx. \end{aligned}$$

En général, soit

$$(21) \qquad s = \int_{x}^{\mathrm{X}} \int_{\mathfrak{y}}^{\mathrm{Y}} \int_{z}^{\mathrm{Z}} \ldots k \ldots dx\, dy\, dz$$

une intégrale définie multiple, relative aux variables $x, y, z, \ldots,$ et dans laquelle les limites y, Y peuvent être des fonctions quelconques de x, les limites z, Z des fonctions quelconques de x, y, etc. Supposons d'ailleurs dans cette intégrale

$$k = \mathrm{f}(x, y, z, \ldots, u, v, w, \ldots), \tag{22}$$

$u, v, w, \ldots$ désignant des fonctions de $x, y, z, \ldots$ dont la forme puisse varier, et la lettre f indiquant, au contraire, une fonction de forme invariable. Désignons à l'ordinaire par

$$\mathfrak{d}k, \quad \mathfrak{d}s$$

les variations partielles de k et de s correspondantes aux variations propres

$$\mathfrak{d}u, \quad \mathfrak{d}v, \quad \mathfrak{d}w, \quad \ldots$$

des fonctions $u, v, w, \ldots$. Enfin soient :

$\delta_{\prime}s$ la variation partielle de s, correspondante aux variations propres des limites x, X;

$\delta_{\prime\prime}s$ la variation partielle de s, correspondante aux variations propres des limites y, Y;

$\delta_{\prime\prime\prime}s$ la variation partielle de s, correspondante aux variations propres des limites z, Z, ...,

etc.

On aura

$$\delta s = \mathfrak{d}s + \delta_{\prime}s + \delta_{\prime\prime}s + \delta_{\prime\prime\prime}s + \ldots, \tag{23}$$

la variation partielle $\mathfrak{d}s$ étant déterminée par l'équation

$$\mathfrak{d}s = \mathfrak{d}\int_{\mathrm{x}}^{\mathrm{X}}\int_{\mathrm{y}}^{\mathrm{Y}}\int_{\mathrm{z}}^{\mathrm{Z}} \ldots k\, dx\, dy\, dz \ldots$$

que l'on peut réduire à

$$\mathfrak{d}s = \int_{\mathrm{x}}^{\mathrm{X}}\int_{\mathrm{y}}^{\mathrm{Y}}\int_{\mathrm{z}}^{\mathrm{Z}} \ldots \mathfrak{d}k\, dx\, dy\, dz \ldots, \tag{24}$$

et la valeur de δk étant

$$\delta k = \mathrm{D}_u k\,\delta u + \mathrm{D}_v k\,\delta v + \mathrm{D}_w k\,\delta w + \ldots. \tag{25}$$

Ajoutons que les variations partielles

$$\partial_{,} s,\quad \partial_{,,} s,\quad \partial_{,,,} s,\quad \ldots$$

se trouveront déterminées par les équations

$$\begin{aligned}
\partial_{,} s &= \partial_{,} \int_x^{\mathrm{X}} \int_y^{\mathrm{Y}} \int_z^{\mathrm{Z}} \ldots k\,dx\,dy\,dz \ldots,\\
\partial_{,,} s &= \partial_{,,} \int_x^{\mathrm{X}} \int_y^{\mathrm{Y}} \int_z^{\mathrm{Z}} \ldots k\,dx\,dy\,dz \ldots,\\
\partial_{,,,} s &= \partial_{,,,} \int_x^{\mathrm{X}} \int_y^{\mathrm{Y}} \int_z^{\mathrm{Z}} \ldots k\,dx\,dy\,dz \ldots,\\
&\ldots\ldots\ldots\ldots\ldots\ldots\ldots\ldots,
\end{aligned}$$

ou, ce qui revient au même, par les suivantes :

$$\begin{aligned}
\partial_{,} s &= \partial_{,} \int_x^{\mathrm{X}} \int_y^{\mathrm{Y}} \int_z^{\mathrm{Z}} \ldots k\,dx\,dy\,dz \ldots,\\
\partial_{,,} s &= \int_x^{\mathrm{X}} \partial_{,,} \int_y^{\mathrm{Y}} \int_z^{\mathrm{Z}} \ldots k\,dx\,dy\,dz \ldots,\\
\partial_{,,,} s &= \int_x^{\mathrm{X}} \int_y^{\mathrm{Y}} \partial_{,,,} \int_z^{\mathrm{Z}} \ldots k\,dx\,dy\,dz \ldots,\\
&\ldots\ldots\ldots\ldots\ldots\ldots\ldots\ldots,
\end{aligned}$$

desquelles on tirera, eu égard à la formule (10),

$$\left\{\begin{aligned}
\partial_{,} s &= \left(\delta \mathrm{X} \Big|^{x=\mathrm{X}} - \delta x \Big|^{x=x}\right) \int_y^{\mathrm{Y}} \int_z^{\mathrm{Z}} \ldots k\,dy\,dz \ldots,\\
\partial_{,,} s &= \int_x^{\mathrm{X}} \left(\delta \mathrm{Y} \Big|^{y=\mathrm{Y}} - \delta y \Big|^{y=y}\right) \int_z^{\mathrm{Z}} \ldots k\,dx\,dz \ldots,\\
\partial_{,,,} s &= \int_x^{\mathrm{X}} \int_y^{\mathrm{Y}} \left(\delta \mathrm{Z} \Big|^{z=\mathrm{Z}} - \delta z \Big|^{z=z}\right) \ldots k\,dx\,dy \ldots,\\
&\ldots\ldots\ldots\ldots\ldots\ldots\ldots\ldots\ldots\ldots
\end{aligned}\right. \tag{26}$$

En substituant dans la formule (21) les valeurs de

$$\delta s,\quad \partial_{,} s,\quad \partial s_{,,},\quad \partial_{,,,} s,\quad \ldots$$

déterminées par les formules (24), (26), on obtiendra la formule générale

$$(27)\qquad \begin{aligned}\delta s = & \int_x^X \int_y^Y \int_z^Z \ldots \mathcal{J} k\, dx\, dy\, dz \ldots \\ & + \left(\mathcal{J}X \Big|^{x=X} - \mathcal{J}x \Big|^{x=x}\right) \int_y^Y \int_z^Z \ldots k\, dy\, dz \ldots \\ & + \int_x^X \left(\mathcal{J}Y \Big|^{y=Y} - \mathcal{J}y \Big|^{y=y}\right) \int_z^Z \ldots k\, dx\, dz \ldots \\ & + \int_x^X \int_y^Y \left(\mathcal{J}Z \Big|^{z=Z} - \mathcal{J}z \Big|^{z=z}\right) \ldots k\, dx\, dy \ldots \\ & + \ldots\ldots\ldots\ldots\ldots\ldots\ldots\ldots\ldots ,\end{aligned}$$

que l'on peut encore écrire comme il suit :

$$(28)\quad \begin{aligned}\delta s = & \int_x^X \int_y^Y \int_z^Z \ldots \mathcal{J} k\, dx\, dy\, dz \\ & + \mathcal{J}X \Big|^{x=X} \int_y^Y \int_z^Z \ldots k\, dy\, dz \ldots - \mathcal{J}x \Big|^{x=x} \int_y^Y \int_z^Z \ldots k\, dz\, dy \ldots \\ & + \int_x^X \mathcal{J}Y \Big|^{y=Y} \int_z^Z \ldots k\, dx\, dz \ldots - \int_x^X \mathcal{J}y \Big|^{y=y} \int_z^Z \ldots k\, dx\, dz \ldots \\ & + \int_x^X \int_y^Y \mathcal{J}Z \Big|^{z=Z} \ldots k\, dx\, dy \ldots - \int_x^X \int_y^Y \mathcal{J}z \Big|^{z=z} \ldots k\, dx\, dy \ldots \\ & + \ldots\ldots\ldots\ldots\ldots\ldots\ldots\ldots\ldots\ldots\ldots\ldots\end{aligned}$$

Cette dernière formule, dans laquelle chaque terme du second membre pourrait être calculé séparément, en vertu des principes exposés dans le § II, est précisément celle qu'a obtenue M. Sarrus, dans le Mémoire couronné par l'Académie des Sciences.

VI. — *Sur les diverses formes que peut prendre la variation d'une intégrale définie simple ou multiple.*

Considérons de nouveau l'intégrale définie multiple

$$(1)\qquad s = \int_x^X \int_y^Y \int_z^Z \ldots k\, dx\, dy\, dz \ldots,$$

dans laquelle on a

$$(2)\qquad k = f(x, y, z, \ldots, u, v, w, \ldots),$$

les limites y, Y pouvant être des fonctions quelconques de x, les limites z, Z des fonctions quelconques de x, y, etc., et u, v, w, ... désignant des fonctions de $x, y, z, \ldots$ dont la forme puisse varier, tandis que la lettre f indique au contraire une fonction de forme invariable. Comme la valeur de cette intégrale s dépendra uniquement des valeurs des quantités x, X, et des formes des fonctions de $x, y, z, \ldots$ représentées par y, Y, par z, Z, ... et par $u, v, w, \ldots$, il s'ensuit que, dans la recherche de la variation totale δs, on pourra se borner à tenir compte des variations propres des quantités représentées par

$$\mathrm{x},\ \mathrm{X};\quad \mathrm{y},\ \mathrm{Y};\quad \mathrm{z},\ \mathrm{Z};\quad \ldots,\ u,\ v,\ w,\ \ldots.$$

En opérant ainsi, on obtiendra une valeur de δs composée de termes dont chacun, dépendant d'une seule des variations propres

$$\mathcal{J}\!\mathrm{x},\ \mathcal{J}\!\mathrm{X},\ \mathcal{J}\!\mathrm{y},\ \mathcal{J}\!\mathrm{Y},\ \mathcal{J}\!\mathrm{z},\ \mathcal{J}\!\mathrm{Z}\ \ldots,\ \mathcal{J}\!u,\ \mathcal{J}\!v,\ \mathcal{J}\!w,\ \ldots,$$

pourra être calculé séparément, en vertu des principes établis dans le § II; et cette valeur de δs sera précisément celle que fournit l'équation (28) du paragraphe précédent. Alors aussi, l'intégrale s étant considérée comme une somme d'éléments, l'accroissement partiel de cette intégrale correspondant à des accroissements infiniment petits des limites

$$\mathrm{x},\ \mathrm{X},\ \mathrm{y},\ \mathrm{Y},\ \mathrm{z},\ \mathrm{Z},\ \ldots,$$

sera une somme d'éléments nouveaux qui s'ajoutera aux éléments primitifs de l'intégrale, tandis que chacun des éléments primitifs, conservant sa valeur et sa forme, continuera de correspondre aux mêmes systèmes de valeurs des variables $x, y, z, \ldots$.

Au reste, au lieu d'ajouter à l'intégrale s de nouveaux éléments infiniment petits, on pourra changer infiniment peu la valeur et la forme de chaque élément. Pour y parvenir, il suffira d'attribuer aux variables

$$x,\ y,\ z,\ \ldots$$

des accroissements infiniment petits

$$\Delta x,\ \Delta y,\ \Delta z,\ \ldots$$

dont chacun pourra être fonction de $x, y, z, \ldots$ et de l'accroissement infiniment petit ι attribué à la variable indépendante qui a pour variation l'unité. Cela posé, soient

$$X, \quad Y, \quad Z, \quad \ldots$$

les variables nouvelles dans lesquelles se transforment

$$x, \quad y, \quad z, \quad \ldots$$

quand on attribue à celles-ci les accroissements $\Delta x, \Delta y, \Delta z, \ldots,$ en sorte qu'on ait

$$(3) \qquad X = x + \Delta x, \qquad Y = y + \Delta y, \qquad Z = z + \Delta z, \qquad \ldots.$$

Soient encore

$$\Delta k, \quad \Delta s$$

les accroissements infiniment petits que prendront les quantités

$$k \text{ et } s$$

lorsqu'on changera x en $x + \Delta x$, y en $y + \Delta y$, z en $z + \Delta z$, en faisant de plus varier les formes des fonctions $u, v, w, \ldots,$ et posons

$$K = k + \Delta k.$$

Dans la nouvelle intégrale

$$s + \Delta s,$$

la fonction différentielle sous le signe $\int$ se trouvera représentée, non plus par le produit

$$k\, dx\, dy\, dz \ldots,$$

mais par le suivant

$$K\, dX\, dY\, dZ \ldots.$$

D'ailleurs, la variation totale δs se déduira de l'accroissement total Δs à l'aide de l'équation

$$(4) \qquad \delta s = \lim \frac{\Delta s}{\iota}.$$

Observons maintenant que l'accroissement total Δs étant celui que prend l'intégrale s quand on substitue simultanément la variable X à la variable x, la variable Y à la variable y, la variable Z à la variable z, ..., enfin la fonction K à la fonction k, on pourra, en vertu des principes établis dans le § II, calculer d'abord la variation partielle de s relative à chacune de ces substitutions, et déduire des variations partielles de s sa variation totale qui se réduira simplement à leur somme. D'ailleurs, si l'on se borne à remplacer dans l'intégrale s la fonction k par la fonction K, on obtiendra une nouvelle intégrale dans laquelle la fonction différentielle sous le signe $\int$ sera

$$\mathrm{K}\, dx\, dy\, dz \ldots = (k + \Delta k)\, dx\, dy\, dz \ldots.$$

Donc alors la nouvelle intégrale sera réduite à

$$\int_x^{\mathrm{X}} \int_y^{\mathrm{Y}} \int_z^{\mathrm{Z}} (k + \Delta k)\, dx\, dy\, dz \ldots,$$

et l'accroissement de l'intégrale s à

$$\int_x^{\mathrm{X}} \int_y^{\mathrm{Y}} \int_z^{\mathrm{Z}} \ldots \Delta k\, dx\, dy\, dz \ldots.$$

En divisant cet accroissement par ι, et faisant ensuite converger ι vers la limite zéro, on verra le rapport

$$\frac{\Delta k}{\iota}$$

converger vers la limite δk, et l'on obtiendra ainsi une variation partielle de s représentée par l'expression

$$\int_x^{\mathrm{X}} \int_y^{\mathrm{Y}} \int_z^{\mathrm{Z}} \ldots \delta k\, dx\, dy\, dz \ldots.$$

Cette expression est effectivement la variation partielle de s correspondante à la variation totale δk de la fonction k.

Concevons à présent que, sans altérer la fonction k, on se contente de substituer, dans le produit

$$k\, dx\, dy\, dz \ldots.$$

à l'une des variables x, y, z, ... la variable correspondante X, ou Y, ou Z, ... Supposons, pour fixer les idées, que l'on substitue Z à z. Alors, dans la nouvelle intégrale, la fonction différentielle sous le signe $\int$ sera

$$k\,dx\,dy\,dZ\ldots.$$

Si d'ailleurs l'intégration relative à z est celle qui s'effectue la première dans l'intégrale s, il sera facile de substituer, dans la nouvelle intégrale, la variable z à la variable Z, et pour y parvenir il suffira d'observer qu'en laissant x, y, ... invariables, on tirera de l'équation $Z = z + \Delta z$ cette autre formule

$$dZ = (1 + D_z\,\Delta z)\,dz.$$

Donc la nouvelle intégrale, rapportée aux variables primitives, renfermera sous le signe $\int$ la fonction différentielle

$$k(1 + D_z\,\Delta z)\,dx\,dy\,dz\ldots,$$

et se réduira simplement à

$$\int_x^X \int_y^Y \int_z^Z \ldots k(1 + D_z\,\Delta z)\,dx\,dy\,dz\ldots;$$

Donc, lorsque dans l'intégrale s on substituera Z à z, l'accroissement de cette intégrale sera

$$\int_x^X \int_y^Y \int_z^Z \ldots k\,D_z\,\Delta z\,dx\,dy\,dz\ldots.$$

En divisant par z cet accroissement, et faisant ensuite converger ι vers la limite zéro, on verra le rapport

$$\frac{D_z\,\Delta z}{\iota} = D_z\frac{\Delta z}{\iota}$$

converger vers la limite

$$D_z\,\delta z,$$

et en conséquence l'on obtiendra une variation partielle de s représentée par l'expression

$$\int_{x}^{\mathrm{x}} \int_{y}^{\mathrm{y}} \int_{z}^{\mathrm{z}} \ldots k\,\mathrm{D}_z \delta z \, dx\, dy\, dz \ldots .$$

Ainsi, pour former la variation partielle de s correspondante à la variation totale δz de la variable z, il suffira de multiplier, dans l'intégrale s, la fonction différentielle par la dérivée partielle

$$\mathrm{D}_z \delta z.$$

On prouvera de la même manière que, pour obtenir la variation partielle de s correspondante à l'une quelconque des variations

$$\delta x, \quad \delta y, \quad \delta z, \quad \ldots,$$

il suffit de multiplier, dans l'intégrale s, la fonction différentielle par la dérivée partielle

$$\mathrm{D}_x \delta x, \quad \text{ou} \quad \mathrm{D}_y \delta y, \quad \text{ou} \quad \mathrm{D}_z \delta z, \quad \ldots;$$

et pour lever les difficultés que l'on rencontre au premier abord quand on veut étendre la démonstration ci-dessus exposée à toutes les variables $x, y, z, \ldots$, il suffira d'observer que dans une intégrale multiple la fonction sous le signe $\int$ ne change pas quand on change l'ordre des intégrations. Telle est, en effet, la conclusion à laquelle on est immédiatement conduit, en considérant une intégrale multiple comme une somme d'éléments qui correspondent à certains systèmes de valeurs des variables $x, y, z, \ldots$ auxquelles se rapportent les intégrations, c'est-à-dire à des systèmes de valeurs de $x, y, z, \ldots$ compris entre certaines limites.

En résumé, les variations partielles de s, relatives aux variations totales des variables $x, y, z, \ldots$, sont respectivement

$$\int_{x}^{\mathrm{x}} \int_{y}^{\mathrm{y}} \int_{z}^{\mathrm{z}} \ldots k\,\mathrm{D}_x \delta x \, dx\, dy\, dz \ldots,$$

$$\int_{x}^{\mathrm{x}} \int_{y}^{\mathrm{y}} \int_{z}^{\mathrm{z}} \ldots k\,\mathrm{D}_y \delta y \, dx\, dy\, dz \ldots,$$

$$\int_{x}^{\mathrm{x}} \int_{y}^{\mathrm{y}} \int_{z}^{\mathrm{z}} \ldots k\,\mathrm{D}_z \delta z \, dx\, dy\, dz \ldots$$

. . . .

En leur ajoutant la variation partielle qui correspond à la variation totale δk de la fonction k, on obtiendra immédiatement la variation totale de s, telle qu'elle est donnée par la formule connue

$$(5)\quad \delta s = \int_x^X \int_y^Y \int_z^Z \dots \delta k \, dx\, dy\, dz \dots$$
$$+ \int_x^X \int_y^Y \int_z^Z \dots k(D_x \delta x + D_y \delta y + D_z \delta z + \dots)\, dx\, dy\, dz \dots .$$

L'équation (5) n'est pas la seule que l'on puisse substituer à l'équation (28) du paragraphe précédent, dans la recherche de la variation totale δs. Cette variation peut encore être présentée sous une autre forme peu différente et que nous allons indiquer.

Si l'on nomme $[k]$ la fonction de x, y, z, en laquelle se transforme la fonction k déterminée par la formule (2), quand on y considère u, v, w, ..., comme fonctions de x, y, z, ..., on pourra exprimer la variation totale δk, à l'aide des variations totales

$$\delta x, \quad \delta y, \quad \delta z, \quad \dots$$

de $x, y, z, \dots$, et des variations propres

$$\mathcal{S} u, \quad \mathcal{S} v, \quad \mathcal{S} w, \quad \dots$$

des fonctions $u, v, w, \dots$ Effectivement si l'on remplace dans la formule (23) du § II la lettre s par la lettre k, on trouvera

$$(6)\quad \begin{aligned} \delta k = {} & D_x[k]\,\delta x + D_y[k]\,\delta y + D_z[k]\,\delta z + \dots \\ & + D_u k\,\mathcal{S} u \;\; + D_v k\,\mathcal{S} v \;\; + D_w k\,\mathcal{S} w \;\; + \dots ; \end{aligned}$$

puis, en posant pour abréger, comme dans le paragraphe précédent,

$$(7)\quad \mathcal{S} k = D_u k\,\mathcal{S} u + D_v k\,\mathcal{S} v + D_w k\,\mathcal{S} w + \dots ,$$

on obtiendra la formule

$$(8)\quad \delta k = \mathcal{S} k + D_x[k]\,\delta x + D_y[k]\,\delta y + D_z[k]\,\delta z + \dots .$$

D'autre part, si l'on désigne par les notations

$$[k\,\delta x], \quad [k\,\delta y], \quad [k\,\delta z], \quad \dots$$

les fonctions de $x, y, z, \dots$, dans lesquelles se transforment les produits

$$k\,\delta x,\quad k\,\delta y,\quad k\,\delta z,\quad \ldots,$$

quand on y considère u, v, w, ..., comme fonctions de x, y, z, ..., on aura identiquement

$$(9)\qquad \begin{cases} D_x[k]\,\delta x + k\,D_x\,\delta x = D_x[k\,\delta x], \\ D_y[k]\,\delta y + k\,D_y\,\delta y = D_y[k\,\delta y], \\ D_z[k]\,\delta z + k\,D_z\,\delta z = D_z[k\,\delta z], \\ \ldots\ldots\ldots\ldots\ldots\ldots\ldots\ldots \end{cases}$$

Cela posé, on tirera de l'équation (5), jointe aux formules (8) et (9),

$$(10)\quad \delta s = \int_{x}^{\mathrm{x}}\int_{y}^{\mathrm{y}}\int_{z}^{\mathrm{z}}\ldots \delta\mathfrak{A}\,k\,dx\,dy\,dz\ldots + \int_{x}^{\mathrm{x}}\int_{y}^{\mathrm{y}}\int_{z}^{\mathrm{z}}\ldots \{D_x[k\,\delta x] + D_y[k\,\delta y] + D_z[k\,\delta z] + \ldots\}\,dx\,dy\,dz\ldots$$

ou, ce qui revient au même,

$$(11)\quad \begin{aligned} \delta s = &\int_{x}^{\mathrm{x}}\int_{y}^{\mathrm{y}}\int_{z}^{\mathrm{z}}\ldots \delta\mathfrak{A}\,k\,dx\,dy\,dz\ldots \\ &+\int_{x}^{\mathrm{x}}\int_{y}^{\mathrm{y}}\int_{z}^{\mathrm{z}}\ldots D_x[k\,\delta x]\,dx\,dy\,dz\ldots \\ &+\int_{x}^{\mathrm{x}}\int_{y}^{\mathrm{y}}\int_{z}^{\mathrm{z}}\ldots D_y[k\,\delta y]\,dx\,dy\,dz\ldots \\ &+\int_{x}^{\mathrm{x}}\int_{y}^{\mathrm{y}}\int_{z}^{\mathrm{z}}\ldots D_z[k\,\delta z]\,dx\,dy\,dz\ldots \\ &+\ldots\ldots\ldots\ldots\ldots\ldots \end{aligned}$$

Il nous reste à prouver que la formule (5) ou (11) s'accorde avec la formule (28) du précédent paragraphe. On y parvient facilement en suivant, comme nous allons le faire, la marche adoptée par M. Sarrus dans le Mémoire déjà cité.

§ VII. — *Comparaison des formules établies dans les troisième et quatrième paragraphes. Différentiation d'une intégrale multiple, relativement à une variable distincte de celles auxquelles se rapportent les intégrations.*

Pour pouvoir aisément comparer entre elles les formules générales établies dans les paragraphes précédents, il est d'abord nécessaire d'exposer les règles de la différentiation d'une intégrale multiple relative aux variables $x, y, z, \ldots,$ par rapport à une autre variable t. Or, ces règles se déduisent immédiatement de la formule (27) ou (28) du § V. En effet, soit

$$(1)\qquad s = \int_{\mathfrak{x}}^{\mathrm{X}} \int_{\mathfrak{y}}^{\mathrm{Y}} \int_{\mathfrak{z}}^{\mathrm{Z}} \ldots k\, dx\, dy\, dz \ldots$$

une intégrale multiple, dans laquelle k représente une fonction donnée, non seulement des variables $x, y, z, \ldots,$ auxquelles les intégrations se rapportent, mais aussi d'une autre variable t; et supposons encore que $\mathfrak{x}$, X représentent des fonctions de t; $\mathfrak{y}$, Y des fonctions de x et de t; $\mathfrak{z}$, Z des fonctions de x, y, t; etc.

Pour obtenir la valeur de

$$d_t s = \mathrm{D}_t s\, dt,$$

ou, ce qui revient au même, la valeur de

$$\mathrm{D}_t s,$$

il suffira de chercher la variation δs de l'intégrale s, en considérant t comme seul variable dans les fonctions représentées par les lettres

$$\mathfrak{x},\ \mathrm{X};\quad \mathfrak{y},\ \mathrm{Y};\quad \mathfrak{z},\ \mathrm{Z};\quad \ldots;\quad k;$$

puis de remplacer chacune des lettres caractéristiques δ, $\mathfrak{S}$ par la lettre caractéristique D_t dans la formule (27) ou (28) du § V. On aura, en conséquence,

$$
\begin{aligned}
(2)\quad \mathrm{D}_t s = {} & \int_{\mathfrak{x}}^{\mathrm{X}} \int_{\mathfrak{y}}^{\mathrm{Y}} \int_{\mathfrak{z}}^{\mathrm{Z}} \ldots \mathrm{D}_t k\, dx\, dy\, dz \\
& + \mathrm{D}_t \mathrm{X} \Big|^{x=\mathrm{X}} \int_{\mathfrak{y}}^{\mathrm{Y}} \int_{\mathfrak{z}}^{\mathrm{Z}} \ldots k\, dy\, dz - \mathrm{D}_t \mathfrak{x} \Big|^{x=\mathfrak{x}} \int_{\mathfrak{y}}^{\mathrm{Y}} \int_{\mathfrak{z}}^{\mathrm{Z}} \ldots k\, dy\, dz \\
& + \int_{\mathfrak{x}}^{\mathrm{X}} \mathrm{D}_t \mathrm{Y} \Big|^{y=\mathrm{Y}} \int_{\mathfrak{z}}^{\mathrm{Z}} \ldots k\, dx\, dz - \int_{\mathfrak{x}}^{\mathrm{X}} \mathrm{D}_t \mathfrak{y} \Big|^{y=\mathfrak{y}} \int_{\mathfrak{z}}^{\mathrm{Z}} \ldots k\, dx\, dz \\
& + \int_{\mathfrak{x}}^{\mathrm{X}} \int_{\mathfrak{y}}^{\mathrm{Y}} \mathrm{D}_t \mathrm{Z} \Big|^{z=\mathrm{Z}} \ldots k\, dx\, dy - \int_{\mathfrak{x}}^{\mathrm{X}} \int_{\mathfrak{y}}^{\mathrm{Y}} \mathrm{D}_t \mathfrak{z} \Big|^{z=\mathfrak{z}} \ldots k\, dx\, dy \\
& + \ldots\ldots\ldots\ldots\ldots\ldots\ldots\ldots\ldots\ldots\ldots
\end{aligned}
$$

De la formule (2) on peut tirer immédiatement une autre formule qui sert à la réduction d'une intégrale multiple dans laquelle la fonction sous le signe $\int$ se trouve différentiée par rapport à l'une des variables auxquelles se rapportent les intégrations. En effet, si l'on intègre par rapport à t et entre les limites

$$t = t, \qquad t = \mathrm{t},$$

chacun des termes de la formule (2), alors, en désignant, pour abréger, la différence

$$\overset{t=\mathrm{t}}{|}\, s - \overset{t=t}{|}\, s$$

par la notation ([1])

$$\overset{t=\mathrm{t}}{\underset{t=t}{|}}\, s,$$

([1]) Cette nouvelle notation, analogue à celle dont les géomètres se servent pour représenter une intégrale définie, permet de rendre plus simples et plus concises un grand nombre de formules d'algèbre ou de calcul infinitésimal. Ainsi, par exemple, en vertu de la notation dont il s'agit, la formule

$$\int_x^{\mathrm{x}} \mathrm{D}_x u\, dx = \mathrm{f}(\mathrm{x}) - \mathrm{f}(x),$$

dans laquelle on suppose $u = \mathrm{f}(x)$, sera réduite à

$$\int_x^{\mathrm{x}} \mathrm{D}_x u\, dx = \overset{x=\mathrm{x}}{\underset{x=x}{|}}\, u;$$

pareillement la formule

$$\int_x^{\mathrm{x}}\int_{\mathfrak{y}}^{\mathrm{y}} \mathrm{D}_y \mathrm{D}_x u\, dy\, dx = \mathrm{f}(\mathrm{x}, \mathrm{y}) - \mathrm{f}(\mathrm{x}, \mathfrak{y}) - \mathrm{f}(x, \mathrm{y}) + \mathrm{f}(x, \mathfrak{y}),$$

dans laquelle on suppose $u = \mathrm{f}(x, y)$, sera réduite à

$$\int_x^{\mathrm{x}}\int_{\mathfrak{y}}^{\mathrm{y}} \mathrm{D}_y \mathrm{D}_x u\, dy\, dx = \overset{\mathrm{x}}{\underset{x}{|}}\,\overset{\mathrm{y}}{\underset{\mathfrak{y}}{|}}\, u;$$

pareillement encore la formule

$$\int_x^{\mathrm{x}}\int_{\mathfrak{y}}^{\mathrm{y}}\int_{\mathfrak{z}}^{\mathrm{z}} \mathrm{D}_z \mathrm{D}_y \mathrm{D}_x u = \mathrm{f}(\mathrm{x}, \mathrm{y}, \mathrm{z}) + \mathrm{f}(\mathrm{x}, \mathfrak{y}, \mathfrak{z}) + \mathrm{f}(x, \mathrm{y}, \mathfrak{z}) + \mathrm{f}(x, \mathfrak{y}, \mathrm{z})$$
$$- \mathrm{f}(x, \mathfrak{y}, \mathfrak{z}) - \mathrm{f}(x, \mathrm{y}, \mathrm{z}) - \mathrm{f}(\mathrm{x}, \mathfrak{y}, \mathrm{z}) - \mathrm{f}(\mathrm{x}, \mathrm{y}, \mathfrak{z}),$$

dans laquelle on suppose $u = f(x, y, z)$, sera réduite à

$$\int_x^{\mathrm{x}}\int_{\mathfrak{y}}^{\mathrm{y}}\int_{\mathfrak{z}}^{\mathrm{z}} \mathrm{D}_z \mathrm{D}_y \mathrm{D}_x u = \overset{x=\mathrm{x}}{\underset{x=x}{|}}\;\overset{y=\mathrm{y}}{\underset{y=\mathfrak{y}}{|}}\;\overset{z=\mathrm{z}}{\underset{z=\mathfrak{z}}{|}}\, u;$$

etc.

on trouvera

$$(3)\qquad \overset{t=\mathrm{t}}{\underset{t=t}{\Big|}}\, s = \int_t^{\mathrm{t}}\int_x^{\mathrm{x}}\int_y^{\mathrm{y}}\int_z^{\mathrm{z}} \ldots D_t k\,dt\,dx\,dy\,dz\ldots$$

$$+\int_t^{\mathrm{t}} D_t\mathrm{x}\overset{x=\mathrm{x}}{\Big|}\int_y^{\mathrm{y}}\int_z^{\mathrm{z}}\ldots k\,dt\,dy\,dz\ldots-\int_t^{\mathrm{t}} D_t x\overset{x=x}{\Big|}\int_y^{\mathrm{y}}\int_z^{\mathrm{z}}\ldots k\,dt\,dy\,dz\ldots$$

$$+\int_t^{\mathrm{t}}\int_x^{\mathrm{x}} D_t\mathrm{y}\overset{y=\mathrm{y}}{\Big|}\int_z^{\mathrm{z}}\ldots k\,dt\,dx\,dz\ldots-\int_t^{\mathrm{t}}\int_x^{\mathrm{x}} D_t y\overset{y=y}{\Big|}\int_z^{\mathrm{z}}\ldots k\,dt\,dx\,dz\ldots$$

$$+\int_t^{\mathrm{t}}\int_x^{\mathrm{x}}\int_y^{\mathrm{y}} D_t\mathrm{z}\overset{z=\mathrm{z}}{\Big|}\ldots k\,dt\,dx\,dy\ldots-\int_t^{\mathrm{t}}\int_x^{\mathrm{x}} D_t z\overset{z=z}{\Big|}\ldots k\,dt\,dx\,dy\ldots$$

$$+\ldots\ldots\ldots\ldots\ldots\ldots\ldots\ldots\ldots\ldots\ldots\ldots$$

et par suite, eu égard à la formule (1),

$$(4)\qquad \int_t^{\mathrm{t}}\int_x^{\mathrm{x}}\int_y^{\mathrm{y}}\int_z^{\mathrm{z}} \ldots D_t k\,dt\,dx\,dy\,dz\ldots$$

$$=\overset{t=\mathrm{t}}{\underset{t=t}{\Big|}}\int_x^{\mathrm{x}}\int_y^{\mathrm{y}}\int_z^{\mathrm{z}}\ldots k\,dx\,dy\,dz\ldots$$

$$-\int_t^{\mathrm{t}} D_t\mathrm{x}\overset{x=\mathrm{x}}{\Big|}\int_y^{\mathrm{y}}\int_z^{\mathrm{z}}\ldots k\,dt\,dy\,dz\ldots+\int_t^{\mathrm{t}} D_t x\overset{x=x}{\Big|}\int_y^{\mathrm{y}}\int_z^{\mathrm{z}}\ldots k\,dt\,dy\,dz\ldots$$

$$-\int_t^{\mathrm{t}}\int_x^{\mathrm{x}} D_t\mathrm{y}\overset{y=\mathrm{y}}{\Big|}\int_z^{\mathrm{z}}\ldots k\,dt\,dx\,dz\ldots+\int_t^{\mathrm{t}}\int_x^{\mathrm{x}} D_t y\overset{y=y}{\Big|}\int_z^{\mathrm{z}}\ldots k\,dt\,dx\,dz\ldots$$

$$-\int_t^{\mathrm{t}}\int_x^{\mathrm{x}}\int_y^{\mathrm{y}} D_t\mathrm{z}\overset{z=\mathrm{z}}{\Big|}\ldots k\,dt\,dx\,dy\ldots+\int_t^{\mathrm{t}}\int_x^{\mathrm{x}}\int_y^{\mathrm{y}} D_t z\overset{z=z}{\Big|}\ldots k\,dt\,dx\,dy\ldots$$

$$-\ldots\ldots\ldots\ldots\ldots\ldots\ldots\ldots\ldots\ldots\ldots\ldots$$

D'ailleurs, il est clair que les deux dérivées $D_t\mathrm{x}$, $D_t x$ seront, avec x et x, des fonctions de la seule variable t; que pareillement $D_t\mathrm{y}$, $D_t y$ seront avec y et y des fonctions des seules variables t, x; que $D_t\mathrm{z}$, $D_t z$ seront avec z et z des fonctions des seules variables, t, x, y, etc. Donc la formule (4) pourra encore s'écrire comme il suit :

$$(5)\qquad \int_t^{\mathrm{t}}\int_x^{\mathrm{x}}\int_y^{\mathrm{y}}\int_z^{\mathrm{z}} \ldots D_t k\,dt\,dx\,dy\,dz\ldots$$

$$=\overset{t=\mathrm{t}}{\underset{t=t}{\Big|}}\int_x^{\mathrm{x}}\int_y^{\mathrm{y}}\int_z^{\mathrm{z}}\ldots k\,dx\,dy\,dz\ldots$$

$$-\int_t^{\mathrm{t}}\overset{x=\mathrm{x}}{\Big|}\int_y^{\mathrm{y}}\int_z^{\mathrm{z}}\ldots k\,D_t\mathrm{x}\,dt\,dy\,dz\ldots+\int_t^{\mathrm{t}}\overset{x=x}{\Big|}\int_y^{\mathrm{y}}\int_z^{\mathrm{z}}\ldots k\,D_t x\,dt\,dy\,dz\ldots$$

$$-\int_t^{\mathrm{t}}\int_x^{\mathrm{x}}\overset{y=\mathrm{y}}{\Big|}\int_z^{\mathrm{z}}\ldots k\,D_t\mathrm{y}\,dt\,dx\,dz\ldots+\int_t^{\mathrm{t}}\int_x^{\mathrm{x}}\overset{y=y}{\Big|}\int_z^{\mathrm{z}}\ldots k\,D_t y\,dt\,dx\,dz\ldots$$

$$-\int_t^{\mathrm{t}}\int_x^{\mathrm{x}}\int_y^{\mathrm{y}}\overset{z=\mathrm{z}}{\Big|}\ldots k\,D_t\mathrm{z}\,dt\,dx\,dy\ldots+\int_t^{\mathrm{t}}\int_x^{\mathrm{x}}\int_y^{\mathrm{y}}\overset{z=z}{\Big|}\ldots k\,D_t z\,dt\,dx\,dy\ldots$$

$$-\ldots\ldots\ldots\ldots\ldots\ldots\ldots\ldots\ldots\ldots\ldots\ldots$$

L'équation (5) permet de réduire facilement la formule (11) du § VI à la formule (28) du § V. En effet, si, dans l'équation (5), on substitue à la variable t l'une des variables $x, y, z, \ldots$, et à la fonction k l'un des produits

$$k\,\delta x, \quad k\,\delta y, \quad k\,\delta z;$$

alors, en désignant par les notations

$$[k\,\delta x], \quad [k\,\delta y], \quad [k\,\delta z],$$

placées à la suite des caractéristiques D_x, D_y, D_z, ..., les dérivées partielles de ces produits, considérés comme fonctions des seules variables $x, y, z, \ldots$, on trouvera successivement

$$(6)\quad \left\{\begin{aligned}
&\int_x^{\mathrm{X}}\int_{\mathfrak{y}}^{\mathrm{Y}}\int_z^{\mathrm{Z}} \ldots \mathrm{D}_x[k\,\delta x]\,dx\,dy\,dz \ldots \\
&\quad = \mathop{|}\limits_{x=x}^{x=\mathrm{X}} \int_{\mathfrak{y}}^{\mathrm{Y}}\int_z^{\mathrm{Z}} \ldots k\,\delta x\,dy\,dz \ldots \\
&\qquad - \int_x^{\mathrm{X}} \mathop{|}\limits^{y=\mathrm{Y}} \int_z^{\mathrm{Z}} \ldots k\,\mathrm{D}_x\mathrm{Y}\,\delta x\,dx\,dz \ldots + \int_x^{\mathrm{X}} \mathop{|}\limits^{y=\mathfrak{y}} \int_z^{\mathrm{Z}} \ldots k\,\mathrm{D}_x\mathfrak{y}\,\delta x\,dx\,dz \ldots \\
&\qquad - \int_x^{\mathrm{X}}\int_{\mathfrak{y}}^{\mathrm{Y}} \mathop{|}\limits^{z=\mathrm{Z}} \ldots k\,\mathrm{D}_x\mathrm{Z}\,\delta x\,dx\,dy \ldots + \int_x^{\mathrm{X}}\int_{\mathfrak{y}}^{\mathrm{Y}} \mathop{|}\limits^{z=z} \ldots k\,\mathrm{D}_x z\,\delta x\,dx\,dy \ldots \\
&\qquad - \ldots\ldots\ldots\ldots\ldots\ldots\ldots\ldots\ldots\ldots\ldots\ldots; \\
&\int_{\mathfrak{y}}^{\mathrm{Y}}\int_z^{\mathrm{Z}} \ldots \mathrm{D}_y[k\,\delta y]\,dy\,dz \ldots \\
&\quad = \mathop{|}\limits_{y=\mathfrak{y}}^{y=\mathrm{Y}} \int_z^{\mathrm{Z}} \ldots k\,\delta y\,dz \ldots \\
&\qquad - \int_{\mathfrak{y}}^{\mathrm{Y}} \mathop{|}\limits^{z=\mathrm{Z}} \ldots k\,\mathrm{D}_y\mathrm{Z}\,\delta y\,dy \ldots + \int_{\mathfrak{y}}^{\mathrm{Y}} \mathop{|}\limits^{z=z} \ldots k\,\mathrm{D}_y z\,\delta y\,dy \ldots \\
&\qquad - \ldots\ldots\ldots\ldots\ldots\ldots\ldots\ldots; \\
&\int_z^{\mathrm{Z}} \ldots \mathrm{D}_z[k\,\delta z]\,dz \ldots = \mathop{|}\limits_{z=z}^{z=\mathrm{Z}} k\,\delta z \ldots - \ldots, \\
&\ldots\ldots\ldots\ldots\ldots\ldots\ldots\ldots\ldots
\end{aligned}\right.$$

D'autre part on aura

$$(7)\quad\left\{\begin{array}{l}
\mathop{\Big|}\limits_{x=\mathfrak{x}}^{x=\mathrm{X}} \displaystyle\int_{\mathfrak{y}}^{\mathrm{Y}}\int_{\mathfrak{z}}^{\mathrm{Z}} \dots k\,\delta x\,dy\,dz = \mathop{\Big|}\limits^{x=\mathrm{X}} \int_{\mathfrak{y}}^{\mathrm{Y}}\int_{\mathfrak{z}}^{\mathrm{Z}} \dots k\,\delta x\,dy\,dz - \mathop{\Big|}\limits^{x=\mathfrak{x}} \int_{y}^{\mathrm{Y}}\int_{z}^{\mathrm{Z}} \dots k\,\delta x\,dy\,dz, \\
\mathop{\Big|}\limits_{y=\mathfrak{y}}^{y=\mathrm{Y}} \displaystyle\int_{\mathfrak{z}}^{\mathrm{Z}} \dots k\,\delta y\,dz = \mathop{\Big|}\limits^{y=\mathrm{Y}} \int_{z}^{\mathrm{Z}} \dots k\,\delta y\,dz - \mathop{\Big|}\limits^{y=\mathfrak{y}} \int_{z}^{\mathrm{Z}} \dots k\,\delta y\,dz \dots, \\
\mathop{\Big|}\limits_{z=\mathfrak{z}}^{z=\mathrm{Z}} \dots k\,\delta z = \mathop{\Big|}\limits^{z=\mathrm{Z}} \dots k\,\delta z - \mathop{\Big|}\limits^{\mathrm{Z}=\mathfrak{z}} \dots k\,\delta z. \\
\dots\dots\dots\dots\dots\dots\dots\dots\dots\dots
\end{array}\right.$$

De plus, dans la recherche des quantités

$$\mathop{\Big|}\limits^{x=\mathrm{X}} \int_{\mathfrak{y}}^{\mathrm{Y}}\int_{\mathfrak{z}}^{\mathrm{Z}} \dots k\,\delta x\,dy\,dz\dots,\qquad \mathop{\Big|}\limits^{x=\mathfrak{x}} \int_{\mathfrak{y}}^{\mathrm{Y}}\int_{\mathfrak{z}}^{\mathrm{Z}} \dots k\,\delta x\,dy\,dz\dots,$$

qui représentent les valeurs de l'intégrale

$$\int_{\mathfrak{y}}^{\mathrm{Y}}\int_{\mathfrak{z}}^{\mathrm{Z}} \dots k\,\delta x\,dy\,dz\dots$$

correspondantes aux valeurs $\mathfrak{x}$ et X de la variable x, on pourra, en considérant cette intégrale comme une somme d'éléments, commencer par réduire, dans chaque élément, le facteur δx du produit

$$k\,\delta x$$

à la valeur $\delta\mathrm{X}$ que prend ce même facteur pour $x=\mathfrak{x}$ ou pour $x=\mathrm{X}$. Une remarque semblable étant applicable aux intégrales de la forme

$$\int_{\mathfrak{z}}^{\mathrm{Z}} \dots k\,\delta y\,dz\dots,\qquad \dots,$$

on pourra aux formules (7) substituer les suivantes :

$$(8)\quad\left\{\begin{array}{l}
\mathop{\Big|}\limits_{x=\mathfrak{x}}^{x=\mathrm{X}} \displaystyle\int_{\mathfrak{y}}^{\mathrm{Y}}\int_{\mathfrak{z}}^{\mathrm{Z}} \dots k\,\delta x\,dy\,dz\dots \\
\quad = \mathop{\Big|}\limits^{x=\mathrm{X}} \displaystyle\int_{\mathfrak{y}}^{\mathrm{Y}}\int_{\mathfrak{z}}^{\mathrm{Z}} \dots k\,\delta \mathrm{X}\,dy\,dz\dots - \mathop{\Big|}\limits^{x=\mathfrak{x}} \int_{\mathfrak{y}}^{\mathrm{Y}}\int_{\mathfrak{z}}^{\mathrm{Z}} \dots k\,\delta x\,dy\,dz\dots, \\
\mathop{\Big|}\limits_{y=\mathfrak{y}}^{y=\mathrm{Y}} \displaystyle\int_{\mathfrak{z}}^{\mathrm{Z}} \dots k\,\delta y\,dz = \mathop{\Big|}\limits^{y=\mathrm{Y}} \int_{\mathfrak{z}}^{\mathrm{Z}} \dots k\,\delta y\,dz - \mathop{\Big|}\limits^{y=\mathfrak{y}} \int_{z}^{\mathrm{Z}} \dots k\,\delta y\,dz, \\
\mathop{\Big|}\limits_{z=\mathfrak{z}}^{z=\mathrm{Z}} \dots k\,\delta z\dots = \mathop{\Big|}\limits^{z=\mathrm{Z}} \dots k\,\delta \mathrm{Z} - \mathop{\Big|}\limits^{z=\mathfrak{z}} \dots k\,\delta \mathfrak{z}, \\
\dots\dots\dots\dots\dots\dots\dots\dots\dots\dots
\end{array}\right.$$

En vertu de ces dernières, jointes aux équations (6), la formule (11) du § IV donnera

$$(9)\quad \delta s = \int_{\mathfrak{x}}^{\mathrm{x}}\int_{\mathfrak{y}}^{\mathrm{y}}\int_{\mathfrak{z}}^{\mathrm{z}} \ldots \mathfrak{d} k\, dx\, dy\, dz \ldots$$

$$+ \overset{x=\mathrm{x}}{\Big|} \int_{\mathfrak{y}}^{\mathrm{y}}\int_{\mathfrak{z}}^{\mathrm{z}} \ldots k\, \delta\mathrm{x}\, dy\, dz \ldots - \overset{x=\mathfrak{x}}{\Big|} \int_{\mathfrak{y}}^{\mathrm{y}}\int_{\mathfrak{z}}^{\mathrm{z}} \ldots k\, \delta\mathfrak{x}\, dy\, dz \ldots$$

$$+ \int_{\mathfrak{x}}^{\mathrm{x}} \overset{y=\mathrm{y}}{\Big|} \int_{\mathfrak{z}}^{\mathrm{z}} \ldots k(\delta\mathrm{y} - \mathrm{D}_x \mathrm{y}\, \delta x)\, dx\, dz \ldots$$

$$- \int_{\mathfrak{x}}^{\mathrm{x}} \overset{y=\mathfrak{y}}{\Big|} \int_{\mathfrak{z}}^{\mathrm{z}} \ldots k(\delta\mathfrak{y} - \mathrm{D}_x \mathfrak{y}\, \delta x)\, dx\, dz \ldots$$

$$+ \int_{\mathfrak{x}}^{\mathrm{x}}\int_{\mathfrak{y}}^{\mathrm{y}} \overset{z=\mathrm{z}}{\Big|} \ldots k(\delta\mathrm{z} - \mathrm{D}_x \mathrm{z}\, \delta x - \mathrm{D}_y \mathrm{z}\, \delta y)\, dx\, dy \ldots$$

$$+ \ldots\ldots\ldots\ldots\ldots\ldots\ldots\ldots\ldots\ldots\ldots\ldots$$

Enfin, puisque $\mathfrak{x}$ et x sont indépendants de $x, y, z, \ldots$, tandis que $\mathfrak{y}$ et y sont fonctions de x, $\mathfrak{z}$ et z fonctions de $x, y, \ldots$, il suit des principes établis dans le § II que les variations totales

$$\delta\mathfrak{x},\quad \delta\mathrm{x},\quad \delta\mathfrak{y},\quad \delta\mathrm{y},\quad \delta\mathfrak{z},\quad \delta\mathrm{z},\quad \ldots$$

des quantités

$$\mathfrak{x},\quad \mathrm{x},\quad \mathfrak{y},\quad \mathrm{y},\quad \mathfrak{z},\quad \mathrm{z},\quad \ldots$$

sont liées à leurs variations propres

$$\mathfrak{d}\mathfrak{x},\quad \mathfrak{d}\mathrm{x},\quad \mathfrak{d}\mathfrak{y},\quad \mathfrak{d}\mathrm{y},\quad \mathfrak{d}\mathfrak{z},\quad \mathfrak{d}\mathrm{z},\quad \ldots$$

par les formules

$$(10)\quad \left\{\begin{array}{ll} \delta\mathfrak{x} = \mathfrak{d}\mathfrak{x}, & \delta\mathrm{x} = \mathfrak{d}\mathrm{x}, \\ \delta\mathfrak{y} = \mathfrak{d}\mathfrak{y} + \mathrm{D}_x \mathfrak{y}\, \delta x, & \delta\mathrm{y} = \mathfrak{d}\mathrm{y} + \mathrm{D}_x \mathrm{y}\, \delta x, \\ \delta\mathfrak{z} = \mathfrak{d}\mathfrak{z} + \mathrm{D}_x \mathfrak{z}\, \delta x + \mathrm{D}_x \mathfrak{z}\, \delta y, & \delta\mathrm{z} = \mathfrak{d}\mathrm{z} + \mathrm{D}_x \mathrm{z}\, \delta x + \mathrm{D}_x \mathrm{z}\, \delta y, \\ \ldots\ldots\ldots\ldots\ldots\ldots, & \ldots\ldots\ldots\ldots\ldots\ldots \end{array}\right.$$

Donc l'équation (9) pourra être réduite à la suivante :

$$(11)\quad \delta s = \int_{\mathfrak{x}}^{\mathrm{x}}\int_{\mathfrak{y}}^{\mathrm{y}}\int_{\mathfrak{z}}^{\mathrm{z}} \ldots \mathfrak{d} k\, dx\, dy\, dz \ldots$$

$$+ \overset{x=\mathrm{x}}{\Big|} \int_{\mathfrak{y}}^{\mathrm{y}}\int_{\mathfrak{z}}^{\mathrm{z}} \ldots k\, \mathfrak{d}\mathrm{x}\, dy\, dz \ldots - \overset{x=\mathfrak{x}}{\Big|} \int_{\mathfrak{y}}^{\mathrm{y}}\int_{\mathfrak{z}}^{\mathrm{z}} \ldots k\, \mathfrak{d}\mathfrak{x}\, dy\, dz \ldots$$

$$+ \int_{\mathfrak{x}}^{\mathrm{x}} \overset{y=\mathrm{y}}{\Big|} \int_{\mathfrak{z}}^{\mathrm{z}} \ldots k\, \mathfrak{d}\mathrm{y}\, dx\, dz \ldots - \int_{\mathfrak{x}}^{\mathrm{x}} \overset{y=\mathfrak{y}}{\Big|} \int_{\mathfrak{z}}^{\mathrm{z}} \ldots k\, \mathfrak{d}\mathfrak{y}\, dx\, dz \ldots$$

$$+ \int_{\mathfrak{x}}^{\mathrm{x}}\int_{\mathfrak{y}}^{\mathrm{y}} \overset{z=\mathrm{z}}{\Big|} \ldots k\, \mathfrak{d}\mathrm{z}\, dx\, dy \ldots - \int_{\mathfrak{x}}^{\mathrm{x}}\int_{\mathfrak{y}}^{\mathrm{y}} \overset{z=\mathfrak{z}}{\Big|} \ldots k\, \mathfrak{d}\mathfrak{z}\, dx\, dy \ldots$$

$$+ \ldots\ldots\ldots\ldots\ldots\ldots\ldots\ldots\ldots\ldots\ldots\ldots$$

Il y a plus ; comme les variations propres des limites d'une intégrale multiple, étant dues au seul changement de forme des fonctions qui représentent ces limites, seront nécessairement d'autres fonctions de même nature, il en résulte : 1° que les variations propres

$$\delta x, \quad \delta X$$

seront, avec x et X, indépendantes des variables $x, y, z, \ldots$; 2° que les variations propres

$$\delta y, \quad \delta Y$$

se réduiront, avec y et Y, à des fonctions de x ; 3° que les variations propres

$$\delta z, \quad \delta Z$$

se réduiront, avec z et Z, à des fonctions de x, y, etc... Donc la formule (11) pourra être réduite à la suivante

$$(12)\quad \delta s = \int_x^X \int_y^Y \int_z^Z \ldots \delta k\, dx\, dy\, dz \ldots$$
$$+ \delta X \mathop{\Big|}^{x=X} \int_y^Y \int_z^Z \ldots k\, dy\, dz \ldots - \delta x \mathop{\Big|}^{x=x} \int_y^Y \int_z^Z \ldots k\, dy\, dz \ldots$$
$$+ \int_x^X \delta Y \mathop{\Big|}^{y=Y} \int_z^Z \ldots k\, dx\, dz \ldots - \int_x^X \delta y \mathop{\Big|}^{y=y} \int_z^Z \ldots k\, dx\, dz \ldots$$
$$+ \int_x^X \int_y^Y \delta Z \mathop{\Big|}^{z=Z} \ldots k\, dx\, dy \ldots - \int_x^X \int_y^Y \delta z \mathop{\Big|}^{z=z} \ldots k\, dx\, dy \ldots$$
$$+ \ldots \ldots \ldots \ldots \ldots \ldots \ldots \ldots \ldots \ldots$$

c'est-à-dire à la formule (28) du § V.

§ VIII. — *Sur la variation partielle qui, pour une intégrale définie, simple ou multiple, correspond aux variations propres des fonctions renfermées sous le signe* $\int$.

Soit, comme dans le § V,

$$(1)\qquad s = \int_x^X \int_y^Y \int_z^Z \ldots k\, dx\, dy\, dz \ldots$$

une intégrale définie multiple, dans laquelle on ait

$$(2)\qquad k = f(x, y, z, \ldots, u, v, w, \ldots),$$

les limites y, Y pouvant être des fonctions quelconques de x, les limites z, Z des fonctions quelconques de $x, y, \ldots$; et $u, v, w, \ldots$, désignant des fonctions de $x, y, z, \ldots$, dont la forme puisse varier, tandis que la lettre f indique, au contraire, une fonction de forme invariable. Si l'on nomme

$$\delta k \quad \text{et} \quad \delta s$$

les variations partielles de s et de k, correspondantes aux variations propres

$$\delta u, \quad \delta v, \quad \delta w, \quad \ldots$$

des fonctions $u, v, w, \ldots$; on aura, en vertu de la formule (24) du § V,

$$(3) \qquad \delta k = \int_x^X \int_y^Y \int_z^Z \ldots \delta k \, dx \, dy \, dz \ldots,$$

la valeur de δk étant

$$(4) \qquad \delta k = D_u k \, \delta u + D_v k \, \delta v + D_w k \, \delta w + \ldots.$$

Or, en général, dans les problèmes dont la solution est l'objet du calcul des variations, les fonctions

$$u, \quad v, \quad w, \quad \ldots,$$

que renferme l'expression $f(x, y, z, \ldots, u, v, w, \ldots)$, ne sont pas toutes indépendantes entre elles, et plusieurs de ces mêmes fonctions se déduisent des autres, à l'aide de différentiations relatives à x, à y, à z, etc. Cela posé, l'expression

$$f(x, y, z, \ldots, u, v, w, \ldots)$$

devra être censée renfermer généralement, avec certaines fonctions,

$$u, \quad v, \quad w, \quad \ldots,$$

dont les formes pourront varier arbitrairement, les dérivées partielles de ces fonctions par rapport à $x, y, z, \ldots$. Soit r l'une quelconque de ces dérivées, en sorte qu'on ait, par exemple,

$$(5) \qquad r = D_x^l D_y^m D_z^n \ldots u.$$

La fonction r se réduira simplement à la fonction u, lorsque les nombres entiers l, m, n, ... se réduiront à zéro; et le second membre de l'équation (4) se trouvera représenté par une somme de termes de la forme

$$\mathrm{D}_r k\, \mathcal{S}r,$$

mais relatifs, les uns à la fonction u, les autres aux fonctions v, w, ..., qui pourront être successivement substituées, dans la formule (5), à la fonction u. En conséquence, on pourra écrire l'équation (4) comme il suit

$$\mathcal{S}k = \sum \mathrm{D}_r k\, \mathcal{S}r + \ldots, \tag{6}$$

le signe $\sum$ indiquant une somme de termes de la même forme, et relatifs à la même fonction u, mais à divers systèmes de valeurs des nombres entiers l, m, n, ... Si, pour plus de commodité, l'on pose

$$\mathrm{D}_r k = \mathrm{R},$$

l'équation (6) se trouvera réduite à

$$\mathcal{S}k = \sum \mathrm{R}\, \mathcal{S}r + \ldots. \tag{7}$$

Concevons maintenant que, la valeur de r étant déterminée par la formule (5), on nomme

$$\Delta u, \quad \Delta r$$

les accroissements infiniment petits de u et de r, dus seulement à un changement de forme de la fonction u, et correspondants à l'accroissement infiniment petit ι d'une quantité dont la variation serait prise pour unité. La formule (5) entraînera l'équation

$$r + \Delta r = \mathrm{D}_x^l \mathrm{D}_y^m \mathrm{D}_z^n \ldots (u + \Delta u),$$

et, par suite, l'équation

$$\Delta r = \mathrm{D}_x^l \mathrm{D}_y^m \mathrm{D}_z^n \ldots \Delta u,$$

de laquelle on tirera, en divisant les deux membres par ι,

$$\frac{\Delta r}{\iota} = \mathrm{D}_x^l \mathrm{D}_y^m \mathrm{D}_z^n \ldots \frac{\Delta u}{\iota}.$$

Si, dans cette dernière, on fait converger ε vers la limite zéro, on verra les rapports

$$\frac{\Delta r}{\varepsilon}, \quad \frac{\Delta u}{\varepsilon}$$

converger vers les limites correspondantes

$$\delta r, \quad \delta u,$$

et l'on trouvera définitivement

$$\delta r = \mathrm{D}_x^l \mathrm{D}_y^m \mathrm{D}_z^n \ldots \delta u. \tag{8}$$

Au reste, la formule (8) peut se déduire directement d'un principe précédemment établi [*voir* le § IV], et en vertu duquel on peut intervertir arbitrairement l'ordre de deux ou de plusieurs opérations indiquées par des caractéristiques qui servent à exprimer, les unes des variations partielles, les autres des dérivées partielles. En effet, en vertu de ce principe, on aura

$$\delta \mathrm{D}_x^l \mathrm{D}_y^m \mathrm{D}_z^n \ldots u = \mathrm{D}_x^l \mathrm{D}_y^m \mathrm{D}_z^n \ldots \delta u; \tag{9}$$

et, par suite, la formule (5) entraînera la formule (8).

Si l'on substitue la valeur de δr, déterminée par la formule (8), dans l'équation (7), on trouvera

$$\delta k = \sum \mathrm{R}\, \mathrm{D}_x^l \mathrm{D}_y^m \mathrm{D}_z^n \ldots \delta u + \ldots; \tag{10}$$

puis, eu égard à cette dernière, on tirera de la formule (3)

$$\delta s = \int_x^{\mathrm{x}} \int_y^{\mathrm{y}} \int_z^{\mathrm{z}} \ldots \sum \mathrm{R}\, \mathrm{D}_x^l \mathrm{D}_y^m \mathrm{D}_z^n \ldots \delta u \ldots dx\, dy\, dz + \ldots, \tag{11}$$

ou, ce qui revient au même,

$$\delta s = \sum \int_x^{\mathrm{x}} \int_y^{\mathrm{y}} \int_z \ldots \mathrm{R}\, \mathrm{D}_x^l \mathrm{D}_y^m \mathrm{D}_z^n \ldots \delta u \ldots dx\, dy\, dz + \ldots. \tag{12}$$

Si les variables

$$x, \quad y, \quad z, \quad \ldots$$

se réduisent à une seule x, on aura simplement

$$\delta s = \sum \int_{\mathrm{y}}^{\mathrm{x}} \mathrm{R} \mathrm{D}_x^l \delta u \, dx + \ldots. \tag{13}$$

Dans chacune des équations (12), (13), nous n'avons mis en évidence que la somme des termes relatifs à la fonction u. Les autres sommes, qui devront être ajoutées à celles-ci, seront de même forme, mais relatives aux fonctions v, w, ...

Il importe d'observer que, dans la plupart des termes qui composent les seconds membres des équations (12) et (13), les variations propres

$$\delta u, \quad \delta v, \quad \delta w, \quad \ldots,$$

des fonctions u, v, w, ..., se trouvent engagées sous les signes caractéristiques D_x, D_y, D_z, ... Mais on peut, à l'aide d'intégrations par parties, faire en sorte que ces mêmes variations soient, dans chaque intégrale simple ou multiple, débarrassées de quelques-unes des caractéristiques

$$\mathrm{D}_x, \quad \mathrm{D}_y, \quad \mathrm{D}_z, \quad \ldots,$$

savoir, de celles qui indiquent des différentiations partielles relatives aux variables par rapport auxquelles les intégrations s'effectuent. C'est, au reste, ce que nous expliquerons plus en détail dans le paragraphe suivant.

§ IX. — *Sur les réductions que l'on peut effectuer, à l'aide d'intégrations par parties, dans les variations d'une intégrale définie, simple ou multiple.*

Les réductions qui sont l'objet de ce paragraphe se déduisent aisément de quelques formules très simples, que nous allons rappeler en peu de mots.

Concevons d'abord que l'on représente par k une fonction des deux variables x, y; et nommons $[k]$ ce que devient k quand on y pose

$$y = \mathrm{y},$$

y étant une fonction donnée de x. On aura identiquement

$$[k] = \overset{y=\mathrm{y}}{\Big|}\, k;$$

et la valeur de la dérivée

$$\mathrm{D}_x[k]$$

sera fournie par une équation analogue à chacune des formules (14) du § III. Effectivement, cette valeur sera

$$\mathrm{D}_x[k] = \mathrm{D}_x k + \mathrm{D}_y k\, \mathrm{D}_x y,$$

pourvu que dans chacune des quantités

$$\mathrm{D}_x k, \quad \mathrm{D}_y k, \quad \mathrm{D}_x y,$$

on pose $y = \mathrm{y}$. En d'autres termes, on aura

$$\mathrm{D}_x \overset{y=\mathrm{y}}{\Big|}\, k = \overset{y=\mathrm{y}}{\Big|}\, \mathrm{D}_x k + \mathrm{D}_x \mathrm{y} \overset{y=\mathrm{y}}{\Big|}\, \mathrm{D}_y k,$$

ou, ce qui revient au même, puisque $\mathrm{D}_x \mathrm{y}$ est indépendant de y,

$$(1) \qquad \mathrm{D}_x \overset{y=\mathrm{y}}{\Big|}\, k = \overset{y=\mathrm{y}}{\Big|}\, \mathrm{D}_x k + \overset{y=\mathrm{y}}{\Big|}\, \mathrm{D}_y k\, \mathrm{D}_x \mathrm{y}.$$

Pareillement, si l'on pose $y = \mathfrak{y}$, $\mathfrak{y}$ désignant une nouvelle fonction de x, la valeur de k, correspondante à la valeur $\mathfrak{y}$ de y, sera

$$\overset{y=\mathfrak{y}}{\Big|}\, k,$$

et l'on aura encore

$$(2) \qquad \mathrm{D}_x \overset{y=\mathfrak{y}}{\Big|}\, k = \overset{y=\mathfrak{y}}{\Big|}\, \mathrm{D}_x k + \overset{y=\mathfrak{y}}{\Big|}\, \mathrm{D}_y k\, \mathrm{D}_x \mathfrak{y}.$$

Enfin, si l'on combine entre elles, par voie de soustraction, les formules (1) et (2), alors, en ayant égard à l'équation identique

$$\overset{y=\mathrm{y}}{\Big|}\, k - \overset{y=\mathfrak{y}}{\Big|}\, k = \overset{y=\mathrm{y}}{\underset{y=\mathfrak{y}}{\Big|}}\, k,$$

on trouvera

$$(3) \qquad \mathrm{D}_x \overset{y=\mathrm{y}}{\underset{y=\mathfrak{y}}{\Big|}}\, k = \overset{y=\mathrm{y}}{\underset{y=\mathfrak{y}}{\Big|}}\, \mathrm{D}_x k + \overset{y=\mathrm{y}}{\Big|}\, \mathrm{D}_y k\, \mathrm{D}_x \mathrm{y} - \overset{y=\mathfrak{y}}{\Big|}\, \mathrm{D}_y k\, \mathrm{D}_x \mathfrak{y}.$$

Supposons à présent que, dans les formules (1) et (2) du § VII, on réduise les variables t, x, y, z, ..., à deux. On tirera de ces formules, en remplaçant t par x et x par y,

$$(4) \qquad D_x \int_{\mathfrak{y}}^{\mathrm{y}} k\,dy = \int_{\mathfrak{y}}^{\mathrm{y}} D_x k\,dy + \mathop{\Big|}\limits^{y=\mathrm{y}} k\,D_x \mathrm{y} - \mathop{\Big|}\limits^{y=\mathfrak{y}} k\,D_x \mathfrak{y}.$$

Il est bon d'observer que, si les fonctions

$$k \quad \text{et} \quad D_x k$$

sont des fonctions continues de y entre les limites $y=\mathfrak{y}$, $y=\mathrm{y}$, il suffira de remplacer, dans la formule (4), k par $D_y k$, pour reproduire immédiatement la formule (3).

Concevons maintenant que, k étant une fonction des variables

$$x, \quad y, \quad z, \quad \ldots,$$

on représente par $\mathfrak{y}$ et y deux fonctions données de x; par $\mathfrak{z}$ et z deux fonctions données de x, y, etc. Désignons d'ailleurs par

$$\square k,$$

ou l'expression

$$\mathop{\Big|}\limits_{y=\mathfrak{y}}^{y=\mathrm{y}} \mathop{\Big|}\limits_{z=\mathfrak{z}}^{z=\mathrm{z}} \ldots k,$$

ou l'une de celles qu'on en déduit quand on remplace quelques-unes des opérations qu'indiquent les signes

$$\mathop{\Big|}\limits_{y=\mathfrak{y}}^{y=\mathrm{y}}, \quad \mathop{\Big|}\limits_{z=\mathfrak{z}}^{z=\mathrm{z}}, \quad \ldots,$$

par des intégrations effectuées relativement à y, à z, etc., entre les limites écrites au-dessous et au-dessus de ces mêmes signes; en sorte que la seule caractéristique

$$\square$$

indique un système d'opérations auxquelles on doit soumettre successivement la fonction k. Alors $\square k$ représentera : 1° si les variables x, y,

z, ..., se réduisent à une seule variable x, l'une des deux expressions

$$\mathop{\Big|}\limits_{y=\mathfrak{y}}^{y=\mathrm{y}} k, \qquad \int_{\mathfrak{y}}^{\mathrm{y}} k\,dx;$$

2° si les variables x, y, z, ..., se réduisent à deux, x, y, l'une des quatre expressions

$$\mathop{\Big|}\limits_{y=\mathfrak{y}}^{y=\mathrm{y}} \mathop{\Big|}\limits_{z=\mathfrak{z}}^{z=\mathrm{z}} k, \quad \mathop{\Big|}\limits_{y=\mathfrak{y}}^{y=\mathrm{y}} \int_{\mathfrak{y}}^{\mathrm{y}} k\,dz, \quad \int_{\mathfrak{y}}^{\mathrm{y}} \mathop{\Big|}\limits_{z=\mathfrak{z}}^{z=\mathrm{z}} k\,dy, \quad \int_{\mathfrak{y}}^{\mathrm{y}}\int_{\mathfrak{z}}^{\mathrm{z}} k\,dy\,dz; \quad \ldots.$$

Dans tous les cas, on déduira aisément des formules (3) et (4) la valeur de la dérivée $\mathrm{D}_x \square k$. Ainsi, en particulier, comme on tirera successivement de la formule (3),

$$\mathrm{D}_x \mathop{\Big|}\limits_{y=\mathfrak{y}}^{y=\mathrm{y}} \mathop{\Big|}\limits_{z=\mathfrak{z}}^{z=\mathrm{z}} k = \mathop{\Big|}\limits_{y=\mathfrak{y}}^{y=\mathrm{y}} \mathrm{D}_x \mathop{\Big|}\limits_{z=\mathfrak{z}}^{z=\mathrm{z}} k + \mathop{\Big|}\limits^{y=\mathrm{y}} \mathop{\Big|}\limits_{z=\mathfrak{z}}^{z=\mathrm{z}} k\,\mathrm{D}_x \mathrm{y} - \mathop{\Big|}\limits^{y=\mathfrak{y}} \mathrm{D}_y \mathop{\Big|}\limits_{z=\mathfrak{z}}^{z=\mathrm{z}} k\,\mathrm{D}_x \mathfrak{y}$$

et

$$\mathrm{D}_x \mathop{\Big|}\limits_{z=\mathfrak{z}}^{z=\mathrm{z}} k = \mathop{\Big|}\limits_{z=\mathfrak{z}}^{z=\mathrm{z}} \mathrm{D}_x k + \mathop{\Big|}\limits^{z=\mathrm{z}} \mathrm{D}_z k\,\mathrm{D}_x \mathrm{z} - \mathop{\Big|}\limits^{z=\mathfrak{z}} \mathrm{D}_z k\,\mathrm{D}_x \mathfrak{z},$$

on en conclura définitivement

$$(5) \qquad \begin{aligned} \mathrm{D}_x \mathop{\Big|}\limits_{y=\mathfrak{y}}^{y=\mathrm{y}} \mathop{\Big|}\limits_{z=\mathfrak{z}}^{z=\mathrm{z}} k = {} & \mathop{\Big|}\limits_{y=\mathfrak{y}}^{y=\mathrm{y}} \mathop{\Big|}\limits_{z=\mathfrak{z}}^{z=\mathrm{z}} \mathrm{D}_x k \\ & + \mathop{\Big|}\limits^{y=\mathrm{y}} \mathrm{D}_y \mathop{\Big|}\limits_{z=\mathfrak{z}}^{z=\mathrm{z}} k\,\mathrm{D}_x \mathrm{y} - \mathop{\Big|}\limits^{y=\mathfrak{y}} \mathrm{D}_y \mathop{\Big|}\limits_{z=\mathfrak{z}}^{z=\mathrm{z}} k\,\mathrm{D}_x \mathfrak{y} \\ & + \mathop{\Big|}\limits_{y=\mathfrak{y}}^{y=\mathrm{y}} \mathop{\Big|}\limits^{z=\mathrm{z}} \mathrm{D}_z k\,\mathrm{D}_x \mathrm{z} - \mathop{\Big|}\limits_{y=\mathfrak{y}}^{y=\mathrm{y}} \mathop{\Big|}\limits^{z=\mathfrak{z}} \mathrm{D}_z k\,\mathrm{D}_x \mathfrak{z}. \end{aligned}$$

Au contraire, on tirera de la formule (4)

$$(6) \qquad \begin{aligned} \mathrm{D}_x \int_{\mathfrak{y}}^{\mathrm{y}}\int_{\mathfrak{z}}^{\mathrm{z}} k\,dy\,dz = {} & \int_{\mathfrak{y}}^{\mathrm{y}}\int_{\mathfrak{z}}^{\mathrm{z}} \mathrm{D}_z k\,dy\,dz \\ & + \mathop{\Big|}\limits^{y=\mathrm{y}} \int_{\mathfrak{z}}^{\mathrm{z}} k\,\mathrm{D}_x \mathrm{y}\,dz - \mathop{\Big|}\limits^{y=\mathfrak{y}} \int_{\mathfrak{z}}^{\mathrm{z}} k\,\mathrm{D}_x \mathfrak{y}\,dz \\ & + \int_{\mathfrak{y}}^{\mathrm{y}} \mathop{\Big|}\limits^{z=\mathrm{z}} k\,\mathrm{D}_x \mathrm{z}\,dy - \int_{\mathfrak{y}}^{\mathrm{y}} \mathop{\Big|}\limits^{z=\mathfrak{z}} k\,\mathrm{D}_x \mathfrak{z}\,dy. \end{aligned}$$

Enfin, on tirera de la formule (3), combinée avec la formule (4), non seulement

$$
\begin{aligned}
(7)\qquad D_x \mathop{\Big|}\limits_{y=\mathfrak{y}}^{y=\mathrm{y}} \int_{\mathfrak{z}}^{\mathrm{z}} k\,dz = {} & \mathop{\Big|}\limits_{y=\mathfrak{y}}^{y=\mathrm{y}} \int_{\mathfrak{z}}^{\mathrm{z}} D_x k\,dz \\
& + \mathop{\Big|}\limits^{y=\mathrm{y}} D_y \int_{\mathfrak{z}}^{\mathrm{z}} k\,D_x\mathrm{y}\,dz - \mathop{\Big|}\limits^{y=\mathfrak{y}} D_y \int_{\mathfrak{z}}^{\mathrm{z}} k\,D_x\mathfrak{y}\,dz \\
& + \mathop{\Big|}\limits_{y=\mathfrak{y}}^{y=\mathrm{y}} \mathop{\Big|}\limits^{z=\mathrm{z}} k\,D_x\mathrm{z} - \mathop{\Big|}\limits_{y=\mathfrak{y}}^{y=\mathrm{y}} \mathop{\Big|}\limits^{z=\mathfrak{z}} k\,D_x\mathfrak{z},
\end{aligned}
$$

mais encore

$$
\begin{aligned}
(8)\qquad D_x \int_{\mathfrak{y}}^{\mathrm{y}} \mathop{\Big|}\limits_{z=\mathfrak{z}}^{z=\mathrm{z}} k\,dy = {} & \int_{\mathfrak{y}}^{\mathrm{y}} \mathop{\Big|}\limits_{z=\mathfrak{z}}^{z=\mathrm{z}} D_x k\,dy \\
& + \mathop{\Big|}\limits^{y=\mathrm{y}} \mathop{\Big|}\limits_{z=\mathfrak{z}}^{z=\mathrm{z}} k\,D_x\mathrm{y} - \mathop{\Big|}\limits^{y=\mathfrak{y}} \mathop{\Big|}\limits_{z=\mathfrak{z}}^{z=\mathrm{z}} k\,D_x\mathfrak{y} \\
& + \int_{\mathfrak{y}}^{\mathrm{y}} \mathop{\Big|}\limits^{z=\mathrm{z}} D_z k\,D_x\mathrm{z}\,dy - \int_{\mathfrak{y}}^{\mathrm{y}} \mathop{\Big|}\limits^{z=\mathfrak{z}} D_z k\,D_x\mathfrak{z}\,dy.
\end{aligned}
$$

Généralement, en vertu des formules (3) et (4), *la dérivée de k, relative à x, se composera de plusieurs termes dont on obtiendra le premier en remplaçant, sous les signes $\int$ ou $|$, la fonction k par sa dérivée $D_x k$. Les autres termes se grouperont deux à deux, de telle sorte que les divers groupes correspondront aux diverses variables y, z, ..., distinctes de x, et que, dans chaque groupe, les deux termes précédés, l'un du signe $+$, l'autre du signe $-$, correspondront, l'un à la limite supérieure, l'autre à la limite inférieure d'une même variable. Ajoutons que les divers termes seront, aux signes près, de mêmes formes et que pour obtenir l'un d'eux, par exemple le terme correspondant à la limite supérieure* y *de la variable y, on devra, en vertu de la formule* (3) *ou* (4), *substituer, dans la valeur donnée de □ de k, le produit $k\,D_x\mathrm{y}$ à la fonction k, en remplaçant ou le signe*

$$\mathop{\Big|}\limits_{y=\mathfrak{y}}^{y=\mathrm{y}} \quad \text{par} \quad \mathop{\Big|}\limits^{y=\mathrm{y}} D_y,$$

ou le signe

$$\int_{\mathfrak{y}}^{\mathrm{y}} \quad \text{par} \quad \overset{y=\mathrm{y}}{\Big|}$$

et supprimant d'ailleurs, dans le second cas, la différentielle dy.

On pourrait concevoir que, dans la caractéristique $\square$, les signes

$$\overset{y=\mathrm{y}}{\underset{y=\mathfrak{y}}{\Big|}}, \quad \overset{z=\mathrm{z}}{\underset{z=\mathfrak{z}}{\Big|}}, \quad \ldots$$

fussent modifiés séparément ou simultanément, de telle sorte que le premier se trouvât réduit à un signe de la forme $\overset{y=\mathrm{y}}{\Big|}$, ou le second à un signe de la forme $\overset{z=\mathrm{z}}{\Big|}$, ... Alors, dans la valeur de $D_x \square\, k$, à l'aide de la règle que nous venons d'énoncer, on devrait réduire à un seul les deux termes correspondants aux deux limites d'une même variable, et conserver seulement, dans le premier cas, le terme correspondant à la limite y de la variable y, dans le second cas le terme correspondant à la limite z de la variable z, etc....

La dérivée $D_x \square\, k$, calculée comme nous venons de le dire, se composera généralement de termes dont chacun sera de l'une des formes que $\square\, k$ pourrait prendre, à cela près que la fonction k se trouvera remplacée par une autre, et que la lettre caractéristique

$$D_y \quad \text{ou} \quad D_z, \quad \ldots$$

pourra se trouver interposée entre deux signes de substitution ou d'intégration. Mais il est bon d'observer que, dans ce dernier cas, on pourra, en recourant de nouveau à la formule (3) ou (4), se débarrasser de toute caractéristique D_y ou D_z, ... qui précéderait un ou plusieurs signes de substitution ou d'intégration. Ainsi, par exemple, pour se débarrasser, dans la formule (5), de la caractéristique D_y qui précède le signe $\overset{z=\mathfrak{z}}{\underset{z=\mathrm{z}}{\Big|}}$, il suffira d'observer que l'on a, en vertu de la formule (3),

$$D_y \overset{z=\mathrm{z}}{\underset{z=\mathfrak{z}}{\Big|}} k = \overset{z=\mathrm{z}}{\underset{z=\mathfrak{z}}{\Big|}} D_y k + \overset{z=\mathrm{z}}{\Big|} D_z k\, D_y \mathrm{z} - \overset{z=\mathfrak{z}}{\Big|} D_z k\, D_y \mathfrak{z},$$

et par suite

$$(9)\quad\left\{\begin{aligned}
&\overset{y=\mathrm{y}}{\Big|} D_y \underset{z=z}{\overset{z=\mathrm{z}}{\Big|}} k D_x \mathrm{y} = \overset{y=\mathrm{y}}{\Big|}\ \underset{z=z}{\overset{z=\mathrm{z}}{\Big|}} D_y k D_x \mathrm{y}\\
&\qquad + \overset{y=\mathrm{y}}{\Big|}\ \overset{z=\mathrm{z}}{\Big|} D_z k D_y \mathrm{z} D_x \mathrm{y} - \overset{y=\mathrm{y}}{\Big|}\ \overset{z=z}{\Big|} D_z k D_y z D_x \mathrm{y},\\
&\overset{y=\mathfrak{y}}{\Big|} D_y \underset{z=z}{\overset{z=\mathrm{z}}{\Big|}} k D_x \mathfrak{y} = \overset{y=\mathfrak{y}}{\Big|}\ \underset{\mathrm{z}=z}{\overset{z=\mathrm{z}}{\Big|}} D_y k D_x \mathfrak{y}\\
&\qquad + \overset{y=\mathfrak{y}}{\Big|}\ \overset{z=\mathrm{z}}{\Big|} D_z k D_y \mathrm{z} D_x \mathfrak{y} - \overset{y=\mathfrak{y}}{\Big|}\ \overset{z=z}{\Big|} D_z k D_y z D_x \mathfrak{y}.
\end{aligned}\right.$$

Pareillement, pour se débarrasser, dans la formule (7), de la caractéristique D_y qui précède le signe d'intégration $\int_z^{\mathrm{z}}$, il suffira d'observer que l'on a, en vertu de la formule (4),

$$D_y \int_z^{\mathrm{z}} k\, dz = \int_z^{\mathrm{z}} D_y k\, dz + \overset{z=\mathrm{z}}{\Big|} k D_y \mathrm{z} - \overset{z=z}{\Big|} k D_y z$$

et, par suite,

$$(10)\quad\left\{\begin{aligned}
&\overset{y=\mathrm{y}}{\Big|} D_y \int_z^{\mathrm{z}} k D_x \mathrm{y}\, dz = \overset{y=\mathrm{y}}{\Big|} \int_z^{\mathrm{z}} D_y k D_x \mathrm{y}\, dz\\
&\qquad + \overset{y=\mathrm{y}}{\Big|}\ \overset{z=\mathrm{z}}{\Big|} k D_y \mathrm{z}\, D_x \mathrm{y} - \overset{y=\mathrm{y}}{\Big|}\ \overset{z=z}{\Big|} k D_y z\, D_x \mathrm{y},\\
&\overset{y=\mathfrak{y}}{\Big|} D_y \int_z^{\mathrm{z}} k D_x \mathfrak{y}\, dz = \overset{y=\mathfrak{y}}{\Big|} \int_z^{\mathrm{z}} D_y k D_x \mathfrak{y}\, dz\\
&\qquad + \overset{y=\mathfrak{y}}{\Big|}\ \overset{z=\mathrm{z}}{\Big|} k D_y \mathrm{z} D_x \mathfrak{y} - \overset{y=\mathfrak{y}}{\Big|}\ \overset{z=z}{\Big|} k D_y z D_x \mathfrak{y}.
\end{aligned}\right.$$

A l'aide de semblables opérations, répétées autant de fois qu'il sera nécessaire, on finira évidemment par obtenir une valeur de $D_x \square k$ composée de termes dans chacun desquels les signes de substitution ou d'intégration ne seront plus jamais séparés les uns des autres par l'une des caractéristiques D_y, D_z, ... On trouvera ainsi

$$(11)\qquad D_x \square k = \square D_x k + \square_{,} k_{,} + \square_{,,} k_{,,} + \ldots,$$

en désignant par

$$k_{,},\quad k_{,,},\quad \ldots,$$

des fonctions rationnelles de

$$k,\quad \mathrm{D}_y k,\quad \mathrm{D}_z k,\quad \ldots$$

et de

$$\mathrm{D}_x \mathfrak{y},\quad \mathrm{D}_x \mathfrak{z},\quad \ldots,\quad \mathrm{D}_y \mathfrak{z},\quad \ldots,$$
$$\mathrm{D}_x \mathrm{y},\quad \mathrm{D}_x \mathrm{z},\quad \ldots,\quad \mathrm{D}_y \mathrm{z},\quad \ldots,$$

qui seront linéaires par rapport à

$$k,\quad \mathrm{D}_y k,\quad \mathrm{D}_z k;$$

tandis que les caractéristiques

$$\square_{\prime},\quad \square_{\prime\prime},\quad \ldots,$$

désigneront des systèmes d'opérations pareils à celui qu'indique la caractéristique $\square$, à cela près que dans le passage de $\square$ à $\square_{\prime}$ ou à $\square_{\prime\prime}$, ... on pourra remplacer quelques opérations par d'autres, en substituant, par exemple, au signe

$$\overset{y=\mathrm{y}}{\underset{y=\mathfrak{y}}{\Big|}},$$

ou bien au signe

$$\int_{\mathfrak{y}}^{\mathrm{y}},$$

l'un des deux signes

$$\overset{y=\mathrm{y}}{\Big|}.\qquad \overset{y=\mathfrak{y}}{\Big|}$$

et supprimant dans le second cas la différentielle dy. Ajoutons que, dans les expressions $\square_{\prime} k_{\prime}$, $\square_{\prime\prime} k_{\prime\prime}$, etc..., la dérivée $\mathrm{D}_y k$ se trouvera toujours précédée de l'un des signes

$$\overset{y=\mathrm{y}}{\Big|},\qquad \overset{y=\mathfrak{y}}{\Big|},$$

et jamais engagée sous le signe $\int_{\mathfrak{y}}^{\mathrm{y}}$ d'une intégration relative à la variable y; que pareillement la dérivée $\mathrm{D}_z k$ se trouvera toujours précédée de l'un des deux signes.

$$\overset{z=\mathrm{z}}{\Big|},\qquad \overset{z=\mathfrak{z}}{\Big|},$$

et jamais engagée sous le signe $\int_{\mathfrak{z}}^{\mathrm{z}}$ d'une intégration relative à la variable z; etc.

Concevons à présent que l'on intègre, par rapport à la variable x, et entre les limites

$$x = x, \qquad x = \mathbf{x},$$

les deux membres de la formule (1). Alors, en posant, pour abréger,

$$(12) \qquad \mathbf{K} = \int_x^{\mathbf{x}} \square_{\prime} k_{\prime}\, dx + \int_x^{\mathbf{x}} \square_{\prime\prime} k_{\prime\prime}\, dx + \ldots,$$

on trouvera

$$(13) \qquad \overset{x=\mathbf{x}}{\underset{x=x}{|}} \square k = \int_x^{\mathbf{x}} \square\, \mathbf{D}_x k\, dx - \mathbf{K},$$

et, par suite,

$$(14) \qquad \int_x^{\mathbf{x}} \square\, \mathbf{D}_x k\, dx = \overset{x=\mathbf{x}}{\underset{x=x}{|}} \square k - \mathbf{K}.$$

Or, comme, dans le second membre de la formule (12), $k_{\prime}, k_{\prime\prime}, \ldots$, représentent des fonctions linéaires de

$$k, \quad \mathbf{D}_y k, \quad \mathbf{D}_z k, \quad \ldots,$$

il est clair qu'en vertu de l'équation (14), l'intégrale

$$\int_x^{\mathbf{x}} \square\, \mathbf{D}_x k\, dx,$$

dans laquelle la dérivée $\mathbf{D}_x k$ reste engagée sous le signe $\int$ d'une intégration relative à x, se trouvera transformée en une somme de termes dont aucun n'offrira plus cette particularité.

Au reste, une transformation analogue est applicable à l'intégrale

$$\int_x^{\mathbf{x}} \square\, (\mathbf{R}\, \mathbf{D}_x k)\, dx.$$

que l'on obtient en remplaçant dans la précédente $\mathbf{D}_x k$ par le produit

$$\mathbf{R}\, \mathbf{D}_x k,$$

et en supposant que le premier facteur $\mathbf{R}$ représente une nouvelle fonction de $x, y, z, \ldots$ En effet, comme on aura

$$\mathbf{D}_x(\mathbf{R} k) = \mathbf{R}\, \mathbf{D}_x k + k\, \mathbf{D}_x \mathbf{R},$$

et par suite

$$(15) \qquad \mathbf{R}\, \mathbf{D}_x k = \mathbf{D}_x(\mathbf{R} k) - k\, \mathbf{D}_x \mathbf{R},$$

on en conclura

$$(16)\qquad \int_x^{\mathrm{X}} \square(\mathrm{R}\,\mathrm{D}_x k)\,dx = \int_x^{\mathrm{X}} \square\,\mathrm{D}_x(\mathrm{R}\,k)\,dx - \int_x^{\mathrm{X}} \square(k\,\mathrm{D}_x\mathrm{R})\,dx.$$

D'autre part, on tirera de la formule (10), en y remplaçant k par $\mathrm{R}k$,

$$(17)\qquad \int_x^{\mathrm{X}} \square\mathrm{D}_x(\mathrm{R}\,k)\,dx = \overset{x=\mathrm{X}}{\underset{x=x}{\Big|}}\square(\mathrm{R}\,k) - \mathcal{X},$$

$\mathcal{X}$ désignant une somme d'intégrales relatives à x, mais dont aucune ne renfermera $\mathrm{D}_x k$ sous le signe $\int$. Donc la formule (16) donnera

$$(18)\qquad \int_x^{\mathrm{X}} \square(\mathrm{R}\,\mathrm{D}_x k)\,dx = \overset{x=\mathrm{X}}{\underset{x=x}{\Big|}}\square(\mathrm{R}\,k) - \mathcal{X} - \int_x^{\mathrm{X}} \square(k\,\mathrm{D}_x\mathrm{R})\,dx.$$

Or, l'équation (18) transforme évidemment l'intégrale simple ou multiple

$$\int_x^{\mathrm{X}} \square(\mathrm{R}\,\mathrm{D}_x k)\,dx,$$

dans laquelle la dérivée $\mathrm{D}_x k$ se trouve engagée sous le signe $\int$, en une somme de termes dont aucun n'offre plus cette particularité.

Il importe d'observer que les formules (11), (14) et (17) peuvent être étendues au cas où, dans la caractéristique $\square$, on substituerait, simultanément ou séparément,

au signe $\overset{\mathrm{Y}}{\underset{y}{|}}$, l'un des signes $\overset{\mathrm{Y}}{|}$, $\overset{y}{|}$;

au signe $\overset{\mathrm{Z}}{\underset{z}{|}}$, l'un des signes $\overset{\mathrm{Z}}{|}$, $\overset{z}{|}$,

. . . .

Dans le cas particulier où l'on a $\square\, k = k$, les termes représentés dans la formule (11) par $\square_{,} k_{,}$, $\square_{,,} k_{,,}$, ..., se réduisent évidemment à zéro, avec les sommes représentées par K et par $\mathcal{X}$ dans les formules (14) et (18). Donc alors, la formule (18) se réduit à l'équation connue

$$(19)\qquad \int_x^{\mathrm{X}} \mathrm{R}\,\mathrm{D}_x k\,dx = \overset{x=\mathrm{X}}{\underset{x=x}{\Big|}}\mathrm{R}\,k - \int_x^{\mathrm{X}} k\,\mathrm{D}_x\mathrm{R}\,dx,$$

à l'aide de laquelle s'effectue l'intégration par parties, appliquée à une intégrale simple. Or, cette opération consiste précisément à transformer une intégrale simple

$$\int_{x}^{\mathrm{x}} \mathrm{R}\,\mathrm{D}_x k\, dx,$$

dans laquelle la dérivée $\mathrm{D}_x k$ d'une certaine fonction k, différentiée par rapport à x, se trouve engagée sous le signe $\int$, en une somme composée de deux termes dont aucun ne renferme plus cette même dérivée; et, comme l'équation (18) fournit une transformation semblable de l'intégrale

$$\int_{x}^{\mathrm{x}} \square(\mathrm{R}\,\mathrm{D}_x k)\, dx,$$

nous pouvons dire que cette équation est, pour l'intégrale dont il s'agit, la formule d'intégration par parties.

Parmi les applications que l'on peut faire des formules (14) et (18), on doit remarquer celles qui correspondent au cas où l'on suppose

$$\square k = \mathop{\Big|}\limits_{y=\mathfrak{y}}^{y=\mathrm{y}} k, \qquad \text{ou bien} \qquad \square k = \int_{\mathfrak{y}}^{\mathrm{y}} k\, dy.$$

Dans la première supposition l'on a

$$\square \mathrm{D}_x k = \mathop{\Big|}\limits_{y=\mathfrak{y}}^{y=\mathrm{y}} \mathrm{D}_x k.$$

D'ailleurs, on tire de l'équation (3)

$$\mathop{\Big|}\limits_{y=\mathfrak{y}}^{y=\mathrm{y}} \mathrm{D}_x k = \mathrm{D}_x \mathop{\Big|}\limits_{y=\mathfrak{y}}^{y=\mathrm{y}} k - \mathop{\Big|}\limits^{y=\mathrm{y}} \mathrm{D}_y k\, \mathrm{D}_x \mathrm{y} + \mathop{\Big|}\limits^{y=\mathfrak{y}} \mathrm{D}_x k\, \mathrm{D}_x \mathfrak{y}.$$

En intégrant par rapport à x, entre les limites x et x, les deux membres de la dernière équation, multipliés par dx, on obtient, à la place de la formule (14), la suivante

$$(20) \quad \int_{x}^{\mathrm{x}} \mathop{\Big|}\limits_{y=\mathfrak{y}}^{y=\mathrm{y}} \mathrm{D}_x k\, dx = \mathop{\Big|}\limits_{x=x}^{x=\mathrm{x}} \mathop{\Big|}\limits_{y=\mathfrak{y}}^{y=\mathrm{y}} k$$
$$- \int_{x}^{\mathrm{x}} \mathop{\Big|}\limits^{y=\mathrm{y}} \mathrm{D}_y k\, \mathrm{D}_x \mathrm{y}\, dx + \int_{x}^{\mathrm{x}} \mathop{\Big|}\limits^{y=\mathfrak{y}} \mathrm{D}_y k\, \mathrm{D}_x \mathfrak{y}\, dx;$$

puis, en remplaçant k par $\mathrm{R}k$, et ayant égard à l'équation (16), on trouve

$$\int_{x}^{\mathrm{x}} \Big|_{y=\mathfrak{y}}^{y=\mathrm{y}} \mathrm{R}\,\mathrm{D}_x k\,dx = \Big|_{x=x}^{x=\mathrm{x}}\ \Big|_{y=\mathfrak{y}}^{y=\mathrm{y}} \mathrm{R}k - \int_{x}^{\mathrm{x}} \Big|_{y=\mathfrak{y}}^{y=\mathrm{y}} k\,\mathrm{D}_x\mathrm{R}\,dx$$
$$- \int_{x}^{\mathrm{x}} \Big|^{y=\mathrm{y}} \mathrm{D}_y(\mathrm{R}k)\,\mathrm{D}_x\mathrm{y}\,dx + \int_{x}^{\mathrm{x}} \Big|^{y=\mathfrak{y}} \mathrm{D}_y(\mathrm{R}k)\,\mathrm{D}_x\mathfrak{y}\,dx.$$

Enfin, comme on aura non seulement

$$\Big|_{y=\mathfrak{y}}^{y=\mathrm{y}} k\,\mathrm{D}_x\mathrm{R} = \Big|^{y=\mathrm{y}} k\,\mathrm{D}_x\mathrm{R} - \Big|^{y=\mathfrak{y}} k\,\mathrm{D}_x\mathrm{R},$$

et

$$\mathrm{D}_y(\mathrm{R}k) = \mathrm{R}\,\mathrm{D}_y k + k\,\mathrm{D}_y\mathrm{R},$$

mais aussi

$$\Big|^{y=\mathrm{y}} (\mathrm{D}_x\mathrm{R} + \mathrm{D}_y\mathrm{R}\,\mathrm{D}_x\mathrm{y}) = \mathrm{D}_x \Big|^{y=\mathrm{y}} \mathrm{R},$$

et

$$\Big|^{y=\mathfrak{y}} (\mathrm{D}_x\mathrm{R} + \mathrm{D}_y\mathrm{R}\,\mathrm{D}_x\mathfrak{y}) = \mathrm{D}_x \Big|^{y=\mathfrak{y}} \mathrm{R};$$

on trouvera encore

$$(21)\quad \int_{x}^{\mathrm{x}} \Big|_{y=\mathfrak{y}}^{y=\mathrm{y}} \mathrm{R}\,\mathrm{D}_x k\,dx = \Big|_{x=x}^{x=\mathrm{x}}\ \Big|_{y=\mathfrak{y}}^{y=\mathrm{y}} \mathrm{R}k$$
$$- \int_{x}^{\mathrm{x}} \Big|^{y=\mathrm{y}} \mathrm{R}\,\mathrm{D}_y k\,\mathrm{D}_x\mathrm{y}\,dx + \int_{x}^{\mathrm{x}} \Big|^{y=\mathfrak{y}} \mathrm{R}\,\mathrm{D}_y k\,\mathrm{D}_x\mathfrak{y}\,dx$$
$$- \int_{x}^{\mathrm{x}} \Big|^{y=\mathrm{y}} k\,\mathrm{D}_x \Big|^{y=\mathrm{y}} \mathrm{R}\,dx + \int_{x}^{\mathrm{x}} \Big|^{y=\mathfrak{y}} k\,\mathrm{D}_x \Big|^{y=\mathfrak{y}} \mathrm{R}\,dx.$$

Si, dans la formule (21), on remplace le signe $\Big|_{y=\mathfrak{y}}^{y=\mathrm{y}}$ par le signe $\Big|^{y=\mathrm{y}}$, on aura simplement

$$(22)\quad \int_{x}^{\mathrm{x}} \Big|^{y=\mathrm{y}} \mathrm{R}\,\mathrm{D}_x k\,dx = \Big|_{x=x}^{x=\mathrm{x}}\ \Big|^{y=\mathrm{y}} \mathrm{R}k - \int_{x}^{\mathrm{x}} \Big|^{y=\mathrm{y}} \mathrm{R}\,\mathrm{D}_y k\,\mathrm{D}_x\mathrm{y}\,dx$$
$$- \int_{x}^{\mathrm{x}} \Big|^{y=\mathrm{y}} k\,\mathrm{D}_x \Big|^{y=\mathrm{y}} \mathrm{R}\,dx.$$

Dans le cas où l'on suppose

$$\Box k = \int_{\mathfrak{y}}^{\mathrm{y}} k\,dy,$$

on a

$$\Box D_x k = \int_{\mathfrak{y}}^{\mathrm{y}} D_x k\,dy.$$

D'ailleurs, on tire de l'équation (4)

$$\int_{\mathfrak{y}}^{\mathrm{y}} D_x k\,dy = D_x \int_{\mathfrak{y}}^{\mathrm{y}} k\,dy - \Big|^{y=\mathrm{y}} k\,D_x\mathrm{y} + \Big|^{y=\mathfrak{y}} k\,D_x\mathfrak{y}.$$

En intégrant par rapport à x, entre les limites x, x, les deux membres de la dernière équation, multipliés par dx, on obtient, à la place de la formule (14), la suivante

$$(23)\qquad \int_{x}^{\mathrm{x}}\int_{\mathfrak{y}}^{\mathrm{y}} D_x k\,dy\,dx = \Big|_{x=x}^{x=\mathrm{x}} \int_{\mathfrak{y}}^{\mathrm{y}} k\,dy - \int_{x}^{\mathrm{x}} \Big|^{y=\mathrm{y}} k\,D_x\mathrm{y}\,dx + \int_{x}^{\mathrm{x}} \Big|^{y=\mathfrak{y}} k\,D_x\mathfrak{y}\,dx,$$

qui est évidemment comprise, comme cas particulier, dans la formule (5) du § VII; puis, en remplaçant k par $\mathrm{R}k$, et ayant égard à l'équation (16), on trouve

$$(24)\qquad \int_{x}^{\mathrm{x}}\int_{\mathfrak{y}}^{\mathrm{y}} \mathrm{R}\,D_x k\,dx\,dy = \Big|_{x=x}^{x=\mathrm{x}} \int_{\mathfrak{y}}^{\mathrm{y}} \mathrm{R}\,k\,dy - \int_{x}^{\mathrm{x}}\int_{\mathfrak{y}}^{\mathrm{y}} k\,D_x\mathrm{R}\,dx\,dy - \int_{x}^{\mathrm{x}} \Big|^{y=\mathrm{y}} \mathrm{R}\,k\,D_x\mathrm{y}\,dx + \int_{x}^{\mathrm{x}} \Big|^{y=\mathfrak{y}} \mathrm{R}\,k\,D_x\mathfrak{y}\,dx.$$

Les formules (21), (22), (24) sont celles que fournit l'intégration par parties, appliquée aux expressions différentielles

$$\Big|_{y=\mathfrak{y}}^{y=\mathrm{y}} \mathrm{R}\,D_x k\,dx,\qquad \Big|^{y=\mathrm{y}} \mathrm{R}\,D_x k\,dx,\qquad \left(\int_{\mathfrak{y}}^{\mathrm{y}} \mathrm{R}\,D_x k\,dy\right)dx.$$

Il est maintenant facile de voir quelles sont les réductions que l'on peut effectuer, à l'aide d'intégrations par parties, dans la variation d'une intégrale multiple s, relative aux variables $x, y, z, \ldots$, et spécialement dans la partie de cette variation qui dépend des variations propres des fonctions renfermées sous le signe $\int$. En effet, soient

$$u, \quad v, \quad w, \quad \ldots$$

ces fonctions;

$$x \text{ et } \mathrm{x}, \quad y \text{ et } \mathrm{y}, \quad z \text{ et } \mathrm{z}$$

les limites des intégrations relatives à $x, y, z, \ldots$, et $\delta\!\!\!\iota s$ la partie de δs qui correspond aux variations propres

$$\delta\!\!\!\iota u, \quad \delta\!\!\!\iota v, \quad \delta\!\!\!\iota w, \quad \ldots$$

des fonctions $u, v, w, \ldots$. D'après ce qui a été dit dans le paragraphe précédent, on aura

$$(25) \qquad \delta\!\!\!\iota s = \sum \int_x^{\mathrm{x}} \int_y^{\mathrm{y}} \int_z^{\mathrm{z}} \ldots \mathrm{R}\, \mathrm{D}_x^l \mathrm{D}_y^m \mathrm{D}_z^n \ldots \delta\!\!\!\iota u \, dx\, dy\, dz \ldots + \ldots,$$

c'est-à-dire que $\delta\!\!\!\iota s$ se composera de termes de la forme

$$(26) \qquad \int_x^{\mathrm{x}} \int_y^{\mathrm{y}} \int_z^{\mathrm{z}} \ldots \mathrm{R}\, \mathrm{D}_x^l \mathrm{D}_y^m \mathrm{D}_z^n \ldots \delta\!\!\!\iota u \, dx\, dy\, dz \ldots,$$

R désignant un facteur qui renfermera $x, y, z, \ldots, u, v, w, \ldots$ et pourra être considéré comme fonction des seules variables $x, y, z, \ldots$. Or, en vertu d'intégrations par parties, effectuées à l'aide de la formule (18), on pourra toujours réduire l'intégrale (21) à une somme de termes dont aucun n'offre, sous le signe $\int$ d'une intégration relative à une variable donnée, une dérivée de $\delta\!\!\!\iota u$ relative à la même variable. C'est, du moins, ce que l'on démontrera sans peine à l'aide des considérations suivantes.

Concevons d'abord que l'on pose, dans l'équation (18),

$$k = \mathrm{D}_x^{l-1} \mathrm{D}_y^m \mathrm{D}_z^n \ldots \delta\!\!\!\iota u,$$

et

$$\square k = \int_y^{\mathrm{y}} \int_z^{\mathrm{z}} \ldots k \, dy\, dz \ldots.$$

Alors cette équation transformera l'intégrale (21) en une somme de termes qui renfermeront la variation propre δu, toujours affectée, sous le signe $\int_x^{\mathrm{X}}$, de la caractéristique D_x^{l-1}; sous le signe $\int_y^{\mathrm{Y}}$, de la caractéristique D_y^m; sous le signe $\int_z^{\mathrm{Z}}$, de la caractéristique D_z^n, etc. Mais, à l'aide de nouvelles intégrations par parties, effectuées encore à l'aide de la formule (18), on pourra réduire successivement la caractéristique D_x^{l-1} aux caractéristiques

$$\mathrm{D}_x^{l-2},\quad \mathrm{D}_x^{l-3},\quad \ldots,\quad \mathrm{D}_x,$$

et même faire disparaître finalement, sous le signe $\int_x^{\mathrm{X}}$, la caractéristique D_x, appliquée à la variation δu. Après cette disparition, on pourra, en opérant toujours de la même manière, réduire successivement, sous le signe $\int_y^{\mathrm{Y}}$, la caractéristique D_y^m aux caractéristiques

$$\mathrm{D}_y^{m-1},\quad \mathrm{D}_y^{m-2},\quad \ldots,\quad \mathrm{D}_y,$$

puis faire disparaître, sous le signe $\int_y^{\mathrm{Y}}$, la caractéristique D_y; et continuer ainsi jusqu'à ce qu'aucun terme ne renferme, sous le signe d'une intégration relative à une variable donnée, une dérivée de δu relative à cette variable. Cette méthode de réduction, appliquée non seulement à l'intégrale (26), mais encore à chacune de celles que peut contenir le second membre de l'équation (25), fournira la valeur de δs sous la forme qu'il convient de lui donner dans la solution des problèmes auxquels on est conduit par le calcul des variations. Il est bon d'observer qu'après les réductions opérées comme on vient de le dire, les dérivées de δu, δv, ..., relatives à x, ne pouvant être précédées du signe $\int_x^{\mathrm{X}}$, se trouveront nécessairement précédées de l'un des signes

$$\overset{x=\mathrm{X}}{\Big|},\qquad \overset{x=x}{\Big|},\qquad \overset{x=\mathrm{X}}{\underset{x=x}{\Big|}},$$

puisque la valeur de chacun des termes renfermés dans δs doit dépendre non de la variable x, mais des limites x, X. Pour une raison semblable, les dérivées de δu, δv, ..., relatives à y, devront être précédées de l'un des signes

$$\overset{y=\mathrm{Y}}{\Big|}, \quad \overset{\mathrm{Y}=\mathfrak{y}}{\Big|}, \quad \underset{y=\mathfrak{y}}{\overset{y=\mathrm{Y}}{\Big|}};$$

les dérivées de δu, δv, ..., relatives à la variable z, devront être précédées de l'un des signes

$$\overset{z=\mathrm{Z}}{\Big|}, \quad \overset{\mathrm{Z}=\mathfrak{z}}{\Big|}, \quad \underset{z=\mathfrak{z}}{\overset{z=\mathrm{Z}}{\Big|}}, \quad \ldots.$$

Il est bon d'observer encore que toutes les réductions indiquées se déduisent de la formule (15), jointe à la règle qui sert à déterminer la valeur générale d'une expression de la forme $D_z \square k$. Donc, cette formule et cette règle offriront toujours le moyen de réduire un terme quelconque, pris au hasard dans la variation d'une intégrale multiple, à la forme convenable. Pour vérifier cette assertion sur un exemple, supposons que, l'intégrale multiple s étant relative à trois variables x, y, z, la fonction sous le signe $\int$ renferme, avec x, y, z, une fonction u de x, y, z, et ses dérivées des trois premiers ordres, par conséquent la dérivée du troisième ordre

$$r = D_x D_y D_z u. \tag{27}$$

Alors δs renfermera un terme de la forme

$$\int_x^{\mathrm{X}} \int_{\mathfrak{y}}^{\mathrm{Y}} \int_z^{\mathrm{Z}} \mathrm{R}\,\delta r\,dx\,dy\,dz.$$

Il y a plus : si la fonction sous le signe $\int$, dans l'intégrale donnée, dépend uniquement de x, y, z et r, on aura simplement

$$\delta s = \int_x^{\mathrm{X}} \int_{\mathfrak{y}}^{\mathrm{Y}} \int_z^{\mathrm{Z}} \mathrm{R}\,\delta r\,dx\,dy\,dz, \tag{28}$$

ou, ce qui revient au même, eu égard à la formule (27),

$$(29) \qquad \mathcal{S}s = \int_x^{\mathrm{x}} \int_y^{\mathrm{y}} \int_z^{\mathrm{z}} \mathrm{R}\,\mathrm{D}_x \mathrm{D}_y \mathrm{D}_z \mathcal{S} u \, dx\, dy\, dz.$$

Or, pour réduire cette valeur de $\mathcal{S}s$ à la forme convenable, il suffira de recourir à la formule (15) et à la règle qui fournit la valeur des expressions de la forme $\square\, \mathrm{D}_x k$, en opérant comme il suit.

On aura d'abord, en vertu de la formule (15),

$$\mathrm{R}\,\mathrm{D}_x \mathrm{D}_y \mathrm{D}_z \mathcal{S} u = \mathrm{D}_x(\mathrm{R}\,\mathrm{D}_y \mathrm{D}_z \mathcal{S} u) - \mathrm{D}_x \mathrm{R}\,\mathrm{D}_y \mathrm{D}_z \mathcal{S} u,$$

et, par suite, l'équation (29) donnera

$$(30) \qquad \mathcal{S}s = \int_x^{\mathrm{x}} \int_y^{\mathrm{y}} \int_z^{\mathrm{z}} \mathrm{D}_x(\mathrm{R}\,\mathrm{D}_y \mathrm{D}_z \mathcal{S} u)\, dx\, dy\, dz$$
$$- \int_x^{\mathrm{x}} \int_y^{\mathrm{y}} \int_z^{\mathrm{z}} \mathrm{D}_x \mathrm{R}\,\mathrm{D}_y \mathrm{D}_z \mathcal{S} u \quad dx\, dy\, dz.$$

De plus, en vertu de la règle ci-dessus rappelée, l'intégrale

$$\int_y^{\mathrm{y}} \int_z^{\mathrm{z}} \mathrm{D}_x(\mathrm{R}\,\mathrm{D}_y \mathrm{D}_z \mathcal{S} u)\, dy\, dz$$

représentera le premier terme de la valeur de l'expression

$$\mathrm{D}_x \int_y^{\mathrm{y}} \int_z^{\mathrm{z}} \mathrm{R}\,\mathrm{D}_y \mathrm{D}_z \mathcal{S} u \, dy\, dz.$$

On aura effectivement

$$\mathrm{D}_x \int_y^{\mathrm{y}} \int_z^{\mathrm{z}} \mathrm{R}\,\mathrm{D}_y \mathrm{D}_z \mathcal{S} u \, dy\, dz$$
$$= \int_y^{\mathrm{y}} \int_z^{\mathrm{z}} \mathrm{D}_x(\mathrm{R}\,\mathrm{D}_y \mathrm{D}_z \mathcal{S} u)\, dz\, dy$$
$$+ \Big|^{y=\mathrm{y}} \int_z^{\mathrm{z}} \mathrm{R}\,\mathrm{D}_x \mathrm{y}\, \mathrm{D}_y \mathrm{D}_z \mathcal{S} u \, dz - \Big|^{y=y} \int_z^{\mathrm{z}} \mathrm{R}\,\mathrm{D}_x y\, \mathrm{D}_y \mathrm{D}_z \mathcal{S} u\, dz$$
$$+ \int_y^{\mathrm{y}} \Big|^{z=\mathrm{z}} \mathrm{R}\,\mathrm{D}_x \mathrm{z}\, \mathrm{D}_y \mathrm{D}_z \mathcal{S} u \, dy - \int_y^{\mathrm{y}} \Big|^{z=z} \mathrm{R}\,\mathrm{D}_x z\, \mathrm{D}_y \mathrm{D}_z \mathcal{S} u \, dy,$$

puis on en conclura

$$\int_{y}^{\mathrm{Y}}\int_{z}^{\mathrm{Z}} \mathrm{D}_x(\mathrm{R}\,\mathrm{D}_y\,\mathrm{D}_z\delta u)\,dy\,dz$$

$$= \mathrm{D}_x\int_{y}^{\mathrm{Y}}\int_{z}^{\mathrm{Z}} \mathrm{R}\,\mathrm{D}_y\,\mathrm{D}_z\delta u\;dy\,dz$$

$$- \Big|^{y=\mathrm{Y}}\int_{z}^{\mathrm{Z}} \mathrm{R}\,\mathrm{D}_x\mathrm{Y}\,\mathrm{D}_y\,\mathrm{D}_z\delta u\,dz + \Big|^{y=y}\int_{z}^{\mathrm{Z}} \mathrm{R}\,\mathrm{D}_x y\,\mathrm{D}_y\,\mathrm{D}_z\delta u\,dz$$

$$- \int_{y}^{\mathrm{Y}}\Big|^{z=\mathrm{Z}} \mathrm{R}\,\mathrm{D}_x\mathrm{Z}\,\mathrm{D}_y\,\mathrm{D}_z\delta u\,dy + \int_{y}^{\mathrm{Y}}\Big|^{z=z} \mathrm{R}\,\mathrm{D}_x z\,\mathrm{D}_y\,\mathrm{D}_z\delta u\,dy;$$

et, par suite, en intégrant par rapport à x, entre les limites x, X, chaque terme multiplié par dx, on obtiendra l'équation

$$\int_{x}^{\mathrm{X}}\int_{y}^{\mathrm{Y}}\int_{z}^{\mathrm{Z}} \mathrm{D}_x(\mathrm{R}\,\mathrm{D}_y\,\mathrm{D}_z\delta u)\,dx\,dy\,dz$$

$$= \Big|_{x=x}^{x=\mathrm{X}}\int_{y}^{\mathrm{Y}}\int_{z}^{\mathrm{Z}} \mathrm{R}\,\mathrm{D}_y\,\mathrm{D}_z\delta u\,dy\,dz$$

$$- \int_{x}^{\mathrm{X}}\Big|^{y=\mathrm{Y}}\int_{z}^{\mathrm{Z}} \mathrm{R}\,\mathrm{D}_x\mathrm{Y}\,\mathrm{D}_y\,\mathrm{D}_z\delta u\,dx\,dz + \int_{x}^{\mathrm{X}}\Big|^{y=y} \mathrm{R}\,\mathrm{D}_x y\,\mathrm{D}_y\delta u\,dx\,dz$$

$$- \int_{x}^{\mathrm{X}}\int_{y}^{\mathrm{Y}}\Big|^{z=\mathrm{Z}} \mathrm{R}\,\mathrm{D}_x\mathrm{Z}\,\mathrm{D}_y\,\mathrm{D}_z\delta u\,dx\,dy + \int_{x}^{\mathrm{X}}\int_{y}^{\mathrm{Y}}\Big|^{z=z} \mathrm{R}\,\mathrm{D}_x z\,\mathrm{D}_y\,\mathrm{D}_z\delta u\,dx\,dy,$$

évidemment comprise comme cas particulier dans la formule (5) du cinquième paragraphe. Donc l'équation (30) pourra être réduite à la formule

$$(31)\quad \delta s = \Big|_{x=x}^{x=\mathrm{X}}\int_{y}^{\mathrm{Y}}\int_{z}^{\mathrm{Z}} \mathrm{R}\,\mathrm{D}_y\,\mathrm{D}_z\delta u\,dy\,dz - \int_{x}^{\mathrm{X}}\int_{y}^{\mathrm{Y}}\int_{z}^{\mathrm{Z}} \mathrm{D}_x\mathrm{R}\,\mathrm{D}_y\,\mathrm{D}_z\delta u\,dx\,dy\,dz$$

$$- \int_{x}^{\mathrm{X}}\Big|^{y=\mathrm{Y}}\int_{z}^{\mathrm{Z}} \mathrm{R}\,\mathrm{D}_x\mathrm{Y}\,\mathrm{D}_y\,\mathrm{D}_z\delta u\,dx\,dz + \int_{x}^{\mathrm{X}}\Big|^{y=y}\int_{z}^{\mathrm{Z}} \mathrm{R}\,\mathrm{D}_x y\,\mathrm{D}_y\,\mathrm{D}_z\delta u\,dx\,dz$$

$$- \int_{x}^{\mathrm{X}}\int_{y}^{\mathrm{Y}}\Big|^{z=\mathrm{Z}} \mathrm{R}\,\mathrm{D}_x\mathrm{Z}\,\mathrm{D}_y\,\mathrm{D}_z\delta u\,dx\,dy + \int_{x}^{\mathrm{X}}\int_{y}^{\mathrm{Y}}\Big|^{z=z} \mathrm{R}\,\mathrm{D}_x z\,\mathrm{D}_y\,\mathrm{D}_z\delta u\,dx\,dy.$$

dans laquelle aucun terme du second membre n'offre la variation propre δu précédée de la caractéristique D_x, sous le signe $\int_{\mathfrak{x}}^{\mathrm{x}}$ d'une intégration relative à la variable x.

Si maintenant on veut faire en sorte qu'aucun terme ne renferme la variation δu précédée de la caractéristique D_y, sous le signe $\int_{\mathfrak{y}}^{\mathrm{y}}$ d'une intégration relative à la variable y, il suffira de recourir de nouveau à la formule (15) et à la règle ci-dessus rappelée; ou, ce qui revient au même, il suffira de recourir aux formules (22 et (24) desquelles on tirera

$$\int_{\mathfrak{y}}^{\mathrm{y}}\int_{\mathfrak{z}}^{\mathrm{z}} \mathrm{R}\,\mathrm{D}_y \mathrm{D}_z \delta u\,dy\,dz = \Big|_{y=\mathfrak{y}}^{y=\mathrm{y}} \int_{\mathfrak{z}}^{\mathrm{z}} \mathrm{R}\,\mathrm{D}_z \delta u\,dz - \int_{\mathfrak{y}}^{\mathrm{y}}\int_{\mathfrak{z}}^{\mathrm{z}} \mathrm{D}_y \mathrm{R}\,\mathrm{D}_z \delta u\,dy\,dz$$
$$- \int_{\mathfrak{y}}^{\mathrm{y}} \Big|^{z=\mathrm{z}} \mathrm{R}\,\mathrm{D}_y \mathrm{z}\,\mathrm{D}_z \delta u\,dy + \int_{\mathfrak{y}}^{\mathrm{y}} \Big|^{z=\mathfrak{z}} \mathrm{R}\,\mathrm{D}_y \mathfrak{z}\,\delta u\,dy,$$

$$\int_{\mathfrak{y}}^{\mathrm{y}}\int_{\mathfrak{z}}^{\mathrm{z}} \mathrm{D}_x \mathrm{R}\,\mathrm{D}_y \mathrm{D}_z \delta u\,dy\,dz = \Big|_{y=\mathfrak{y}}^{y=\mathrm{y}} \int_{\mathfrak{z}}^{\mathrm{z}} \mathrm{D}_x \mathrm{R}\,\mathrm{D}_z \delta u\,dz - \int_{\mathfrak{y}}^{\mathrm{y}}\int_{\mathfrak{z}}^{\mathrm{z}} \mathrm{D}_x \mathrm{D}_y \mathrm{R}\,\mathrm{D}_z \delta u\,dy\,dz$$
$$- \int_{\mathfrak{y}}^{\mathrm{y}} \Big|^{z=\mathrm{z}} \mathrm{D}_x \mathrm{R}\,\mathrm{D}_y \mathrm{z}\,\mathrm{D}_z \delta u\,dy$$
$$+ \int_{\mathfrak{y}}^{\mathrm{y}} \Big|^{z=\mathfrak{z}} \mathrm{D}_z \mathrm{R}\,\mathrm{D}_y \mathfrak{z}\,\mathrm{D}_y \delta u\,dy,$$

$$\int_{\mathfrak{y}}^{\mathrm{z}} \Big|^{z=\mathrm{z}} \mathrm{R}\,\mathrm{D}_x \mathrm{z}\,\mathrm{D}_y \mathrm{D}_z \delta u\,dy$$
$$= \Big|_{y=\mathfrak{y}}^{y=\mathrm{y}} \Big|^{z=\mathrm{z}} \mathrm{R}\,\mathrm{D}_x \mathrm{z}\,\mathrm{D}_z \delta u - \int_{\mathfrak{y}}^{\mathrm{y}} \Big|^{z=\mathrm{z}} \mathrm{R}\,\mathrm{D}_x \mathrm{z}\,\mathrm{D}_y \mathrm{z}\,\mathrm{D}_z^2 \delta u\,dy$$
$$- \int_{\mathfrak{y}}^{\mathrm{y}} \mathrm{D}_y \Big(\Big|^{z=\mathrm{z}} \mathrm{R}\,\mathrm{D}_x \mathrm{z} \Big) \Big|^{z=\mathrm{z}} \mathrm{D}_z \delta u\,dy,$$

$$\int_{\mathfrak{y}}^{\mathrm{y}} \Big|^{z=\mathfrak{z}} \mathrm{R}\,\mathrm{D}_x \mathfrak{z}\,\mathrm{D}_y \mathrm{D}_z \delta u\,dy$$
$$= \Big|_{y=\mathfrak{y}}^{y=\mathrm{y}} \Big|^{z=\mathfrak{z}} \mathrm{R}\,\mathrm{D}_x \mathfrak{z}\,\mathrm{D}_z \delta u - \int_{\mathfrak{y}}^{\mathrm{y}} \Big|^{z=\mathfrak{z}} \mathrm{R}\,\mathrm{D}_x \mathfrak{z}\,\mathrm{D}_y \mathfrak{z}\,\mathrm{D}_z^2 \delta u\,dy$$
$$- \int_{\mathfrak{y}}^{\mathrm{y}} \mathrm{D}_y \Big(\Big|^{z=\mathfrak{z}} \mathrm{R}\,\mathrm{D}_x \mathfrak{z} \Big) \Big|^{z=\mathfrak{z}} \mathrm{D}_z \delta u\,dy;$$

et, par suite,

$$(32)\quad \delta s = \mathop{\Big|}\limits_{x=x}^{x=\mathrm{X}} \mathop{\Big|}\limits_{y=y}^{y=\mathrm{Y}} \int_{z}^{\mathrm{Z}} \mathrm{R}\,\mathrm{D}_z \delta u\, dz$$

$$- \mathop{\Big|}\limits_{x=x}^{x=\mathrm{X}} \int_{y}^{\mathrm{Y}} \mathop{\Big|}\limits^{z=\mathrm{Z}} \mathrm{R}\,\mathrm{D}_y \mathrm{Z}\,\mathrm{D}_z \delta u\, dy + \mathop{\Big|}\limits_{x=x}^{x=\mathrm{X}} \int_{y}^{\mathrm{Y}} \mathop{\Big|}\limits^{z=z} \mathrm{R}\,\mathrm{D}_y z\,\mathrm{D}_z \delta u\, dy$$

$$- \int_{x}^{\mathrm{X}} \mathop{\Big|}\limits_{y=y}^{y=\mathrm{Y}} \mathop{\Big|}\limits^{z=\mathrm{Z}} \mathrm{R}\,\mathrm{D}_x \mathrm{Z}\,\mathrm{D}_z \delta u\, dx + \int_{x}^{\mathrm{X}} \mathop{\Big|}\limits_{y=y}^{y=\mathrm{Y}} \mathop{\Big|}\limits^{z=z} \mathrm{R}\,\mathrm{D}_x z\,\mathrm{D}_z \delta u\, dx$$

$$- \mathop{\Big|}\limits_{x=x}^{x=\mathrm{X}} \int_{x}^{\mathrm{Y}} \int_{z}^{\mathrm{Z}} \mathrm{D}_z \mathrm{R}\,\mathrm{D}_z \delta u\, dy\, dz - \int_{x}^{\mathrm{X}} \mathop{\Big|}\limits_{y=y}^{y=\mathrm{Y}} \int_{z}^{\mathrm{Z}} \mathrm{D}_x \mathrm{R}\,\mathrm{D}_z \delta u\, dx\, dz$$

$$- \int_{x}^{\mathrm{X}} \int_{y}^{\mathrm{Y}} \left[\mathop{\Big|}\limits^{z=\mathrm{Z}} \mathrm{D}_x \mathrm{R}\,\mathrm{D}_y \mathrm{Z} + \mathrm{D}_y \left(\mathop{\Big|}\limits^{z=\mathrm{Z}} \mathrm{R}\,\mathrm{D}_x \mathrm{Z} \right) \right] \mathop{\Big|}\limits^{z=\mathrm{Z}} \mathrm{D}_z \delta u\, dx\, dy$$

$$+ \int_{x}^{\mathrm{X}} \int_{y}^{\mathrm{Y}} \left[\mathop{\Big|}\limits^{z=z} \mathrm{D}_x \mathrm{R}\,\mathrm{D}_y z + \mathrm{D}_y \left(\mathop{\Big|}\limits^{z=z} \mathrm{R}\,\mathrm{D}_x z \right) \right] \mathop{\Big|}\limits^{z=z} \mathrm{D}_z \delta u\, dx\, dy$$

$$- \int_{x}^{\mathrm{X}} \mathop{\Big|}\limits^{y=\mathrm{Y}} \int_{z}^{\mathrm{Z}} \mathrm{R}\,\mathrm{D}_x \mathrm{Y}\,\mathrm{D}_y \mathrm{D}_z \delta u\, dx\, dz + \int_{x}^{\mathrm{X}} \mathop{\Big|}\limits^{y=y} \int_{z}^{\mathrm{Z}} \mathrm{R}\,\mathrm{D}_x y\,\mathrm{D}_y \mathrm{D}_z \delta u\, dx\, dz$$

$$+ \int_{x}^{\mathrm{X}} \int_{y}^{\mathrm{Y}} \mathop{\Big|}\limits^{z=\mathrm{Z}} \mathrm{R}\,\mathrm{D}_x \mathrm{Z}\,\mathrm{D}_y \mathrm{Z}\,\mathrm{D}_z^2 \delta u\, dx\, dy - \int_{x}^{\mathrm{X}} \int_{y}^{\mathrm{Y}} \mathop{\Big|}\limits^{z=z} \mathrm{R}\,\mathrm{D}_x z\,\mathrm{D}_y z\,\mathrm{D}_z^2 \delta u\, dx\, dy$$

$$+ \int_{x}^{\mathrm{X}} \int_{y}^{\mathrm{Y}} \int_{z}^{\mathrm{Z}} \mathrm{D}_x \mathrm{D}_y \mathrm{R}\,\mathrm{D}_z \delta u\, dx\, dy\, dz.$$

Enfin, si l'on veut faire en sorte que, dans les valeurs de δs, aucun terme ne renferme la variation δu, précédée de la caractéristique D_z, sous le signe $\int_z^{\mathrm{Z}}$ d'une intégration relative à z, il suffira de recourir à la formule (15) et à la règle ci-dessus rappelée, ou, ce qui revient au même, à la formule (19), de laquelle on tirera non seulement

$$\int_{z}^{\mathrm{Z}} \mathrm{R}\,\mathrm{D}_z \delta u\, dz = \mathop{\Big|}\limits_{z=z}^{z=\mathrm{Z}} \mathrm{R}\,\delta u - \int_{z}^{\mathrm{Z}} \mathrm{D}_z \mathrm{R}\,\delta u\, dz,$$

$$\int_{z}^{\mathrm{Z}} \mathrm{D}_x \mathrm{R}\,\mathrm{D}_z \delta u\, dz = \mathop{\Big|}\limits_{z=z}^{z=\mathrm{Z}} \mathrm{D}_x \mathrm{R}\,\delta u - \int_{z}^{\mathrm{Z}} \mathrm{D}_x \mathrm{D}_z \mathrm{R}\,\delta u\, dz,$$

$$\int_{z}^{\mathrm{Z}} \mathrm{D}_y \mathrm{R}\,\mathrm{D}_z \delta u\, dz = \mathop{\Big|}\limits_{z=z}^{z=\mathrm{Z}} \mathrm{D}_y \mathrm{R}\,\delta u - \int_{z}^{\mathrm{Z}} \mathrm{D}_y \mathrm{D}_z \mathrm{R}\,\delta u\, dz,$$

$$\int_{z}^{\mathrm{Z}} \mathrm{D}_x \mathrm{D}_y \mathrm{R}\,\mathrm{D}_z \delta u\, dz = \mathop{\Big|}\limits_{z=z}^{z=\mathrm{Z}} \mathrm{D}_x \mathrm{D}_y \mathrm{R}\,\delta u - \int_{z}^{\mathrm{Z}} \mathrm{D}_x \mathrm{D}_y \mathrm{D}_z \mathrm{R}\,\delta u\, dz,$$

mais encore

$$\int_{\mathfrak{z}}^{\mathrm{z}} \mathrm{R}\,\mathrm{D}_y \mathrm{D}_z \delta u \, dz = \Big|_{z=\mathfrak{z}}^{z=\mathrm{z}} \mathrm{R}\,\mathrm{D}_y \,\delta u - \int_{\mathfrak{z}}^{\mathrm{z}} \mathrm{D}_z \mathrm{R}\,\mathrm{D}_y \delta u \, dz,$$

et, par suite,

$$\begin{aligned}
(33)\quad \delta s = {} & \Big|_{x=\mathfrak{x}}^{x=\mathrm{x}} \Big|_{y=\mathfrak{y}}^{y=\mathrm{y}} \Big|_{z=\mathfrak{z}}^{z=\mathrm{z}} \mathrm{R}\,\delta u - \int_{\mathfrak{x}}^{\mathrm{x}} \Big|_{y=\mathfrak{y}}^{y=\mathrm{y}} \Big|_{z=\mathfrak{z}}^{z=\mathrm{z}} \mathrm{D}_x \mathrm{R}\,\delta u \, dx \\
& - \Big|_{x=\mathfrak{x}}^{x=\mathrm{x}} \int_{\mathfrak{y}}^{\mathrm{y}} \Big|_{z=\mathfrak{z}}^{z=\mathrm{x}} \mathrm{D}_y \mathrm{R}\,\delta u \, dy - \Big|_{x=\mathfrak{x}}^{x=\mathrm{x}} \Big|_{y=\mathfrak{y}}^{y=\mathrm{y}} \int_{\mathfrak{z}}^{\mathrm{z}} \mathrm{D}_z \mathrm{R}\,\delta u \, dz \\
& - \int_{\mathfrak{x}}^{\mathrm{x}} \Big|^{y=\mathrm{y}} \Big|_{z=\mathfrak{z}}^{z=\mathrm{z}} \mathrm{R}\,\mathrm{D}_x \mathrm{y}\, \mathrm{D}_y \delta u \, dx + \int_{\mathfrak{x}}^{\mathrm{x}} \Big|^{y=\mathfrak{y}} \Big|_{z=\mathfrak{z}}^{z=\mathfrak{z}} \mathrm{R}\,\mathrm{D}_x \mathfrak{y}\, \mathrm{D}_y \delta u \, dx \\
& - \int_{\mathfrak{x}}^{\mathrm{x}} \Big|_{y=\mathfrak{y}}^{y=\mathrm{y}} \Big|^{z=\mathrm{z}} \mathrm{R}\,\mathrm{D}_x \mathrm{z}\, \mathrm{D}_z \delta u \, dx + \int_{\mathfrak{x}}^{\mathrm{x}} \Big|_{y=\mathfrak{y}}^{y=\mathrm{y}} \Big|^{z=\mathfrak{z}} \mathrm{R}\,\mathrm{D}_x \mathfrak{z}\, \mathrm{D}_z \delta u \, dx \\
& - \Big|_{x=\mathfrak{x}}^{x=\mathrm{x}} \int_{\mathfrak{y}}^{\mathrm{y}} \Big|^{z=\mathrm{z}} \mathrm{R}\,\mathrm{D}_y \mathrm{z}\, \mathrm{D}_z \delta u \, dy + \Big|_{x=\mathfrak{x}}^{x=\mathrm{x}} \int_{\mathfrak{y}}^{\mathrm{y}} \Big|^{z=\mathfrak{z}} \mathrm{R}\,\mathrm{D}_y \mathfrak{z}\, \mathrm{D}_z \delta u \, dy \\
& + \int_{\mathfrak{x}}^{\mathrm{x}} \Big|^{y=\mathrm{y}} \int_{\mathfrak{z}}^{\mathrm{z}} \mathrm{D}_z \mathrm{R}\,\mathrm{D}_x \mathrm{y}\, \mathrm{D}_y \delta u \, dx\, dz - \int_{\mathfrak{x}}^{\mathrm{x}} \Big|^{y=\mathfrak{y}} \int_{\mathfrak{z}}^{\mathrm{z}} \mathrm{D}_z \mathrm{R}\,\mathrm{D}_x \mathfrak{y}\, \mathrm{D}_y \delta u \, dx\, dz \\
& + \int_{\mathfrak{x}}^{\mathrm{x}} \int_{\mathfrak{y}}^{\mathrm{y}} \left[\Big|^{z=\mathrm{z}} \mathrm{D}_x \mathrm{R}\,\mathrm{D}_y \mathrm{z} + \mathrm{D}_y \left(\Big|^{z=\mathrm{z}} \mathrm{R}\,\mathrm{D}_x \mathrm{z} \right) \right] \Big|^{z=\mathrm{z}} \mathrm{D}_z \delta u \, dx\, dy \\
& - \int_{\mathfrak{x}}^{\mathrm{x}} \int_{\mathfrak{y}}^{\mathrm{y}} \left[\Big|^{z=\mathfrak{z}} \mathrm{D}_x \mathrm{R}\,\mathrm{D}_y \mathfrak{z} + \mathrm{D}_y \left(\Big|^{z=\mathfrak{z}} \mathrm{R}\,\mathrm{D}_x \mathfrak{z} \right) \right] \Big|^{z=\mathfrak{z}} \mathrm{D}_z \delta u \, dx\, dy \\
& + \int_{\mathfrak{x}}^{\mathrm{x}} \int_{\mathfrak{y}}^{\mathrm{y}} \Big|^{z=\mathrm{z}} \mathrm{R}\,\mathrm{D}_x \mathrm{z}\, \mathrm{D}_y \mathrm{z}\, \mathrm{D}_z^2 \delta u \, dx\, dy - \int_{\mathfrak{x}}^{\mathrm{x}} \int_{\mathfrak{y}}^{\mathrm{y}} \Big|^{z=\mathfrak{z}} \mathrm{R}\,\mathrm{D}_x \mathfrak{z}\, \mathrm{D}_y \mathfrak{z}\, \mathrm{D}_z^2 \delta u \, dx\, dy \\
& + \Big|_{x=\mathfrak{x}}^{x=\mathrm{x}} \int_{\mathfrak{y}}^{\mathrm{y}} \int_{\mathfrak{z}}^{\mathrm{z}} \mathrm{D}_y \mathrm{D}_z \mathrm{R}\,\delta u \, dy\, dz + \int_{\mathfrak{x}}^{\mathrm{x}} \Big|_{y=\mathfrak{y}}^{y=\mathrm{y}} \int_{\mathfrak{z}}^{\mathrm{z}} \mathrm{D}_x \mathrm{D}_z \mathrm{R}\,\delta u \, dx\, dz \\
& + \int_{\mathfrak{x}}^{\mathrm{x}} \int_{\mathfrak{y}}^{\mathrm{y}} \Big|_{z=\mathfrak{z}}^{z=\mathrm{z}} \mathrm{D}_x \mathrm{D}_y \mathrm{R}\,\delta u \, dx\, dy - \int_{\mathfrak{x}}^{\mathrm{x}} \int_{\mathfrak{y}}^{\mathrm{y}} \int_{\mathfrak{z}}^{\mathrm{z}} \mathrm{D}_x \mathrm{D}_y \mathrm{D}_z \mathrm{R}\,\delta u \, dx\, dy\, dz.
\end{aligned}$$

Si l'on supposait simplement

$$(34)\qquad s = \int_{\mathfrak{x}}^{\mathrm{x}} \int_{\mathfrak{y}}^{\mathrm{y}} \int_{\mathfrak{z}}^{\mathrm{z}} r \, dx\, dy\, dz,$$

la valeur de r étant fournie par l'équation (27), ou, ce qui revient au même,

$$(35)\qquad s = \int_{\mathfrak{x}}^{\mathrm{x}} \int_{\mathfrak{y}}^{\mathrm{y}} \int_{\mathfrak{z}}^{\mathrm{z}} \mathrm{D}_x \mathrm{D}_y \mathrm{D}_z u \, dx\, dy\, dz,$$

alors on trouverait

$$\mathrm{R} = 1,$$

et, par suite, l'équation (33) se réduirait à la suivante

$$(36)\quad \delta s = \mathop{\Big|}\limits_{x=\mathfrak{x}}^{x=\mathrm{x}} \mathop{\Big|}\limits_{y=\mathfrak{y}}^{y=\mathrm{y}} \mathop{\Big|}\limits_{z=\mathfrak{z}}^{z=\mathrm{z}} \delta u$$

$$- \int_{\mathfrak{x}}^{\mathrm{x}} \mathop{\Big|}\limits^{y=\mathrm{y}} \mathop{\Big|}\limits_{z=\mathfrak{z}}^{z=\mathrm{z}} \mathrm{D}_x \mathrm{y}\, \mathrm{D}_y \delta u\, dx + \int_{\mathfrak{x}}^{\mathrm{x}} \mathop{\Big|}\limits^{y=\mathfrak{y}} \mathop{\Big|}\limits_{z=\mathfrak{z}}^{z=\mathrm{z}} \mathrm{D}_x \mathfrak{y}\, \mathrm{D}_y \delta u\, dx$$

$$- \int_{\mathfrak{x}}^{\mathrm{x}} \mathop{\Big|}\limits_{y=\mathfrak{y}}^{y=\mathrm{y}} \mathop{\Big|}\limits^{z=\mathrm{z}} \mathrm{D}_x \mathrm{z}\, \mathrm{D}_z \delta u\, dx + \int_{\mathfrak{x}}^{\mathrm{x}} \mathop{\Big|}\limits_{y=\mathfrak{y}}^{y=\mathrm{y}} \mathop{\Big|}\limits^{z=\mathfrak{z}} \mathrm{D}_x \mathfrak{z}\, \mathrm{D}_z \delta u\, dx$$

$$- \mathop{\Big|}\limits_{x=\mathfrak{x}}^{x=\mathrm{x}} \int_{\mathfrak{y}}^{\mathrm{y}} \mathop{\Big|}\limits^{z=\mathrm{z}} \mathrm{D}_y \mathrm{z}\, \mathrm{D}_z \delta u\, dy + \mathop{\Big|}\limits_{x=\mathfrak{x}}^{x=\mathrm{x}} \int_{\mathfrak{y}}^{\mathrm{y}} \mathop{\Big|}\limits^{z=\mathfrak{z}} \mathrm{D}_y \mathfrak{z}\, \mathrm{D}_z \delta u\, dy$$

$$+ \int_{\mathfrak{x}}^{\mathrm{x}} \int_{\mathfrak{y}}^{\mathrm{y}} \mathop{\Big|}\limits^{z=\mathrm{z}} \mathrm{D}_x \mathrm{z}\, \mathrm{D}_y \mathrm{z}\, \mathrm{D}_z^2 \delta u\, dx\, dy - \int_{\mathfrak{x}}^{\mathrm{x}} \int_{\mathfrak{y}}^{\mathrm{y}} \mathop{\Big|}\limits^{z=\mathfrak{z}} \mathrm{D}_x \mathfrak{z}\, \mathrm{D}_y \mathfrak{z}\, \mathrm{D}_z^2 \delta u\, dx\, dy.$$

Les diverses formules obtenues dans ce dernier paragraphe ne diffèrent pas, au fond, de celles qu'a obtenues M. Sarrus. Seulement, elles se trouvent simplifiées par l'emploi de la notation à laquelle nous avons eu recours, en écrivant les deux valeurs que reçoit successivement une même variable en haut et en bas d'un même signe de substitution (*).

Nous bornerons ici, pour le moment, l'exposition que nous voulions faire des principes généraux qui nous paraissent devoir servir de base au calcul des variations. Dans d'autres Mémoires nous développerons ces mêmes principes, et nous les appliquerons à la solution de divers problèmes.

(*) Ayant eu l'occasion de parler à M. Sarrus de ces nouvelles recherches relatives au calcul des variations, et de la notation que je propose, j'ai appris de lui que l'idée d'accoler à un signe unique deux valeurs particulières d'une variable, pour exprimer la différence entre deux valeurs correspondantes d'une même fonction, s'était aussi présentée à son esprit. Mais cette idée, et les formules que M. Sarrus avait obtenues en la réalisant, n'étaient ni transcrites, ni mentionnées dans le Mémoire couronné par l'Académie. D'ailleurs, la nouvelle notation se trouve complètement en harmonie avec celle qui est aujourd'hui généralement adoptée pour la représentation d'une intégrale définie, prise entre deux limites données.

SUR LE

MOUVEMENT DE ROTATION VARIABLE D'UN POINT

QUI REPRÉSENTE, DANS UN PLAN DONNÉ, LA PROJECTION D'UN AUTRE POINT DOUÉ

DANS L'ESPACE

D'UN MOUVEMENT DE ROTATION UNIFORME AUTOUR D'UN CERTAIN AXE

Supposons qu'un point mobile A tourne autour d'un axe fixe OO', de manière à décrire un cercle autour de cet axe. Supposons encore que la vitesse du point mobile soit constante, ou, en d'autres termes, que le mouvement du point soit ce qu'on peut appeler un *mouvement de rotation uniforme*. Rapportons les différents points de l'espace à trois axes fixes et rectangulaires. Prenons pour origine des coordonnées un point O de l'axe de rotation, et supposons chacun des demi-axes des coordonnées positives dirigé dans un sens tel que les projections du point mobile A sur les plans coordonnés soient animées de mouvements de rotation *directs* autour de l'origine.

Enfin, soient

r la distance du point mobile A à l'origine des coordonnées;
s la distance du même point à l'axe fixe OO';
ω la vitesse absolue du point A;
ε sa vitesse angulaire autour de l'axe OO';
λ, μ, ν les angles que forme avec les demi-axes des coordonnées positives, l'axe fixe prolongé, à partir du point O, dans une certaine direction OO' choisie de manière que le mouvement de rotation ait lieu autour de cet axe de droite à gauche.

Soient de plus, au bout du temps t,

x, y, z les coordonnées du point A; et

u, v, w les projections algébriques de la vitesse ω sur les axes coordonnés.

Concevons d'ailleurs que la vitesse absolue ω et la vitesse angulaire ϖ soient représentées, la première, en grandeur et en direction, par une certaine longueur AB portée à partir du point A sur la tangente au cercle que ce point décrit; la seconde, en grandeur seulement, par une longueur OC portée sur l'axe de rotation et à partir du point O dans la direction OO'. On pourra, en prenant un point quelconque de l'espace pour centre des moments, construire le moment linéaire de la vitesse angulaire ϖ représentée par la longueur OC. Cela posé, il est clair que la vitesse absolue ω, mesurée par le produit

$$s\varpi$$

et dirigée suivant un plan perpendiculaire au plan AOC, de manière à faire tourner le point A de droite à gauche autour du demi-axe OC, coïncidera en grandeur et en direction avec le moment linéaire de la vitesse angulaire ϖ. Donc, les projections algébriques

$$u, \quad v, \quad w$$

de la vitesse ω seront équivalentes aux projections algébriques du moment linéaire de la vitesse ϖ. Mais ces dernières projections changeraient évidemment de signe, si l'on échangeait entre eux le centre des moments A et le point O à partir duquel se mesure la longueur destinée à représenter la vitesse ϖ. Donc, les quantités

$$u, \quad v, \quad w$$

seront égales, aux signes près, aux projections algébriques du moment linéaire de la vitesse ϖ, si, en prenant l'origine pour centre des moments, on représente la vitesse ϖ par une longueur portée à partir du point A dans une direction parallèle à OO'. Mais alors, cette longueur ayant pour origine le point dont les coordonnées sont x, y, z, et pour projections algébriques les trois quantités

$$\varpi\cos\lambda, \quad \varpi\cos\mu, \quad \varpi\cos\nu,$$

le moment linéaire de la vitesse 8 aura lui-même pour projections algébriques les trois produits

$$8(y\cos\nu - z\cos\mu),\quad 8(z\cos\lambda - x\cos\nu),\quad 8(x\cos\mu - y\cos\lambda).$$

Donc ces trois produits, pris en signes contraires, reproduiront les valeurs de u, v, w, et l'on aura

$$(1)\qquad \begin{cases} u = -8(y\cos\nu - z\cos\mu),\\ v = -8(z\cos\lambda - x\cos\nu),\\ w = -8(x\cos\mu - y\cos\lambda).\end{cases}$$

Soit maintenant P la projection du point A sur le plan des x, y; et nommons

ρ le rayon vecteur mené de l'origine au point P;
θ l'angle décrit par ce rayon vecteur au bout du temps t;
υ la vitesse angulaire du point P, dans le plan des x, y.

On aura évidemment

$$(2)\qquad \upsilon = D_t\theta;$$

et, comme on trouvera d'ailleurs

$$x = \rho\cos\theta,\qquad y = \rho\sin\theta,$$

par conséquent

$$u = D_t x = \cos\theta D_t\rho - \rho\sin\theta D_t\theta,$$
$$v = D_t y = \sin\theta D_t\rho + \rho\cos\theta D_t\theta,$$

on en conclura

$$\rho D_t\theta = v\cos\theta - u\sin\theta.$$

On aura donc, par suite,

$$\upsilon = D_t\theta = \frac{v\cos\theta - u\sin\theta}{\rho},$$

ou, ce qui revient au même,

$$(3)\qquad \upsilon = \frac{vx - uy}{\rho^2}.$$

Mais, d'autre part, on tirera des formules (1)

$$(4)\quad vx - uy = 8[(x^2+y^2+z^2)\cos\nu - z(x\cos\lambda + y\cos\mu + z\cos\nu)];$$

et, comme en nommant δ l'angle formé par le rayon vecteur r avec la direction OO', on a

$$\cos\delta = \frac{x\cos\lambda + y\cos\mu + z\cos\nu}{r},$$

l'équation (4) pourra être réduite à

$$vx - uy = \mathrm{8}(r^2\cos\nu - rz\cos\delta).$$

Donc, la formule (3) donnera

(5) $$\upsilon = \mathrm{8}\frac{r^2\cos\nu - rz\cos\delta}{\rho^2}.$$

Si, pour plus de simplicité, on fait coïncider l'origine O des coordonnées avec le pied de la perpendiculaire abaissée du point A sur l'axe fixe, alors, l'angle δ étant un angle droit, on trouvera

$$\cos\delta = 0,$$

et, par suite,

(6) $$\upsilon = \frac{r^2}{\rho^2}\mathrm{8}\cos\nu.$$

Enfin, si l'on nomme τ l'angle que forme le rayon vecteur r avec sa projection ρ, on aura

$$\rho = r\cos\tau.$$

Donc, la formule (6) donnera encore

(7) $$\upsilon = \frac{\mathrm{8}\cos\nu}{\cos^2\tau},$$

et l'on pourra énoncer la proposition suivante :

Théorème. — *Si un point* A, *doué d'un mouvement de rotation uniforme autour d'un axe fixe, est projeté sur un plan fixe donné, la vitesse angulaire variable du point projeté* P, *et la vitesse angulaire constante du point* A, *seront entre elles dans le rapport qui existe entre le cosinus de l'angle que le plan donné forme avec le plan du cercle décrit par le point* A, *et le carré du cosinus de l'angle que le rayon du cercle forme avec la projection sur le plan donné.*

Au reste, on pourrait arriver encore très facilement au théorème précédent par une autre méthode que nous allons indiquer en peu de mots.

Considérons, dans l'espace, un triangle dans lequel deux côtés, représentés par r et r', comprennent entre eux un certain angle p, et projetons ce triangle sur un plan fixe qui forme avec le plan du triangle, l'angle ν. Nommons

$$\rho, \quad \rho', \quad \varphi$$

les projections des côtés r, r' et de l'angle p, et

$$\tau, \quad \tau'$$

les angles que les côtés r, et r' forment avec leurs projections respectives ρ, ρ'. Les surfaces du triangle donné et du triangle projeté seront respectivement mesurées par les produits

$$\frac{1}{2} r r' \sin p, \qquad \frac{1}{2} \rho\rho' \sin\varphi;$$

et comme le rapport de la seconde surface à la première devra se réduire à $\cos\nu$, on en conclura

$$\frac{\rho\rho'}{rr'} \frac{\sin\varphi}{\sin p} = \cos\nu, \qquad \frac{\sin\varphi}{\sin p} = \frac{rr'}{\rho\rho'}\cos\nu.$$

Comme, d'autre part, on aura encore

$$\rho = r\cos\tau, \qquad \rho' = r'\cos\tau',$$

on en conclura

$$(8) \qquad \frac{\sin\varphi}{\sin p} = \frac{\cos\nu}{\cos\tau\cos\tau'}.$$

Concevons maintenant que p, φ se réduisent aux très petits angles décrits, à partir de la fin du temps t, et pendant un instant très court Δt : 1° par le rayon vecteur r animé d'une vitesse angulaire constante $\varkappa$; 2° par la projection ρ de ce même rayon vecteur; alors, en nommant υ la vitesse angulaire de cette projection, on aura sensiblement, pour de très petites valeurs de Δt,

$$\frac{\sin\varphi}{\sin p} = \frac{\varphi}{p} = \frac{\upsilon}{\varkappa} \qquad \text{et} \qquad \cos\tau' = \cos\tau.$$

Donc, en rapprochant indéfiniment Δt de la limite zéro, on tirera de la formule (8)

$$\frac{\upsilon}{ȣ} = \frac{\cos\nu}{\cos^2\tau}, \tag{9}$$

et l'on se trouvera ainsi ramené à la formule (7).

Nous allons maintenant énoncer plusieurs conséquences qui se déduisent immédiatement de la formule (7), et qui paraissent mériter d'être remarquées.

Le plus petit et le plus grand des angles aigus compris entre le rayon vecteur r et sa projection sont évidemment 0 et ν. En d'autres termes, les valeurs maximum et minimum de $\cos\tau$ sont 1 et $\cos\nu$. Donc, par suite, les valeurs minimum et maximum de υ seront

$$ȣ\cos\nu, \quad \frac{ȣ}{\cos\nu},$$

et la moyenne géométrique entre ces deux valeurs sera précisément $ȣ$. On peut donc énoncer encore la proposition suivante :

Théorème II. — *Si un point* A, *doué d'un mouvement de rotation uniforme autour d'un axe fixe, est projeté sur un plan fixe donné, la moyenne géométrique entre les valeurs* maximum *et* minimum *de la vitesse angulaire variable du point projeté sera précisément la vitesse angulaire constante du point* A. *De plus, la vitesse angulaire variable du point projeté aura pour valeur* minimum *celle qu'on obtient lorsque la vitesse angulaire constante du point* A *est représentée par une longueur portée sur l'axe de rotation, puis projetée sur un axe perpendiculaire au plan donné.*

Avant de quitter ce sujet, nous observerons que la méthode à l'aide de laquelle nous avons établi les formules (1) a été depuis longtemps employée par nous, soit dans les Leçons données à l'école Polytechnique, soit dans les *Exercices de Mathématiques*. Nous ajouterons que de cette méthode on peut aisément déduire ce qu'on appelle la composition des mouvements de rotation. Effectivement, supposons la vitesse angulaire $ȣ$ d'un point A, qui tourne, au moins instantanément, autour d'un axe, représentée par une longueur portée sur ce même axe. Non seulement, comme nous l'avons rappelé, la vitesse absolue ω du point A sera ce que devient le moment linéaire de la vitesse ε, quand on prend pour centre des moments le point A; mais il suit de cette proposition même, que si la vitesse angulaire ε peut être considérée comme la résultante de plusieurs autres vitesses angulaires, relatives à divers mouvements de rotation instantanés autour de divers axes, et représentées par des longueurs portées sur ces mêmes axes, il suffira de composer entre elles les vitesses absolues correspondantes du point A, pour obtenir la vitesse absolue ω. Ainsi, en particulier, puisque la vitesse angulaire ε, mesurée sur un demi-axe OO′ qui forme, avec les demi-axes des coordonnées positives, les angles λ, μ, ν, peut être censée avoir pour composantes trois vitesses angulaires mesurées sur les axes des x, y, z, et représentées par les projections algébriques

$$\varepsilon \cos\lambda, \quad \varepsilon \cos\mu, \quad \varepsilon \cos\nu,$$

de la longueur ε sur ces mêmes axes; nous devons conclure que la vitesse absolue d'un point tournant de droite à gauche autour de l'axe OO′ avec la vitesse angulaire ε, est la résultante des trois vitesses absolues que pourrait prendre le même point, si on le faisait tourner successivement de droite à gauche autour de chacun des axes des x, y, z, prolongés dans le sens des coordonnées dont les signes sont ceux des quantités

$$\varepsilon \cos\lambda, \quad \varepsilon \cos\mu, \quad \varepsilon \cos\nu,$$

en supposant d'ailleurs la rotation autour de chaque axe effectuée avec la vitesse angulaire qui correspond à ce même axe.

Au reste, la même conclusion pourrait être tirée immédiatement de cette seule considération, que les seconds membres des équations (1) sont des fonctions linéaires des trois quantités

$$\varepsilon \cos\lambda, \quad \varepsilon \cos\mu, \quad \varepsilon \cos\nu.$$

NOTE

SUR UN

THÉORÈME DE GÉOMÉTRIE ANALYTIQUE

On connaît l'élégant théorème de géométrie analytique qui fournit le cosinus de l'angle compris entre deux droites dont les positions sont déterminées à l'aide des cosinus des angles que forment ces droites avec trois axes rectilignes et rectangulaires. Suivant ce théorème, si l'on multiplie l'un par l'autre les cosinus des deux angles que les deux droites forment avec un même axe, la somme des trois produits de cette forme, correspondants aux trois axes, sera précisément le cosinus de l'angle compris entre les deux droites. Concevons maintenant que les trois axes donnés, cessant d'être rectangulaires, comprennent entre eux des angles quelconques, et au système de ces trois axes joignons un second système d'axes respectivement perpendiculaires aux plans des trois premiers. Les axes primitifs seront eux-mêmes perpendiculaires aux plans formés par les nouveaux axes; et les deux systèmes d'axes seront ce que nous appellerons deux systèmes d'*axes conjugués*. Nous dirons en particulier que l'un de ces axes, pris dans l'un des deux systèmes, a pour *conjugué* celui des axes de l'autre système qui ne le coupe pas à angles droits. Cela posé, le théorème rappelé ci-dessus, et relatif à un système d'axes rectangulaires, se trouve évidemment compris dans un théorème général dont voici l'énoncé :

THÉORÈME. — *Considérons, d'une part, deux droites quelconques, d'autre part, deux systèmes d'axes conjugués. Supposons d'ailleurs qu'en attribuant à chaque droite et à chaque axe une direction déterminée, on multiplie l'un par l'autre les cosinus des angles que forme un axe du premier système avec la première droite, et l'axe conjugué du second système avec la seconde droite, puis, que l'on divise le produit ainsi obtenu par le cosinus de l'angle que ces deux axes conjugués comprennent entre eux. La somme des trois quotients de cette espèce, correspondants aux trois couples d'axes conjugués, sera précisément le cosinus de l'angle compris entre les deux droites données.*

Pour démontrer immédiatement ce théorème, il suffit de projeter la première droite sur la seconde, en observant que cette droite peut être considérée comme la diagonale d'un parallélipipède, dont les arêtes seraient parallèles aux axes du second système.

Il est bon d'observer qu'on peut échanger entre elles les deux droites données sans échanger entre eux les deux systèmes d'axes; d'où il suit que le théorème énoncé fournit deux expressions différentes du cosinus de l'angle renfermé entre les deux droites.

On pourrait aussi, au cosinus de l'angle que forme un axe du second système avec la seconde droite ou avec l'axe conjugué du premier système, substituer le sinus de l'angle que cette droite ou cet axe conjugué forme avec le plan des deux autres axes du second système. Toutefois, en opérant cette substitution, on devrait convenir de regarder l'angle formé par une droite avec un plan tantôt comme positif, tantôt comme négatif, suivant que la direction de cette droite pourrait être représentée par une longueur mesurée à partir du plan donné, d'un certain côté de ce même plan ou du côté opposé. On se trouverait ainsi ramené à une formule qui ne diffère pas au fond de celles qu'ont proposées, pour la transformation des coordonnées obliques, divers auteurs, et spécialement M. Français, On pourrait d'ailleurs, de ces dernières formules, revenir directement au théorème énoncé. Ainsi ce théorème peut être considéré à la rigueur comme implicitement renfermé dans des formules déjà connues. Observons néanmoins que les auteurs de ces formules les avaient établies sans parler de la convention que nous avons indiquée, et qui nous paraît nécessaire pour dissiper toute incertitude sur le sens des notations adoptées.

ANALYSE.

Les énoncés de plusieurs des théorèmes fondamentaux de la géométrie analytique se simplifient lorsqu'on a soin de distinguer les *projections absolues* d'un rayon vecteur, sur des axes coordonnés rectangulaires, des *projections algébriques* de ce même rayon vecteur, ainsi que je l'ai fait dans les préliminaires de mes *Leçons sur les applications du calcul infinitésimal à la géométrie*. On peut même, avec avantage, étendre la distinction des projections absolues et des projections algébriques au cas où le rayon vecteur est projeté sur des droites quelconques, les projections pouvant d'ailleurs être ou orthogonales ou obliques. Entrons à ce sujet dans quelques détails.

Soient r, s deux longueurs mesurées sur deux droites distinctes, et dans des directions déterminées, savoir, la première entre deux points donnés A et B, dans la direction AB; la seconde entre deux autres points C et D, dans la direction CD. Pour projeter la longueur r, et ses deux extrémités A, B, sur la droite CD, il suffira de mener par les points A et B deux plans parallèles à un plan fixe donné. Les points a et b, où ces deux plans rencontreront la droite CD, seront précisément les *projections* des deux points A, B; et si l'on nomme ρ la distance qui sépare le point b, c'est-à-dire la projection du point B, d'avec le point a, c'est-à-dire d'avec la projection du point A, cette distance ρ, mesurée dans la direction ab, sera la *projection* orthogonale ou oblique de la longueur r, savoir, la *projection orthogonale*, si le plan fixe donné est perpendiculaire à la droite CD, et la *projection oblique* dans le cas contraire. D'ailleurs les directions des longueurs s, ρ, mesurées sur une même droite, la première dans le sens CD, la seconde dans le sens ab, seront nécessairement ou une seule et même direction, ou deux directions opposées l'une à l'autre. Cela posé, la *projection absolue* ρ, prise dans le premier cas avec le signe $+$, dans le second cas avec le signe $-$, sera ce que nous appelons la *projection algébrique* de la longueur r sur la direction de la longueur s.

Concevons maintenant qu'en faisant usage de la notation généralement adoptée, on désigne par (r, s) l'angle aigu ou obtus que forment entre elles deux longueurs r, s, mesurées chacune dans une direction déterminée. Alors, en supposant les projections orthogonales, on aura évidemment

$$\rho = r\cos(r, \rho).$$

De plus, la projection algébrique de r, sur la direction de s, sera $+\rho$ ou $-\rho$, suivant que la direction de ρ sera la direction même de s, ou la direction opposée; et, comme on aura, dans le premier cas,

$$\cos(r, \rho) = \cos(r, s),$$

dans le second cas

$$\cos(r, \rho) = -\cos(r, s),$$

il en résulte que la projection algébrique de r sur la direction de s sera représentée, dans l'un et l'autre cas, par le produit

$$r\cos(r, s). \tag{1}$$

Supposons à présent que les projections, au lieu d'être orthogonales, soient obliques; et, après avoir mené une droite perpendiculaire au plan fixe, nommons t une longueur mesurée sur cette droite dans une direction déterminée. Alors les projections absolues et même les projections algébriques des longueurs r et ρ, sur la direction de t, seront évidemment égales entre elles. On aura donc

$$\rho\cos(\rho, t) = r\cos(r, t),$$

et par suite

$$\rho = r\frac{\cos(r, t)}{\cos(\rho, t)}. \tag{2}$$

De plus, pour obtenir la projection algébrique de la longueur r sur la direction de s, il suffira de prendre ρ avec le signe $+$ ou avec le signe $-$, suivant que la direction de ρ sera la direction de s ou la direction opposée; il suffira donc de remplacer, dans le second membre de la formule (2), la quantité $\cos(\rho, t)$ par la quantité $\cos(s, t)$ égale, au signe près, à la première. Donc la projection algébrique de r sur la direction de s sera

$$r\frac{\cos(r, t)}{\cos(s, t)}. \tag{3}$$

Supposons maintenant qu'un point mobile P passe de la position A à la position B, en parcourant non plus la longueur r, mais les divers côtés u, v, w, ... d'une portion de polygone qui joigne le point A au point B, et attribuons à chacun de ces côtés la direction indiquée par le mouvement du point P. Soit d'ailleurs p la projection du point mobile P sur la droite CD, et nommons toujours a, b les projections respectives des deux points A, B sur la même droite. Tandis que le point mobile P passera de la position A à la position B, en parcourant successivement les diverses longueurs u, v, w, ..., le point mobile p passera de la position a à la position b, en parcourant successivement sur la droite CD les projections des diverses longueurs u, v, w, ..., et l'une quelconque de ces projections, celle de u par exemple, sera parcourue dans le sens indiqué par la direction du rayon vecteur ρ ou dans le sens opposé, suivant que la projection algébrique de la longueur u sur la direction de ρ sera positive ou négative. Il en résulte que la longueur ρ ou la projection algébrique de la longueur r sur la direction de ρ, sera équivalente à la somme des projections algébriques des longueurs u, v, w, ... sur la même direction. Par suite aussi, puisque la direction de s est toujours ou la direction même de ρ, ou la direction opposée, si l'on projette, d'une part, la longueur r, d'autre part, les longueurs u, v, w, ... sur la direction de s, on obtiendra une projection algébrique de r équivalente à la somme des projections algébriques de u, v, w, ... Donc, en supposant les projections orthogonales, on trouvera

$$r\cos(r, s) = u\cos(u, s) + v\cos(v, s) + w\cos(w, s) + \dots \tag{4}$$

Ces prémisses étant établies, concevons que les positions des différents points de l'espace soient rapportées à trois axes obliques qui partent d'un même point O. Nommons x, y, z trois longueurs portées sur ces trois axes, et mesurées chacune, à partir du point O, dans une direction déterminée. Soient encore

$$X, \quad Y, \quad Z$$

trois longueurs mesurées, à partir du point O, sur trois axes respectivement perpendiculaires aux plans

$$yz, \quad zx, \quad xy.$$

Concevons, de plus, que l'on construise un parallélipipède dont la longueur r soit la diagonale, les trois arêtes u, v, w étant respectivement parallèles aux axes sur lesquels se mesurent les longueurs x, y, z ; et attribuons à ces trois arêtes les directions indiquées par le mouvement d'un point qui passe, en parcourant ces mêmes arêtes, de l'extrémité A de la diagonale r à l'extrémité B. Enfin, projetons cette diagonale et les trois arêtes sur la direction d'une longueur quelconque s. On aura, en vertu de la formule (4),

$$(5) \qquad r\cos(r, s) = u\cos(u, s) + v\cos(v, s) + w\cos(w, s),$$

ou, ce qui revient au même,

$$(6) \qquad \cos(r, s) = \frac{u}{r}\cos(u, s) + \frac{v}{r}\cos(v, s) + \frac{w}{r}\cos(w, s).$$

D'ailleurs, u étant précisément la projection absolue qu'on obtient pour la longueur r, quand on projette cette longueur sur l'axe des x, à l'aide de plans parallèles au plan fixe des yz, on aura, en vertu de la formule (2),

$$(7) \qquad u = r\frac{\cos(r, X)}{\cos(u, X)},$$

par conséquent,

$$(8) \qquad \frac{u}{r} = \frac{\cos(r, X)}{\cos(u, X)},$$

et cette dernière formule continuera évidemment de subsister quand on y remplacera u par v, et X par Y, ou u par w, et X par Z. Donc l'équation (6) donnera

$$(9) \quad \cos(r, s) = \frac{\cos(r, X)\cos(u, s)}{\cos(u, X)} + \frac{\cos(r, Y)\cos(v, s)}{\cos(v, Y)} + \frac{\cos(r, Z)\cos(w, s)}{\cos(w, Z)}.$$

D'autre part, il est clair qu'on n'altérera pas le second membre de la formule (9) si l'on y remplace, séparément ou simultanément, u par x, v par y, w par z. En effet, la direction de u étant ou la direction de x ou la direction opposée, on aura, dans le premier cas,

$$\cos(u, s) = \cos(\mathrm{x}, s), \qquad \cos(u, \mathrm{X}) = \cos(\mathrm{x}, \mathrm{X}),$$

dans le second cas,

$$\cos(u, s) = -\cos(\mathrm{x}, s), \qquad \cos(u, \mathrm{X}) = -\cos(\mathrm{x}, \mathrm{X}),$$

et dans les deux cas,

$$\frac{\cos(u, s)}{\cos(u, \mathrm{X})} = \frac{\cos(\mathrm{x}, s)}{\cos(\mathrm{x}, \mathrm{X})}.$$

Donc la formule (9) pourra être réduite à la suivante :

$$(10) \quad \cos(r, s) = \frac{\cos(r, \mathrm{X})\cos(s, \mathrm{x})}{\cos(\mathrm{x}, \mathrm{X})} + \frac{\cos(r, \mathrm{Y})\cos(s, \mathrm{y})}{\cos(\mathrm{y}, \mathrm{Y})} + \frac{\cos(r, \mathrm{Z})\cos(s, \mathrm{z})}{\cos(\mathrm{z}, \mathrm{Z})}.$$

Ajoutons que les axes sur lesquels se mesurent les longueurs

$$\mathrm{X}, \quad \mathrm{Y}, \quad \mathrm{Z}$$

étant, par hypothèse, perpendiculaires aux plans

$$\mathrm{yz}, \quad \mathrm{zx}, \quad \mathrm{xy},$$

les axes sur lesquels se mesurent les longueurs

$$\mathrm{x}, \quad \mathrm{y}, \quad \mathrm{z}$$

seront eux-mêmes perpendiculaires aux plans

$$\mathrm{YZ}, \quad \mathrm{ZX}, \quad \mathrm{XY}.$$

Donc ces deux systèmes d'axes, que nous nommerons *systèmes d'axes conjugués* (l'axe sur lequel se mesure X étant le *conjugué* de l'axe sur lequel se mesure x, etc.), pourront être échangés entre eux dans la formule (10), et l'on aura encore

$$(11) \quad \cos(r, s) = \frac{\cos(r, \mathrm{x})\cos(s, \mathrm{X})}{\cos(\mathrm{x}, \mathrm{X})} + \frac{\cos(r, \mathrm{y})\cos(s, \mathrm{Y})}{\cos(\mathrm{y}, \mathrm{Y})} + \frac{\cos(r, \mathrm{z})\cos(s, \mathrm{Z})}{\cos(\mathrm{z}, \mathrm{Z})}.$$

Chacune des formules (10), (11) est une expression analytique du théorème fondamental énoncé dans le préambule du présent article.

Si, en faisant coïncider le point B avec le point O, et les demi-axes des coordonnées positives avec les directions des longueurs

$$\mathrm{x},\quad \mathrm{y},\quad \mathrm{z},$$

on nomme

$$x,\quad y,\quad z$$

les coordonnées rectilignes du point A, rapportées à ces demi-axes, alors x sera précisément la projection algébrique du rayon vecteur r sur la direction de x, la projection étant effectuée à l'aide de plans parallèles au plan des yz, et perpendiculairement à X. Donc alors on obtiendra x en remplaçant, dans l'expression (3), s par x, et t par X; en sorte qu'on aura

$$(12)\qquad \left\{\begin{aligned} x &= r\frac{\cos(r, \mathrm{X})}{\cos(x, \mathrm{X})}. \\ y &= r\frac{\cos(r, \mathrm{Y})}{\cos(y, \mathrm{Y})}, \\ z &= r\frac{\cos(r, \mathrm{Z})}{\cos(z, \mathrm{Z})}. \end{aligned}\right.$$

On trouvera de même

Alors aussi on pourra évidemment, dans la formule (5), remplacer les quantités u, v, w par les coordonnées x, y, z, qui seront respectivement égales, aux signes près, à ces mêmes quantités, pourvu que l'on remplace en même temps les trois angles

$$(u, s),\quad (v, s),\quad (w, s)$$

par les angles

$$(\mathrm{x}, s),\quad (\mathrm{y}, s),\quad (\mathrm{z}, s),$$

respectivement égaux aux trois premiers ou à leurs suppléments. On aura donc encore

$$(13)\qquad r\cos(r, s) = x\cos(\mathrm{x}, s) + y\cos(\mathrm{y}, s) + z\cos(\mathrm{z}, s).$$

On peut immédiatement déduire des formules (12) et (13) celles qui servent à la transformation des coordonnées obliques. En effet, soient

$$x,\quad y,\quad z$$

de nouvelles coordonnées du point B, relatives à de nouveaux axes rectilignes qui continuent de passer par le point O; et supposons que, pour le nouveau système d'axes, les longueurs, précédemment représentées par

$$x, \quad y, \quad z, \quad X, \quad Y, \quad Z,$$

deviennent

$$x_{,}, \quad y_{,}, \quad z_{,}, \quad X_{,}, \quad Y_{,}, \quad Z_{,}.$$

Alors, en vertu des formules (12), on aura, par exemple,

$$(14) \qquad x_{,} = \frac{r\cos(r, X_{,})}{\cos(x_{,}, X_{,})};$$

et, d'ailleurs, la formule (13) donnera

$$(15) \qquad r\cos(r, X_{,}) = x\cos(x, X_{,}) + y\cos(y, X_{,}) + z\cos(z, X_{,}).$$

On trouvera donc

$$(16) \qquad x_{,} = \frac{x\cos(x, X_{,}) + y\cos(y, X_{,}) + z\cos(z, X_{,})}{\cos(x, X_{,})}.$$

Quant aux valeurs de $y_{,}$, $z_{,}$, on les obtiendra en remplaçant $X_{,}$ par $Y_{,}$ ou par $Z_{,}$ dans les deux termes de la fraction qui représente ici la valeur de $x_{,}$, et, de plus, x par y ou par z dans le dénominateur.

Si les axes coordonnés deviennent rectangulaires, alors les axes sur lesquels se mesurent les longueurs x, y, z se confondront avec les axes sur lesquels se mesurent les longueurs X, Y, Z, et, par suite, les formules (10), (12), (16) donneront simplement, comme on devait s'y attendre,

$$(17) \quad \cos(r, s) = \cos(r, x)\cos(s, x) + \cos(r, y)\cos(s, y) + \cos(r, z)\cos(s, z),$$

$$(18) \qquad x = r\cos(r, x), \qquad y = r\cos(r, y), \qquad z = r\cos(r, z),$$

$$(19) \qquad x_{,} = x\cos(x, x_{,}) + y\cos(y, x_{,}) + z\cos(z, x_{,}).$$

NOTE SUR QUELQUES PROPOSITIONS

RELATIVES

A LA THÉORIE DES NOMBRES

Diverses propositions relatives à la théorie des nombres se déduisent aisément du théorème dont voici l'énoncé :

THÉORÈME I. — *Supposons le nombre entier i décomposé en facteurs a, b, c, ... premiers entre eux; et soit l un nombre entier quelconque inférieur à i. On pourra toujours satisfaire à l'équivalence*

$$i\left(\frac{x}{a}+\frac{y}{b}+\frac{z}{c}+\ldots\right)\equiv l \qquad (\text{mod.}\, i). \tag{1}$$

par des valeurs entières de

$$x,\quad y,\quad z,\quad \ldots$$

respectivement inférieures à

$$a,\quad b,\quad c,\quad \ldots.$$

Démonstration. — Pour abréger, désignons par

$$s=i\left(\frac{x}{a}+\frac{y}{b}+\frac{z}{c}+\ldots\right) \tag{2}$$

la fonction linéaire de x, y, z, ... qui représente le premier membre de la formule (1), et supposons que l'on attribue successivement aux variables x, y, z, ..., renfermées dans la fonction s, tous les systèmes de valeurs qu'on peut obtenir en combinant une valeur de x prise dans la suite

$$0,\quad 1,\quad 2,\quad \ldots,\quad a-1,$$

avec une valeur de y prise dans la suite

$$0,\quad 1,\quad 2,\quad \ldots,\quad b-1,$$

puis avec une valeur de z prise dans la suite

$$0, \quad 1, \quad 2, \quad \ldots, \quad c-1,$$

etc.... On obtiendra ainsi pour s des valeurs entières, dont le nombre, représenté par le produit

$$abc\ldots = i,$$

sera en conséquence égal au nombre des termes de la suite

$$0, \quad 1, \quad 2, \quad \ldots, \quad i-1;$$

et il est clair que parmi ces i valeurs de s il en existera toujours une équivalente, suivant le module i, à l'un quelconque des termes de la suite

$$0, \quad 1, \quad 2, \quad 3, \quad \ldots, \quad i-1,$$

s'il est prouvé que ces valeurs de s, divisées par i, donnent des restes différents. Cela posé, soient

$$\Delta x, \quad \Delta y, \quad \Delta z, \quad \ldots$$

les accroissements positifs ou négatifs que prendront x, y, z, ... quand on passera d'une valeur de s à une autre, et nommons Δs l'accroissement correspondant de s, ou la différence des deux valeurs de s, déterminée par la formule

$$\Delta s = i\left(\frac{\Delta x}{a} + \frac{\Delta y}{b} + \frac{\Delta z}{c} + \ldots\right). \tag{3}$$

Pour établir le théorème énoncé, il suffira de prouver que Δs ne peut être divisible par i, si Δx, Δy, Δz, ... ne s'évanouissent tous à la fois. Or, effectivement, Δs ne pourra être divisible par i, s'il n'est divisible par chacun des facteurs

$$a, \quad b, \quad c, \quad \ldots$$

D'ailleurs, dans la valeur de Δs, mise sous la forme

$$\Delta s = \frac{i}{a}\Delta x + \frac{i}{b}\Delta y + \frac{i}{c}\Delta z + \ldots, \tag{4}$$

tous les termes seront évidemment divisibles par a, hormis le premier $\frac{i}{a}\Delta x$; et celui-ci ne pourra devenir divisible par a que dans le cas où l'accroissement Δx, dont la valeur numérique est inférieure à a, sera divisible par a, et par conséquent nul. Pareillement, dans la valeur de Δs fournie par l'équation (4), tous les termes seront évidemment divisibles par b, hormis le second, et celui-ci ne pourra devenir divisible par b que dans le cas où Δy sera nul; etc....

Corollaire. — Si l'on veut que le nombre entier l fournisse des restes donnés quand on le divise par les nombres $a, b, c, \ldots$, par exemple le reste p quand on le divise par a, le reste q quand on le divise par b, le reste r quand on le divise par $c, \ldots$, il suffira évidemment de prendre

$$(5)\qquad x = p\mathrm{x}, \qquad y = q\mathrm{y}, \qquad z = r\mathrm{z}, \qquad \ldots,$$

en assujettissant

$$\mathrm{x}, \quad \mathrm{y}, \quad \mathrm{z}, \quad \ldots$$

à vérifier les formules

$$(6)\qquad \frac{i}{a}\mathrm{x} \equiv 1 \pmod{a}, \qquad \frac{i}{b}\mathrm{y} \equiv 1 \pmod{b}, \qquad \frac{i}{c}\mathrm{z} \equiv 1 \pmod{c}, \qquad \ldots.$$

En effet, dans le second membre de l'équation (1) présentée sous la forme

$$(7)\qquad l \equiv \frac{i}{a}x + \frac{i}{b}y + \frac{i}{c}z + \ldots \pmod{i},$$

$\frac{i}{a}x$ sera le seul terme qui ne soit pas divisible par a, et il est clair que ce terme, divisé par a, donnera pour reste p, si l'on pose $x = p\mathrm{x}$, en choisissant x de manière à vérifier l'équivalence

$$\frac{i}{a}\mathrm{x} \equiv 1 \pmod{a}.$$

D'ailleurs, cette équivalence du premier degré se résoudra aisément par les méthodes connues, attendu que les deux nombres

$$a \quad \text{et} \quad \frac{i}{a} = bc\ldots$$

seront premiers entre eux. On prouvera de même, non seulement que, dans l'hypothèse admise, on peut satisfaire à l'une quelconque des formules (6) par une valeur entière de x, ou y, ou z, ..., mais encore qu'aux valeurs x, y, z, ..., ainsi obtenues, répondra, en vertu des équations (5) et (7), une valeur de l qui fournira le reste p quand on la divisera par a, le reste q quand on la divisera par b, le reste r quand on la divisera par c, etc. Si, pour abréger, on représente par

$$\mathrm{A},\quad \mathrm{B},\quad \mathrm{C},\quad \ldots$$

les premiers membres des formules (6), c'est-à-dire si l'on pose

$$\mathrm{A}=\frac{i}{a}\mathrm{x},\qquad \mathrm{B}=\frac{i}{b}\mathrm{y},\qquad \mathrm{C}=\frac{i}{c}\mathrm{z},\qquad \ldots, \tag{8}$$

la formule (7) deviendra

$$l\equiv \mathrm{A}p+\mathrm{B}q+\mathrm{C}r+\ldots \quad (\mathrm{mod}.\, i). \tag{9}$$

Ainsi le théorème I entraîne la proposition suivante :

Théorème II. — *Soient a, b, c, ... des nombres donnés premiers entre eux, et $i=abc\ldots$ le produit de ces deux nombres. Si l'on veut obtenir un entier l, qui, étant divisé par les nombres donnés*

$$a,\quad b,\quad c,\quad \ldots,$$

fournisse des restes donnés

$$p,\quad q,\quad r,\quad \ldots,$$

il suffira de prendre

$$l=Ap+Bq+Cr+\ldots+mabc\ldots, \tag{10}$$

A étant un multiple de $\frac{i}{a}=bc\ldots$ qui, divisé par a, donne 1 *pour reste, B étant un multiple de $\frac{i}{a}=ac\ldots$ qui, divisé par b, donne encore* 1 *pour reste, etc., et m étant, d'ailleurs, un nombre entier quelconque.*

La proposition que nous venons d'énoncer a été donnée par Euler; elle se trouve dans le Mémoire intitulé : *Solutio problematis arithmetici de inveniendo numero qui per datos numeros divisus relinquat data residua* (voir le tome VII des *Mémoires de Saint-Pétersbourg*, années 1734-1735). On voit qu'elle se déduit aisément du théorème I; mais on pourrait aussi déduire le théorème I du second, et la formule (7) de l'équation (9). En effet, soit i un nombre entier quelconque décomposé en facteurs $a, b, c, \ldots$ premiers entre eux; soit, de plus, l un quelconque des nombres inférieurs à i, et nommons $p, q, r, \ldots$ les restes que l'on obtient quand on divise l par les facteurs $a, b, c, \ldots$. On pourra, d'après le théorème II, déterminer l par la formule (9) jointe aux équations (8), $\mathrm{x}, \mathrm{y}, \mathrm{z}, \ldots$ étant choisis de manière à vérifier les conditions (6). Cela posé, concevons que, dans les formules (9), on substitue les valeurs de $A, B, C, \ldots$ tirées des équations (8); alors, en prenant

$$x = p\mathrm{x}, \qquad y = q\mathrm{y}, \qquad z = r\mathrm{z}, \qquad \ldots,$$

on retrouvera précisément la formule (7), qui ne sera point altérée quand on fera croître ou décroître x d'un multiple quelconque de a, y d'un multiple quelconque de $b, \ldots$; d'où il suit que l'on pourra supposer, dans la formule (7), x réduit à l'un des nombres

$$0, \quad 1, \quad 2, \quad \ldots, \quad a-1,$$

y réduit à l'un des nombres

$$0, \quad 1, \quad 2, \quad \ldots, \quad b-1,$$

etc....

Supposons maintenant que l soit un nombre premier à i. Le théorème I continuera encore de subsister, et, par suite, on pourra vérifier la formule (7), en prenant pour x un entier inférieur à a, pour y un entier inférieur à $b, \ldots$. Mais les deux nombres

$$l \quad \text{et} \quad i = abc\ldots$$

étant, par hypothèse, premiers entre eux, il est clair que, dans le second membre de la formule (7), le seul terme non divisible par a, ou le produit

$$\frac{i}{a}x = bc\ldots x,$$

devra être premier à a; donc x lui-même devra être premier à a. Pareillement, y devra être premier à b, z à c, ... Donc, lorsque l est premier à i, on peut vérifier la formule (7), en prenant pour x un entier inférieur et premier à a, pour y un entier inférieur et premier à b, etc. On peut donc énoncer encore la proposition suivante :

Théorème III. — *Supposons le nombre entier i décomposé en facteurs a, b, c, ... premiers entre eux. L'expression générale des nombres l premiers à i sera*

$$l = \frac{i}{a}x + \frac{i}{b}y + \frac{i}{c}z + \ldots + mabc,$$

x étant un nombre inférieur et premier à a, y un nombre inférieur et premier à b, z un nombre inférieur et premier à c, ..., et m représentant un nombre entier quelconque.

Le théorème III a été énoncé par M. Poinsot dans le *Journal des Mathématiques* de M. Liouville [février 1845]. La démonstration qu'il en a donnée repose en partie sur les considérations que nous avons reproduites en les appliquant à l'établissement du théorème I, en partie sur la formule qui indique combien il existe de nombres inférieurs à i et premiers à i. Mais, comme on le voit, on peut se dispenser de recourir à cette dernière formule, et déduire le troisième théorème du premier. On pourrait aussi le déduire du second, ou, ce qui revient au même, de la formule (10) donnée par Euler.

Il est bon d'observer que l'on pourrait encore tirer immédiatement la formule (1) d'une proposition établie par M. Gauss, savoir, que, *dans le cas où plusieurs nombres entiers $\mathcal{A}$, $\mathcal{B}$, $\mathcal{C}$, ... n'offrent pas de diviseur commun, on peut toujours satisfaire, par des valeurs entières, positives ou négatives de* x, y, z, ..., *à l'équation*

$$\mathcal{A}\mathrm{x} + \mathcal{B}\mathrm{y} + \mathcal{C}\mathrm{z} + \ldots = 1. \tag{11}$$

En effet, cette proposition étant admise, multiplions par un entier quelconque l les deux membres de la formule (11), et posons

$$x = l\mathrm{x}, \qquad y = l\mathrm{y}, \qquad z = l\mathrm{z}, \qquad \ldots;$$

on trouvera

$$(12) \qquad \mathcal{A}x + \mathcal{B}y + \mathcal{C}z + \ldots = l.$$

Soient maintenant a, b, c, ... des nombres premiers entre eux. Nommons i leur produit, et posons

$$(13) \qquad \mathcal{A} = \frac{i}{a} = bc\ldots, \qquad \mathcal{B} = \frac{i}{b} = ac\ldots, \qquad \mathcal{C} = \frac{i}{c} = ab\ldots.$$

Il est clair que $\mathcal{A}$, $\mathcal{B}$, $\mathcal{C}$, ... n'auront pas de diviseur commun. Donc l'équation (12) donnera

$$(14) \qquad \frac{i}{a}x + \frac{i}{b}y + \frac{i}{c}z + \ldots = l.$$

On pourra donc encore satisfaire, par des valeurs entières de x, y, z, ..., à l'équation (14), de laquelle on déduira immédiatement la formule (1), en supposant l inférieur à i et faisant croître ou décroître, s'il est nécessaire, x d'un multiple de a, y d'un multiple de b, z d'un multiple de c, ...

Observons enfin que, du théorème III, joint aux théorèmes connus de Wilson et de Fermat, on peut immédiatement déduire une proposition énoncée par M. Gauss, savoir : que *le produit de tous les nombres inférieurs à i et premiers à i, étant divisé par i, fournit un reste équivalent à* -1, *quand i est une puissance d'un nombre premier, ou le double d'une telle puissance, ou le nombre* 4, *et fournit, dans tous les autres cas, un reste équivalent à l'unité.*

Les théorèmes divers que nous venons de rappeler sont particulièrement utiles dans la théorie des permutations, ainsi qu'on le verra dans les Mémoires qui suivront la présente Note.

MÉMOIRE

SUR

LES ARRANGEMENTS QUE L'ON PEUT FORMER

AVEC DES LETTRES DONNÉES

ET

SUR LES PERMUTATIONS OU SUBSTITUTIONS A L'AIDE DESQUELLES ON PASSE D'UN ARRANGEMENT A UN AUTRE

I. — *Considérations générales.*

Soient

$$x, \quad y, \quad z, \quad \ldots$$

diverses lettres, qui soient censées représenter des variables indépendantes. Si l'on numérote les places occupées par ces variables dans une certaine fonction Ω, et si l'on écrit à la suite les unes des autres ces variables $x, y, z, \ldots$ rangées d'après l'ordre de grandeur des numéros assignés aux places qu'elles occupent, on obtiendra un certain *arrangement*

$$xyz\ldots,$$

et quand les variables seront déplacées, cet arrangement se trouvera remplacé par un autre, qu'il suffira de comparer au premier pour connaître la nature des déplacements. Cela posé, les diverses valeurs d'une fonction de n lettres correspondront évidemment aux divers arrangements que l'on pourra former avec ces n lettres. D'ailleurs, le nombre de ces arrangements est, comme l'on sait, représenté par le produit

$$1.2.3\ldots n.$$

Si donc on pose, pour abréger,

$$N = 1.2.3\ldots n,$$

N sera le nombre des valeurs diverses, égales ou distinctes, qu'une fonction de n variables acquerra successivement quand on déplacera de toutes les manières, en les substituant l'une à l'autre, les variables dont il s'agit.

On appelle *permutation* ou *substitution* l'opération qui consiste à déplacer les variables, en les substituant les unes aux autres, dans une valeur donnée de la fonction Ω, ou dans l'arrangement correspondant. Pour indiquer cette substitution, nous écrirons le nouvel arrangement qu'elle produit au-dessus du premier, et nous renfermerons le système de ces deux arrangements entre parenthèses. Ainsi, par exemple, étant donnée la fonction

$$\Omega = x + 2y + 3z,$$

où les variables x, y, z occupent respectivement la première, la seconde et la troisième place, et se succèdent en conséquence dans l'ordre indiqué par l'arrangement

$$xyz,$$

si l'on échange entre elles les variables y, z qui occupent les deux dernières places, on obtiendra une nouvelle valeur Ω' de Ω, qui sera distincte de la première, et déterminée par la formule

$$\Omega' = x + 2z + 3y.$$

D'ailleurs, le nouvel arrangement, correspondant à cette nouvelle valeur, sera

$$xzy,$$

et la substitution par laquelle on passe de la première valeur à la seconde se trouvera représentée par la notation

$$\begin{pmatrix} xzy \\ xyz \end{pmatrix},$$

qui indique suffisamment de quelle manière les variables ont été déplacées. Les deux arrangements xzy, xyz, compris dans cette substitution, forment ce que nous appellerons ses *deux termes*, ou son *numérateur* et son *dénominateur*. Comme les numéros qu'on assigne aux diverses places qu'occupent les variables dans une fonction sont entièrement arbitraires, il est clair que l'arrangement correspondant à une valeur donnée de la fonction est pareillement arbitraire, et que le dénominateur d'une substitution quelconque peut être l'un quelconque des N arrangements formés avec les n variables données. On arrivera immédiatement à la même conclusion en observant qu'une substitution quelconque peut être censée indiquer un système déterminé d'opérations simples dont chacune consiste à remplacer une lettre du dénominateur par une lettre du numérateur, et que ce système d'opérations ne variera pas si l'on échange entre elles d'une manière quelconque les lettres du dénominateur, pourvu que l'on échange entre elles, de la même manière, les lettres correspondantes du numérateur. Il en résulte qu'une substitution, relative à un système de n variables, peut être présentée sous N formes différentes dont nous indiquerons l'équivalence par le signe $=$. Ainsi, par exemple, on aura

$$\binom{xzy}{xyz}=\binom{xyz}{xzy}=\binom{yxz}{zxy}, \quad \cdots.$$

Observons encore que l'on peut, sans inconvénient, effacer toute lettre qui se présente à la même place dans les deux termes d'une substitution donnée, cette circonstance indiquant que la lettre ne doit pas être déplacée. Ainsi, en particulier, on aura

$$\binom{xzy}{xyz}=\binom{zy}{yz}.$$

Lorsqu'on a ainsi éliminé d'une substitution donnée toutes les lettres qu'il est possible d'effacer, cette substitution se trouve réduite *à sa plus simple expression.*

Le *produit* d'un arrangement donné xyz par une substitution $\binom{xzy}{xyz}$ est le nouvel arrangement xzy qu'on obtient en appliquant cette substitution même à l'arrangement donné. Le *produit* de deux substitutions est la substitution nouvelle qui fournit toujours le résultat auquel conduirait l'application des deux premières, opérées l'une après l'autre, à un arrangement quelconque. Les deux substitutions données sont les deux *facteurs* du produit. Le produit d'un arrangement par une substitution ou d'une substitution par une autre s'indiquera par l'une des notations qui servent à indiquer le produit de deux quantités, le multiplicande étant placé, suivant la coutume, à la droite du multiplicateur. On trouvera ainsi, par exemple,

$$\binom{xzy}{xyz} xyz = xzy$$

et

$$\binom{yxuz}{xyzu} = \binom{yx}{xy}\binom{uz}{zu}.$$

Il y a plus; on pourra, dans le second membre de la dernière équation, échanger sans inconvénient les deux facteurs entre eux, de sorte qu'on aura encore

$$\binom{yxuz}{xyzu} = \binom{uz}{zu}\binom{yx}{xy}.$$

Mais cet échange ne sera pas toujours possible, et souvent le produit de deux substitutions variera quand on échangera les deux facteurs entre eux. Ainsi, en particulier, on trouvera

$$\binom{yx}{xy}\binom{zy}{yz} = \binom{yzx}{xyz} \quad \text{et} \quad \binom{zy}{yz}\binom{yx}{xy} = \binom{zxy}{xyz}.$$

Nous dirons que deux substitutions sont *permutables* entre elles, lorsque leur produit sera indépendant de l'ordre dans lequel se suivront les deux facteurs.

Rien n'empêche de représenter par de simples lettres

$$A, \quad B, \quad C, \quad \ldots,$$

ou par des lettres affectées d'indices

$$A_1, \quad A_2, \quad A_3, \quad \ldots,$$

les arrangements formés avec plusieurs variables. Alors la substitution qui aura pour termes A et B se présentera simplement sous la forme

$$\binom{B}{A},$$

et l'on aura

$$\begin{pmatrix} B \\ A \end{pmatrix} A = B,$$

$$\begin{pmatrix} C \\ B \end{pmatrix} \begin{pmatrix} B \\ A \end{pmatrix} = \begin{pmatrix} C \\ A \end{pmatrix},$$

. . . .

De plus, si, en appliquant à l'arrangement C la substitution $\begin{pmatrix} B \\ A \end{pmatrix}$, on produit l'arrangement D, on aura non seulement

$$\begin{pmatrix} B \\ A \end{pmatrix} C = D,$$

mais encore

$$\begin{pmatrix} B \\ A \end{pmatrix} = \begin{pmatrix} D \\ C \end{pmatrix}.$$

Le nombre total des substitutions relatives au système de n variables $x, y, z, \ldots$ est évidemment égal au nombre N des arrangements que l'on peut former avec ces variables, puisqu'en prenant pour dénominateur un seul de ces arrangements, le premier par exemple, on peut prendre pour numérateur l'un quelconque d'entre eux. La substitution, dont le numérateur est le dénominateur même, peut être censée se réduire à l'unité, puisqu'on peut évidemment la remplacer par le facteur 1, dans les produits

$$\begin{pmatrix} A \\ A \end{pmatrix} C = C,$$

$$\begin{pmatrix} A \\ A \end{pmatrix} \begin{pmatrix} D \\ C \end{pmatrix} = \begin{pmatrix} D \\ C \end{pmatrix} \begin{pmatrix} A \\ A \end{pmatrix} = \begin{pmatrix} D \\ C \end{pmatrix}.$$

Une substitution $\begin{pmatrix} B \\ A \end{pmatrix}$, multipliée par elle-même plusieurs fois de suite, donne pour produits successifs son *carré*, son *cube*, et généralement ses diverses *puissances*, qui sont naturellement représentées par les notations

$$\begin{pmatrix} B \\ A \end{pmatrix}^2, \quad \begin{pmatrix} B \\ A \end{pmatrix}^3, \quad \ldots.$$

D'ailleurs, la série qui aura pour termes la substitution $\begin{pmatrix} B \\ A \end{pmatrix}$ et ses diverses puissances, savoir,

$$\binom{B}{A}, \quad \binom{B}{A}^2, \quad \binom{B}{A}^3, \quad \ldots,$$

ne pourra jamais offrir plus de N substitutions réellement distinctes. Donc, en prolongeant cette série, on verra bientôt reparaître les mêmes substitutions.

D'autre part, si l'on suppose

$$\binom{B}{A}^h = \binom{B}{A}^l,$$

h étant $< l$, alors, en faisant, pour abréger,

$$l = i + h,$$

on aura

$$\binom{B}{A}^h = \binom{B}{A}^{i+h} = \binom{B}{A}^i \binom{B}{A}^h,$$

par conséquent

$$\binom{B}{A}^i = 1,$$

i étant évidemment inférieur à l. Il y a plus; si, en supposant la valeur de i déterminée par la formule précédente, on nomme l un nombre entier quelconque, k le quotient de la division de l par i, et j le reste de cette division, en sorte qu'on ait

$$l = ki + j,$$

j étant inférieur à i, on trouvera non seulement

$$\binom{B}{A}^{ki} = \left[\binom{B}{A}^i\right]^k = 1^k = 1,$$

mais, en outre,

$$\binom{B}{A}^l = \binom{B}{A}^{ki} \binom{B}{A}^j = \binom{B}{A}^j;$$

et, en étendant l'avant-dernière formule au cas même où le nombre k se réduit à zéro, on aura encore

$$\binom{B}{A}^0 = 1.$$

En vertu des remarques que nous venons de faire, si l'on prolonge indéfiniment la série dont les divers termes sont

$$\binom{B}{A}^0 = 1, \quad \binom{B}{A}, \quad \binom{B}{A}^2, \quad \binom{B}{A}^3, \quad \ldots,$$

le premier des termes qu'on verra reparaître sera précisément l'unité, et à partir de celui-ci les termes déjà trouvés se reproduiront périodiquement dans le même ordre, puisqu'on aura, par exemple,

$$\begin{array}{l} 1 = \binom{B}{A}^i = \binom{B}{A}^{2i} = \ldots, \\ \binom{B}{A} = \binom{B}{A}^{i+1} = \binom{B}{A}^{2i+1} = \ldots, \\ \binom{B}{A}^2 = \binom{B}{A}^{i+2} = \binom{B}{A}^{2i+2} = \ldots, \\ \ldots\ldots\ldots\ldots\ldots\ldots\ldots\ldots\ldots \end{array}$$

Donc le nombre i des termes distincts de la série sera toujours la plus petite des valeurs entières de i pour lesquelles se vérifiera la formule

$$\binom{B}{A}^i = 1.$$

Le nombre i, ainsi déterminé, ou le degré de la plus petite des puissances de $\binom{B}{A}$ équivalentes à l'unité, est ce que nous appellerons le degré ou l'*ordre* de la substitution $\binom{B}{A}$.

Supposons maintenant qu'une substitution réduite à sa plus simple expression se présente sous la forme

$$\binom{yz\ldots vwx}{xy\ldots uvw},$$

c'est-à-dire qu'elle ait pour objet de remplacer x par y, puis y par z, et ainsi de suite jusqu'à ce que l'on parvienne à une dernière variable w qui devra être remplacée par la variable x de laquelle on était parti. Pour effectuer cette substitution, il suffira évidemment de ranger sur la circonférence d'un cercle *indicateur*, divisée en parties égales, les diverses variables

$$x, \; y, \; z, \; \ldots, \; u, \; v, \; w,$$

en plaçant la première, la seconde, la troisième, ... sur le premier, le second, le troisième, ... point de division, puis de remplacer chaque variable par celle qui la première viendra prendre sa place, lorsqu'on fera tourner dans un certain sens le cercle indicateur. Pour ce motif nous donnons à la substitution dont il s'agit le nom de *substitution circulaire*. Nous la représenterons, pour abréger, par la notation

$$(x, y, z, \ldots, u, v, w);$$

et il est clair que, dans cette notation, une quelconque des variables

$$x, y, z, \ldots, u, v, w$$

pourra occuper la première place. Ainsi, par exemple, on aura identiquement

$$(x, y, z) = (y, z, x) = (z, x, y).$$

Si l'on nomme i le nombre des variables comprises dans une substitution circulaire

$$(x, y, z, \ldots, u, v, w),$$

alors, pour opérer cette substitution l fois de suite, ou, ce qui revient au même, pour l'élever à la puissance du degré l, il suffira évidemment de faire tourner le cercle indicateur, de manière que le point de division correspondant à chaque lettre parcoure une portion de la circonférence mesurée par le rapport $\frac{l}{i}$. Cela posé, pour ramener chaque lettre à sa place, il faudra évidemment que $\frac{l}{i}$ soit un nombre entier, et que l'on ait au moins $l = i$. Donc l'ordre d'une substitution circulaire sera précisément le nombre i des lettres qu'elle renferme.

Si, dans le cercle indicateur, on joint par une corde deux points de division correspondants à deux variables dont l'une prendrait la place de l'autre, en vertu de la substitution circulaire

$$(x, y, z, \ldots, u, v, w),$$

l fois répétée, ou, ce qui revient au même, en vertu de la substitution

$$(x, y, z, \ldots, u, v, w)^l,$$

le système des cordes ainsi tracées offrira évidemment ou un polygone régulier, ou un système de polygones réguliers.

Si le degré l est premier à i, c'est-à-dire au nombre qui représente l'ordre de la substitution circulaire

$$(x, y, z, \ldots, u, v, w),$$

le système des cordes dont il s'agit constituera simplement un polygone régulier, qui pourra être du genre de ceux que M. Poinsot a nommés *polygones étoilés*. Mais si les nombres l et i offrant un ou plusieurs facteurs communs, on nomme k le plus grand commun diviseur de ces deux nombres, et a le quotient de la division de i par k, alors le système des cordes tracées constituera un système de k polygones réguliers, étoilés ou non étoilés, dont chacun renfermera a côtés seulement. Donc alors aussi la substitution

$$(x, y, z, \ldots, u, v, w)^l$$

sera le produit de k substitutions circulaires de l'ordre a. Si, pour fixer les idées, on pose $i = 4$, alors, en élevant à la seconde et à la troisième puissance la substitution circulaire

$$(x, y, z, u),$$

on trouvera

$$(x, y, z, u)^2 = (x, z)(y, u), \qquad (x, y, z, u)^3 = (x, u, z, y).$$

Si, au contraire, on pose $i = 6$, alors, en élevant à diverses puissances la substitution circulaire

$$(x, y, z, u, v, w),$$

on trouvera

$$(x, y, z, u, v, w)^2 = (x, z, v)(y, u, w), \qquad (x, y, z, u, v, w)^3 = (x, u)(y, v)(z, w),$$
$$(x, y, z, u, v, w)^4 = (x, v, z)(y, w, u), \qquad (x, y, z, u, v, w)^5 = (x, w, v, u, z, y).$$

Soient maintenant

$$\text{A} \quad \text{et} \quad \text{B}$$

deux quelconques des arrangements que l'on peut former avec n variables $x, y, z, \ldots$. Pour substituer le second arrangement au premier, il suffira évidemment d'opérer une ou plusieurs substitutions circulaires, que l'on formera sans peine en écrivant à la suite l'une de l'autre deux variables, dont l'une sera remplacée par l'autre quand on passera du premier arrangement au second. En conséquence, la substitution $\binom{B}{A}$, réduite à sa plus simple expression, sera nécessairement, ou une substitution circulaire, ou le produit de plusieurs substitutions circulaires. On trouvera, par exemple, en supposant que $\binom{B}{A}$ renferme quatre ou cinq variables

$$\binom{uzyx}{xyzu} = (x, u)(y, z), \qquad \binom{zuvyx}{xyzuv} = (x, z, v)(y, u).$$

Les substitutions circulaires dont une substitution quelconque $\binom{B}{A}$ sera le produit, sont ce que nous appellerons les *facteurs circulaires* de $\binom{B}{A}$. Deux quelconques d'entre elles, étant composées de lettres diverses, seront évidemment permutables. Donc, tous les facteurs circulaires de $\binom{B}{A}$ seront permutables entre eux, et représenteront des substitutions qui pourront être effectuées dans un ordre quelconque. Il y a plus: comme deux substitutions égales seront nécessairement permutables entre elles, si l'on élève $\binom{B}{A}$ à des puissances quelconques, on obtiendra de nouvelles substitutions qui seront permutables entre elles, ainsi que leurs facteurs représentés par des puissances des facteurs circulaires de $\binom{B}{A}$.

Supposons, pour fixer les idées, que les variables comprises dans les divers facteurs circulaires de $\binom{B}{A}$ soient respectivement :

Dans le premier facteur.............	$\alpha,\ \beta,\ \gamma,\ \ldots$
Dans le second facteur..............	$\lambda,\ \mu,\ \nu,\ \ldots$
Dans le troisième facteur............	$\varphi,\ \chi,\ \psi,\ \ldots$
....	

en sorte qu'on ait

$$(1) \qquad \binom{B}{A} = (\alpha, \beta, \gamma, \ldots)(\lambda, \mu, \nu, \ldots)(\varphi, \chi, \psi, \ldots)\ldots.$$

Alors, l étant un nombre entier quelconque, on aura encore

$$\binom{B}{A}^l = (\alpha, \beta, \gamma, \ldots)^l (\lambda, \mu, \nu, \ldots)^l (\varphi, \chi, \psi, \ldots)^l \ldots;$$

et, pour que l vérifie l'équation

(2) $$\binom{B}{A}^l = 1,$$

il faudra qu'on ait séparément

(3) $$(\alpha, \beta, \gamma, \ldots)^l = 1, \quad (\lambda, \mu, \nu, \ldots)^l = 1, \quad (\varphi, \chi, \psi, \ldots)^l = 1, \quad \ldots.$$

Or, les seules valeurs de l, propres à vérifier l'équation (2), seront l'ordre i de la substitution $\binom{B}{A}$ et les multiples de i. Pareillement les valeurs de l propres à vérifier l'une quelconque des formules (3) seront l'ordre du facteur circulaire qui entre dans cette formule et les multiples de cet ordre. Cela posé, soient

$$a, \quad b, \quad c, \quad \ldots$$

les nombres qui représentent les ordres respectifs des substitutions circulaires

$$(\alpha, \beta, \gamma, \ldots), \quad (\lambda, \mu, \nu, \ldots), \quad (\varphi, \chi, \psi, \ldots), \quad \ldots;$$

et r le nombre des variables qui se trouvent exclues de la substitution $\binom{B}{A}$ quand elle est réduite à son expression la plus simple. Non seulement on aura

(4) $$a + b + c + \ldots + r = n,$$

attendu que les divers groupes

$$\begin{array}{llll} \alpha, & \beta, & \gamma, & \ldots, \\ \lambda, & \mu, & \nu, & \ldots, \\ \varphi, & \chi, & \psi, & \ldots, \\ \ldots & \ldots & \ldots & \ldots \end{array}$$

devront renfermer en somme les $n - r$ lettres auxquelles se rapporte la substitution $\binom{B}{A}$; mais, de plus, on conclura évidemment de ce qui précède, que l'ordre i de la substitution $\binom{B}{A}$ sera le plus petit nombre divisible à la fois par a, par b, par c, ...

Considérons maintenant en particulier, parmi les variables x, y, z, ..., celles qui ne sont pas déplacées par la substitution $\binom{B}{A}$ et nommons u l'une de ces dernières. Comme nous l'avons remarqué, la variable u se trouvera exclue de la substitution $\binom{B}{A}$ réduite à son expression la plus simple; mais, d'autre part, rien n'empêchera de mettre cette variable *u en évidence*, et de la considérer comme formant à elle seule un facteur circulaire du premier ordre, savoir, le suivant:

$$\binom{u}{u} = 1.$$

On pourra même présenter ce facteur du premier ordre sous une forme analogue à celles des facteurs circulaires

$$(x, y), \quad (x, y, z), \quad \ldots,$$

en écrivant simplement (u) au lieu de $\binom{u}{u}$, de même qu'on écrit (x, y), (x, y, z), ... au lieu de $\binom{yx}{xy}$, $\binom{yzx}{xyz}$, ...

Il suit de cette observation que, dans la formule (4), on peut regarder la lettre r comme exprimant le nombre des facteurs circulaires du premier ordre, renfermés dans la substitution $\binom{B}{A}$. Ajoutons que, dans la formule (4), deux ou plusieurs des nombres

$$a, \quad b, \quad c, \quad \ldots, \quad r$$

peuvent être supposés égaux entre eux. Si l'on se place dans cette hypothèse, et si, pour plus de commodité, on suppose la substitution $\binom{B}{A}$ équivalente au produit que l'on obtient quand on multiplie entre eux

f facteurs circulaires de l'ordre a,
g facteurs circulaires de l'ordre b,
h facteurs circulaires de l'ordre c,
..............................,

r facteurs circulaires du premier ordre; la formule (4) se trouvera évidemment remplacée par la suivante :

(5) $$fa + gb + hc + \ldots + r = n.$$

Une substitution quelconque $\binom{B}{A}$ sera dite *régulière*, lorsqu'elle sera, ou une substitution circulaire, ou le produit de plusieurs substitutions circulaires de même ordre. Elle sera *irrégulière* dans le cas contraire. Cela posé, l'ordre d'une substitution régulière est évidemment l'ordre de ses facteurs circulaires; de plus, toute substitution régulière est une puissance d'une certaine substitution circulaire. Ainsi, par exemple, la substitution régulière

$$(x, u)(y, v)(z, w)$$

est le cube de la substitution circulaire

$$(x, y, z, u, v, w).$$

Enfin, étant donnée une substitution régulière qui renferme plusieurs variables $x, y, z, \ldots$, celles de ses puissances qui ne se réduiront pas à l'unité seront des substitutions régulières qui renfermeront nécessairement toutes ces variables. Au contraire, les puissances d'une substitution irrégulière seront, les unes irrégulières, les autres régulières; et celles qui seront régulières renfermeront un moindre nombre de variables. Ainsi, par exemple, la substitution irrégulière

$$(x, y, z)(u, v),$$

qui renferme les variables

$$x, \quad y, \quad z, \quad u, \quad v,$$

aura pour cinquième puissance la substitution irrégulière

$$(x, z, y)(u, v),$$

qui renfermera encore les cinq variables données; mais elle aura pour carré, pour cube et pour quatrième puissance les substitutions régulières

$$(x, z, y), \quad (u, v), \quad (x, y, z),$$

dont chacune renfermera deux ou trois variables seulement.

Il est bon d'observer que si, après avoir substitué à l'arrangement A un autre arrangement B, on veut revenir de l'arrangement B à l'arrangement A, cette seconde opération, inverse de la première, sera représentée, non plus par la notation $\binom{B}{A}$, mais par la notation $\binom{A}{B}$. En conséquence, il est naturel de dire que les deux substitutions

$$\binom{B}{A}, \quad \binom{A}{B}$$

sont *inverses* l'une de l'autre. Cela posé, il est clair que, si la substitution $\binom{B}{A}$ fait passer à la place de x une autre variable y, la substitution inverse $\binom{A}{B}$ fera passer, au contraire, x à la place de y. Si la substitution $\binom{B}{A}$ se réduisait à une substitution circulaire du second ordre, en sorte qu'on eût, par exemple,

$$\binom{B}{A} = (x, y),$$

elle aurait pour effet unique d'échanger entre elles les deux variables x, y, et se confondrait avec la substitution inverse

$$\binom{A}{B} = (y, x).$$

Ajoutons que les facteurs circulaires de $\binom{A}{B}$ seront évidemment *inverses* des facteurs circulaires de $\binom{B}{A}$.

II. — *Extension des notations adoptées dans le premier paragraphe. Substitutions semblables entre elles.*

Considérons n variables indépendantes

$$x, \quad y, \quad z, \quad \ldots,$$

et soient

$$A, \quad B, \quad C, \quad D, \quad \ldots$$

les arrangements divers qui peuvent être formés avec ces variables. Rien n'empêchera de représenter par de simples lettres

$$P, \quad Q, \quad R, \quad \ldots$$

les substitutions qui consistent à remplacer ces arrangements l'un par l'autre, et de prendre, par exemple,

$$P = \binom{B}{A}, \qquad Q = \binom{D}{C}.$$

Cela posé, les diverses puissances d'une substitution P se trouveront représentées par les notations

$$P^0 = 1, \quad P, \quad P^2, \quad P^3, \quad \ldots;$$

et si l'on nomme i l'ordre de la substitution P, c'est-à-dire la plus petite des valeurs entières de l pour lesquelles se vérifie la formule

$$(1) \qquad P^l = 1;$$

alors, en désignant par k et par l des nombres entiers quelconques, on aura

$$(2) \qquad P^{ki+l} = P^l.$$

En généralisant la formule (2), on est naturellement amené à considérer non seulement des puissances positives, mais encore des puissances négatives de la substitution P. En effet, pour assigner une signification précise à la notation

$$P^{-l},$$

il suffit d'étendre, par analogie, la formule (2) au cas même où l devient négatif. Alors on trouve

$$(3) \qquad P^{-l} = P^{ki-l},$$

et, en particulier,

$$(4) \qquad P^{-1} = P^{i-1}.$$

Si, pour fixer les idées, on suppose $i = 6$, et

$$P = (x, y, z)(u, v),$$

on aura

$$P^{-1} = P^5 = (x, z, y)(u, v).$$

La substitution P^{-1} n'étant pas distincte de la substitution P^{i-1}, il en résulte que chacun des produits

$$PP^{-1} \quad \text{ou} \quad P^{-1}P$$

se réduit, comme on devait s'y attendre, à

$$P^{i} = P^{0} = 1.$$

Donc, par suite, si l'on a

$$P = \binom{B}{A},$$

P^{-1} sera la substitution qui, multipliée par $\binom{B}{A}$, donne pour produit l'unité, c'est-à-dire la substitution $\binom{A}{B}$, inverse de $\binom{B}{A}$. Ainsi, les notations

$$P, \quad P^{-1}$$

désignent généralement deux substitutions *inverses* l'une de l'autre.

Ajoutons que l'inverse de la substitution P^{l} sera évidemment P^{-l}.

Deux substitutions étant toujours inverses l'une de l'autre, quand leur produit est l'unité, on en conclut que la substitution PQ a pour inverse $Q^{-1}P^{-1}$, et que, pareillement, la substitution $P^{h}Q^{k}$ a pour inverse $Q^{-k}P^{-h}$.

Deux substitutions distinctes

$$P = \binom{B}{A}, \qquad Q = \binom{D}{C}$$

seront dites *semblables* entre elles, quand elles offriront le même nombre de facteurs circulaires et le même nombre de lettres dans les facteurs circulaires correspondants, en sorte que les facteurs circulaires, comparés deux à deux, soient de même ordre.

D'après cette définition, deux substitutions circulaires de même ordre seront toujours semblables entre elles, et l'on pourra en dire autant de deux substitutions régulières qui, étant de même ordre, offriront le même nombre de facteurs circulaires. Ainsi, par exemple, la substitution circulaire de second ordre

$$(x, y)$$

sera semblable à chacune des substitutions

$$(x, z), \quad (x, u), \quad \ldots, \quad (y, z), \quad \ldots.$$

La substitution du troisième ordre

$$(x, y, z)$$

sera semblable, non seulement à son carré

$$(x, z, y),$$

mais encore à chacune des substitutions

$$(x, y, u), \quad (x, z, u), \quad \ldots, \quad (y, z, u), \quad \ldots, \quad (u, v, w), \quad \ldots.$$

Ainsi encore les trois substitutions régulières, du second ordre, que l'on peut former avec quatre variables x, y, z, u, savoir :

$$(x, y)(z, u), \quad (x, z)(y, u), \quad (x, u)(y, z),$$

sont semblables l'une à l'autre.

Étant données deux substitutions P, Q semblables entre elles, on peut toujours écrire la seconde au-dessus de la première, de telle sorte que les facteurs circulaires de même ordre se correspondent deux à deux. Alors, aux diverses variables que renfermait la substitution P, correspondront, dans la substitution Q, d'autres variables qui remplaceront les premières. Cela posé, concevons que l'on présente les deux substitutions P, Q sous les formes

$$P = \binom{B}{A}, \qquad Q = \binom{D}{C},$$

en prenant pour A un arrangement quelconque, et en nommant C celui que l'on obtient, lorsque dans l'arrangement A on remplace chaque variable par la variable correspondante, prise dans la substitution Q. Il est clair que les deux substitutions

$$P = \binom{B}{A} \quad \text{et} \quad Q = \binom{D}{C},$$

quand elles seront semblables l'une à l'autre, déplaceront, de la même manière, les variables qui occupaient les mêmes places dans les arrangements A et C. Donc alors, si l'on écrit l'un au-dessus de l'autre, d'une part, les arrangements A et C, d'autre part, les arrangements B et D, les variables qui se correspondront dans les arrangements A et C se correspondront encore dans les arrangements B et D, produits, le premier, par l'application de la substitution P à l'arrangement A; le second, par l'application de la substitution Q à l'arrangement C. Donc on aura, dans l'hypothèse admise,

$$\binom{D}{B} = \binom{C}{A}. \tag{5}$$

Réciproquement, si la condition (5) est remplie, les deux substitutions

$$P = \binom{B}{A}, \qquad Q = \binom{D}{C},$$

appliquées la première à l'arrangement A, la seconde à l'arrangement C, déplaceront certainement, de la même manière, les variables qui, dans ces deux arrangements, occupaient les mêmes places. Donc, par suite, ces deux substitutions devront offrir le même nombre de facteurs circulaires, et le même nombre de lettres dans les facteurs circulaires correspondants, c'est-à-dire qu'elles seront semblables l'une à l'autre.

Il est bon d'observer que les arrangements ci-dessus désignés par les lettres A, B, C, D sont censés comprendre généralement toutes les variables que l'on considère. Donc, pour trouver les variables qui doivent se correspondre dans les arrangements A et C, il est nécessaire de mettre en évidence toutes les variables, et non pas seulement celles qui se trouveraient renfermées dans les valeurs des substitutions P, Q, réduites à leurs plus simples expressions. Ainsi, par exemple, si les substitutions P, Q, formées chacune avec cinq des six variables

$$x, \quad y, \quad z, \quad u, \quad v, \quad w,$$

se réduisent aux suivantes

$$P = (x, y, z)(u, v), \qquad Q = (y, z, u)(v, w),$$

elles seront semblables l'une à l'autre. Mais, si l'on veut les présenter sous la forme

$$P=\binom{B}{A}, \qquad Q=\binom{D}{C},$$

A, B, C, D étant des arrangements qui vérifient la condition (5), on devra commencer par mettre en évidence les six variables

$$x, \quad y, \quad z, \quad u, \quad v, \quad w,$$

dans chacune des substitutions P, Q, en introduisant dans la substitution P le facteur de premier ordre (w), et, dans la substitution Q, le facteur (x). Alors, en écrivant Q au-dessus de P, de manière à faire correspondre les uns aux autres les facteurs circulaires de même ordre, on trouvera

$$Q=(y, z, u)(v, w)(x),$$
$$P=(x, y, z)(u, v)(w),$$

et, par suite, on pourra prendre

$$A=xyzuvw, \qquad C=yzuvwx.$$

Si l'on adopte effectivement ces valeurs de A et de C, on trouvera encore

$$B=PA=yzxvuw, \qquad D=QB=zuywvx,$$

et, par suite, on aura non seulement

$$\binom{C}{A}=\binom{yzuvwx}{xyzuvw}=(x, y, z, u, v, w),$$

mais aussi

$$\binom{D}{B}=\binom{zuywvx}{yzxvuw}=(y, z, u, v, w, x)=\binom{C}{A}.$$

Donc, les arrangements A, B, C, D seront, comme on devait s'y attendre, du nombre de ceux qui vérifient la formule (5).

Concevons maintenant que, les deux substitutions

$$P=\binom{B}{A}, \qquad Q=\binom{D}{C}$$

étant semblables l'une à l'autre, et représentées à l'aide de quatre arrangements A, B, C, D qui vérifient la condition (5), on pose

$$\binom{C}{A} = R.$$

Alors on tirera de la formule (5), non seulement

$$\binom{D}{B} = \binom{C}{A} = R,$$

mais aussi

$$\binom{B}{D} = \binom{A}{C} = R^{-1}.$$

D'ailleurs on aura identiquement

$$Q = \binom{D}{C} = \binom{D}{B}\binom{B}{A}\binom{A}{C}.$$

Donc, eu égard aux formules

$$\binom{D}{B} = R, \qquad \binom{B}{A} = P, \qquad \binom{A}{C} = R^{-1},$$

on aura encore

$$(6) \qquad Q = RPR^{-1}.$$

Si l'on posait

$$S = R^{-1} = \binom{A}{C},$$

la formule (6) deviendrait

$$(7) \qquad Q = S^{-1}PS.$$

Nous pouvons donc conclure, de ce qui précède, que P étant une substitution quelconque, toute substitution semblable à P sera de la forme

$$RPR^{-1},$$

ou, ce qui revient au même, de la forme

$$S^{-1}PS.$$

En d'autres termes, *toute substitution semblable à* P *sera le produit de trois facteurs dont les deux extrêmes seront inverses l'un de l'autre, le facteur moyen étant précisément la substitution donnée* P. Réciproquement, *tout produit de trois facteurs dont les deux extrêmes seront deux substitutions inverses l'une de l'autre, le facteur moyen étant la substitution* P, *sera une substitution semblable à* P.

On peut remarquer encore que de la formule (6) on tire

$$QR = RP.$$

En conséquence, deux substitutions P, Q sont semblables l'une à l'autre, lorsqu'elles vérifient une équation de la forme

$$(8) \qquad QR = RP.$$

Concevons maintenant que P, Q soient deux substitutions quelconques semblables ou dissemblables. Les produits

$$PQ, \quad QP$$

seront certainement des substitutions semblables entre elles. En effet, si l'on pose

$$(9) \qquad R = PQ, \qquad S = QP,$$

on en conclura, d'une part,

$$P = Q^{-1}S,$$

et, par suite,

$$R = Q^{-1}SQ;$$

d'autre part,

$$Q = P^{-1}R,$$

et, par suite,

$$S = P^{-1}RP.$$

On arriverait encore à la même conclusion, en observant que des formules (9) on déduit immédiatement l'équation

$$(10) \qquad RP = PS,$$

analogue à la formule (8). On peut donc énoncer la proposition suivante :

Théorème. — *Les deux produits que l'on peut former avec deux substitutions données, en prenant l'une ou l'autre pour multiplicande, sont deux nouvelles substitutions, non seulement de même ordre, mais encore semblables entre elles.*

Ainsi, par exemple, si l'on multiplie 1° (x, y) par (y, z); 2° (y, z)

par (x, y), on obtiendra, dans le second cas comme dans le premier, une substitution du second ordre, et l'on trouvera

$$(y, z)(x, y) = (x, z, y), \qquad (x, y)(y, z) = (x, y, z).$$

III. — *Sur les diverses formes que peut revêtir une même substitution, et sur le nombre des substitutions semblables à une substitution donnée.*

Soit P l'une des substitutions que l'on peut former avec n variables $x, y, z, \ldots$, et posons

$$N = 1.2.3 \ldots n.$$

Si l'on présente cette substitution sous la forme d'un rapport qui ait pour termes deux des arrangements composés avec les variables x, y, z, ..., alors, comme nous l'avons remarqué dans le paragraphe I, on pourra prendre pour dénominateur de ce rapport un quelconque de ces arrangements, et par suite, en laissant toutes les variables en évidence, on pourra présenter la substitution P sous N formes diverses. Ainsi, par exemple, si l'on prend $n = 3$, on aura $N = 6$, et la substitution du second ordre par laquelle on échangera entre elles les deux variables x, y, pourra être présentée sous l'une quelconque des six formes

$$\binom{yxz}{xyz}, \quad \binom{yzx}{xzy}, \quad \binom{xzy}{yzx}, \quad \binom{xyz}{yxz}, \quad \binom{zyx}{zxy}, \quad \binom{zxy}{zyx}.$$

Le nombre des formes que peut revêtir une même substitution P se trouve notablement diminué lorsqu'on l'exprime à l'aide des facteurs circulaires dont elle est le produit, et que, pour représenter chaque facteur circulaire, on écrit entre deux parenthèses les variables qu'il renferme, en les séparant par des virgules, et plaçant à la suite l'une de l'autre deux variables dont la seconde doit être substituée à la première. Alors le nombre des variables comprises dans chaque facteur circulaire indique précisément l'ordre de ce facteur, et le plus petit nombre qui soit simultanément divisible par les ordres des divers facteurs représente l'ordre i de la substitution P. Alors aussi toute variable qui reste immobile quand on effectue la substitution P, doit être censée comprise dans un facteur circulaire du premier ordre, qui renferme cette seule variable, et, par suite, un tel facteur, représenté par l'une des notations

$$(x),\quad (y),\quad (z),\quad \ldots,$$

est équivalent à l'unité. Les facteurs circulaires du premier ordre disparaîtront toujours, si la substitution donnée P est réduite à son expression la plus simple. Mais ils reparaîtront nécessairement si l'on veut mettre en évidence toutes les variables. Il importe de connaître le nombre des formes différentes que peut revêtir, dans cette hypothèse, la substitution P. On y parvient aisément de la manière suivante :

Supposons, pour fixer les idées, que la substitution P, étant de l'ordre i, renferme

f facteurs circulaires de l'ordre a,
g facteurs circulaires de l'ordre b,
. . . .,
r facteurs circulaires du premier ordre, en sorte que r exprime le nombre des variables qui restent immobiles quand on effectue la substitution P; on aura nécessairement

$$af + bg + \ldots + r = n. \tag{1}$$

Supposons encore qu'après avoir exprimé la substitution P à l'aide de ses divers facteurs circulaires, représentés chacun par une série de lettres comprises entre deux parenthèses, et séparées par des virgules, on veuille déterminer le nombre ω des formes semblables que l'on peut donner à la substitution sans déplacer les parenthèses, et, par conséquent, sans altérer les nombres de lettres comprises dans les facteurs circulaires qui occupent des rangs déterminés. Tout ce que l'on pourra faire, pour modifier la forme de la substitution P, ce sera ou de faire passer successivement à la première place, dans chaque facteur circulaire, une quelconque des lettres comprises dans ce facteur, ou d'échanger entre eux les facteurs circulaires de même ordre. Par suite, pour obtenir le nombre ω des formes, semblables entre elles, que peut revêtir la substitution P, il suffira de multiplier le produit

$$a^f b^g \ldots$$

des ordres de tous les facteurs circulaires par le nombre

$$(1.2\ldots f)(1.2\ldots g)\ldots(1.2\ldots r)$$

des arrangements divers que l'on peut former avec ces facteurs, lorsque, sans déplacer les parenthèses qui les renferment, on se borne à échanger entre eux de toutes les manières possibles les facteurs circulaires de même ordre. On aura donc

$$\omega = (1.2\ldots f)(1.2\ldots g)\ldots(1.2\ldots r)a^f b^g\ldots. \tag{2}$$

Ainsi, par exemple, si l'on prend $n=5$, $a=3$, $f=1$, $r=2$, la formule (2) donnera

$$\omega = (1.2)3 = 6.$$

Effectivement, si l'on met en évidence les cinq variables x, y, z, u, v, dans la substitution

$$(x, y, z)$$

composée avec trois de ces variables, on pourra la présenter sous la forme

$$(x, y, z)(u)(v),$$

et, sans déplacer les parenthèses, on pourra donner à cette même substitution six formes semblables, savoir :

$$(x, y, z)(u)(v), \quad (y, z, x)(u)(v), \quad (z, x, y)(u)(v),$$
$$(x, y, z)(v)(u), \quad (y, z, x)(v)(u), \quad (z, x, y)(v)(u).$$

Il sera maintenant facile de calculer le nombre des substitutions semblables entre elles, et à une substitution donnée P, qui peuvent être composées avec n variables

$$x, \quad y, \quad z, \quad \ldots.$$

En effet, nommons

$$P, \quad P', \quad P'', \quad \ldots$$

ces substitutions semblables à P. Supposons d'ailleurs que l'on représente chacune d'elles par le produit de ses divers facteurs circulaires, en mettant toutes les variables en évidence, et en assignant aux parenthèses des places déterminées. Enfin, concevons que l'on donne à chacune des substitutions P, P′, P″, ... toutes les formes qu'elle peut revêtir dans cette hypothèse. Si l'on nomme ϖ le nombre total des substitutions P, P′, P″, ..., et ω le nombre des formes sous lesquelles se présentera chacune d'elles, le produit $\omega\varpi$ exprimera non seulement le nombre total des formes que revêtiront la substitution P et les substitutions semblables à P, mais encore le nombre N des arrangements divers que l'on peut former avec n variables. Car on devra évidemment retrouver tous ces arrangements, en supprimant les virgules et les parenthèses dans les diverses formes obtenues. On aura donc

$$\omega\varpi = \mathrm{N}, \tag{3}$$

la valeur de N étant

$$\mathrm{N} = 1.2\ldots n;$$

et, par suite, on aura encore

$$\varpi = \frac{\mathrm{N}}{\omega}. \tag{4}$$

Si la substitution P renferme f facteurs circulaires de l'ordre a, g facteurs circulaires de l'ordre b, ..., enfin r facteurs circulaires du premier ordre, on aura, en vertu de la formule (2),

$$\omega = (1.2\ldots f)(1.2\ldots g)\ldots(1.2\ldots r)a^f b^g\ldots,$$

et par conséquent la formule (3) donnera

$$\varpi = \frac{\mathrm{N}}{(1.2\ldots f)(1.2\ldots g)\ldots(1.2\ldots r)\ldots a^f b^g\ldots}. \tag{5}$$

Si maintenant on désigne par

$$\Sigma\varpi$$

la somme des valeurs de ϖ correspondantes aux divers systèmes de nombres qui peuvent représenter des valeurs de $a, b, c, \ldots$, propres à vérifier l'équation (1) ou, en d'autres termes, si l'on désigne par $\Sigma\varpi$ la somme des valeurs de ϖ correspondantes aux diverses manières de partager le nombre n en parties égales ou inégales, alors $\Sigma\varpi$ devra être précisément le nombre total des substitutions que l'on peut former avec n lettres. On aura donc

$$(6) \qquad \Sigma\varpi = \mathrm{N},$$

et, par suite, eu égard à la formule (5),

$$(7) \qquad \sum \frac{1}{(1.2\ldots f)(1.2\ldots g)(1.2\ldots h)\ldots a^f b^g c^h \ldots} = 1.$$

Cette dernière équation paraît digne de remarque. Si, pour fixer les idées, on pose $n = 5$, on trouvera

$$n = 5 = 4+1 = 3+2 = 3+1+1 = 2+2+1 = 2+1+1+1 = 1+1+1+1+1,$$

et, par suite, l'équation (7) donnera

$$\frac{1}{5} + \frac{1}{4} + \frac{1}{2}\,\frac{1}{3} + \frac{1}{1.2}\,\frac{1}{3} + \frac{1}{1.2}\,\frac{1}{2^2} + \frac{2}{1.1.3}\,\frac{1}{2} + \frac{1}{1.2.3.4.5} = 1,$$

ce qui est exact.

IV. — *Résolution de l'équation linéaire et symbolique par laquelle se trouvent liées l'une à l'autre deux substitutions semblables entre elles.*

Soient P, Q deux substitutions semblables entre elles, formées avec n variables

$$x, \; y, \; z, \; \ldots,$$

ou du moins avec plusieurs de ces variables; et supposons

$$(1) \qquad \mathrm{P} = (\alpha, \beta, \gamma, \ldots, \eta)(\lambda, \mu, \nu, \ldots, \rho)\ldots(\varphi)(\chi)(\psi)\ldots,$$

$$(2) \qquad \mathrm{Q} = (\alpha', \beta', \gamma', \ldots, \eta')(\lambda', \mu', \nu', \ldots, \rho')\ldots(\varphi')(\chi')(\psi')\ldots,$$

$\alpha', \beta', \gamma', \ldots, \eta'; \lambda', \mu', \nu', \ldots, \rho', \ldots; \varphi', \chi', \psi', \ldots$ désignant les variables qui, dans la substitution Q, ont pris les places qu'occupaient les variables $\alpha, \beta, \gamma, \ldots, \eta; \lambda, \mu, \nu, \ldots, \rho, \ldots; \varphi, \chi, \psi, \ldots$ dans la substitution P. Représentons par

$$\mathrm{A} \quad \text{et} \quad \mathrm{C}$$

les arrangements auxquels se réduisent les seconds membres des formules (1) et (2), quand on y supprime les parenthèses et les virgules placées entre les variables, en sorte qu'on ait

(3) $$A = \alpha\beta\gamma\ldots\eta\lambda\mu\nu\ldots\rho\ldots\varphi\chi\psi\ldots,$$

(4) $$C = \alpha'\beta'\gamma'\ldots\eta'\lambda'\mu'\nu'\ldots\rho'\ldots\varphi'\chi'\psi'\ldots.$$

Enfin, soient

(5) $$B = PA \quad \text{et} \quad D = QC$$

les nouveaux arrangements qu'on obtiendra en appliquant à l'arrangement A la substitution P, et à l'arrangement C la substitution Q. On trouvera

(6) $$B = \beta\gamma\ldots\eta\alpha\mu\nu\ldots\rho\lambda\ldots\varphi\chi\psi\ldots,$$

(7) $$D = \beta'\gamma'\ldots\eta'\alpha'\mu'\nu'\ldots\rho'\lambda'\ldots\varphi'\chi'\psi'\ldots.$$

Par conséquent, les variables qui, prises deux à deux, se correspondaient mutuellement dans les arrangements A, C, se correspondront encore dans les arrangements B, D; et cela devait être ainsi, puisque les substitutions semblables P, Q, présentées sous les formes semblables (1) et (2), ont eu précisément pour effet de déplacer de la même manière les variables semblablement placées dans les arrangements A et C. On aura donc

(8) $$\binom{D}{B} = \binom{C}{A}.$$

Cela posé, faisons, pour abréger,

$$\binom{D}{B} = \binom{C}{A} = R.$$

On aura, par suite,

(9) $$D = RB, \qquad C = RA;$$

et des équations (9), jointes aux formules (5), on tirera

$$D = RPA, \qquad D = QRA,$$

par conséquent

(10) $$QRA = RPA,$$

et

$$QR = RP. \tag{11}$$

Réciproquement, si les substitutions P, Q sont liées entre elles par une équation semblable à la formule (11), alors, en appliquant à un arrangement quelconque A la substitution

$$QR = RP,$$

on retrouvera l'équation (10), et, en posant, pour abréger,

$$P = \begin{pmatrix} B \\ A \end{pmatrix}, \qquad R = \begin{pmatrix} C \\ A \end{pmatrix}, \qquad Q = \begin{pmatrix} D \\ C \end{pmatrix},$$

ou, ce qui revient au même,

$$B = PA, \qquad C = RA, \qquad D = QC,$$

on tirera de l'équation (10)

$$D = RB, \qquad R = \begin{pmatrix} D \\ B \end{pmatrix}.$$

On aura donc alors

$$R = \begin{pmatrix} C \\ A \end{pmatrix} = \begin{pmatrix} D \\ B \end{pmatrix}; \tag{12}$$

et, par suite, les substitutions

$$P = \begin{pmatrix} B \\ A \end{pmatrix}, \qquad Q = \begin{pmatrix} D \\ C \end{pmatrix}$$

seront semblables l'une à l'autre, puisque, en vertu de la formule (12), elles devront déplacer de la même manière les variables qui se correspondent dans les deux termes de la substitution

$$\begin{pmatrix} C \\ A \end{pmatrix}.$$

Il importe d'observer que les deux membres de la formule (11) sont les produits qu'on obtient en multipliant les deux substitutions semblables P et Q par une nouvelle substitution R dont la première puissance entre, dans l'un des produits, comme multiplicande, et dans l'autre produit, comme multiplicateur. Pour obtenir cette nouvelle substitution R, il suffit d'exprimer la substitution P à l'aide de ses facteurs circulaires, en mettant toutes les variables en évidence, et d'écrire au-dessus de P la substitution Q, présentée sous une forme semblable à celle de P, puis de transformer les deux substitutions Q, P en deux arrangements C, A par la suppression des parenthèses et des virgules placées entre les variables. Ces deux arrangements C, A seront les deux termes d'une substitution R qui vérifiera la formule (11). Il y a plus : d'après ce qui a été dit ci-dessus, toute valeur de R propre à vérifier cette formule sera évidemment fournie par la comparaison des deux substitutions semblables P, Q, superposées l'une à l'autre, ainsi qu'on vient de l'expliquer. D'ailleurs, en laissant P sous la même forme, on pourra donner successivement à Q diverses formes semblables à celle de P, et semblables entre elles, dont le nombre ω sera déterminé par l'équation (2) du paragraphe précédent; et, par suite, il est clair que la substitution R admettra un nombre ω de valeurs distinctes. Donc, si l'on résout par rapport à R la formule (11), c'est-à-dire l'*équation symbolique et linéaire* à laquelle doit satisfaire la substitution R, on obtiendra un nombre ω de solutions diverses correspondantes aux diverses formes de la substitution Q.

Si, en supposant connues, non plus les substitutions semblables P, Q, mais l'une d'elles, P par exemple, et la substitution R, on demandait la valeur de Q déterminée par la formule (11), ou, ce qui revient au même, par la suivante

$$Q = RPR^{-1}, \tag{13}$$

on remarquerait que, pour passer de la valeur de P, donnée par la formule (1), à la valeur de Q, donnée par la formule (2), il suffit de faire subir aux variables $x, y, z, \ldots$ les déplacements par lesquels on passe de la valeur de A, donnée par la formule (3), à la valeur de C, donnée par la formule (4), c'est-à-dire les déplacements qui sont indiqués par la substitution R. En opérant ainsi, on obtiendrait la seule valeur de Q qui vérifie la formule (13).

Nous savons donc maintenant résoudre les deux problèmes suivants :

Problème I. — *Étant données n variables $x, y, z, \ldots$ et deux substitutions semblables* P, Q, *formées avec ces variables, trouver une troisième substitution* R *qui soit propre à résoudre l'équation linéaire*

$$RP = QR.$$

Solution. — Exprimez la substitution P à l'aide de ses facteurs circulaires, en mettant toutes les variables en évidence, puis écrivez au-dessus de la substitution P la substitution Q, présentée sous une forme semblable à celle de P. Supprimez ensuite les parenthèses et les virgules placées entre les variables. Les deux substitutions Q, P seront ainsi transformées en deux arrangements qui seront propres à représenter les deux termes de la substitution R.

Corollaire. — Les substitutions P, Q peuvent ne renfermer qu'une partie des variables $x, y, z, \ldots$; mais, pour obtenir toutes les solutions de l'équation

$$RP = QR,$$

on devra, comme nous l'avons dit, mettre toutes les variables en évidence, même celles qui ne seraient renfermées dans aucune des deux substitutions P, Q, si ces substitutions étaient réduites à leur plus simple expression. Il en résulte que, les substitutions P, Q restant les mêmes, le nombre des solutions de l'équation symbolique linéaire

$$RP = QR$$

croîtra en même temps que le nombre des variables $x, y, z, \ldots$.

Pour éclaircir ce qu'on vient de dire, supposons que les substitutions P, Q, réduites à leur plus simple expression, soient deux substitutions circulaires du second ordre, et que l'on ait

$$P = (x, y), \qquad Q = (x, z).$$

Si les variables $x, y, z, \ldots$ se réduisent à trois, alors, P étant présenté sous la forme

$$(x, y)(z),$$

Q pourra être présenté sous l'une des formes semblables

$$(x, z)(y), \quad (z, x)(y),$$

et, par suite, la valeur de R devra se réduire à l'une des substitutions

$$\begin{pmatrix} xzy \\ xyz \end{pmatrix} \quad \begin{pmatrix} zxy \\ xyz \end{pmatrix},$$

ou, ce qui revient au même, à l'une des substitutions

$$(y, z), \quad (x, z, y).$$

Si, au contraire, l'on considère quatre variables x, y, z, u, alors, P étant présenté sous la forme

$$(x, y)(z)(u),$$

Q pourra être présenté sous l'une quelconque des formes semblables

$$(x, z)(y)(u), \quad (z, x)(y)(u), \quad (x, z)(u)(y), \quad (z, x)(u)(y),$$

et, par suite, R pourra être l'une quelconque des quatre substitutions

$$\begin{pmatrix} xzyu \\ xyzu \end{pmatrix}, \quad \begin{pmatrix} zxyu \\ xyzu \end{pmatrix}, \quad \begin{pmatrix} xzuy \\ xyzu \end{pmatrix}, \quad \begin{pmatrix} zxuy \\ xyzu \end{pmatrix},$$

ou, ce qui revient au même, l'une quelconque des quatre substitutions

$$(y, z), \quad (x, z, y), \quad (y, z, u), \quad (x, z, u, y).$$

Problème II. — *Étant données n variables $x, y, z, \ldots,$ et deux substitutions semblables* P, Q, *formées avec ces variables, trouver la substitution* Q *semblable à* P, *et déterminée par la formule*

$$Q = RPR^{-1}.$$

Solution. — Exprimez la substitution P à l'aide de ses facteurs circulaires, puis effectuez dans P les déplacements de variables indiqués par la substitution R, en opérant comme si P représentait un simple arrangement.

Corollaire. — Pour résoudre ce second problème, il n'est pas nécessaire de mettre toutes les variables en évidence, comme on doit le faire généralement quand il s'agit d'obtenir toutes les solutions du premier; et l'on peut se servir de substitutions réduites à leurs plus simples expressions. Si, pour fixer les idées, l'on prend

$$P = (x, y), \qquad R = (x, z, y),$$

alors, en appliquant la règle ci-dessus établie, on trouvera, quel que soit d'ailleurs le nombre des variables données,

$$RPR^{-1} = (z, x), \qquad PRP^{-1} = (y, z, x).$$

Si l'on supposait, au contraire,

$$P = (x, y), \qquad R = (x, z)(y, u),$$

on trouverait

$$RPR^{-1} = (z, u), \qquad PRP^{-1} = (y, z)(x, u).$$

V. — *Sur les facteurs primitifs d'une substitution donnée.*

Nommons P l'une des substitutions que l'on peut former avec n variables

$$x, \quad y, \quad z, \quad \ldots,$$

et concevons que l'ordre i de cette substitution ait été décomposé en facteurs

$$a, \quad b, \quad c, \quad \ldots$$

premiers entre eux; enfin, soit l un nombre entier quelconque. En vertu d'un théorème précédemment établi (p. 164), on pourra toujours satisfaire à l'équivalence

$$(1) \qquad i\left(\frac{\alpha}{a} + \frac{\beta}{b} + \frac{\gamma}{c} + \ldots\right) \equiv l \qquad (\text{mod}\, i)$$

par des valeurs entières de α, β, γ, ... D'ailleurs, i étant l'ordre de la substitution P, une équivalence de la forme

$$l \equiv l' + l'' + \ldots \quad (\text{mod}\, i)$$

entraînera toujours l'équation

$$P^l = P^{l'+l''+\ldots} = P^{l'}P^{l''}\ldots,$$

Donc la formule (1) entraînera la suivante :

$$P^l = P^{\frac{i}{a}\alpha} P^{\frac{i}{b}\beta} P^{\frac{i}{c}\gamma} \ldots;$$

et comme, en posant, pour abréger,

$$(2) \qquad P^{\frac{i}{a}} = U, \qquad P^{\frac{i}{b}} = V, \qquad P^{\frac{i}{c}} = W, \qquad \ldots,$$

on aura encore

$$P^{\frac{i}{a}\alpha} = U^\alpha, \qquad P^{\frac{i}{b}\beta} = V^\beta, \qquad P^{\frac{i}{c}\gamma} = W^\gamma, \qquad \ldots,$$

on tirera définitivement de la formule (1), jointe aux équations (2),

$$(3) \qquad P^l = U^\alpha V^\beta W^\gamma \ldots.$$

Dans le cas particulier où l se réduit à l'unité, les exposants α, β, γ, ... sont uniquement assujettis à vérifier l'équivalence

$$(4) \qquad i\left(\frac{\alpha}{a} + \frac{\beta}{b} + \frac{\gamma}{c} + \ldots\right) \equiv 1 \qquad (\text{mod } i),$$

et la formule (3) donne

$$(5) \qquad P = U^\alpha V^\beta W^\gamma \ldots.$$

Il est bon d'observer que, l'ordre i de la substitution P étant la plus petite valeur entière et positive de l propre à vérifier l'équation

$$P^l = 1,$$

l'ordre de la substitution

$$U = P^{\frac{i}{a}},$$

ou la plus petite valeur entière et positive de k propre à vérifier la formule

$$P^{\frac{ik}{a}} = 1,$$

sera nécessairement

$$k = a.$$

Pareillement, les ordres des substitutions

$$V = P^{\frac{i}{b}}, \qquad W = P^{\frac{i}{c}}, \qquad \ldots$$

se trouveront représentés par les facteurs b, c, ... du nombre i.

Concevons à présent que, $p, q, r, \ldots$ étant les facteurs premiers de i, on ait

(6) $$i = p^f q^g r^h \ldots.$$

On pourra prendre

(7) $$a = p^f, \quad b = q^g, \quad c = r^h, \quad \ldots,$$

et, par suite, les nombres

$$p^f, \quad q^g, \quad r^h, \quad \ldots$$

exprimeront les ordres respectifs des substitutions

$$U, \quad V, \quad W, \quad \ldots.$$

D'ailleurs, d'après ce qui a été dit à la page 182, l'ordre d'une substitution quelconque P est divisible par l'ordre de chacun des facteurs circulaires de P. Donc l'ordre p^f de la substitution U devra être divisible par l'ordre de chacun des facteurs circulaires de U. Donc, puisque les diviseurs de p^f ne pourront être que des puissances du nombre premier p, la substitution U jouira de cette propriété remarquable, que les ordres de ses divers facteurs circulaires seront tous des puissances d'un même nombre premier p. Pareillement, les ordres des divers facteurs de la substitution V, ou W, ..., seront tous des puissances du nombre premier q ou r, ...

D'autre part, puisque U^α représente le produit de α facteurs égaux à U, que V^β représente le produit de β facteurs égaux à V, ..., il résulte de la formule (5) que la substitution P peut être décomposée en facteurs dont chacun se confonde avec l'une des puissances de P désignées par les lettres U, V, W, ... Cela posé, les substitutions

$$U, \quad V, \quad W, \quad \ldots$$

joueront, par rapport à la substitution P de l'ordre i, un rôle analogue à celui que les facteurs

$$p^f, \quad q^g, \quad r^h, \quad \ldots,$$

dont chacun est une puissance d'un nombre premier, jouent eux-mêmes par rapport au nombre entier i. On peut remarquer aussi que les substitutions U, V, W, ... représentent des puissances de P desquelles on peut déduire toutes les autres à l'aide des formules (3) et (5). Elles offrent donc encore, pour cette raison, une certaine analogie avec certaines racines des équations binomes, savoir, avec celles qui sont désignées sous le nom de primitives, et qui, élevées à des puissances diverses, reproduisent toutes les autres racines. Pour conserver le souvenir de ces diverses analogies, nous dirons que les substitutions

$$U, \quad V, \quad W, \quad \ldots,$$

déterminées par les formules (2) sont les *facteurs primitifs* de la substitution P.

De plus, nous appellerons *substitution primitive* celle qui n'aura d'autres facteurs primitifs qu'elle-même, ou, en d'autres termes, celle dont l'ordre sera une puissance d'un nombre premier.

Cela posé, la substitution

$$(x, y, z, u)(v, w),$$

formée avec six variables, sera une substitution primitive du quatrième ordre, représentée par le produit de deux facteurs circulaires dont les ordres 2 et 4 se réduiront à la première et à la seconde puissance du nombre premier 2.

Au contraire, la substitution circulaire

$$P = (x, y, z, u, v, w),$$

dont l'ordre est exprimé par le nombre

$$6 = 2.3,$$

sera décomposable en facteurs primitifs, représentés chacun par l'une des substitutions régulières

$$U = P^2 = (x, z, v)(y, u, w), \qquad V = P^3 = (x, u)(y, v)(z, w).$$

Effectivement, en adoptant les valeurs précédentes de U et V, on trouvera

$$U^2 V = P^7 = P;$$

et, par conséquent,

$$P = U^2 V.$$

Enfin, si l'on pose

$$P = (x, y, z)(u, v),$$

P sera une substitution du sixième ordre, que l'on pourra décomposer en facteurs primitifs représentés chacun par l'une des deux substitutions circulaires

$$U = P^2 = (x, z, y), \qquad V = P^3 = (u, v),$$

et que l'on déduira encore de ces facteurs à l'aide de la formule

$$P = U^2 V.$$

VI. — *Sur les dérivées d'une ou de plusieurs substitutions, et sur les systèmes de substitutions conjuguées.*

Étant données une ou plusieurs substitutions qui renferment les n lettres $x, y, z, \ldots$, ou du moins plusieurs d'entre elles, je nommerai substitutions *dérivées* toutes celles que l'on pourra déduire des substitutions données, multipliées une ou plusieurs fois les unes par les autres, ou par elles-mêmes, dans un ordre quelconque; et les substitutions données, jointes aux substitutions dérivées, formeront ce que j'appellerai un *système de substitutions conjuguées*. L'ordre de ce système sera le nombre total des substitutions qu'il présente, y compris la substitution qui offre deux termes égaux et se réduit à l'unité.

Lorsque les substitutions données se réduisent à une seule P, les substitutions dérivées se confondent avec les puissances de P et forment un système de substitutions conjuguées qui est d'un ordre représenté par l'ordre de la substitution P.

Le système de toutes les substitutions que l'on peut former avec n lettres $x, y, z, \ldots$ est évidemment un système de substitutions conjuguées. Si l'on nomme

$$A, \ B, \ C, \ \ldots$$

les divers arrangements qui peuvent être formés avec les n variables $x, y, z, \ldots$, les substitutions comprises dans le système dont il s'agit seront

$$(1) \qquad \binom{A}{A}, \ \binom{B}{A}, \ \binom{C}{A}, \ \ldots,$$

et le nombre N de ces substitutions, ou l'ordre du système, sera déterminé par la formule

$$N = 1.2.3\ldots n.$$

Soit maintenant

(2) $$1, \quad P, \quad Q, \quad R, \quad \ldots$$

un système quelconque de substitutions conjuguées. D'après la définition même d'un tel système, on devra toujours reproduire les mêmes substitutions, rangées seulement d'une autre manière, si on les multiplie séparément par l'une quelconque d'entre elles, ou bien encore si l'une quelconque d'entre elles est séparément multipliée par elle-même et par toutes les autres. Donc, si l'on nomme S l'une quelconque des substitutions (2), les divers termes de la série

(3) $$S, \quad SP, \quad SQ, \quad SR, \quad \ldots,$$

ou bien encore de la série

(4) $$S, \quad PS, \quad QS, \quad RS, \quad \ldots,$$

se confondront avec les termes de la série (2) rangés dans un nouvel ordre.

Ajoutons qu'il est facile d'établir les propositions suivantes :

Théorème I. — *L'ordre d'un système de substitutions conjuguées relatives à n variables est toujours un diviseur du nombre* N *des arrangements que l'on peut former avec ces variables.*

Démonstration. — Supposons que le système donné soit celui que présente la série (2), et nommons M l'ordre de ce système. Si la série (2) se confond avec la série (1), on aura précisément $M = N$; dans le cas contraire, désignons par U, V, W, ... des substitutions qui fassent partie de la série (1) sans appartenir à la série (2). Si l'on nomme m le nombre des termes de la série

(5) $$1, \quad U, \quad V, \quad W, \quad \ldots,$$

le tableau

(6) $$\left\{\begin{array}{lllll} 1, & P, & Q, & R, & \ldots, \\ U, & UP, & UQ, & UR, & \ldots, \\ V, & VP, & VQ, & VR, & \ldots, \\ W, & WP, & WQ, & WR, & \ldots. \\ \ldots & \ldots & \ldots & \ldots & \ldots \end{array}\right.$$

offrira m suites horizontales composées chacune de M termes, et tous les termes de chaque suite seront distincts les uns des autres. Si, d'ailleurs, deux suites horizontales différentes, par exemple la deuxième et la troisième, offraient des termes égaux, en sorte qu'on eût

$$VQ = UP,$$

on en conclurait

$$V = UPQ^{-1},$$

ou simplement

$$V = US,$$

$S = PQ^{-1}$ étant un terme de la série (2). Donc alors, dans le tableau (6), le premier terme V de la troisième suite horizontale serait déjà un des termes de la seconde. Donc tous les termes du tableau (6) seront distincts les uns des autres, si le premier terme de chaque suite horizontale est pris en dehors des suites précédentes. Or concevons qu'en remplissant toujours cette condition, on ajoute sans cesse au tableau (6) de nouvelles suites, en faisant croître ainsi le nombre m. On ne pourra être arrêté dans cette opération qu'à l'instant où le tableau (6) renfermera les N termes compris dans la suite (1); mais alors on aura évidemment

$$N = mM. \tag{7}$$

Donc M sera un diviseur de N.

Corollaire. — Il est bon d'observer qu'au tableau (6) on pourrait substituer un autre tableau de la forme

$$(8)\qquad \begin{cases} 1, & P, & Q, & R, & \ldots, \\ U, & PU, & QU, & RU, & \ldots, \\ V, & PV, & QV, & RV, & \ldots, \\ W, & PW, & QW, & RW, & \ldots, \\ \ldots & \ldots & \ldots & \ldots & \ldots \end{cases}$$

THÉORÈME II. — *L'ordre d'un système de substitutions conjuguées est divisible par l'ordre de chacune de ces substitutions.*

Démonstration. — Supposons toujours que le système donné soit celui que présente la série (2). Si l'on nomme a l'ordre de la substitution P, la suite (5) devra renfermer en premier lieu les substitutions

$$(9)\qquad 1,\quad P,\quad P^2,\quad \ldots,\quad P^{a-1}.$$

Soit d'ailleurs Q l'une des substitutions qui appartiennent à la série (2) sans faire partie de la suite (9). La suite (2) renfermera les substitutions

$$(10)\qquad Q,\quad PQ,\quad P^2Q,\quad \ldots,\quad P^{a-1}Q,$$

et aucune de celles-ci ne pourra se confondre avec l'une des substitutions

$$1,\quad P,\quad P^2,\quad \ldots,\quad P^{a-1};$$

car si l'on avait, par exemple,

$$P^kQ = P^h,$$

on en conclurait

$$Q = P^{h-k}.$$

Soit encore R une substitution qui fasse partie de la suite (2), sans être renfermée, ni dans la suite (9), ni dans la suite (10). La suite (2) renfermera nécessairement les substitutions

$$R,\quad PR,\quad P^2R,\quad \ldots,\quad P^{a-1}R;$$

et aucune de ces dernières ne sera comprise, ni dans la suite (9), ni même dans la suite (10); car, si l'on avait, par exemple,

$$P^kR = P^hQ,$$

on en conclurait

$$R = P^{h-k}Q.$$

En continuant ainsi, on partagera facilement la suite des substitutions conjuguées

$$1,\quad P,\quad Q,\quad R,\quad \ldots$$

en plusieurs suites,

$$(11)\qquad \left\{\begin{array}{lllll} 1, & P, & P^2, & \ldots, & P^{a-1},\\ Q, & PQ, & P^2Q, & \ldots, & P^{a-1}Q,\\ R, & PR, & P^2R, & \ldots, & P^{a-1}R,\\ \ldots & \ldots & \ldots & \ldots & \ldots \end{array}\right.$$

dont chacune renfermera a substitutions diverses. Donc, si l'on nomme M le nombre des substitutions conjuguées

$$1, \quad P, \quad Q, \quad R, \quad \ldots,$$

ou, ce qui revient au même, l'ordre de leur système, M sera un multiple de a.

Corollaire. — Il importe d'observer qu'en opérant toujours de la même manière, on pourrait intervertir l'ordre des facteurs, et substituer ainsi au tableau (11) un tableau de la forme

$$(12) \qquad \left\{\begin{array}{lllll} 1, & P, & P^2, & \ldots, & P^{a-1}, \\ Q, & QP, & QP^2, & \ldots, & QP^{a-1}, \\ R, & RP, & RP^2, & \ldots, & RP^{a-1}, \\ \ldots & \ldots & \ldots & \ldots & \ldots \end{array}\right.$$

Théorème III. — *Soient*

$$P, \quad Q$$

deux substitutions, la première de l'ordre a, la seconde de l'ordre b; et supposons ces deux substitutions permutables entre elles, en sorte qu'on ait

$$(13) \qquad QP = PQ.$$

Si d'ailleurs, h, k étant deux entiers quelconques, l'équation

$$(14) \qquad P^h Q^k = 1$$

ne se vérifie jamais, excepté dans le cas où l'on a

$$(15) \qquad P^h = 1, \qquad Q^k = 1,$$

les deux substitutions P, Q *et leurs dérivées composeront un système de substitutions conjuguées dont l'ordre sera précisément le produit ab.*

Démonstration. — En effet, soit S une dérivée quelconque des deux substitutions P, Q. Cette dérivée sera le produit de facteurs égaux, les uns à P, les autres à Q; mais, en vertu de la formule (13), l'ordre dans lequel ces facteurs seront écrits pourra être interverti arbitrairement. Donc on pourra faire en sorte que chacun des facteurs égaux à P précède chacun des facteurs égaux à Q, et réduire S à la forme

$$(16) \qquad S = P^h Q^k.$$

Cela posé, comme les valeurs distinctes de P^h répondront aux valeurs

$$0, \quad 1, \quad 2, \quad \ldots, \quad a-1$$

de l'exposant h, et les valeurs distinctes de Q^k aux valeurs

$$0, \quad 1, \quad 2, \quad \ldots, \quad b-1$$

de l'exposant k, il est clair que les valeurs distinctes de S seront toutes comprises dans le tableau

$$(17) \qquad \left\{ \begin{array}{lllll} 1, & P, & P^2, & \ldots, & P^{a-1}, \\ Q, & PQ, & P^2Q, & \ldots, & P^{a-1}Q, \\ Q^2, & PQ^2, & P^2Q^2, & \ldots, & P^{a-1}Q^2, \\ \ldots & \ldots & \ldots & \ldots & \ldots \\ Q^{b-1}, & PQ^{b-1}, & P^2Q^{b-1}, & \ldots, & P^{a-1}Q^{b-1}. \end{array} \right.$$

Elles seront donc représentées par les divers termes de ce tableau, si ces termes sont tous inégaux entre eux. Or, c'est ce qui arrivera certainement dans l'hypothèse admise ; car, si l'on suppose

$$(18) \qquad P^hQ^k = P^{h'}Q^{k'},$$

h, h' désignant deux nombres dont chacun soit inférieur à l'ordre a de la substitution P, et k, k' deux nombres dont chacun soit inférieur à l'ordre b de la substitution Q, l'équation (18) donnera

$$(19) \qquad P^{h-h'}Q^{k-k'} = 1 ;$$

et puisque, dans l'hypothèse admise, la formule (14) entraîne toujours les formules (15), l'équation (19) entraînera les suivantes :

$$P^{h-h'} = 1, \qquad Q^{k-k'} = 1,$$

desquelles on tirera

$$(20) \qquad P^{h'} = P^h, \qquad Q^{k'} = Q^k.$$

Donc, si les conditions (20) ne sont pas remplies, l'équation (18) ne pourra subsister, et l'on peut affirmer que deux termes distincts du tableau (17) auront des valeurs distinctes. D'ailleurs les termes de ce tableau, qui renferme a lignes verticales et b lignes horizontales, sont en nombre égal au produit ab. Donc, dans l'hypothèse admise, ce produit représentera précisément le nombre des valeurs distinctes de S, ou, ce qui revient au même, l'ordre du système des substitutions dérivées de P et de Q.

Observons au reste que, dans l'hypothèse admise, on aura identiquement

$$P^h Q^k = Q^k P^h,$$

et qu'en conséquence les substitutions (17) se confondront respectivement avec celles que renferme le tableau

$$(21)\quad \begin{cases} 1, & P, & P^2, & \dots, & P^{a-1}, \\ Q, & QP, & QP^2, & \dots, & QP^{a-1}, \\ Q^2, & Q^2P, & Q^2P^2, & \dots, & Q^2P^{a-1}, \\ \dots & \dots & \dots & \dots & \dots, \\ Q^{b-1}, & Q^{b-1}P, & Q^{b-1}P^2, & \dots, & Q^{b-1}P^{a-1}. \end{cases}$$

Des raisonnements entièrement semblables à ceux dont nous venons de faire usage suffiraient encore pour établir les propositions suivantes :

Théorème IV. — *Soient*

$$P, \quad Q, \quad R, \quad \dots$$

diverses substitutions permutables entre elles, en sorte qu'on ait

$$(22)\qquad QP = PQ, \qquad RP = PR, \qquad \dots, \qquad RQ = QR, \qquad \dots;$$

et nommons

a l'ordre de la substitution P,
b l'ordre de la substitution Q,
c l'ordre de la substitution R,
. . . .

Si, d'ailleurs, h, k, l, ... *étant des entiers quelconques, l'équation*

$$(23)\qquad P^h Q^k R^l \dots = 1$$

ne se vérifie jamais, excepté dans le cas où l'on a

$$(24)\qquad P^h = 1, \qquad Q^k = 1, \qquad R^l = 1, \qquad \dots;$$

les substitutions P, Q, R, ... *et leurs dérivées composeront un système de*

substitutions conjuguées dont l'ordre sera précisément le produit abc...
des ordres des substitutions données P, Q, R, ...

Corollaire. — Il est clair que l'équation (23) entrainera toujours les équations (24), si les substitutions

$$P, \quad Q, \quad R, \quad \ldots,$$

réduites à leurs plus simples expressions, sont formées avec des variables diverses, en sorte que jamais deux de ces substitutions ne renferment la même variable. En effet, concevons que les substitutions

$$P, \quad Q, \quad R, \quad \ldots$$

soient formées, la première avec les seules variables α, β, γ, ..., la seconde avec les seules variables λ, μ, ν, ..., la troisième avec les seules variables φ, χ, ψ, ... Ces divers systèmes de variables seront encore ceux qui serviront respectivement à former les substitutions

$$P^h, \quad Q^k, \quad R^l, \quad \ldots,$$

h, k, l, ... étant des nombres entiers quelconque. Cela posé, pour appliquer à un facteur quelconque une substitution de la forme

$$S = P^h Q^k R^l \ldots,$$

il suffira de faire subir aux variables α, β, γ, ... les déplacements indiqués par la substitution P^h, aux variables λ, μ, ν, ... les déplacements indiqués par la substitution Q^k, aux variables φ, χ, ψ, ... les déplacements indiqués par la substitution R^l, ... Donc, pour que l'équation (23) subsiste, ou, ce qui revient au même, pour qu'aucune des variables données ne soit déplacée par la substitution S, il sera nécessaire et il suffira que les variables α, β, γ, ... ne se trouvent point déplacées par la substitution P^h, ni les variables λ, μ, ν, ... par la substitution Q^k, ni les variables φ, χ, ψ, ... par la substitution R^l, ..., et que l'on ait en conséquence

$$P^h = 1, \qquad Q^k = 1, \qquad R^l = 1, \qquad \ldots.$$

On peut énoncer encore la proposition suivante :

THÉORÈME V. — *Soient*

$$(25) \qquad P, \ Q, \ R, \ \ldots$$

diverses substitutions formées avec des variables diverses. *Non seulement ces substitutions seront permutables entre elles, mais, de plus, étant jointes à leurs dérivées, elles fourniront un système de substitutions conjuguées, qui sera d'un ordre représenté par le produit des ordres des substitutions* P, Q, R, ...

Corollaire. — Si la série (25) renferme une seule substitution de l'ordre a, une seule de l'ordre b, une seule de l'ordre c, ...; l'ordre du système des substitutions P, Q, R, ... et de leurs dérivées sera le produit abc.... Si, au contraire, la série (25) renferme h substitutions de l'ordre a, k substitutions de l'ordre b, l substitutions de l'ordre c, ..., ces diverses solutions, jointes à leurs dérivées, composeront un système dont l'ordre sera représenté par le produit

$$a^h b^k c^l \ldots.$$

VII. — *Sur les systèmes de substitutions primitives et conjuguées.*

Soient P une substitution régulière qui renferme n variables x, y, z, ..., a l'ordre de cette substitution, b le nombre de ses facteurs circulaires; les trois nombres a, b, n seront liés entre eux par la formule

$$n = ab.$$

Cela posé, concevons que l'on range sur b lignes horizontales distinctes, et sur a lignes verticales, les n variables comprises dans P, en plaçant à la suite l'une de l'autre, dans une même ligne horizontale, les variables qui se suivent immédiatement dans un même facteur circulaire de P. On obtiendra encore une substitution régulière Q de l'ordre n, en prenant pour facteurs de Q a substitutions circulaires de l'ordre b, dans chacune desquelles seraient placées, à la suite l'une de l'autre, les variables que renferme une même ligne verticale. De plus, il est clair que les deux substitutions

$$P,\quad Q,$$

dont l'une aura pour effet unique d'échanger entre elles les lignes verticales, tandis que l'autre aura pour effet unique d'échanger entre elles les lignes horizontales, seront deux substitutions permutables entre elles, par conséquent deux substitutions dont les dérivées seront toutes comprises dans chacun des tableaux

$$(1)\qquad \left\{\begin{array}{lllll} 1, & P, & P^2, & \ldots, & P^{a-1}, \\ Q, & QP, & QP^2, & \ldots, & QP^{a-1}, \\ Q^2, & Q^2P, & Q^2P^2, & \ldots, & Q^2P^{a-1}, \\ \ldots & \ldots & \ldots & \ldots & \ldots \\ Q^{b-1}, & Q^{b-1}P, & Q^{b-1}P^2, & \ldots, & Q^{b-1}P^{a-1}; \end{array}\right.$$

$$(2)\qquad \left\{\begin{array}{lllll} 1, & P, & P^2, & \ldots, & P^{a-1}, \\ Q, & PQ, & P^2Q, & \ldots, & P^{a-1}Q, \\ Q^2, & PQ^2, & PQ^2, & \ldots, & P^{a-2}Q^2, \\ \ldots & \ldots & \ldots & \ldots & \ldots \\ Q^{b-1}, & PQ^{b-1}, & P^2Q^{b-1}, & \ldots, & P^{a-1}Q^{b-1}; \end{array}\right.$$

et formeront un système de substitutions conjuguées de l'ordre $n = ab$.

Si, pour fixer les idées, on pose

$$n = 4 = 2 \times 2,$$

alors, avec les quatre variables

$$\begin{array}{ll} x, & y, \\ z, & u, \end{array}$$

rangées sur deux lignes horizontales et sur deux lignes verticales, on pourra composer les deux substitutions régulières

$$P = (x, y)(z, u) \qquad \text{et} \qquad Q = (x, z)(y, u),$$

qui seront permutables entre elles; et ces deux substitutions formeront, avec leurs dérivées

$$1 \quad \text{et} \quad PQ = QP,$$

un système de substitutions conjuguées

$$\begin{matrix} 1, & P, \\ Q, & PQ \end{matrix}$$

qui sera du quatrième ordre. Pareillement, si l'on pose

$$n = 6 = 3 \times 2,$$

alors, avec les six variables

$$\begin{matrix} x, & y, & z, \\ u, & v, & w, \end{matrix}$$

rangées sur deux lignes horizontales et sur trois lignes verticales, on pourra composer les deux substitutions régulières

$$P = (x, y, z)(u, v, w), \qquad Q = (x, u)(y, v)(z, w),$$

qui seront permutables entre elles; et ces deux substitutions formeront, avec leurs dérivées, un système de substitutions conjuguées qui sera du sixième ordre. Au reste, ce dernier système ne sera autre chose que le système des puissances de la substitution circulaire

$$(x, w, y, u, z, v),$$

dont P et Q représentent les facteurs primitifs.

Au lieu de ranger les n variables données sur b lignes horizontales et sur a lignes verticales, on pourrait représenter ces variables par une seule lettre s affectée de deux indices, et représenter même les deux systèmes d'indices par deux nouveaux systèmes de lettres

$$\alpha, \ \beta, \ \gamma, \ \ldots, \qquad \lambda, \ \mu, \ \nu, \ \ldots.$$

Ainsi, par exemple, on pourrait représenter les six variables

$$\begin{matrix} x, & y, & z, \\ u, & v, & w \end{matrix}$$

par

$$\begin{matrix} s_{\alpha,\lambda}, & s_{\beta,\lambda}, & s_{\gamma,\lambda}, \\ s_{\alpha,\mu}, & s_{\beta,\mu}, & s_{\gamma,\mu}; \end{matrix}$$

et alors les substitutions

$$P = (x, y, z)(u, v, w), \qquad Q = (x, u)(y, v)(z, w)$$

s'offriraient sous les formes

$$P = (\alpha, \beta, \gamma), \qquad Q = (\lambda, \mu),$$

qui rendraient sensible la propriété qu'ont ces deux substitutions d'être permutables entre elles.

Concevons maintenant que le nombre entier

$$n = abc\ldots$$

soit décomposable en plusieurs facteurs $a, b, c, \ldots,$ égaux ou inégaux. Alors on pourra représenter n variables diverses

$$x, \quad y, \quad z, \quad \ldots$$

par une seule lettre s affectée de plusieurs indices, le nombre l de ces indices étant égal au nombre des facteurs $a, b, c, \ldots,$ et représenter même les divers systèmes d'indices par divers systèmes de lettres

$$\begin{array}{llll} \alpha, & \beta, & \gamma, & \ldots, \\ \lambda, & \mu, & \nu, & \ldots, \\ \varphi, & \chi, & \psi, & \ldots, \\ \ldots & \ldots & \ldots & \ldots \end{array}$$

Cela posé, les substitutions P, Q, ... qui, étant exprimées à l'aide des lettres $\alpha, \beta, \gamma, \ldots, \lambda, \mu, \nu, \ldots, \varphi, \chi, \psi, \ldots,$ se présenteront sous les formes

$$(3) \quad P = (\alpha, \beta, \gamma, \ldots), \qquad Q = (\lambda, \mu, \nu, \ldots), \qquad R = (\varphi, \chi, \psi, \ldots), \ldots$$

seront évidemment des substitutions permutables entre elles, la première de l'ordre a, la seconde de l'ordre b, la troisième de l'ordre c; et elles composeront, avec leurs dérivées, un système de substitutions conjuguées dont l'ordre sera

$$n = abc\ldots.$$

Ajoutons que, si les substitutions (3) sont exprimées à l'aide des n lettres

$$x, \quad y, \quad z, \quad \ldots,$$

chacune d'elles sera une substitution régulière qui renfermera toutes ces lettres, P étant le produit de $\frac{n}{a}$ facteurs circulaires de l'ordre a,

Q étant pareillement le produit de $\frac{n}{b}$ facteurs circulaires de l'ordre b.

Dans le cas particulier où les l facteurs $a, b, c, \ldots$ deviennent égaux entre eux, on a

$$n = a^l,$$

et les substitutions

$$P, \quad Q, \quad R, \quad \ldots$$

forment avec leurs dérivées un système de a^l substitutions diverses qui sont toutes de l'ordre a, si a est un nombre premier, à l'exception de celle qui se réduit à l'unité.

Au reste, les propositions diverses auxquelles nous venons de parvenir peuvent encore être généralisées, ainsi que nous allons l'expliquer.

Considérons toujours un système de n variables

$$x, \quad y, \quad z, \quad \ldots.$$

Soient d'ailleurs a un nombre entier égal ou inférieur à n, et ha un multiple de a contenu dans n. Enfin, concevons qu'avec ah variables, prises au hasard, on forme h groupes divers composés chacun de a lettres, et nommons

$$(4) \qquad P_1, \quad P_2, \quad \ldots, \quad P_h$$

h substitutions circulaires de l'ordre a, dont chacune soit formée avec les variables comprises dans un seul groupe. Ces substitutions étant permutables entre elles, le système de ces mêmes substitutions, et de leur dérivées, sera de l'ordre

$$a^h.$$

Ajoutons que, si a est un nombre premier, le système dont il s'agit renfermera seulement des substitutions régulières de l'ordre a, dont quelques-unes, savoir, les substitutions (4) et leurs puissances, se réduiront à des substitutions circulaires de l'ordre a.

Soient maintenant b un nombre égal ou inférieur à h, et kb un multiple de b contenu dans h. Avec plusieurs des précédents groupes que j'appellerai groupes de première espèce, on pourra composer des groupes de seconde espèce, dont chacun embrasse b groupes de première espèce, et dont le nombre soit égal à k. Cela posé, nommons

$$(5) \qquad Q_1, \quad Q_2, \quad \ldots, \quad Q_k$$

des substitutions dont chacune consiste à permuter circulairement entre eux les b groupes de première espèce compris dans un seul groupe de seconde espèce. Chacune des substitutions (5), exprimée à l'aide des variables primitives, sera une substitution régulière équivalente au produit de a facteurs circulaires dont chacun sera de l'ordre b; et ces substitutions seront permutables, non seulement entre elles, mais encore avec les substitutions (4). Par suite, le système des substitutions (4) et (5), et de leurs dérivées, sera de l'ordre

$$a^h b^k.$$

En continuant ainsi, on établira généralement la proposition suivante :

Théorème I. — *Considérons un système de n variables $x, y, z, \ldots$. Soient d'ailleurs a un nombre entier, égal ou inférieur à n, et $i = ha$ un multiple de a contenu dans n. Soient encore b un nombre entier, égal ou inférieur à h, et kb un multiple de b contenu dans h. Soient pareillement c un nombre entier, égal ou inférieur à k, et lc un multiple de c contenu dans k, ... On pourra toujours former, avec i variables arbitrairement choisies, un système de substitutions conjuguées dont l'ordre sera représenté par le produit*

$$a^h b^k c^l \ldots.$$

Corollaire. — En supposant les nombres $a, b, c, \ldots$ tous égaux à un même nombre premier p, on déduit immédiatement du théorème I la proposition suivante :

Théorème II. — *Considérons un système de n variables. Soit d'ailleurs p un nombre premier égal ou inférieur à n. Soient encore $i = hp$ un multiple de p contenu dans n, kp un multiple de p contenu dans h, lp un multiple de p contenu dans k, ... Avec i variables arbitrairement choisies, on pourra toujours former un système de substitutions conjuguées et primitives, dont l'ordre sera représenté par le produit*

$$p^h p^k p^l \ldots = p^{h+k+l+\ldots}.$$

Corollaire. — Rien n'empêche d'admettre que dans le théorème précédent on désigne par hp le plus grand multiple de p contenu dans n, par kp le plus grand multiple de p contenu dans h, par lp le plus grand multiple de p contenu dans k, ... Alors

$$p^{h+k+l+\cdots}$$

se réduit (1) à la plus haute puissance de p qui divise exactement le

---

(1) Soit p^f la plus haute puissance de p qui divise exactement le produit

$$N = 1.2.3\ldots n.$$

Pour que $p^{h+k+l+\cdots}$ se réduise à p^f, il sera nécessaire et il suffira que l'on ait

$$h + k + l + \ldots = f.$$

Or, effectivement, on sait que l'exposant f de la plus haute puissance de p, qui divise N, est la somme des entiers contenus dans les fractions

$$\frac{n}{p}, \quad \frac{n}{p^2}, \quad \frac{n}{p^3}, \quad \ldots,$$

et il est clair que, dans l'hypothèse admise, ces entiers seront précisément les nombres représentés par

$$h, \quad k, \quad l, \quad \ldots.$$

Au reste, on peut arriver très simplement à l'équation

$$p^{h+k+l+\cdots} = p^f$$

de la manière suivante :

Soient, comme ci-dessus,

hp le plus grand multiple de p contenu dans n,
kp le plus grand multiple de p contenu dans h,
lp le plus grand multiple de p contenu dans k,
....

Évidemment p^f, ou la plus haute puissance de p qui divise le produit

$$N = 1.2.3\ldots n,$$

sera en même temps la plus haute puissance de p qui divisera le produit

$$p.2p.3p\ldots hp = 1.2.3\ldots h p^h.$$

Donc, par suite,

$$\frac{p^f}{p^h} = p^{f-h}$$

sera la plus haute puissance de p qui divisera le produit

$$1.2.3\ldots h;$$

mais kp étant le plus grand multiple de p contenu dans h, p^{f-h} sera encore la produit

$$N = 1.2.3\ldots n,$$

et, par suite, on obtient, à la place du théorème II, la proposition suivante :

Théorème III. — *Considérons un système de n variables $x, y, z, \ldots$. Soient d'ailleurs p un nombre premier, égal ou inférieur à n, i le plus grand multiple de p contenu dans n, et p^f la plus haute puissance de p qui divise exactement le produit*

$$N = 1.2.3\ldots n.$$

Avec plusieurs des variables $x, y, z, \ldots$ choisies arbitrairement en nombre égal à i, on pourra toujours former un système de substitutions primitives conjuguées, qui sera de l'ordre p^f.

---

plus haute puissance de p qui divisera le produit

$$p.2p.3p\ldots kp = 1.2.3\ldots kp^k.$$

Donc, par suite,

$$\frac{p^{f-h}}{p^k} = p^{f-h-k}$$

sera la plus haute puissance de p qui divisera le produit

$$1.2\ldots k.$$

En continuant ainsi, on reconnaîtra que les plus hautes puissances de p qui diviseront les produits

$$1.2.3\ldots n, \quad 1.2.3\ldots h, \quad 1.2.3\ldots k, \quad 1.2.3\ldots l, \quad \ldots$$

sont respectivement les divers termes de la suite

$$p^f, \quad p^{f-h}, \quad p^{f-h-k}, \quad p^{f-h-k-l}, \quad \ldots.$$

Or, cette même suite aura nécessairement pour dernier terme

$$p^0 = 1,$$

et comme ce dernier terme sera aussi de la forme

$$p^{f-h-k-l-\ldots},$$

on aura définitivement

$$p^{f-h-k-l-\ldots} = 1,$$

ou, ce qui revient au même,

$$p^f = p^{h+k+l+\ldots}.$$

Pour montrer une application des principes que nous venons d'établir, considérons en particulier cinq variables

$$x,\quad y,\quad z,\quad u,\quad v,$$

et supposons d'ailleurs $p = 2$. On aura, dans ce cas,

$$n = 5,\qquad N = 1.2.3.4.5 = 120,$$
$$i = 4 = 2p,\qquad h = 2,\qquad k = 1,$$

et, par suite,

$$f = h + k = 3,\qquad p^f = 4.2 = 8.$$

Donc, si l'on prend au hasard quatre des cinq variables données, on pourra toujours, avec ces quatre variables, par exemple avec x, y, z, u, former un système de substitutions régulières conjuguées, qui sera d'un ordre représenté par le nombre 8. Effectivement, partageons les quatre variables

$$x,\quad y,\quad z,\quad u$$

en deux groupes

$$\begin{matrix} x, & y, \\ z, & u, \end{matrix}$$

composés chacun de deux variables, et nommons

$$P_1 = (x, y),\qquad P_2 = (z, u)$$

deux substitutions circulaires du second ordre, dont chacune soit formée avec les variables comprises dans un seul groupe. Soit, de plus,

$$Q = (x, z)(y, u)$$

la substitution qui consiste à échanger les deux groupes

$$\begin{matrix} x, & y, \\ z, & u, \end{matrix}$$

l'un contre l'autre. Les trois substitutions

$$P_1,\quad P_2,\quad \text{et}\quad Q$$

seront permutables entre elles, et, en les joignant à leurs dérivées, on obtiendra un système de huit substitutions régulières et conjuguées, qui seront respectivement

$$\begin{array}{cccc} 1, & P_1, & P_2, & P_1P_2, \\ Q, & P_1Q, & P_2Q, & P_1P_2Q, \end{array}$$

ou, ce qui revient au même,

$$\begin{array}{cccc} 1, & (x, y), & (z, u), & (x, y)(z, u), \\ (x, z)(y, u), & (x, z, y, u), & (x, u, y, z), & (x, u)(y, z). \end{array}$$

Concevons maintenant que les variables données

$$x, \quad y, \quad z, \quad u, \quad v, \quad w$$

soient au nombre de six, et que l'on prenne $p = 3$. Alors on aura

$$n = 6, \qquad N = 1.2.3.4.5.6 = 720,$$
$$i = 6 = 2p, \qquad h = 2,$$

et, par suite,

$$f = h = 2, \qquad p^f = 3^2 = 9.$$

Cela posé, on conclura du théorème III qu'avec les six variables x, y, z, u, v, w on peut former un système de neuf substitutions régulières et conjuguées. Effectivement, partageons ces six variables en deux groupes

$$\begin{array}{ccc} x, & y, & z, \\ u, & v, & w, \end{array}$$

composés chacun de trois variables, et nommons

$$P_1 = (x, y, z), \qquad P_2 = (u, v, w)$$

deux substitutions circulaires du troisième ordre, dont chacune soit formée avec les variables comprises dans un seul groupe. Ces deux substitutions seront permutables entre elles, et, en les joignant à leurs dérivées, on obtiendra un système de neuf substitutions régulières et conjuguées qui seront respectivement

$$\begin{array}{ccc} 1, & P_1, & P_1^2, \\ P_2, & P_1P_2, & P_1^2P_2, \\ P_2^2, & P_1P_2^2, & P_1^2P_2^2, \end{array}$$

ou, ce qui revient au même,

$$\begin{array}{ccc} 1, & (x, y, z), & (x, z, y), \\ (u, v, w), & (x, y, z)(u, v, w), & (x, z, y)(u, v, w), \\ (u, w, v), & (x, y, z)(u, w, v), & (x, z, y)(u, w, v). \end{array}$$

Concevons, enfin, que les variables données

$$x, \quad y, \quad z, \quad u, \quad v, \quad w$$

étant toujours au nombre de six, on prenne $p = 2$. Alors on aura non seulement

$$n = 6, \qquad N = 1.2.3.4.5.6,$$

mais encore

$$i = n = 6 = 3p, \qquad h = 3, \qquad k = 1,$$

et par suite

$$f = h + k = 4, \qquad p^f = 2^4 = 16.$$

Cela posé, on conclura du théorème III, qu'avec les six variables x, y, z, u, v, w on peut former seize substitutions primitives et conjuguées. Effectivement, partageons ces six variables en trois groupes

$$\begin{matrix} x, & y, \\ z, & u, \\ v, & w, \end{matrix}$$

et nommons

$$P_1 = (x, y), \qquad P_2 = (z, u), \qquad P_3 = (v, w)$$

trois substitutions circulaires du second ordre dont chacune soit formée avec les variables comprises dans un seul groupe. Soit, de plus,

$$Q = (x, z)(y, u)$$

la substitution qui consiste à échanger les deux premiers groupes

$$\begin{matrix} x, & y, \\ z, & u, \end{matrix}$$

l'un contre l'autre. Les quatre substitutions

$$P_1, \quad P_2, \quad P_3 \quad \text{et} \quad Q$$

seront permutables entre elles; et, en les joignant à leurs dérivées, on obtiendra un système de seize substitutions primitives et conjuguées qui seront respectivement

$$\begin{matrix} 1, & P_1, & P_2, & P_3, \\ P_1P_2P_3, & P_2P_3, & P_3P_1, & P_1P_2, \\ Q, & P_1Q, & P_2Q, & P_3Q, \\ P_1P_2P_3Q, & P_2P_3Q, & P_3P_1Q, & P_1P_2Q; \end{matrix}$$

ou, ce qui revient au même,

1,	(x, y),	(z, u),	(v, w),
$(x, y)(z, u)(v, w)$,	$(z, u)(v, w)$,	$(v, w)(x, y)$,	$(x, y)(z, u)$,
$(x, z)(y, u)$,	(x, z, y, u),	(x, u, y, z),	$(x, z)(y, u)(v, w)$,
$(x, u)(y, z)(v, w)$,	$(x, u, y, z)(v, w)$,	$(x, z, y, u)(v, w)$,	$(x, u)(y, z)$.

Il est bon d'observer que ce dernier système de substitutions conjuguées renferme, avec l'unité, trois substitutions circulaires du second ordre, savoir

$$(x, y),\quad (z, u),\quad (v, w),$$

huit substitutions régulières du second ordre, savoir

$$(z, u)(v, w),\quad (v, w)(x, y),\quad (x, y)(z, u),\quad (x, z)(y, u),\quad (x, u)(y, z),$$

et

$$(x, y)(z, u)(v, w),\quad (x, z)(y, u)(v, w),\quad (x, u)(y, z)(v, w),$$

deux substitutions régulières du quatrième ordre, savoir

$$(x, z, y, u),\quad (x, u, y, z),$$

dont l'une est le cube de l'autre; enfin deux substitutions primitives du quatrième ordre, savoir

$$(x, z, y, u)(v, w),\quad (x, u, y, z)(v, w),$$

dont l'une est encore le cube de l'autre.

VIII. — *Sur les diverses puissances d'une même substitution.*

Soient P une substitution quelconque, et i l'ordre de cette substitution. Les diverses puissances de P, ou, ce qui revient au même, les dérivées diverses de P, se réduiront aux divers termes de la suite

$$(1)\qquad 1,\ P,\ P^2,\ \ldots,\ P^{i-1},$$

dont le premier peut encore être représenté par P^0; et si, en nommant r un des nombres

$$(2)\qquad 0,\ 1,\ 2,\ \ldots,\ i-1,$$

on désigne par l un entier qui, divisé par i, donne r pour reste, la formule

$$l \equiv r \quad (\mathrm{mod}\, i)$$

entraînera la suivante

$$P^l = P^r.$$

Soient maintenant

$$\mathfrak{U}, \quad \mathfrak{V}, \quad \mathfrak{W}, \quad \ldots$$

les divers facteurs circulaires de P formés avec des variables qui sont toutes distinctes les unes des autres. L'équation

$$(3) \qquad P = \mathfrak{U}\mathfrak{V}\mathfrak{W}\ldots$$

entraînera la suivante

$$(4) \qquad P^l = \mathfrak{U}^l\mathfrak{V}^l\mathfrak{W}^l\ldots,$$

quel que soit l'exposant l; et, comme les divers facteurs $\mathfrak{U}^l$, $\mathfrak{V}^l$, $\mathfrak{W}^l$, ... de la substitution P^l sont formés avec des variables diverses, le seul cas où la substitution P^l ne déplacera aucune variable sera évidemment celui où chacun des facteurs $\mathfrak{U}^l$, $\mathfrak{V}^l$, $\mathfrak{W}^l$, ... remplira cette même condition. En d'autres termes, pour que l'on ait

$$(5) \qquad P^l = 1,$$

il sera nécessaire et il suffira que l'on ait séparément

$$(6) \qquad \mathfrak{U}^l = 1, \quad \mathfrak{V}^l = 1, \quad \mathfrak{W}^l = 1, \quad \ldots.$$

D'ailleurs, les diverses valeurs entières et positives de l propres à vérifier la formule (3) seront l'ordre i de la substitution P et les multiples de cet ordre. Pareillement, les diverses valeurs de l propres à vérifier l'une quelconque des formules (4) seront l'ordre du facteur circulaire qui entre dans cette formule et les multiples de cet ordre. Cela posé, il est clair que la plus petite des valeurs positives de l propres à vérifier la formule (3) ou l'ordre i de la substitution P, devra être le plus petit nombre divisible à la fois par les ordres des divers facteurs circulaires $\mathfrak{U}$, $\mathfrak{V}$, $\mathfrak{W}$, ... Ainsi se trouve rigoureusement établie la proposition que nous avons déjà indiquée page 182, et que l'on peut énoncer comme il suit :

Théorème I. — *L'ordre d'une substitution quelconque* P, *représentée par le produit de plusieurs facteurs circulaires*

$$\mathfrak{u}, \quad \mathfrak{v}, \quad \mathfrak{w}, \quad \ldots,$$

est le plus petit nombre qui soit divisible par l'ordre de chacun de ces facteurs.

Soit maintenant h un nombre entier quelconque, et posons

$$(7) \qquad S = P^h.$$

La substitution S sera l'une quelconque des dérivées de P. D'ailleurs, l'équation (7) entraînera la suivante

$$(8) \qquad S^l = P^{hl},$$

et, par suite, la formule

$$(9) \qquad S^l = 1$$

donnera

$$(10) \qquad P^{hl} = 1.$$

Donc l'ordre de la substitution S, ou la plus petite des valeurs de l propres à vérifier la formule (9), sera en même temps la plus petite des valeurs de l propres à vérifier la formule (10) et, par conséquent, l'équivalence

$$(11) \qquad hl \equiv 0 \quad (\bmod i),$$

ou, ce qui revient au même, la plus petite des valeurs de l qui rendront le produit hl divisible par i. Or, si l'on nomme θ le plus grand commun diviseur de h et de i, les seules valeurs de l qui rendront le produit hl divisible par i seront le rapport $\frac{i}{\theta}$ et les multiples de ce rapport. Donc l'ordre de la substitution $S = P^h$ sera précisément le rapport $\frac{i}{\theta}$, et l'on pourra énoncer encore la proposition suivante :

Théorème II. — *Soit* P *une substitution de l'ordre i. Soient, de plus, h un nombre entier quelconque, et θ le plus gand commun diviseur des entiers h et i. L'ordre de la substitution* P^h *sera représenté par le rapport* $\frac{i}{\theta}$.

Corollaire. — Pour que $\frac{i}{\theta}$ se réduise à i, il est nécessaire et il suffit que l'on ait $\theta = 1$, c'est-à-dire que le plus grand commun diviseur de h et de i se réduise à l'unité; en d'autres termes, il est nécessaire et il suffit que h soit premier à i. D'ailleurs, lorsque cette condition se trouve remplie, h est nécessairement premier à chacun des facteurs de i, par conséquent à l'ordre de chacun des facteurs circulaires

$$\mathfrak{U},\quad \mathfrak{V},\quad \mathfrak{W},\quad \ldots,$$

de la substitution P. Donc alors les ordres de ces divers facteurs sont respectivement égaux à ceux des substitutions

$$\mathfrak{U}^h,\quad \mathfrak{V}^h,\quad \mathfrak{W}^h,\quad \ldots,$$

et la formule

$$P^h = \mathfrak{U}^h \mathfrak{V}^h \mathfrak{W}^h \ldots, \tag{12}$$

qui se déduit immédiatement de l'équation (3), fournit pour valeur de P^h une substitution semblable à la substitution P. On peut donc énoncer encore la proposition suivante :

Théorème III. — P *étant une substitution de l'ordre* i, *les substitutions qui seront de cet ordre, parmi les diverses puissances de* P, *se confondront avec les puissances dont les degrés sont premiers à* i. *De plus, ces substitutions seront toutes semblables à* P; *en conséquence, la suite*

$$1,\quad P,\quad P^2,\quad \ldots,\quad P^{i-1}$$

offrira autant de termes semblables à P *qu'il y a de nombres entiers inférieurs à* i *et premiers à* i.

Corollaire. — Soit θ un diviseur quelconque de i, et posons

$$i = \theta j. \tag{13}$$

En vertu du deuxième théorème, une puissance P^h de P sera de l'ordre $j = \frac{i}{\theta}$ lorsque h sera de la forme

$$h = \theta k, \tag{14}$$

k étant premier à j. Or, dans cette hypothèse, en faisant, pour abréger,

(15) $$P^\theta = \Theta,$$

on trouvera

(16) $$P^h = \Theta^k;$$

et comme, en vertu de la formule (15), Θ sera une substitution de l'ordre j, on conclura de la formule (16), jointe au troisième théorème, que P^h est une substitution semblable à $P^\theta = \Theta$. Enfin il est clair que le nombre h déterminé par la formule (14) sera inférieur à i et premier à i, si le nombre k est inférieur à j et premier à j. Cela posé, on pourra évidemment énoncer la proposition suivante :

Théorème IV. — P *étant une substitution de l'ordre* i, θ *un diviseur quelconque de* i, *et* j *la valeur entière du rapport* $\frac{i}{\theta}$, *les substitutions qui seront de l'ordre* j, *parmi les diverses puissances de* P, *se confondront avec les puissances dont les degrés, divisés par* θ, *donneront pour quotients des nombres entiers premiers à* j. *De plus, ces substitutions seront toutes semblables à* P^θ; *en conséquence, la suite*

$$1, \quad P, \quad P^2, \quad \ldots, \quad P^{i-1}$$

offrira autant de termes semblables à P^θ *qu'il y a de nombres entiers inférieurs à* j *et premiers à* j.

Pour montrer une application des théorèmes qui précèdent, considérons en particulier la substitution circulaire de même ordre

$$P = (x, y, z, u, v, w).$$

Dans ce cas le nombre

$$i = 6$$

aura pour diviseurs, outre l'unité, les nombres

$$2, \quad 3, \quad 6,$$

et les puissances distinctes de P seront

$$1, \quad P, \quad P^2, \quad P^3, \quad P^4, \quad P^5.$$

D'ailleurs, parmi les nombres

$$0, \quad 1, \quad 2, \quad 3, \quad 4, \quad 5,$$

qui représenteront les degrés de ces puissances, deux seulement, savoir : 1 et 5, seront premiers à 6; deux autres, savoir 2 et 4, seront les produits du diviseur 2 par des facteurs 1 et 2 premiers à $3 = \frac{6}{2}$; enfin le seul nombre 3 pourra être considéré comme le produit du diviseur 3 par un facteur 1 premier à $2 = \frac{6}{3}$. Donc, en vertu des théorèmes III et IV, parmi les cinq puissances de P distinctes de l'unité, on trouvera deux substitutions circulaires du sixième ordre, savoir

$$P \quad \text{et} \quad P^5,$$

deux substitutions circulaires du troisième ordre, savoir

$$P^2 \quad \text{et} \quad P^4,$$

et une seule substitution circulaire du second ordre, savoir

$$P^3.$$

On aura effectivement

$$P = (x, y, z, u, v, w), \qquad P^5 = (x, w, v, u, z, y),$$
$$P^2 = (x, z, v)(y, u, w), \qquad P^4 = (x, v, z)(y, w, u),$$
$$P^3 = (x, u)(y, v)(z, w).$$

Lorsque l'ordre de la substitution P est représenté par un nombre premier, alors, en vertu du théorème III, les puissances de P distinctes de l'unité sont toutes semblables à P. Ainsi, par exemple, si l'on prend pour P la substitution régulière du deuxième ordre

$$P = (x, y, z)(u, v, w),$$

les puissances de P distinctes de l'unité, savoir

$$P, \quad P^2,$$

sont toutes deux des substitutions régulières du troisième ordre. On trouvera, en effet,

$$P^2 = (x, z, y)(u, w, v).$$

Pareillement, si l'on prend pour P la substitution circulaire du cinquième ordre

$$P = (x, y, z, u, v),$$

les quatre puissances de P distinctes de l'unité, savoir

$$P, \quad P^2, \quad P^3, \quad P^4,$$

seront toutes des substitutions circulaires du cinquième ordre. On aura, en effet,

$$P = (x, y, z, u, v), \qquad P^2 = (x, z, v, y, u),$$
$$P^3 = (x, u, y, v, z), \qquad P^4 = (x, v, u, z, y).$$

Lorsque la substitution P est, comme dans le premier et le dernier des exemples précédents, une substitution circulaire, alors, en vertu des principes établis dans le paragraphe I (p. 179), toute puissance P^h de P est le produit de plusieurs facteurs circulaires de même ordre, et par conséquent une substitution régulière dont l'ordre se confond avec $\frac{i}{\theta}$, θ étant le plus grand commun diviseur de h et de i. Ajoutons que la substitution P^h renfermera toutes les variables comprises dans la substitution circulaire P.

Si la lettre P représente, non plus une substitution circulaire, mais une substitution régulière équivalente au produit de plusieurs facteurs circulaires

$$\mathfrak{U}, \quad \mathfrak{V}, \quad \mathfrak{W}, \quad \ldots$$

dont chacun est de l'ordre i, alors, θ étant toujours le plus grand commun diviseur de i et de h, les divers facteurs

$$\mathfrak{U}^h, \quad \mathfrak{V}^h, \quad \mathfrak{W}^h, \quad \ldots$$

de la substitution P^h déterminée par la formule (12) renferment toutes les variables comprises dans P, et se réduisent tous à des substitutions régulières de l'ordre $\frac{i}{\theta}$. Il en résulte qu'on peut en dire autant de la substitution P^h elle-même. On peut donc énoncer encore la proposition suivante :

Théorème V. — *Soient* P *une substitution régulière de l'ordre i, et h un nombre entier quelconque. Soient encore θ le plus grand commun divi-*

seur des nombres h, i, et j la valeur entière du rapport $\frac{i}{\theta}$. *Alors* P^h *sera une substitution régulière de l'ordre j, dans laquelle se trouveront comprises toutes les variables que renfermait la substitution* P.

Corollaire. — Lorsque l'ordre i de la substitution régulière P est une puissance p^f d'un nombre premier p, les deux diviseurs de i, représentés par θ et j, se réduisent eux-mêmes à des puissances de p d'un degré inférieur ou tout au plus égal à f, et le théorème V fournit la proposition suivante :

Théorème VI. — *Nommons* P *une substitution régulière dont l'ordre soit une certaine puissance* p^f *d'un nombre premier* p. *Soient, de plus,* h *un nombre entier quelconque, et* p^g *la plus haute puissance de* p *qui divise* h. *La substitution* P^h *sera une substitution régulière de l'ordre*

$$\frac{p^f}{p^g} = p^{f-g},$$

dans laquelle se trouveront comprises toutes les variables que renfermait la substitution P.

Supposons maintenant que P représente une substitution sinon régulière, du moins primitive, c'est-à-dire une substitution régulière ou irrégulière dont l'ordre soit une puissance p^f d'un nombre premier p. Alors P sera nécessairement le produit de plusieurs substitutions régulières

$$U, \quad V, \quad W, \quad \ldots,$$

dont les ordres

$$p^f, \quad p^g, \quad \ldots$$

se trouveront représentés par diverses puissances de p correspondantes à des exposants

$$f, \quad g, \quad \ldots,$$

qui pourront être censés former une suite décroissante, f étant le plus considérable d'entre eux. D'ailleurs, si l'on désigne par h un nombre entier quelconque, l'équation

$$P = UVW\ldots \tag{17}$$

entraînera la suivante

$$(18) \qquad P^h = U^h V^h W^h \ldots,$$

et de l'équation (18), jointe au théorème VI, il résulte évidemment que P^h sera, comme P, une substitution primitive. Enfin il suffira de poser, dans l'équation (18),

$$h = p^g,$$

ou plus généralement

$$h = kp^g,$$

k étant premier à p, pour réduire à l'unité la substitution V^h, et à plus forte raison les substitutions W^h, ... Mais alors, en vertu des formules

$$V^h = 1, \qquad W^h = 1, \qquad \ldots,$$

jointes à l'équation (18), on aura

$$(19) \qquad P^h = U^h.$$

Donc la puissance P^h de la substitution P sera équivalente à la puissance U^h de la substitution régulière U, et l'on conclura du théorème VII que, dans l'hypothèse admise, l'ordre de la substitution P^h se réduit encore à p^{f-g}. D'autre part, comme la substitution $P^h = U^h$ comprendra toutes les variables renfermées dans U, elle sera certainement distincte de l'unité. On peut donc énoncer la proposition suivante :

Théorème VII. — *Nommons* P *une substitution primitive dont l'ordre soit la puissance p^f d'un nombre premier p. Si l'on désigne par h un nombre entier quelconque,* P^h *sera encore une substitution primitive qui aura pour ordre une certaine puissance de p. Concevons maintenant que l'on décompose* P *en facteurs représentés par des substitutions régulières*

$$U, \quad V, \quad W, \quad \ldots,$$

dont les ordres

$$p^f, \quad p^g, \quad \ldots$$

forment une suite décroissante. Si l'on prend pour h, ou le second terme p^g de cette suite, ou le produit de ce second terme par un nombre k premier à p, alors P^h *sera une substitution distincte de l'unité, non seule-*

ment primitive, mais régulière et de l'ordre p^{f-g}, *dans laquelle se trouveront comprises toutes les variables que renfermait le premier facteur régulier* U *de la substitution* P.

Pour montrer une application du théorème VII, considérons la substitution primitive du quatrième ordre

$$P = (x, y, z, u)(v, w).$$

On aura, dans ce cas,

$$U = (x, y, z, u), \qquad V = (v, w),$$
$$i = 4, \quad p = 2, \quad f = 2, \quad g = 1, \quad p^f = 4, \quad p^g = 2.$$

Cela posé, on obtiendra évidemment un nombre h équivalent au produit de $p^g = 2$ par un facteur premier à p, si l'on prend

$$h = 2.$$

Donc, en vertu du théorème VIII,

$$P^2$$

sera une substitution régulière de l'ordre

$$p^{f-g} = 2.$$

On trouvera effectivement

$$P^2 = (x, z)(y, u).$$

Supposons à présent que la substitution P de l'ordre i ne soit ni régulière, ni même primitive. Alors, en nommant p l'un quelconque des facteurs premiers de i, et en posant

$$i = pl,$$

on conclura du théorème II que P^l est une substitution de l'ordre p. Donc, puisqu'une substitution dont l'ordre se réduit au nombre premier p est nécessairement régulière, on pourra énoncer la proposition suivante :

Théorème VIII. — *Soient* P *une substitution quelconque régulière ou irrégulière,* i *l'ordre de cette substitution, et* p *l'un quelconque des facteurs premiers de* i. *On pourra toujours choisir le nombre entier* l *de manière à faire coïncider la puissance* P^l *de* P *avec une substitution de l'ordre* p.

Dans ce qui précède, nous avons généralement supposé que les exposants des puissances d'une substitution donnée P étaient positifs. Cette supposition embrasse tous les cas possibles, puisqu'on peut ajouter à un exposant quelconque un multiple quelconque de l'ordre i de la substitution donnée, et transformer ainsi un exposant négatif en un exposant positif. D'ailleurs, l étant un nombre entier quelconque, il est facile d'établir, à l'égard des substitutions de la forme

$$P^{-1} \quad \text{et} \quad P^{-l},$$

les deux théorèmes que nous allons énoncer.

Théorème IX. — *Quelle que soit la substitution* P, *la substitution inverse* P^{-1} *sera toujours semblable à* P.

Démonstration. — En effet, nommons i l'ordre de la substitution P. On aura

$$P^{-1} = P^{i-1};$$

et, comme le nombre $i-1$ sera premier à i, on conclura du théorème IV, que P^{i-1} est semblable à P.

Corollaire. — Soit maintenant l un nombre entier quelconque. L'inverse de P^l, c'est-à-dire la substitution qui, étant multipliée par P^l, donnera pour produit l'unité, sera évidemment P^{-l}. Car, si l'on nomme l' un exposant positif assujetti à vérifier la condition

$$l' \equiv -l \quad (\text{mod}\, i),$$

on aura non seulement

$$P^{l'} = P^{-l},$$

mais encore

$$P^l P^{l'} = P^{l+l'} = P^0 = 1,$$

et, par suite,

$$P^l P^{-l} = 1.$$

Donc, en vertu du théorème IX, on pourra énoncer encore la proposition suivante :

THÉORÈME X. — P *étant une substitution quelconque, et* l *un nombre entier quelconque, la puissance négative* P^{-l} *de* P *sera toujours semblable à la puissance positive* P^{l}.

IX. — *Des substitutions permutables entre elles.*

Soient

$$P, \quad Q$$

deux substitutions formées avec les n variables

$$x, \quad y, \quad z, \quad \ldots.$$

Ces deux substitutions P, Q seront *permutables* entre elles si elles vérifient l'équation linéaire et symbolique

$$QP = PQ. \tag{1}$$

Donc, la substitution P étant donnée, il suffira, pour obtenir une substitution Q permutable avec P, de résoudre l'équation (1). Si d'ailleurs on nomme ω le nombre des formes diverses et semblables entre elles que l'on peut faire prendre à la substitution P en l'exprimant à l'aide de ses facteurs circulaires, et, mettant toutes les variables en évidence, ω sera précisément le nombre des solutions diverses de l'équation (1), ou, ce qui revient au même, le nombre des valeurs diverses de la substitution Q. Ajoutons qu'en vertu des principes établis dans le paragraphe IV, on devra, pour obtenir Q, écrire au-dessus de la substitution P la même substitution sous une seconde forme semblable à la première, puis réduire les deux formes de la substitution P à de simples arrangements en supprimant les parenthèses et les virgules placées entre les variables, et prendre ces arrangements pour les deux termes de la substitution cherchée Q.

D'autre part, ainsi que nous l'avons déjà expliqué page 193, tout ce que l'on pourra faire pour modifier la forme de la substitution P, ce sera, ou de faire passer successivement à la première place, dans chaque facteur circulaire, une quelconque des lettres comprises dans ce facteur, ou d'échanger entre eux des facteurs circulaires de même ordre. Cela posé, comme le produit de plusieurs facteurs circulaires de même ordre est ce que nous appelons une substitution *régulière*, il arrivera nécessairement de deux choses l'une : ou P sera une substitution régulière équivalente au produit de plusieurs facteurs circulaires de même ordre qui tous seront échangés circulairement entre eux quand on passera de la première forme de P à la seconde; ou, du moins, P sera le produit de plusieurs substitutions régulières, dont chacune remplira la condition que nous venons d'indiquer.

Arrêtons-nous d'abord à la première hypothèse, et, en admettant que P se réduise au produit de h facteurs circulaires dont chacun soit de l'ordre a, nommons

$$\mathcal{R},\quad \mathcal{S},\quad \mathcal{T},\quad \ldots$$

ces mêmes facteurs que nous supposerons échangés circulairement entre eux dans l'ordre indiqué par la substitution

$$(\mathcal{R},\quad \mathcal{S},\quad \mathcal{T},\quad \ldots).$$

Puisqu'il suffira d'opérer cet échange pour passer de la première forme de P à la seconde, il est clair que, dans ce passage, chacune des variables qui appartiennent au facteur $\mathcal{R}$ se trouvera remplacée par une variable correspondante qui appartiendra au facteur $\mathcal{S}$, puis celle-ci par une troisième variable appartenant au facteur $\mathcal{T}$, et ainsi de suite. Cela posé, soit α la variable qui occupait la première place dans le facteur $\mathcal{R}$; désignons par $\beta, \gamma, \ldots$ les variables correspondantes tirées des facteurs $\mathcal{S}, \mathcal{T}, \ldots$, enfin soit

$$(\alpha, \beta, \gamma, \ \ldots, \ \lambda, \mu, \nu, \ \ldots, \ \varphi, \chi, \psi, \ \ldots)$$

le facteur circulaire qui renferme la variable α dans la substitution Q. La suite des variables

$$(2)\qquad \alpha, \beta, \gamma, \ \ldots, \ \lambda, \mu, \nu, \ \ldots, \ \varphi, \chi, \psi, \ \ldots$$

pourra être évidemment décomposée en plusieurs autres suites

$$(3)\qquad \begin{cases} \alpha, & \beta, & \gamma, & \ldots, \\ \lambda, & \mu, & \nu, & \ldots, \\ \varphi, & \chi, & \psi, & \ldots, \\ \ldots & \ldots & \ldots & \ldots \end{cases}$$

formées chacune avec des variables qui se succéderont dans l'ordre indiqué par la substitution

$$(\mathcal{R}, \ \mathcal{S}, \ \mathcal{T}, \ \ldots),$$

en sorte que, dans chacune des lignes horizontales du tableau (3), le premier terme représente une variable tirée du facteur $\mathcal{R}$, le second une variable tirée du facteur $\mathcal{S}$, le troisième une variable tirée du facteur $\mathcal{T}$, ... Or, puisque, dans le tableau (3) construit comme on vient de le dire, le nombre des colonnes verticales sera précisément le nombre h des facteurs circulaires

$$\mathcal{R}, \ \mathcal{S}, \ \mathcal{T}, \ \ldots,$$

il est clair que, si l'on nomme b le nombre total des termes renfermés dans ce même tableau, et θ le nombre des suites horizontales qui le comparent, on aura

$$(4) \qquad b = \theta h.$$

Ajoutons que le nombre b des termes compris dans le tableau (3) sera précisément l'ordre de la substitution circulaire

$$(\alpha, \beta, \gamma, \ \ldots, \ \lambda, \mu, \nu, \ \ldots, \ \varphi, \chi, \psi, \ \ldots).$$

Soient maintenant

$$(5) \qquad \alpha', \beta', \gamma', \ \ldots, \ \lambda', \mu', \nu', \ \ldots, \ \varphi', \chi', \psi', \ \ldots$$

les variables qui, dans les facteurs circulaires

$$\mathcal{R}, \ \mathcal{S}, \ \mathcal{T}, \ \ldots,$$

ou plutôt dans les cercles indicateurs correspondants, suivent immédiatement les variables

$$\alpha, \beta, \gamma, \ \ldots, \ \lambda, \mu, \nu, \ \ldots, \ \varphi, \chi, \psi, \ \ldots.$$

Soient pareillement

$$(6) \qquad \alpha'', \beta'', \gamma'', \ \ldots, \ \lambda'', \mu'', \nu'', \ \ldots, \ \varphi'', \chi'', \psi'', \ \ldots$$

les variables qui, dans les mêmes cercles indicateurs, suivent immédiatement les variables

$$\alpha', \beta', \gamma', \ \ldots, \ \lambda', \mu', \nu', \ \ldots, \ \varphi', \chi', \psi', \ \ldots.$$

Chacune des suites (5), (6), ... renfermera, comme la suite (4), b termes différents, et ces termes seront encore propres à représenter les variables qui succéderont les unes aux autres, en vertu d'un facteur circulaire de la substitution Q. Cela posé, si l'on nomme

$$\mathfrak{U}, \quad \mathfrak{V}, \quad \mathfrak{W}, \quad \ldots$$

les divers facteurs circulaires de Q, tous ces facteurs seront de même ordre, et l'on pourra supposer

$$(7)\quad \begin{cases} \mathfrak{U} = (\alpha, & \beta, & \gamma, & \ldots, & \lambda, & \mu, & \nu, & \ldots, & \varphi, & \chi, & \psi, & \ldots), \\ \mathfrak{V} = (\alpha', & \beta', & \gamma', & \ldots, & \lambda', & \mu', & \nu', & \ldots, & \varphi', & \chi', & \psi', & \ldots), \\ \mathfrak{W} = (\alpha'', & \beta'', & \gamma'', & \ldots, & \lambda'', & \mu'', & \nu'', & \ldots, & \varphi'', & \chi'', & \psi'', & \ldots), \\ \ldots\ldots\ldots\ldots\ldots\ldots\ldots\ldots\ldots\ldots \end{cases}$$

D'autre part, les variables qui succéderont les unes aux autres, en vertu du facteur circulaire $\mathcal{R}$ de la substitution P, seront évidemment

$$(8)\qquad \alpha, \alpha', \alpha'', \ldots; \quad \lambda, \lambda', \lambda'', \ldots; \quad \varphi, \varphi', \varphi'', \ldots.$$

Pareillement, les variables qui succéderont les unes aux autres dans le facteur $\mathfrak{S}$ de la substitution P, seront

$$(9)\qquad \beta, \beta', \beta'', \ldots; \quad \mu, \mu', \mu'', \ldots; \quad \chi, \chi', \chi'', \ldots.$$

De même aussi les variables, qui succéderont les unes aux autres dans le facteur $\mathfrak{T}$ de la substitution P, seront

$$(10)\qquad \gamma, \gamma', \gamma'', \ldots; \quad \nu, \nu', \nu'', \ldots; \quad \psi, \psi', \psi'', \ldots,$$

etc. On aura donc encore

$$(11)\quad \begin{cases} \mathcal{R} = (\alpha, \alpha', \alpha'', \ldots; & \lambda, \lambda', \lambda'', \ldots; & \varphi, \varphi', \varphi'', \ldots), \\ \mathfrak{S} = (\beta, \beta', \beta'', \ldots; & \mu, \mu', \mu'', \ldots; & \chi, \chi', \chi'', \ldots), \\ \mathfrak{T} = (\gamma, \gamma', \gamma'', \ldots; & \nu, \nu', \nu'', \ldots; & \psi, \psi', \psi'', \ldots), \\ \ldots\ldots\ldots\ldots\ldots\ldots\ldots\ldots\ldots\ldots \end{cases}$$

Observons d'ailleurs que, si l'on nomme k le nombre des facteurs circulaires

$$\mathfrak{U}, \quad \mathfrak{V}, \quad \mathfrak{W}, \quad \ldots,$$

de la substitution Q, les diverses variables comprises dans la substitution $\mathcal{R}$ pourront être réparties entre les k suites verticales du tableau

$$(12)\qquad \left\{\begin{array}{llll} \alpha, & \alpha', & \alpha'', & \ldots, \\ \lambda, & \lambda', & \lambda'', & \ldots, \\ \varphi, & \varphi', & \varphi'', & \ldots, \\ \ldots, & \ldots, & \ldots, & \ldots, \end{array}\right.$$

qui renferme, comme le tableau (3), θ lignes horizontales. Donc l'ordre a de la substitution $\mathcal{R}$, représenté par le nombre total des termes du tableau (12), sera

$$(13)\qquad a = \theta k.$$

Remarquons à présent que, dans l'hypothèse admise, les substitutions P, Q, toutes deux régulières, seront déterminées par les formules

$$(14)\qquad \mathrm{P} = \mathcal{R}\mathcal{S}\mathcal{T}\ldots, \qquad \mathrm{Q} = \mathcal{U}\mathcal{V}\mathcal{W}\ldots,$$

et que les n variables données

$$x, \quad y, \quad z, \quad \ldots$$

se confondront avec les variables comprises dans les seconds membres des formules (7), ou, ce qui revient au même, dans les seconds membres des formules (11). D'ailleurs ces mêmes variables, dont le nombre n se trouvera représenté par chacun des produits égaux

$$ah, \quad bk, \quad \theta h k,$$

pourront être réparties entre les divers tableaux

$$(15)\qquad \left\{\begin{array}{llll} \alpha, & \beta, & \gamma, & \ldots, \\ \alpha', & \beta', & \gamma', & \ldots, \\ \alpha'', & \beta'', & \gamma'', & \ldots, \\ \ldots, & \ldots, & \ldots, & \ldots; \end{array}\right.$$

$$(16)\qquad \left\{\begin{array}{llll} \lambda, & \mu, & \nu, & \ldots, \\ \lambda', & \mu', & \nu', & \ldots, \\ \lambda'' & \mu'', & \nu'', & \ldots, \\ \ldots, & \ldots, & \ldots, & \ldots; \end{array}\right.$$

$$(17)\qquad \left\{\begin{array}{llll} \varphi, & \chi, & \psi, & \ldots, \\ \varphi', & \chi', & \psi', & \ldots, \\ \varphi'', & \chi'', & \psi'', & \ldots, \\ \ldots, & \ldots, & \ldots, & \ldots; \end{array}\right.$$

$$\ldots\ldots\ldots\ldots\ldots\ldots,$$

dont le nombre sera θ, et dont chacun renfermera non seulement h lignes verticales, mais encore k lignes horizontales. Cela posé, on conclura immédiatement des formules (11), que, pour obtenir, dans l'hypothèse admise, l'un quelconque des facteurs circulaires

$$\mathcal{R},\quad \mathcal{S},\quad \mathcal{T},\quad \ldots$$

de la substitution P, il suffit d'écrire à la suite les unes des autres, en les plaçant entre deux parenthèses et les séparant par des virgules, les variables qui appartiennent, dans les tableaux (15), (16), (17), etc., à une ligne verticale de rang déterminé. On conclura, au contraire, des formules (7), que, pour obtenir l'un quelconque des facteurs circulaires

$$\mathcal{U},\quad \mathcal{V},\quad \mathcal{W},\quad \ldots$$

de la substitution Q, il suffit d'écrire à la suite les unes des autres, en les plaçant entre deux parenthèses et les séparant par des virgules, les variables qui appartiennent, dans les tableaux (15), (16), (17), etc., à une ligne horizontale de rang déterminé.

Remarquons encore que, le nombre des lignes horizontales ou verticales comprises dans chacun des tableaux (15), (16), (17), etc., étant désigné, pour les lignes horizontales par la lettre k, et, pour les lignes verticales, par la lettre h, on tirera immédiatement des formules (7)

$$(18)\qquad \left\{\begin{array}{l} \mathcal{U}^h = (\alpha,\ \lambda,\ \varphi,\ \ldots)(\beta,\ \mu,\ \chi,\ \ldots)(\gamma,\ \nu,\ \psi,\ \ldots)\ldots,\\ \mathcal{V}^h = (\alpha',\ \lambda',\ \varphi',\ \ldots)(\beta',\ \mu',\ \chi',\ \ldots)(\gamma',\ \nu',\ \psi',\ \ldots)\ldots,\\ \mathcal{W}^h = (\alpha'',\ \lambda'',\ \varphi'',\ \ldots)(\beta'',\ \mu'',\ \chi'',\ \ldots)(\gamma'',\ \nu'',\ \psi'',\ \ldots)\ldots,\\ \ldots\ldots\ldots\ldots\ldots\ldots\ldots\ldots\ldots\ldots\ldots, \end{array}\right.$$

et des formules (11)

$$(19)\qquad \left\{\begin{array}{l} \mathcal{R}^k = (\alpha,\ \lambda,\ \varphi,\ \ldots)(\alpha',\ \lambda',\ \varphi',\ \ldots)(\alpha'',\ \lambda'',\ \varphi'',\ \ldots)\ldots,\\ \mathcal{S}^k = (\beta,\ \mu,\ \chi,\ \ldots)(\beta',\ \mu',\ \chi',\ \ldots)(\beta'',\ \mu'',\ \chi'',\ \ldots)\ldots,\\ \mathcal{T}^k = (\gamma,\ \nu,\ \psi,\ \ldots)(\gamma',\ \nu',\ \psi',\ \ldots)(\nu'',\ \nu'',\ \psi'',\ \ldots)\ldots,\\ \ldots\ldots\ldots\ldots\ldots\ldots\ldots\ldots\ldots\ldots\ldots \end{array}\right.$$

D'autre part, les équations (14) donneront

$$(20)\qquad \mathrm{P}^k = \mathcal{R}^k\mathcal{S}^k\mathcal{T}^k\ldots,\qquad \mathrm{Q}^h = \mathcal{U}^h\mathcal{V}^h\mathcal{W}^h\ldots.$$

Donc, eu égard aux formules (18), (19), chacune des substitutions P^k, Q^h sera équivalente au produit de tous les facteurs circulaires que renferme le tableau

$$(21)\quad \left\{\begin{array}{lll} (\alpha, \lambda, \varphi, \ldots), & (\beta, \mu, \chi, \ldots), & (\gamma, \nu, \psi, \ldots), \\ (\alpha', \lambda', \varphi', \ldots), & (\beta', \mu', \chi', \ldots), & (\gamma', \nu', \psi', \ldots), \\ (\alpha'', \lambda'', \varphi'', \ldots), & (\beta'', \mu'', \chi'', \ldots), & (\gamma'', \nu'', \psi'', \ldots), \\ \ldots\ldots\ldots\ldots, & \ldots\ldots\ldots\ldots, & \ldots\ldots\ldots\ldots \end{array}\right.$$

Donc, si l'on nomme Θ le produit de tous ces facteurs circulaires, on aura simultanément

$$(22)\qquad P^k = \Theta, \qquad Q^h = \Theta,$$

et, par suite,

$$(23)\qquad P^k = Q^h.$$

De plus, θ étant précisément le nombre des variables comprises dans chaque ligne verticale du tableau (3), la valeur commune Θ de P^k et de Q^h sera évidemment une substitution régulière de l'ordre θ; et, d'ailleurs, à la seule inspection du tableau (21), on reconnaîtra immédiatement que, pour obtenir l'un quelconque des facteurs circulaires de la substitution Θ, il suffit d'écrire à la suite les unes des autres, en les renfermant entre deux parenthèses et en les séparant par des virgules, les variables semblablement placées dans les tableaux (15), (16), (17), etc.

Remarquons enfin qu'en vertu des formules (11), un facteur quelconque de P, le facteur $\mathcal{R}$ par exemple, renfermera une ou plusieurs des variables comprises dans chacun des facteurs circulaires de Q, et que, réciproquement, en vertu des formules (7), un facteur quelconque de Q, le facteur $\mathfrak{U}$ par exemple, renfermera une ou plusieurs variables comprises dans chacun des facteurs circulaires de P. Il est aisé d'en conclure que, dans l'hypothèse admise, on ne pourra décomposer les deux substitutions P, Q, toutes deux régulières et permutables entre elles, en facteurs qui soient distincts de ces substitutions elles-mêmes, et qui, comparés deux à deux, restent permutables entre eux. En effet, pour qu'une telle décomposition fût possible, il faudrait qu'avec une partie des variables données $x, y, z, \ldots$, on pût former deux substitutions $\mathcal{P}$, $\mathcal{Q}$, permutables entre elles, qui eussent respectivement pour facteurs circulaires, la première un ou plusieurs des facteurs $\mathcal{R}, \mathcal{S}, \mathcal{T}, \ldots$, la seconde un ou plusieurs des facteurs $\mathcal{U}$, $\mathcal{V}$, $\mathcal{W}$, ... Or, cette dernière supposition devra être évidemment rejetée; car, d'après la remarque énoncée, la substitution $\mathcal{P}$ ne pourra renfermer un seul des facteurs $\mathcal{R}, \mathcal{S}, \mathcal{T}, \ldots$ sans renfermer une ou plusieurs des variables comprises dans chacun des facteurs $\mathcal{U}$, $\mathcal{V}$, $\mathcal{W}$, ..., et, si cette condition était remplie, la substitution $\mathcal{Q}$ deviendrait nécessairement équivalente au produit de tous les facteurs $\mathcal{U}$, $\mathcal{V}$, $\mathcal{W}$, ... Donc alors $\mathcal{Q}$ et $\mathcal{P}$ renfermeraient toutes les variables données, et non plus seulement une partie de ces variables.

Jusqu'à présent nous avons supposé, d'une part, que P était une substitution régulière, c'est-à-dire équivalente à un produit de facteurs circulaires de même ordre; d'autre part, que ces facteurs circulaires étaient tous échangés circulairement entre eux quand on passait d'une première forme de P à une seconde forme distincte de la première, afin d'obtenir, par la comparaison de ces deux formes, une substitution Q permutable avec la substitution P.

Dans le cas général où la lettre P désigne une substitution quelconque, cette substitution régulière ou irrégulière peut du moins être considérée comme le produit de plusieurs substitutions régulières

$$\mathcal{P}, \mathcal{P}_{\prime}, \mathcal{P}_{\prime\prime}, \ldots,$$

dont chacune remplit la condition que nous venons d'indiquer. Alors on a

$$\text{(24)} \qquad P = \mathcal{P}\mathcal{P}_{\prime}\mathcal{P}_{\prime\prime}\ldots;$$

et aux substitutions régulières

$$\mathcal{P}, \mathcal{P}_{\prime}, \mathcal{P}_{\prime\prime}, \ldots,$$

qui représentent divers facteurs de P, correspondent des facteurs de Q représentés eux-mêmes par d'autres substitutions régulières

$$\mathcal{Q}, \mathcal{Q}_{\prime}, \mathcal{Q}_{\prime\prime}, \ldots,$$

de sorte qu'on a encore

(25) $$Q = \mathfrak{Q}\mathfrak{Q}_{\prime}\mathfrak{Q}_{\prime\prime}\ldots,$$

le facteur $\mathfrak{Q}$ étant permutable avec le facteur $\mathfrak{P}$, le facteur $\mathfrak{Q}_{\prime}$ avec le facteur $\mathfrak{P}_{\prime}$, et ainsi de suite. Lorsque les facteurs $\mathfrak{P}, \mathfrak{P}_{\prime}, \mathfrak{P}_{\prime\prime}, \ldots$ se réduisent à un seul facteur $\mathfrak{P}$, les facteurs $\mathfrak{Q}, \mathfrak{Q}_{\prime}, \mathfrak{Q}_{\prime\prime}, \ldots$ se réduisent aussi à un seul facteur $\mathfrak{Q}$, et l'on se trouve ramené au cas particulier que nous avons examiné ci-dessus. Mais ce cas particulier est le seul cas où les substitutions P, Q soient permutables entre elles sans pouvoir être décomposées en facteurs plus simples qui, comparés deux à deux, restent permutables entre eux. Cela posé, il résulte des principes établis dans ce paragraphe, qu'on peut énoncer les propositions suivantes :

Théorème I. — *Soient* P, Q *deux substitutions permutables entre elles, mais que l'on ne puisse décomposer en facteurs plus simples qui, comparés deux à deux, restent permutables entre eux. Ces substitutions seront toutes deux régulières et de la forme de celles qu'on obtient dans le cas où, avec plusieurs systèmes de variables, on construit divers tableaux qui renferment tous un même nombre de termes compris dans un même nombre de lignes horizontales et verticales, et où, après avoir placé ces tableaux à la suite les uns des autres dans un certain ordre, on multiplie entre eux, d'une part, les facteurs circulaires dont l'un quelconque offre la série des variables qui, dans les divers tableaux, appartiennent à une ligne horizontale de rang déterminé; d'autre part, les facteurs circulaires dont l'un quelconque offre la série des variables qui, dans les divers tableaux, appartiennent à une ligne verticale de rang déterminé. Ajoutons que, dans l'hypothèse admise, les deux substitutions régulières* P, Q *satisfont à l'équation de condition*

$$P^k = Q^h,$$

h étant le nombre des facteurs circulaires de la substitution P, *et k le nombre des facteurs circulaires de la substitution* Q.

Corollaire I. — Concevons qu'en faisant usage des notations précédemment adoptées, on nomme

n le nombre des variables comprises dans chacune des substitutions P, Q;

a l'ordre de la substitution régulière P;

b l'ordre de la substitution régulière Q;

θ le nombre des tableaux mentionnés dans le théorème I.

Les nombres a, b, n, seront liés aux nombres h, k, θ par les formules

$$a = \theta k, \qquad b = \theta h, \qquad n = \theta h k, \tag{26}$$

et l'ordre de la substitution $P^k = Q^h$ sera précisément le nombre θ déterminé par la formule

$$\theta = \frac{a}{k} = \frac{b}{h} = \frac{n}{hk} = \frac{ab}{n}, \tag{27}$$

de laquelle on tire encore

$$\theta = \left(\frac{ab}{hk}\right)^{\frac{1}{2}}. \tag{28}$$

Corollaire II. — Pour montrer une application du théorème I, supposons qu'avec les variables

$$x, \quad y, \quad z, \quad u, \quad v, \quad w, \quad s, \quad t,$$

on construise les deux tableaux

$$\left\{\begin{matrix} x, & y, \\ z, & u, \end{matrix}\right. \tag{29}$$

$$\left\{\begin{matrix} v, & w, \\ s, & t. \end{matrix}\right. \tag{30}$$

Le facteur circulaire qui présentera, écrites à la suite l'une de l'autre, les quatre premières lignes verticales des deux tableaux sera

$$(x, z, v, s);$$

et le facteur circulaire semblablement formé avec les quatre variables comprises dans les secondes lignes verticales des deux tableaux sera

$$(y, u, w, t).$$

Au contraire, le facteur circulaire qui présentera, écrites à la suite l'une de l'autre, les quatre variables comprises dans les premières lignes horizontales des deux tableaux sera

$$(x, y, v, w),$$

et le facteur circulaire semblablement formé avec les quatre variables comprises dans les secondes lignes horizontales des deux tableaux sera

$$(z, u, s, t).$$

Cela posé, il résulte du théorème I que, si l'on prend

$$P = (x, z, v, s)(y, u, w, t) \tag{31}$$

et

$$Q = (x, y, v, w)(z, u, s, t), \tag{32}$$

P, Q seront deux substitutions permutables entre elles, c'est-à-dire deux substitutions qui vérifieront la formule

$$PQ = QP,$$

ou, ce qui revient au même, la formule

$$P = QPQ^{-1}.$$

Effectivement, il suit d'une règle précédemment énoncée (page 201) que, pour obtenir le produit

$$QPQ^{-1},$$

il suffit d'exprimer la substitution P à l'aide de ses facteurs circulaires, puis d'effectuer dans P les déplacements de variables indiqués par la substitution Q, en opérant comme si P représentait un simple arrangement. Or, en écrivant, à la place de la substitution

$$P = (x, z, v, s)(y, u, w, t),$$

l'arrangement

$$A = xzvsyuwt,$$

et en appliquant à cet arrangement la substitution

$$Q = (x, y, v, w)(z, u, s, t),$$

on trouverait

$$QA = yuwtvsxz.$$

Donc, en vertu de la règle que nous venons de rappeler, on aura

$$QPQ^{-1} = (y, u, w, t)(v, s, x, z),$$

ou, ce qui revient au même,

$$QPQ^{-1} = (x, z, v, s)(y, u, w, t) = P.$$

Ajoutons que, dans le cas présent, 2 étant tout à la fois le nombre des facteurs circulaires de P et le nombre des facteurs circulaires de Q, on aura

$$h = k = 2.$$

Donc, le théorème I donnera encore

$$P^2 = Q^2.$$

Enfin la valeur commune des deux substitutions P^2, Q^2 devra être, conformément à une remarque précédemment faite, le produit des quatre facteurs circulaires du second ordre

$$(33) \qquad \left\{ \begin{array}{ll} (x, v), & (y, w), \\ (z, s), & (u, t), \end{array} \right.$$

dont chacun est formé avec deux variables qui occupent la même place dans les tableaux (29) et (30). Effectivement on tirera des formules (31) et (32)

$$P^2 = Q^2 = (x, v)(y, w)(z, s)(u, t).$$

Corollaire III. — Si les divers tableaux formés avec les n variables que renferment les substitutions P, Q se réduisent à un seul, alors P, Q seront deux substitutions régulières du genre de celles dont nous nous sommes déjà occupés dans le paragraphe VII (page 217), et dont les propriétés deviennent évidentes quand on représente les variables qu'elles renferment à l'aide de deux espèces d'indices appliqués à une seule lettre. Alors aussi l'équation

$$\theta = 1$$

entraînera les formules

$$k = a, \qquad k = b,$$

$$P^k = Q^h = 1.$$

Supposons, pour fixer les idées, qu'avec les six variables

$$x, \quad y, \quad z, \quad u, \quad v, \quad w,$$

on construise le tableau

$$(34) \qquad \left\{ \begin{matrix} x, & y, & z, \\ u, & v, & w. \end{matrix} \right.$$

Alors, en prenant pour P une substitution dont chaque facteur circulaire renferme les deux variables comprises dans une même ligne verticale du tableau (34), on trouvera

$$(35) \qquad P = (x, u)(y, v)(z, w).$$

Au contraire, en prenant pour Q une substitution dont chaque facteur circulaire présente, écrites à la suite l'une de l'autre, les trois variables comprises dans une même ligne horizontale du tableau (34), on trouvera

$$(36) \qquad Q = (x, y, z)(u, v, w).$$

Or, les substitutions P, Q, déterminées par les formules (35), (36), seront certainement permutables entre elles; car elles se réduiront au cube et au carré de la substitution du sixième ordre

$$(x, w, y, u, z, v).$$

De plus, le nombre k se confondant avec l'ordre $a = 2$ de la substitution P, et le nombre h avec l'ordre $b = 3$ de la substitution Q, l'équation (23) donnera

$$P^2 = Q^3 = 1.$$

Corollaire IV. — Si la substitution P se réduit à un seul facteur circulaire, alors tout ce que l'on pourra faire pour modifier la forme de P, ce sera de faire passer successivement à la première place l'une quelconque des variables écrites à la suite l'une de l'autre dans ce même facteur. Cela posé, les deux arrangements auxquels se réduiront les deux formes assignées à P quand on supprimera les parenthèses et les virgules placées entre les variables, représenteront évidemment les deux termes d'une substitution qui sera une puissance de P. Donc la substitution Q se confondra nécessairement avec l'une de ces puissances. Alors aussi le tableau unique, construit avec les diverses variables, ne renfermera plus qu'une seule ligne verticale.

Théorème II. — *Soient* P, Q *deux substitutions permutables entre elles et formées avec les n variables*

$$x,\ y,\ z,\ \ldots.$$

Si ces deux substitutions ne sont pas de la forme indiquée dans le théorème I elles pourront, du moins, être décomposées en facteurs correspondants

$$\mathfrak{P},\ \mathfrak{P}_{\prime},\ \mathfrak{P}_{\prime\prime},\ \ldots,$$
$$\mathfrak{Q},\ \mathfrak{Q}_{\prime},\ \mathfrak{Q}_{\prime\prime},\ \ldots,$$

qui, pris deux à deux, seront de cette forme et, par conséquent, permutables entre eux.

Corollaire I. — Soit ω le nombre des formes diverses et semblables entre elles que l'on peut donner à la substitution P en l'exprimant à l'aide de ses facteurs circulaires, et mettant toutes les variables en évidence; ω sera précisément le nombre des solutions diverses de l'équation *symbolique et linéaire*

$$QP = PQ,$$

résolue par rapport à Q (*voir* § IV, page 199); ou, ce qui revient au même, ω sera le nombre des substitutions permutables avec P, qui pourront être formées avec les n variables $x, y, z, \ldots$. D'ailleurs, comme nous l'avons déjà remarqué, il suffira, pour obtenir une valeur de Q, d'écrire, au-dessus de la substitution P exprimée à l'aide de ses facteurs circulaires, la même substitution sous une seconde forme semblable à la première, puis de prendre pour termes de la substitution Q les deux arrangements auxquels se réduiront les deux formes de P quand on supprimera, dans ces deux formes, les parenthèses et les virgules placées entre les diverses variables. Enfin, il peut arriver que la substitution P renferme des variables immobiles qui disparaissent quand on la réduit à sa plus simple expression; et il est clair que, dans le passage d'une première forme de P à une seconde, on pourra échanger entre eux arbitrairement les facteurs circulaires du premier ordre formés avec ces variables immobiles. Il en résulte que les variables immobiles de P peuvent, dans la substitution Q, composer des facteurs circulaires quelconques. Donc, pour obtenir les diverses valeurs de Q, il suffira toujours de multiplier les diverses substitutions formées avec les variables immobiles de P, par les diverses valeurs de Q que l'on obtiendrait en laissant de côté ces mêmes variables et en supposant la valeur de P réduite à sa plus simple expression.

Corollaire II. — Pour montrer une application des principes établis dans le précédent corollaire, supposons que, les variables données

$$x, \quad y, \quad z, \quad u, \quad v, \quad w, \quad s, \quad t$$

étant au nombre de huit, la substitution P, réduite à sa plus simple expression, renferme seulement les six variables

$$x, \quad y, \quad z, \quad u, \quad v, \quad w,$$

et soit déterminée par la formule

(35) $$P = (x, u)(y, v)(z, w).$$

La même substitution, quand toutes les variables seront mises en évidence, pourra être présentée sous la forme

(37) $$P = (x, u)(y, v)(z, w)(s)(t).$$

D'ailleurs, si on laisse de côté les deux variables immobiles s, t, le nombre des formes semblables entre elles, sous lesquelles on pourra présenter la valeur de P fournie par l'équation (35), sera exprimé [*voir* la formule (2) de la page 194] par le produit

$$1.2.3.2^3 = 48.$$

Donc avec les six variables

$$x, \quad y \quad z, \quad u, \quad v, \quad w,$$

on pourra former 48 valeurs diverses de Q, c'est-à-dire 48 substitutions dont chacune sera permutable avec la substitution P. Au contraire, si l'on fait entrer en ligne de compte les deux variables s et t, le nombre des formes, semblables entre elles, sous lesquelles on pourra présenter la valeur de P fournie par l'équation (37), sera

$$(1.2)(1.2.3.2^3) = 2.48 = 96.$$

Donc, avec les huit variables

$$x, \quad y, \quad z, \quad u, \quad v, \quad w, \quad s, \quad t,$$

on pourra former 2×48, ou 96 valeurs diverses de Q, c'est-à-dire 96 substitutions dont chacune sera permutable avec la substitution P. Il y a plus : pour obtenir les 96 valeurs de Q que l'on peut former avec les huit variables

$$x, \quad y, \quad z, \quad u, \quad v, \quad w, \quad s, \quad t,$$

il suffira de multiplier les 48 valeurs de Q, formées avec les six variables

$$x, \quad y, \quad z, \quad u, \quad v, \quad w,$$

par les deux substitutions

$$1 \quad \text{et} \quad (s, t),$$

qui peuvent être formées avec les variables immobiles de P ; et à chacune des valeurs que l'on pourra obtenir par la substitution Q, en laissant de côté les deux variables s, t, correspondra une seconde valeur qui sera le produit de la première par le facteur circulaire (s, t). Ainsi, par exemple, à la valeur de Q déterminée par l'équation (36), c'est-à-dire par la formule

$$Q = (x, y, z)(u, v, w),$$

correspondra une seconde valeur de Q déterminée par la formule

$$Q = (x, y, z)(u, v, w)(s, t),$$

et permutable, comme la première, avec la substitution P.

Avant de terminer ce paragraphe, nous allons encore établir, à l'égard des substitutions permutables entre elles, quelques propositions qui paraissent dignes d'être remarquées.

Théorème III. — *Désignons par*

$$Q, \quad R, \quad S, \quad \ldots$$

diverses substitutions dont chacune soit permutable avec une substitution donnée P. *Le produit de deux ou de plusieurs des substitutions* Q, R, S, . . . *multipliées l'une par l'autre dans un ordre quelconque, sera encore permutable avec la substitution* P.

Démonstration. — En effet, lorsque chacune des substitutions

$$Q, \quad R, \quad S, \quad \ldots$$

sera permutable avec P, on aura

(38) $$QP = PQ, \qquad RP = PR, \qquad SP = PS, \qquad \ldots,$$

ou, ce qui revient au même,

(39) $$Q = PQP^{-1}, \qquad R = PRP^{-1}, \qquad S = PSP^{-1}, \qquad \ldots.$$

Or, on tirera immédiatement des équations (39)

(40) $$QR = PQRP^{-1}, \qquad QRS = PQRSP^{-1}, \qquad \ldots,$$

ou, ce qui revient au même,

(41) $$QRP = PQR, \qquad QRSP = PQRS, \qquad \ldots;$$

et il résulte immédiatement des formules (41), que chacun des produits

$$QR, \quad QRS, \quad \ldots,$$

formés par la multiplication de deux ou de plusieurs des substitutions

$$Q, \quad R, \quad S, \quad \ldots,$$

est permutable avec la substitution P.

Corollaire. — Désignons toujours par n le nombre des variables

$$x, \quad y, \quad z, \quad \ldots$$

comprises dans la substitution P, et par ω le nombre des formes, semblables entre elles, que peut prendre P exprimé à l'aide de ces variables; ω sera le nombre total des substitutions permutables avec P qui pourront être formées avec les n variables $x, y, z, \ldots$. Soient

(42) $$1, \quad Q_1, \quad Q_2, \quad \ldots, \quad Q_{\omega-1}$$

ces mêmes substitutions, dont l'une se réduira toujours à l'unité. En vertu du théorème III, les dérivées des substitutions

$$Q_1, \quad Q_2, \quad \ldots, \quad Q_{\omega-1}$$

seront toutes permutables avec P. Donc ces dérivées seront toutes comprises dans la série (42), et cette série offrira un système de substitutions conjuguées. On peut donc énoncer encore la proposition suivante :

THÉORÈME IV. — *Une substitution quelconque* P *étant formée avec les* n *variables* $x, y, z, \ldots,$ *les diverses substitutions formées avec les mêmes variables, et permutables avec* P, *offriront un système de substitutions conjuguées.*

Exemple. — Soit

$$\text{(43)} \qquad P = (x, y)(z, u).$$

Le nombre des formes, semblables entre elles, que pourra prendre la substitution P exprimée à l'aide des quatre variables x, y, z, u, sera

$$1.2.2^2 = 8.$$

Donc ces mêmes variables pourront former huit substitutions permutables avec P. D'ailleurs, pour obtenir ces huit substitutions, il suffira de comparer à la forme sous laquelle P se présente dans la formule (43), les huit formes, semblables entre elles, que peut acquérir P exprimé à l'aide des variables x, y, z, u. Ces huit formes, savoir

$$(x, y)(z, u), \quad (y, x)(z, u), \quad (x, y)(u, z), \quad (y, x)(u, z),$$
$$(z, u)(x, y), \quad (z, u)(y, x), \quad (u, z)(x, y), \quad (u, z)(y, x),$$

se réduiront, si l'on supprime les virgules et les parenthèses, aux huit arrangements

$$xyzu, \quad yxzu, \quad xyuz, \quad yxuz,$$
$$zuxy, \quad zuyx, \quad uzxy, \quad uzyx.$$

Donc, en vertu de la règle énoncée à la page 200, les huit substitutions permutables avec P seront les suivantes :

$$\binom{xyzu}{xyzu}, \quad \binom{yxzu}{xyzu}, \quad \binom{xyuz}{xyzu}, \quad \binom{yxuz}{xyzu},$$
$$\binom{zuxy}{xyzu}, \quad \binom{zuyx}{xyzu}, \quad \binom{uzxy}{xyzu}, \quad \binom{uzyx}{xyzu},$$

ou, ce qui revient au même, les suivantes :

$$(44)\quad \begin{cases} 1, & (x,y), & (z,u), & (x,y)(z,u), \\ (x,z)(y,u), & (x,z,y,u), & (x,u,y,z), & (x,u)(y,z). \end{cases}$$

Or, il est aisé de s'assurer que, si l'on multiplie ces huit substitutions par l'une quelconque d'entre elles, les huit produits ainsi obtenus se confondront avec ces mêmes substitutions, rangées seulement dans un nouvel ordre. Donc le système des huit substitutions permutables avec P sera, conformément au théorème IV, un système de substitutions conjuguées.

X. — *Sur les systèmes de substitutions permutables entre eux.*

Considérons n variables

$$x, \quad y, \quad z, \quad \ldots,$$

et formons avec ces variables deux systèmes de substitutions conjuguées, l'un de l'ordre a, l'autre de l'ordre b. Représentons d'ailleurs par

$$(1)\qquad 1, \quad P_1, \quad P_2, \quad \ldots, \quad P_{a-1},$$

les substitutions dont se compose le premier système, et par

$$(2)\qquad 1, \quad Q_1, \quad Q_2, \quad \ldots, \quad Q_{b-1},$$

celles dont se compose le second système. Nous dirons que les deux systèmes sont *permutables* entre eux, si tout produit de la forme

$$P_h Q_k$$

est en même temps de la forme

$$Q_k P_h.$$

Il pourra d'ailleurs arriver, ou que les indices h et k restent invariables dans le passage de la première forme à la seconde, en sorte qu'on ait

$$P_h Q_k = Q_k P_h,$$

ou que les indices h et k varient dans ce passage, en sorte qu'on ait

$$P_h Q_k = Q_{k'} P_{h'},$$

h', k' étant de nouveaux indices, liés d'une certaine manière aux nombres h et k. Dans le premier cas, l'une quelconque des substitutions (1) sera permutable avec l'une quelconque des substitutions (2). Dans le second cas, au contraire, deux substitutions de la forme P_h, Q_k, cesseront d'être généralement permutables entre elles, quoique le système des substitutions de la forme P_h soit permutable avec le système des substitutions de la forme Q_k.

Supposons maintenant que, les systèmes (1) et (2) étant permutables entre eux, on nomme S une dérivée quelconque des substitutions comprises dans les deux systèmes. Cette dérivée S sera le produit de facteurs dont chacun sera de la forme P_h ou Q_k, et l'on pourra sans altérer ce produit : 1° échanger entre eux deux facteurs dont l'un serait de la forme P_h, l'autre de la forme Q_k, pourvu que l'on modifie convenablement les valeurs des indices h et k; 2° réduire deux facteurs consécutifs de la forme P_h à un seul facteur de cette forme; 3° réduire deux facteurs consécutifs de la forme Q_k à un seul facteur de cette forme. Or il est clair qu'à l'aide de tels échanges et de telles réductions, on pourra toujours réduire définitivement la substitution S à l'une quelconque des deux formes

$$P_h Q_k, \quad Q_k P_h.$$

On peut donc énoncer la proposition suivante :

THÉORÈME I. — *Soient*

(1) $$1, \quad P_1, \quad P_2, \quad \ldots, \quad P_{a-1}$$

et

(2) $$1, \quad Q_1, \quad Q_2, \quad \ldots, \quad Q_{b-1}$$

deux systèmes de substitutions conjuguées, permutables entre eux, le premier de l'ordre a, le second de l'ordre b. Toute substitution S, *dérivée de substitutions* (1) *et* (2), *pourra être réduite à chacune des formes*

$$P_h Q_k, \quad Q_k P_h.$$

Corollaire. — Concevons maintenant que l'on construise les deux tableaux

$$(3)\quad \left\{\begin{array}{lllll} 1, & P_1, & P_2, & \ldots, & P_{a-1}, \\ Q_1, & Q_1P_1, & Q_2P_2, & \ldots, & Q_1P_{a-1}, \\ Q_2, & Q_2P_1, & Q_2P_2, & \ldots, & Q_2P_{a-1}, \\ \ldots, & \ldots\ldots, & \ldots\ldots, & \ldots, & \ldots\ldots, \\ Q_{b-1}, & Q_{b-1}P_1, & Q_{b-1}P_2, & \ldots, & Q_{b-1}P_{a-1}; \end{array}\right.$$

$$(4)\quad \left\{\begin{array}{lllll} 1, & P_1, & P_2, & \ldots, & P_{a-1}, \\ Q_1, & P_1Q_1, & P_2Q_1, & \ldots, & P_{a-1}Q_1, \\ Q_2, & P_1Q_2, & P_2Q_2, & \ldots, & P_{a-1}Q_2, \\ \ldots, & \ldots\ldots, & \ldots\ldots, & \ldots, & \ldots\ldots, \\ Q_{b-1}, & P_1Q_{b-1}, & P_2Q_{b-1}, & \ldots, & P_{a-1}Q_{b-1}. \end{array}\right.$$

Deux termes pris au hasard, non seulement dans une même ligne horizontale, mais encore dans deux lignes horizontales différentes du tableau (3), seront nécessairement distincts l'un de l'autre, si les séries (1) et (2) n'offrent pas de termes communs autres que l'unité. Car, si en nommant h, h' deux entiers inférieurs à a, et k, k' deux entiers inférieurs à b, on avait, par exemple,

$$(5)\qquad Q_kP_h = Q_{k'}P_{h'},$$

sans avoir à la fois

$$h' = h \quad \text{et} \quad k' = k,$$

l'équation (5) entraînerait la formule

$$Q_{k'}^{-1}Q_k = P_{h'}P_h^{-1},$$

en vertu de laquelle les deux séries offriraient un terme commun qui serait distinct de l'unité. Donc, dans l'hypothèse admise, les divers termes du tableau (3) qui offrira toutes les valeurs possibles du produit

$$Q_kP_h,$$

seront distincts les uns des autres, et, par suite, les dérivées distinctes des substitutions (1) et (2) se réduiront aux termes de ce tableau. Donc le système de substitutions conjuguées, formé par ces dérivées, sera d'un ordre représenté par le nombre des termes du tableau (3), c'est-à-dire par le produit ab. On pourra d'ailleurs évidemment remplacer le tableau (3) par le tableau (4); et, par conséquent, on peut énoncer la proposition suivante :

THÉORÈME II. — *Les mêmes choses étant posées que, dans le théorème I, les dérivées des substitutions* (1) *et* (2) *formeront un nouveau système de substitutions qui seront toutes comprises dans le tableau* (3), *ainsi que dans le tableau* (4); *et l'ordre de ce système sera le produit ab des ordres a, b des systèmes* (1) *et* (2), *si ces derniers systèmes n'offrent pas de termes communs autres que l'unité.*

On peut encore démontrer facilement la proposition suivante, qui peut être considérée comme réciproque du second théorème :

THÉORÈME III. — *Soient*

$$(1) \qquad 1, \quad P_1, \quad P_2, \quad \ldots, \quad P_{a-1},$$
$$(2) \qquad 1, \quad Q_1, \quad Q_2, \quad \ldots, \quad Q_{b-1},$$

deux systèmes de substitutions conjuguées, le premier de l'ordre a, le second de l'ordre b, qui n'offrent pas de termes communs autres que l'unité. Si les dérivées de ces deux systèmes forment un nouveau système de substitutions conjuguées, dont l'ordre se réduise au produit ab, toutes ces dérivées seront comprises dans chacun des tableaux (3) *et* (4), *et, par conséquent, les systèmes* (1) *et* (2) *seront permutables entre eux.*

Démonstration. — En effet, dans l'hypothèse admise, chacun des tableaux (3), (4) se composera de termes qui seront tous distincts les uns des autres, et qui seront en nombre égal à celui des dérivées des substitutions (1) et (2). Donc il renfermera toutes ces dérivées, dont chacune sera tout à la fois de la forme $Q_k P_h$ et de la forme $P_h Q_k$.

Considérons maintenant le cas particulier où les divers termes de la suite (1) se réduisent aux diverses puissances

$$(6) \qquad 1, \quad P, \quad P^2, \quad \ldots, \quad P^{a-1}$$

d'une substitution P dont l'ordre est représenté par la lettre a, et où pareillement les divers termes de la suite (2) se réduisent aux diverses puissances

$$(7) \qquad 1, \quad Q, \quad Q^2, \quad \ldots, \quad Q^{b-1}$$

d'une substitution Q dont l'ordre est représenté par la lettre b. Alors, pour que le système des substitutions (6) soit permutable avec le système des substitutions (7), il suffira que les deux suites

(8) $$Q,\quad PQ,\quad P^2Q,\quad \ldots,\quad P^{a-1}Q$$

et

(9) $$Q,\quad QP,\quad QP^2,\quad \ldots,\quad QP^{a-1}$$

offrent les mêmes termes rangés dans le même ordre ou dans deux ordres différents. En effet, cette condition étant supposée remplie, tout produit de la forme P^hQ sera en même temps de la forme $QP^{h'}$, le nombre h' pouvant être distinct du nombre h. Donc, par suite, tout produit de la forme

$$P^hQ^2 = P^hQQ$$

sera aussi de la forme

$$QP^{h'}Q,$$

et même de la forme

$$QQP^{h''} = Q^2P^{h''};$$

h'' pouvant être distinct de h et de h'. Généralement, toute substitution de la forme

$$P^hQ^k$$

pouvant être considérée comme le produit de k facteurs égaux à Q par le multiplicateur P^h, on pourra, sans altérer cette substitution, échanger successivement le facteur P^h avec chacun des facteurs égaux à Q, pourvu que chaque fois on modifie convenablement la valeur de l'exposant h; et lorsque, en vertu de semblables échanges, les k facteurs égaux à Q auront été déplacés de manière à précéder tous les facteurs égaux à P, la substitution

$$P^hQ^k$$

se présentera évidemment sous la forme

$$Q^kP^{h'}.$$

On peut donc énoncer la proposition suivante :

Théorème IV. — *Soient*

$$P,\quad Q$$

deux substitutions distinctes, la première de l'ordre a, la seconde de l'ordre b. Si les deux suites

$$Q,\quad PQ,\quad P^2Q,\quad \ldots,\quad P^{a-1}Q,$$
$$Q,\quad QP,\quad QP^2,\quad \ldots,\quad QP^{a-1}$$

offrent précisément les mêmes termes rangés dans le même ordre ou dans deux ordres différents, alors les deux systèmes de substitutions conjuguées

$$1,\quad P,\quad P^2,\quad \ldots,\quad P^{a-1}$$

et

$$1,\quad Q,\quad Q^2,\quad \ldots,\quad Q^{b-1},$$

formés, l'un avec les diverses puissances de P, *l'autre avec les diverses puissances de* Q, *seront deux systèmes permutables entre eux.*

De ce dernier théorème, joint aux théorèmes I et II, on déduit immédiatement la proposition suivante :

Théorème V. — *Les mêmes choses étant posées que dans le théorème IV, admettons, en outre, qu'aucune des substitutions*

$$P,\quad P^2,\quad \ldots,\quad P^{a-1}$$

ne se retrouve parmi les substitutions

$$Q,\quad Q^2,\quad \ldots,\quad Q^{b-1},$$

en sorte que l'équation

$$P^h = Q^k$$

ne se vérifie jamais, excepté dans le cas où l'on a

$$P^h = 1,\qquad Q^k = 1.$$

Alors toutes les dérivées des deux substitutions P, Q seront comprises dans chacune des formes

$$P^hQ^k,\qquad Q^kP^h,$$

la valeur de k devant rester la même quand on passera de la première forme à la seconde; et, par suite, ces dérivées offriront un système de substitutions conjuguées dont l'ordre sera le produit ab.

Corollaire. — Dans l'hypothèse admise, les diverses dérivées des substitutions P, Q se confondront évidemment avec les divers termes du tableau

$$(10)\quad \left\{\begin{array}{lllll} 1, & P, & P^2, & \ldots, & P^{a-1}, \\ Q, & PQ, & P^2Q, & \ldots, & P^{a-1}Q, \\ Q^2, & PQ^2, & P^2Q^2, & \ldots, & P^{a-1}Q^2, \\ \ldots, & \ldots\ldots, & \ldots\ldots, & \ldots, & \ldots\ldots\ldots, \\ Q^{b-1}, & PQ^{b-1}, & P^2Q^{b-1}, & \ldots, & P^{a-1}Q^{b-1}, \end{array}\right.$$

et aussi avec les divers termes du tableau

$$(11)\quad \left\{\begin{array}{lllll} 1, & P, & P^2, & \ldots, & P^{a-1}, \\ Q, & QP, & QP^2, & \ldots, & QP^{a-1}, \\ Q^2, & Q^2P, & Q^2P^2, & \ldots, & Q^2P^{a-1}, \\ \ldots, & \ldots\ldots, & \ldots\ldots, & \ldots, & \ldots\ldots\ldots, \\ Q^{b-1}, & Q^{b-1}P, & Q^{b-1}P^2, & \ldots, & Q^{b-1}P^{a-1}, \end{array}\right.$$

XI. — *Des substitutions arithmétiques et des substitutions géométriques.*

Considérons n variables

$$x,\ y,\ z,\ \ldots.$$

Supposons, d'ailleurs, que l'on représente ces diverses variables par une même lettre x successivement affectée des indices

$$0,\ 1,\ 2,\ \ldots,\ n-1;$$

et, en conséquence, à la place de

$$x,\ y,\ z,\ \ldots,$$

écrivons

$$(1)\qquad x_0,\ x_1,\ x_2,\ \ldots,\ x_{n-1}.$$

Enfin concevons que l'on regarde comme pouvant être indifféremment remplacés l'un par l'autre deux indices, dont la différence se réduit à un multiple de n; en sorte qu'on ait, pour toute valeur entière positive ou même négative de l,

$$x_l = x_{l+n} = x_{l+2n} = \ldots = x_{l-n} = x_{l-2n} = \ldots.$$

Pour reproduire la suite (1), ou du moins les termes de cette suite rangés dans un nouvel ordre, il suffira d'ajouter aux indices de ces divers termes une même quantité h, ou bien encore de multiplier ces indices par un même nombre r premier à n. Dans le premier cas, à la place de la série (1), on obtiendra la suivante

$$(2) \qquad x_h, \quad x_{h+1}, \quad x_{h+2}, \quad \ldots, \quad x_{h+n-1}.$$

Dans le second cas, au contraire, la série (1) sera remplacée par celle-ci

$$(3) \qquad x_0, \quad x_r, \quad x_{2r}, \quad \ldots, \quad x_{(n-1)r}.$$

Il est bon d'observer qu'au terme x_l de la série (1) correspond le terme x_{l+h} de la série (2), et que le *rapport arithmétique* des indices

$$l+h, \quad l,$$

qui affectent la lettre x dans ces deux termes, se réduit précisément à la constante h. Au contraire, au terme x_l de la série (1) correspond le terme x_{rl} de la série (3), et le *rapport géométrique* des indices

$$rl, \quad l,$$

qui affectent la lettre x dans ces deux termes, se réduit précisément à la constante r. Pour ce motif, en supposant, comme ci-dessus, que les variables données sont représentées par une seule lettre successivement affectée des indices

$$0, \quad 1, \quad 2, \quad \ldots, \quad n-1,$$

nous appellerons *substitution arithmétique* la substitution qui consiste à remplacer chaque terme de la série (1) par le terme correspondant de la série (2), et nous appellerons, au contraire, *substitution géométrique* la substitution qui consiste à remplacer chaque terme de la série (1) par le terme correspondant de la série (3). Cela posé, la substitution arithmétique la plus simple sera la substitution circulaire

$$(4) \qquad \mathrm{P} = (x_0, x_1, x_2, \ldots, x_{n-1}),$$

qui consiste à remplacer généralement x_l par x_{l+1}, et il suffira évidemment d'élever celle-ci à la puissance du degré h pour obtenir la substitution qui consiste à remplacer généralement x_l par x_{l+h}. Ainsi, la valeur de P étant déterminée par la formule (4), chaque terme de la série (1) se trouvera remplacé par le terme correspondant de la série (2) en vertu de la substitution circulaire ou régulière P^h.

Soit maintenant Q la substitution géométrique qui consiste à remplacer généralement le terme x_l de la série (1) par le terme correspondant x_{rl} de la série (3) en sorte qu'on ait

$$(5) \qquad Q = \begin{pmatrix} x_0 x_1 x_{2r} \ldots x_{(n-1)r} \\ x_0 x_1 x_2 \ \ldots x_{n-1} \end{pmatrix}.$$

Alors, k étant un nombre entier quelconque, la substitution Q^k sera celle qui consiste à remplacer la variable x_l par la variable $x_{r^k l}$; et, par suite, pour que l'on ait identiquement

$$(6) \qquad Q^k = 1,$$

il faudra que l'on ait, quel que soit l,

$$(7) \qquad r^k l \equiv l \quad (\bmod n).$$

D'ailleurs, r étant, par hypothèse, premier à n, la formule (7), que l'on peut écrire comme il suit

$$(r^k - 1) l \equiv 0 \quad (\bmod n),$$

donnera

$$r^k - 1 \equiv 0 \quad (\bmod n),$$

ou, ce qui revient au même,

$$(8) \qquad r^k \equiv 1 \quad (\bmod n).$$

Donc l'équation (6) entraînera toujours la formule (8); et l'ordre i de la substitution géométrique Q, c'est-à-dire la plus petite des valeurs de k, pour lesquelles se vérifiera l'équation (6), sera en même temps la plus petite des valeurs de k pour lesquelles se vérifiera la formule (8).

n étant un nombre entier quelconque, et r l'un des nombres premiers à n, l'exposant k de la puissance à laquelle il faut élever la *base* r pour obtenir un nombre équivalent, suivant le module n, à un reste donné, est ce qu'on nomme l'*indice* de ce reste. Cela posé, le nombre i, ou la plus petite des valeurs de k pour lesquelles se vérifie la formule (8), n'est évidemment autre chose que le plus petit des indices de l'unité. Ce même nombre i est encore celui qui indique combien l'on peut obtenir de restes différents en divisant par n les termes de la progression géométrique

$$1, \ r, \ r^2, \ r^3, \ \ldots,$$

et qui, pour cette raison, a été désigné, dans un précédent Mémoire, sous le nom d'*indicateur*. En conséquence, on peut énoncer la proposition suivante :

THÉORÈME I. — *n étant un nombre entier quelconque, et r étant l'un des nombres premiers à n, l'ordre de la substitution géométrique* Q, *déterminée par la formule* (8), *se confond avec l'indicateur i relatif à la base r.*

Concevons à présent que, h, k étant deux nombres entiers quelconques, on forme, avec les variables

$$x_0, \ x_1, \ x_2, \ \ldots, \ x_{n-1},$$

les trois substitutions

$$P^h, \quad Q^k \quad \text{et} \quad Q^k P^h.$$

Ces substitutions consisteront évidemment, la première à remplacer l'indice l d'une variable quelconque par l'indice $l+h$, la deuxième à remplacer l'indice l par l'indice $r^k l$, et la troisième à remplacer l'indice l par l'indice

$$r^k(l+h).$$

Au contraire, h' étant un entier distinct de h, la substitution

$$P^{h'} Q^k$$

consisterait à remplacer l'indice l d'une variable quelconque par l'indice

$$h' + r^k l.$$

Donc on aura généralement

$$Q^k P^h = P^{h'} Q^k, \tag{9}$$

si l'on a

$$h' + r^k l = r^k(l+h),$$

ou, ce qui revient au même, si l'on a

$$h' = r^k h.$$

Mais alors l'équation (9) donnera

$$Q^k P^h = P^{r^k h} Q^k,$$

et il est d'ailleurs facile de s'assurer que cette dernière formule s'étend à des valeurs entières quelconques non seulement positives, mais encore négatives de h. On peut donc énoncer généralement la proposition suivante :

Théorème II. — *Représentons n variables distinctes par une même lettre x successivement affectée des indices*

$$0, \quad 1, \quad 2, \quad \ldots, \quad n-1,$$

et concevons que l'on regarde comme pouvant être indifféremment remplacés l'un par l'autre deux indices dont la différence se réduit à un multiple de n. Soit d'ailleurs r un nombre entier, premier à n. Enfin soient

$$P, \quad Q$$

deux substitutions, l'une arithmétique, l'autre géométrique, déterminées par les formules (4) *et* (5), *c'est-à-dire deux substitutions qui consistent, la première à remplacer l'indice l d'une variable quelconque par l'indice $l+1$, la seconde à remplacer l'indice l par l'indice rl. Alors on aura, pour des valeurs entières quelconques de h, et pour des valeurs entières et positives de k,*

$$Q^k P^h = P^{r^k h} Q^k. \tag{10}$$

Corollaire I. — Poser l'équation (10), c'est dire que l'équation (9), savoir

$$Q^k P^h = P^{h'} Q^k,$$

subsiste quand les exposants h, h' vérifient la condition

$$h' = r^k h.$$

D'ailleurs, de cette dernière formule, combinée avec l'équation

$$r^i \equiv 1 \quad (\mathrm{mod}\, n),$$

on tire, en supposant $k < i$,

$$r^i h' \equiv r^k h \qquad (\bmod n),$$

ou, ce qui revient au même,

$$h \equiv r^{i-k} h' \qquad (\bmod n),$$

et plus généralement, en désignant par i' un multiple de i supérieur à k,

$$h \equiv r^{i'-k} h' \qquad (\bmod n).$$

Donc, poser l'équation (10), c'est dire encore que l'équation (9) subsiste quand les exposants h, h' vérifient la condition

$$h = r^{i'-k} h'.$$

Il résulte de ces observations qu'on peut, dans la formule (9), choisir arbitrairement l'un quelconque des exposants h, h'. Il en résulte aussi que tout produit de la forme

$$Q^k P^h$$

est en même temps de la forme

$$P^h Q^k,$$

et réciproquement, la valeur de l'exposant h devant seule varier quand on passe d'une forme à l'autre. Donc, en vertu de l'équation (9), les diverses puissances de P, savoir

$$(11) \qquad 1, \quad P, \quad P^2, \quad \ldots, \quad P^{n-1},$$

offrent un système de substitutions permutables avec le système des substitutions

$$(12) \qquad 1, \quad Q, \quad Q^2, \quad \ldots, \quad Q^{i-1},$$

qui représentent les diverses puissances de Q.

Corollaire II. — Il est bon d'observer encore que la substitution arithmétique P et celles de ses puissances qui ne se réduisent pas à l'unité, déplacent les n variables données

$$x_0, \quad x_1, \quad x_2, \quad \ldots, \quad x_{n-1}.$$

Au contraire, la substitution géométrique Q, déterminée par la formule (5), ou, ce qui revient au même, par la suivante,

(13) $$Q = \begin{pmatrix} x_r x_{2r} \ldots x_{(n-1)r} \\ x_1 x_2 \ldots x_{n-1} \end{pmatrix},$$

laisse immobiles la variable x_0 quand n est un nombre impair, et les deux variables x_0, $x_{\frac{n}{2}}$ quand n est un nombre pair. La même propriété devant évidemment appartenir à celles des puissances de Q qui diffèrent de l'unité, il est clair que les deux substitutions

$$P, \quad Q$$

ne pourront jamais vérifier la formule

$$P^h = Q^k,$$

excepté dans le cas où l'on aura

$$P^h = 1, \qquad Q^k = 1.$$

Corollaire III. — Les deux corollaires précédents, joints au théorème III du paragraphe X, entraînent évidemment la proposition suivante :

Théorème III. — *Les mêmes choses étant posées que dans le théorème* II, *les dérivées des deux substitutions* P, Q *seront toutes comprises sous chacune des deux formes*

$$P^h Q^k, \quad Q^k P^h,$$

et composeront un système de substitutions conjuguées qui sera d'un ordre représenté par le produit

$$ni,$$

i étant l'indicateur correspondant à la base r, c'est-à-dire la plus petite des valeurs de k propres à vérifier la formule (8).

Nota. — On arriverait encore aux mêmes conclusions en observant qu'il suffit de poser $k = 1$ dans l'équation (10) pour obtenir la formule

(14) $$QP^h = P^{rh}Q.$$

Or, il résulte de cette dernière formule que les deux suites

$$Q, \quad PQ, \quad P^2Q, \quad \ldots, \quad P^{n-1}Q,$$
$$Q, \quad QP, \quad Q^2P, \quad \ldots, \quad QP^{n-1}$$

offrent les mêmes termes, rangés seulement dans deux ordres différents. Cela posé, il est clair que le théorème III sera une conséquence immédiate du théorème V du paragraphe X.

Soit maintenant a un diviseur de n, distinct de l'unité; et posons

$$\nu = \frac{n}{a}, \tag{15}$$

$$R = P^a. \tag{16}$$

R sera précisément la substitution arithmétique qui consiste à remplacer x_l par $x_{l+\frac{n}{a}}$, ou, ce qui revient au même, par $x_{l+\nu}$. D'ailleurs on tirera de l'équation (10), en y remplaçant h par ah, et ayant égard à la formule (16),

$$Q^k R^h = R^{r^k h} Q^k. \tag{17}$$

Enfin, comme la substitution R et ses puissances d'un degré inférieur à ν déplaceront toutes les variables données, tandis que la substitution Q et ses puissances d'un degré inférieur à i laissent immobile au moins la variable x_0, il est clair que les deux suites

$$1, \quad P, \quad P^2, \quad \ldots, \quad P^{\nu-1},$$
$$1, \quad Q, \quad Q^2, \quad \ldots, \quad Q^{i-1}$$

n'offriront pas de termes communs autres que l'unité. Cela posé, des raisonnements semblables à ceux dont nous avons fait usage pour établir le théorème III suffiront pour déduire de la formule (17) la proposition suivante :

Théorème IV. — *Les mêmes choses étant posées que dans le théorème* II, *nommons* ν *un diviseur de* n *distinct de l'unité, et soit* R *la substitution arithmétique qui consiste à remplacer généralement* x_l *par* $x_{l+\nu}$. *Les dérivées des deux substitutions* R, Q *seront toutes comprises sous chacune des deux formes*

$$Q^k R^h, \quad R^h Q^k,$$

et composeront un système de substitutions conjuguées qui sera d'un ordre représenté par le produit

$$\nu i.$$

Appliquons maintenant les théorèmes que nous venons d'établir à quelques exemples.

Supposons d'abord $n = 7$, $r = 3$. Alors les deux substitutions P, Q, déterminées par les formules

$$\text{(18)} \qquad P = (x_0, x_1, x_2, x_3, x_4, x_5, x_6),$$

$$\text{(19)} \qquad Q = (x_1, x_3, x_2, x_6, x_4, x_5),$$

seront, la première du septième ordre, la seconde du sixième ordre. On aura donc $i = 6$; et, en effet, le nombre 7 étant pris pour module, 6 sera l'indicateur correspondant à la base $r = 3$, puisque, dans la progression géométrique

$$3, \quad 3^2, \quad 3^3, \quad 3^4, \quad 3^5, \quad 3^6, \quad \ldots,$$

3^6 sera le premier terme qui, divisé par 7, donne pour reste l'unité. Cela posé, on conclura du théorème III que les substitutions arithmétique et géométrique P, Q, déterminées par les formules (18), (19), composent, avec leurs dérivées, un système dont l'ordre est représenté par le produit

$$6.7 = 42.$$

Supposons en second lieu $n = 7$, $r = 2$. Alors la substitution géométrique Q, déterminée, non plus par la formule (19), mais par la suivante

$$\text{(20)} \qquad Q = (x_1, x_2, x_4)(x_3, x_6, x_5),$$

sera du troisième ordre. On aura donc $i = 3$; et, en effet, le nombre 7 étant pris pour module, 3 sera l'indicateur correspondant à la base 2, puisque, dans la progression géométrique

$$2, \quad 2^2, \quad 2^3, \quad \ldots,$$

$2^3 = 8$ sera le premier terme qui, divisé par 7, donne pour reste l'unité. Cela posé, on conclura du théorème III que les substitutions arithmétique et géométrique P, Q, déterminées par les formules (18) et (20), composent, avec leurs dérivées, un système dont l'ordre est représenté par le produit

$$3 \times 7 = 21.$$

Supposons encore $n = 9$, $r = 2$. Alors les deux substitutions P, Q, déterminées par les formules

$$P = (x_0, x_1, x_2, x_3, x_4, x_5, x_6, x_7, x_8), \tag{21}$$

$$Q = (x_1, x_2, x_4, x_8, x_5)(x_3, x_6), \tag{22}$$

seront, la première du neuvième ordre, la seconde du sixième ordre. On aura donc $i = 6$; et, en effet, le nombre 9 étant pris pour module, 6 sera l'indicateur correspondant à la base 2, puisque, dans la progression géométrique

$$2, \quad 2^2, \quad 2^3, \quad 2^4, \quad 2^5, \quad 2^6, \quad \ldots,$$

$2^6 = 64$ sera le premier terme qui, divisé par 9, donne pour reste l'unité. Cela posé, on conclura du théorème III que les deux substitutions arithmétique et géométrique P, Q, déterminées par les formules (21) et (22), composent, avec leurs dérivées, un système dont l'ordre est représenté par le produit

$$6.9 = 54.$$

Supposons enfin qu'à la substitution Q, déterminée par la formule (22), on joigne, non plus la substitution P, déterminée par la formule (21), mais la substitution R, dont la valeur est fournie par l'équation

$$R = P^3, \tag{23}$$

ou, ce qui revient au même, par la suivante

$$R = (x_0, x_3, x_6)(x_1, x_4, x_7)(x_2, x_5, x_8). \tag{24}$$

Alors R sera une substitution arithmétique de l'ordre

$$\frac{n}{3} = 3,$$

et l'on conclura du théorème IV que les substitutions arithmétique et géométrique Q, R, déterminées par les formules (22) et (24), composent, avec leurs dérivées, un système dont l'ordre est représenté par le produit

$$3.9 = 27.$$

Pour un module quelconque n, l'indicateur i dépend de la base r, et devient un *maximum* quand cette base r est une *racine primitive* correspondante au module n. Si l'on nomme I cet indicateur maximum, chacun des indicateurs qui correspondront aux diverses bases représentées par les divers nombres premiers à n sera égal à I ou à un diviseur de I. D'ailleurs, si l'on suppose

$$n = p^f q^g \ldots,$$

p et q, ... étant les facteurs premiers de n, l'indicateur maximum I sera le plus petit nombre entier divisible à la fois par chacun des produits

$$p^{f-1}(p-1), \quad q^{g-1}(q-1), \quad \ldots,$$

l'un de ces produits, savoir celui qui répondra au facteur 2, devant être remplacé par sa moitié quand n sera pair et divisible par 8.

Si n se réduit à une puissance d'un nombre premier et impair p, en sorte qu'on ait

$$n = p^f,$$

on trouvera

$$\mathrm{I} = p^{f-1}(p-1) = n\left(1 - \frac{1}{p}\right).$$

Si n se réduit à un nombre premier p, on aura simplement

$$\mathrm{I} = n - 1.$$

Eu égard aux remarques qu'on vient de faire, les théorèmes III et IV entraîneront évidemment les propositions suivantes :

Théorème V. — *Les mêmes choses étant posées que dans le théorème II, si l'on nomme r une des racines primitives correspondantes au module n, et I l'indicateur maximum relatif à ce module, c'est-à-dire le plus petit des indices de l'unité correspondants à la base r, la substitution géomé-*

trique Q, *qui aura pour objet de remplacer généralement* x_l *par* x_{rl}, *sera de l'ordre* I.

Alors aussi les dérivées des deux substitutions P, Q seront toutes comprises sous chacune des deux formes

$$Q^k P^h, \quad P^h Q^k,$$

et composeront un système dont l'ordre sera représenté par le produit

$$n\mathrm{I}.$$

Corollaire. — Si n est un nombre premier, on aura simplement

$$\mathrm{I} = n - 1,$$

et, par suite, les dérivées des deux substitutions

$$P, \quad Q$$

composeront un système dont l'ordre sera représenté par le produit

$$n(n-1).$$

THÉORÈME VI. — *Les mêmes choses étant posées que dans le théorème* V, *soit* ν *un diviseur de* n *autre que l'unité, et nommons* R *la substitution arithmétique qui consiste à remplacer généralement* x_l *par* $x_{l+\nu}$. *Les dérivées des deux substitutions* Q, R *seront toutes comprises sous chacune des deux formes*

$$Q^k R^h, \quad R^h Q^k,$$

et composeront un système dont l'ordre sera exprimé par le produit $\nu\mathrm{I}$.

Au lieu de représenter les diverses variables par une même lettre successivement accompagnée d'indices divers, on pourrait continuer à les représenter par différentes lettres

$$x, \quad y, \quad z, \quad \ldots,$$

puis assigner à chaque variable un numéro propre à indiquer, ou le rang qu'elle occupe dans la série de ces lettres écrites à la suite l'une de l'autre, suivant un ordre déterminé, ou, mieux encore, ce même rang diminué de l'unité. Alors la substitution désignée par Q dans les théorèmes précédents serait celle qui consiste à remplacer la variable correspondante au numéro l par la variable correspondante au numéro rl, ou plutôt au numéro équivalent au reste de la division du produit rl par le numéro l.

Supposons, pour fixer les idées, $n = 5$; alors cinq variables représentées par les lettres

$$x, \quad y, \quad z, \quad u, \quad v$$

pourront être censées correspondre aux numéros

$$0, \quad 1, \quad 2, \quad 3, \quad 4.$$

Alors aussi, en multipliant les quatre derniers numéros par le facteur r, on obtiendra les produits

$$r, \quad 2r, \quad 3r, \quad 4r;$$

et, si l'on pose $r = 2$, ces produits, divisés par 5, donneront pour restes

$$2, \quad 4, \quad 1, \quad 3.$$

Ainsi, dans cette hypothèse, la substitution désignée par Q aura pour effet de substituer aux variables dont les numéros étaient

$$1, \quad 2, \quad 3, \quad 4,$$

les variables dont les numéros sont

$$2, \quad 4, \quad 1, \quad 3,$$

c'est-à-dire de substituer aux variables

$$y, \quad z, \quad u, \quad v$$

les variables

$$z, \quad v, \quad y, \quad u.$$

On aura donc

$$Q = (y, z, v, u).$$

Cela posé, on conclura du théorème II que les dérivées des deux substitutions

$$(25) \qquad P = (x, y, z, u, v), \qquad Q = (y, z, v, u)$$

sont toutes comprises sous chacune des formes

$$P^h Q^k, \quad Q^k P^h,$$

et que l'ordre du système de ces dérivées est égal au produit

$$5.4 = 20$$

des nombres 5 et 4 qui représentent les ordres des substitutions P et Q. Effectivement les dérivées des substitutions P, Q dont les valeurs sont données par les formules (25) se réduiront aux vingt substitutions comprises dans le tableau

$$(26)\qquad \begin{cases} 1, & P, & P^2, & P^3, & P^4, \\ Q, & QP, & QP^2, & QP^3, & QP^4, \\ Q^2, & Q^2P, & Q^2P^2, & Q^2P^3, & Q^2P^4, \\ Q^3, & Q^3P, & Q^3P^2, & Q^3P^3, & Q^3P^4, \end{cases}$$

ou, ce qui revient au même, dans le suivant :

$$(27)\qquad \begin{cases} 1, & (x, y, z, u, v), & (x, z, v, y, u), & (x, u, y, v, z), & (x, v, u, z, y), \\ (y, z, v, u), & (v, x, z, y), & (z, u, x, v), & (x, y, u, z), & (u, v, y, x), \\ (y, v)(z, u) & (u, y)(v, x), & (x, u)(y, z), & (z, x)(u, v), & (v, z)(x, y), \\ (y, x, v, z) & (z, v, x, u), & (u, x, y, v), & (v, y, z, x), & (x, z, u, y). \end{cases}$$

Ajoutons qu'en vertu de la formule (10), on aura généralement

$$(28)\qquad Q^k P^h = P^{2kh} Q^k,$$

et, par suite,

$$(29)\qquad \begin{cases} QP = P^2Q, & QP^2 = P^4Q, & QP^3 = PQ, & QP^4 = P^3Q, \\ Q^2P = P^4Q^2, & Q^2P^2 = P^3Q^2, & Q^2P^3 = P^2Q^2, & Q^2P^4 = PQ^2, \\ Q^3P = P^3Q^3, & Q^3P^2 = P\,Q^3, & Q^3P^3 = P^4Q^3, & Q^3P^4 = P^2Q^3. \end{cases}$$

XII. — *Sur diverses propriétés remarquables des systèmes de substitutions conjuguées.*

Considérons n variables

$$x, \quad y, \quad z, \quad \ldots.$$

Le nombre total N des arrangements, ou bien encore des substitutions que l'on pourra former avec ces variables, sera représenté par le produit

$$N = 1.2.3\ldots n;$$

et l'un quelconque des systèmes de substitutions conjuguées, formés avec ces mêmes variables, sera toujours d'un ordre exprimé par un diviseur de N. De plus, ces systèmes jouiront encore de diverses propriétés remarquables dont quelques-unes ont été déjà établies dans le paragraphe VI. Je vais maintenant en démontrer quelques autres, qui se trouvent exprimées par les théorèmes suivants :

THÉORÈME I. — *Formons avec n variables*

$$x, \quad y, \quad z, \quad \ldots$$

deux systèmes de substitutions conjuguées; et soient

$$(1) \qquad 1, \quad P_1, \quad P_2, \quad \ldots, \quad P_{a-1},$$

$$(2) \qquad 1, \quad Q_1, \quad Q_2, \quad \ldots, \quad Q_{b-1},$$

ces deux systèmes, le premier de l'ordre a, le second de l'ordre b. Soit d'ailleurs I *le nombre des substitutions* R *pour lesquelles se vérifient des équations symboliques et linéaires de la forme*

$$(3) \qquad RP_h = Q_k R,$$

h étant l'un quelconque des entiers

$$1, \quad 2, \quad \ldots, \quad a-1,$$

et k l'un quelconque des entiers

$$1, \quad 2, \quad \ldots, \quad b-1.$$

Le nombre I, *divisé par le produit ab, fournira le même reste que le nombre*

$$N = 1.2.3\ldots n,$$

et l'on aura, en conséquence,

$$(4) \qquad I \equiv N \quad (\bmod ab).$$

Démonstration. — Faisons, pour abréger,

$$(5) \qquad J = N - I.$$

Parmi les substitutions que l'on pourra former avec $x, y, z, \ldots$, celles pour lesquelles ne se vérifieront jamais des équations semblables à la formule (3) seront en nombre égal à J. Nommons U l'une de ces dernières substitutions. Les divers termes du tableau

$$(6)\quad \left\{\begin{array}{lllll} U, & UP_1, & UP_2, & \ldots, & UP_{a-1}, \\ Q_1U, & Q_1UP_1, & Q_1UP_2, & \ldots, & Q_1UP_{a-1}, \\ Q_2U, & Q_2UP_1, & Q_2UP_2, & \ldots, & Q_2UP_{a-1}, \\ \ldots & \ldots & \ldots & \ldots & \ldots, \\ Q_{b-1}U, & Q_{b-1}UP_1, & Q_{b-1}UP_2, & \ldots, & Q_{b-1}UP_{a-1} \end{array}\right.$$

seront tous inégaux entre eux. Car, si l'on avait

$$Q_kUP_h = Q_{k'}UP_{h'},$$

et, par suite,

$$(7)\qquad UP_hP_{h'}^{-1} = Q_k^{-1}Q_{k'}U,$$

sans avoir en même temps

$$P_{h'} = P_h \quad \text{et} \quad Q_{k'} = Q_k,$$

on réduirait l'équation (5) à la forme

$$(8)\qquad U\mathfrak{P} = \mathfrak{Q}U,$$

en posant

$$\mathfrak{P} = P_hP_{h'}^{-1}, \qquad \mathfrak{Q} = Q_k^{-1}Q_{k'}.$$

Mais alors, des deux substitutions $\mathfrak{P}$, $\mathfrak{Q}$, dont l'une au moins serait distincte de l'unité, la première représenterait encore un terme de la série (1), et la seconde un terme de la série (2). Donc la formule (7) ou (8), considérée comme propre à déterminer U, serait semblable à l'équation (3), et la substitution U se réduirait, contre l'hypothèse admise, à l'une des valeurs de R.

Soit maintenant V une substitution nouvelle qui, étant formée avec les variables $x, y, z, \ldots$, ne se réduise ni à l'une des valeurs de R, ni à aucune des substitutions comprises dans le tableau (6). Les divers termes du tableau

$$(9)\quad \left\{\begin{array}{lllll} V, & VP_1, & VP_2, & \ldots, & VP_{a-1}, \\ Q_1V, & Q_1VP_1, & Q_1VP_2, & \ldots, & Q_1VP_{a-1}, \\ Q_2V, & Q_2VP_1, & Q_2VP_2, & \ldots, & Q_2VP_{a-1}. \\ \ldots & \ldots & \ldots & \ldots & \ldots, \\ Q_{b-1}V, & Q_{b-1}VP_1, & Q_{b-1}VP_2, & \ldots, & Q_{b-1}VP_{a-1} \end{array}\right.$$

seront encore tous inégaux entre eux, et même ils seront distincts de tous ceux que renferme le tableau (6); car, si l'on avait

$$Q_k U P_h = Q_{k'} V P_{h'},$$

on en conclurait

$$(10) \qquad V = Q_{k'}^{-1} Q_k U P_h P_{h'}^{-1};$$

puis, en posant, pour abréger,

$$\mathfrak{P} = P_h P_{h'}^{-1}, \qquad \mathfrak{Q} = Q_{k'}^{-1} Q_k,$$

on réduirait l'équation (9) à la formule

$$(11) \qquad V = \mathfrak{Q} U \mathfrak{P};$$

et, comme les deux produits $\mathfrak{P}$, $\mathfrak{Q}$ représenteraient encore, le premier un terme de la série (1), le second un terme de la série (2), il est clair qu'en vertu de la formule (11), V se réduirait, contre l'hypothèse admise, à l'un des termes renfermés dans le tableau (6).

En continuant de la sorte, on répartira les J substitutions, pour lesquelles ne se vérifieront jamais des équations semblables à la formule (3), entre plusieurs tableaux que l'on déduira successivement du tableau (6), en remplaçant dans celui-ci la substitution U, qui représente le premier terme, par une autre substitution V, ou W, etc. D'ailleurs, les termes qui se trouveront renfermés dans chaque tableau, en nombre équivalent au produit ab, seront tous inégaux entre eux. Il y a plus : les termes que comprendra le système des divers tableaux seront encore tous distincts les uns des autres, si l'on a soin de prendre pour premier terme de chaque nouveau tableau une substitution non comprise dans les tableaux déjà formés. Cette condition étant supposée remplie, le nombre total des termes compris dans les divers tableaux sera nécessairement le nombre représenté par J. Donc le nombre J ou N — I sera un multiple du nombre des termes renfermés dans chaque tableau, c'est-à-dire du produit ab. Donc les nombres I et N, divisés par le produit ab, fourniront le même reste.

Corollaire. — Si les deux systèmes de substitutions conjuguées, mentionnés dans le théorème I, se réduisent à un seul, alors, à la place de ce théorème, on obtiendra la proposition suivante :

THÉORÈME II. — *Soit a l'ordre d'un système de substitutions conjuguées*

$$1, \quad P_1, \quad P_2, \quad \ldots, \quad P_{a-1},$$

formées avec les n variables

$$x, \quad y, \quad z, \quad \ldots;$$

et nommons I *le nombre des substitutions* R *pour lesquelles se vérifient des équations de la forme*

$$RP_h = P_k R, \tag{12}$$

h, k étant des nombres entiers égaux ou inégaux, pris dans la suite

$$0, \quad 1, \quad 2, \quad \ldots, \quad a-1.$$

Le nombre I, *divisé par le carré de a, fournira le même reste que le produit*

$$N = 1.2.3\ldots n,$$

en sorte qu'on aura

$$I \equiv N \quad (\mathrm{mod}\, a^2). \tag{13}$$

Corollaire. — Si a^2 surpasse N, la formule (13) donnera nécessairement

$$I = N, \tag{14}$$

et, par suite, une substitution quelconque R sera du nombre de celles pour lesquelles peut se vérifier l'équation (12).

Revenons maintenant à la formule (3). Cette formule exprime évidemment que les deux substitutions

$$P_h, \quad Q_k,$$

dont la première est l'un des termes qui suivent l'unité dans la série (1), et la seconde l'un des termes qui suivent l'unité dans la série (2), sont semblables l'une à l'autre. Donc il sera impossible de satisfaire à l'équation (3) si aucune des substitutions

$$P_1, \quad P_2, \quad \ldots, \quad P_{a-1}$$

n'est semblable à l'une des substitutions

$$Q_1, \quad Q_2, \quad \ldots, \quad Q_{b-1}.$$

Donc alors on aura

$$I = 0,$$

et la formule (4), réduite à celle-ci

(15) $$N \equiv 0 \quad (\bmod ab),$$

exprimera que le nombre N est divisible par le produit ab. En conséquence, on peut énoncer la proposition suivante :

Théorème III. — *Formons avec n variables*

$$x, \quad y, \quad z, \quad \ldots$$

deux systèmes de substitutions conjuguées, et supposons que ces deux systèmes étant, le premier de l'ordre a, le second de l'ordre b, renferment, outre l'unité, d'une part, les substitutions

(16) $$P_1, \quad P_2, \quad \ldots, \quad P_{a-1},$$

d'autre part, les substitutions

(17) $$Q_1, \quad Q_2, \quad \ldots, \quad Q_{b-1}.$$

Si aucune des substitutions (16) *n'est semblable à l'une des substitutions* (17), *le nombre*

$$N = 1.2.3\ldots n$$

sera divisible par le produit ab.

Le théorème que nous venons d'énoncer entraîne encore évidemment la proposition suivante :

Théorème IV. — *Soient*

$$1, \quad P_1, \quad P_2, \quad \ldots, \quad P_{a-1}$$

et

$$1, \quad Q_1, \quad Q_2, \quad \ldots, \quad Q_{b-1}$$

deux systèmes de substitutions conjuguées, le premier de l'ordre a, le second de l'ordre b, formés l'un et l'autre avec les n variables

$$x, \quad y, \quad z, \quad \ldots.$$

Si le produit ab n'est pas un diviseur du nombre

$$N = 1.2.3\ldots n,$$

alors, des substitutions

$$P_1,\quad P_2,\quad \ldots,\quad P_{a-1},$$

une ou plusieurs seront semblables à une ou plusieurs des substitutions

$$Q_1,\quad Q_2,\quad \ldots,\quad Q_{b-1}.$$

Corollaire I. — Soient maintenant p un nombre premier, égal ou inférieur à n, et p^f la plus haute puissance de p qui divise le produit

$$N = 1.2.3\ldots n.$$

D'après ce qui a été dit dans le paragraphe VII (p. 221), on pourra former avec les n variables $x, y, z, \ldots$ un système de substitutions primitives et conjuguées qui sera de l'ordre p^f; et rien n'empêchera de supposer que l'on prend ces mêmes substitutions pour termes de la suite

$$1,\quad Q_1,\quad Q_2,\quad \ldots,\quad Q_{b-1}.$$

Or, dans cette hypothèse, b étant égal à p^f, le produit ab ne pourra diviser N si a est divisible par p; et, d'ailleurs, chacune des substitutions

$$Q_1,\quad Q_2,\quad \ldots,\quad Q_{b-1},$$

étant une substitution primitive dont l'ordre sera représenté par l'un des nombres

$$p,\quad p^2,\quad \ldots,\quad p^f,$$

aura pour dérivées d'autres termes de la suite

$$1,\quad Q_1,\quad Q_2,\quad \ldots,\quad Q_{b-1},$$

parmi lesquels (*voir* le théorème VIII du paragraphe VIII) on trouvera au moins une substitution régulière de l'ordre p. Donc, en vertu du théorème IV, si l'ordre a du système de substitutions

$$1,\quad P_1,\quad P_2,\quad \ldots,\quad P_{a-1}$$

est divisible par le nombre premier p, l'une au moins des substitutions

$$P_1, \quad P_2, \quad \ldots, \quad P_{a-1}$$

sera régulière et de l'ordre p.

Corollaire II. — Si l'on représente par des lettres diverses

$$P, \quad Q, \quad R, \quad \ldots$$

les substitutions qui, dans le théorème IV, sont désignées à l'aide d'une seule lettre P successivement affectée des indices

$$1, \quad 2, \quad 3, \quad \ldots, \quad a-1,$$

et si, d'ailleurs, on nomme M l'ordre du système des substitutions conjuguées

$$1, \quad P, \quad Q, \quad R, \quad \ldots,$$

alors la proposition établie dans le corollaire I sera réduite à celle dont voici l'énoncé :

Théorème V. — *Soit* M *l'ordre du système des substitutions conjuguées*

(18) $$1, \quad P, \quad Q, \quad R, \quad \ldots$$

formées avec les n variables $x, y, z, \ldots$, et nommons p un nombre premier égal ou inférieur à n. Si M *est divisible par p, l'une au moins des substitutions*

$$P, \quad Q, \quad R, \quad \ldots$$

sera une substitution régulière de l'ordre p.

Corollaire. — Lorsque le nombre premier p devient supérieur à $\frac{n}{2}$, une substitution régulière et de l'ordre p, formée avec les n variables $x, y, z, \ldots$, ne peut être qu'une substitution circulaire. Donc le théorème VII entraîne encore la proposition suivante :

Théorème VI. — *Soit* M *l'ordre du système des substitutions conjuguées*

$$1, \quad P, \quad Q, \quad R, \quad \ldots,$$

formées avec les n variables $x, y, z, \ldots$, et nommons p un nombre premier égal ou inférieur à n, mais supérieur à $\frac{n}{2}$. Si M *est divisible par p,* *l'une au moins des substitutions*

$$P, \quad Q, \quad R, \quad \ldots$$

sera une substitution circulaire de l'ordre p.

Pour montrer une application du théorème VI, supposons que, n étant égal à 5, les variables données soient

$$x, \quad y, \quad z, \quad u, \quad v.$$

Au module 5 correspondront, d'une part, les racines primitives 2 et 3, d'autre part, l'indicateur *maximum*

$$n - 1 = 4,$$

dont les diviseurs

$$1, \quad 2, \quad 4$$

représenteront les divers indicateurs correspondants à des bases quelconques; et l'on conclura du troisième des théorèmes démontrés dans le paragraphe XI, qu'avec cinq variables on peut former non seulement une substitution circulaire du cinquième ordre, mais encore un système de substitutions conjuguées dont l'ordre soit représenté par le produit

$$5 \times 2 = 10,$$

ou par le produit

$$5 \times 4 = 20.$$

Ainsi, en particulier, on pourra former, avec les cinq variables x, y, z, u, v, le système du vingtième ordre que composent les substitutions écrites dans le tableau (27) de la page 273. Cela posé, il résultera immédiatement du théorème VI que tout système du dixième ou du vingtième ordre, formé avec les cinq variables x, y, z, u, v, comprendra, comme le système dont il est ici question, des substitutions régulières dont les ordres seront représentés par les facteurs premiers des nombres 10 et 20, c'est-à-dire des substitutions circulaires du cinquième ordre et des substitutions régulières du deuxième ordre.

D'après ce qu'on a vu dans le paragraphe VI (théorème II), l'ordre M d'un système de substitutions conjuguées

$$1, \quad P, \quad Q, \quad R, \quad \ldots$$

est divisible par l'ordre de chacune des substitutions P, Q, R, ..., et en conséquence par a, si a représente l'ordre de la substitution P. La proposition réciproque se vérifie, en vertu du théorème VI, quand a est un diviseur premier de M, c'est-à-dire qu'alors un système de substitutions conjuguées ne peut être de l'ordre M sans renfermer au moins une substitution de l'ordre a. Mais on ne devrait plus en dire autant si, l'ordre M du système n'étant pas un nombre premier, a représentait un diviseur non premier de M, par exemple le nombre M lui-même. Alors, en effet, il pourrait arriver que le système ne renfermât aucune substitution de l'ordre a. Ainsi, en particulier, si l'on pose

$$P = (x, y)(z, u), \qquad Q = (x, z)(y, u), \qquad R = PQ = QP,$$

les quatre substitutions

$$1, \quad P, \quad Q, \quad R$$

formeront, comme on l'a déjà remarqué dans le paragraphe VII, un système de substitutions conjuguées; et ce système du quatrième ordre ne renfermera pourtant point de substitutions du quatrième ordre, mais seulement trois substitutions régulières du deuxième ordre, attendu que P, Q, R se réduiront à

$$(x, y)(z, u), \quad (x, z)(y, u), \quad (x, u)(y, z).$$

MÉMOIRE

SUR

LES LIGNES QUI DIVISENT EN PARTIES ÉGALES

LES ANGLES FORMÉS PAR DEUX DROITES

ET SUR

LA ROTATION D'UNE DROITE MOBILE DANS L'ESPACE

Nous allons, dans ce Mémoire, réunir diverses formules de Géométrie analytique, à l'aide desquelles nous rechercherons plus tard les propriétés de deux systèmes de courbes tracées sur une même surface.

I. — *Sur les lignes qui divisent en parties égales les angles formés par deux droites.*

Considérons d'abord deux droites qui, partant d'un même point O, se prolongent indéfiniment dans des directions déterminées OA, OB. Supposons d'ailleurs que, le point O étant pris pour origine des coordonnées, tous les points de l'espace soient rapportés à trois axes rectangulaires de x, y, z; et que les cosinus des angles formés par les deux droites OA, OB, avec les demi-axes des x, y, z positives, soient désignés,

pour la première droite, par α, β, γ;
pour la seconde droite, par $\alpha_{,}$, $\beta_{,}$, $\gamma_{,}$.

Si, à partir du point O, on porte sur les deux droites données des longueurs OA, OB, dont chacune soit représentée par l'unité; alors α, β, γ seront précisément les coordonnées du point A, et $\alpha_{,}$, $\beta_{,}$, $\gamma_{,}$ les coordonnées du point B. Par suite, les différences

$$\alpha_{,}-\alpha, \quad \beta_{,}-\beta, \quad \gamma_{,}-\gamma$$

représenteront précisément les projections algébriques de la longueur AB comptée à partir du point A. Ajoutons que, si l'on désigne par C le milieu de AB, les demi-sommes

$$\frac{\alpha_{,}+\alpha}{2}, \quad \frac{\beta_{,}+\beta}{2}, \quad \frac{\gamma_{,}+\gamma}{2}$$

représenteront les projections algébriques de la droite OC, comptées à partir du point O. D'autre part, si l'on nomme δ l'angle aigu ou obtus, mais inférieur à deux droits, qui se trouve compris entre les directions OA, OB, l'angle $\frac{1}{2}\delta$ sera aigu, et l'on aura évidemment

$$\mathrm{OC} = \cos\frac{\delta}{2}, \qquad \mathrm{AB} = 2\sin\frac{\delta}{2}.$$

Enfin, pour obtenir le cosinus de l'angle que forme avec le demi-axe des x, y ou z positives une droite prolongée dans une certaine direction, il suffit de diviser la projection algébrique d'une longueur mesurée dans cette direction par cette longueur même. Donc, pour obtenir les cosinus des angles formés par la direction AB avec les demi-axes des coordonnées positives, il suffira de diviser les différences

$$\alpha_{,}-\alpha, \quad \beta_{,}-\beta, \quad \gamma_{,}-\gamma$$

par $2\sin\frac{\delta}{2}$; et si l'on nomme λ, μ, ν ces trois cosinus, on aura

$$(1) \qquad \lambda = \frac{\alpha_{,}-\alpha}{2\sin\frac{\delta}{2}}, \qquad \mu = \frac{\beta_{,}-\beta}{2\sin\frac{\delta}{2}}, \qquad \nu = \frac{\gamma_{,}-\gamma}{2\sin\frac{\delta}{2}}.$$

Au contraire, pour obtenir les cosinus $\lambda_{,}$, $\mu_{,}$, $\nu_{,}$ des angles formés par la direction OC avec les demi-axes des coordonnées positives, il suffira de diviser les trois demi-sommes

$$\frac{\alpha_{,}+\alpha}{2}, \quad \frac{\beta_{,}+\beta}{2}, \quad \frac{\gamma_{,}+\gamma}{2}$$

par $\cos\frac{\delta}{2}$, en sorte qu'on aura encore

$$(2) \qquad \lambda_{,} = \frac{\alpha_{,}+\alpha}{2\cos\frac{\delta}{2}}, \qquad \mu_{,} = \frac{\beta_{,}+\beta}{2\cos\frac{\delta}{2}}, \qquad \nu_{,} = \frac{\gamma_{,}+\gamma}{2\cos\frac{\delta}{2}}.$$

Observons au reste que la direction OC est précisément celle de la ligne qui divise en parties égales l'angle δ compris entre les directions OA, OB. Quant à la direction AB, elle est évidemment parallèle à celle d'une ligne qui diviserait en parties égales, non plus l'angle δ compris entre les droites données, mais l'angle $\pi - \delta$ compris entre l'une de ces droites et le prolongement de l'autre.

Ainsi, en définitive, les valeurs de $\lambda_{,}$, $\mu_{,}$, $\nu_{,}$ déterminées par les formules (2), et les valeurs de λ, μ, ν déterminées par les formules (1), représentent les cosinus des angles formés, avec les demi-axes des coordonnées positives, par deux lignes qui divisent en parties égales les angles δ et $\pi - \delta$ compris entre les deux droites données, ou entre l'une de ces droites et le prolongement de l'autre.

Supposons maintenant que α, β, γ et $\alpha_{,}$, $\beta_{,}$, $\gamma_{,}$ représentent les cosinus des angles formés avec les demi-axes des x, y, z positives, non plus par deux droites qui partent de l'origine des coordonnées, mais par deux droites dirigées d'une manière quelconque dans l'espace. Alors ce qu'on nommera l'*angle des deux droites* ne sera autre chose que l'angle δ compris entre deux droites parallèles partant d'un même point; et, si l'on désigne toujours par $\lambda_{,}$, $\mu_{,}$, $\nu_{,}$ ou par λ, μ, ν les cosinus des angles formés, avec les demi-axes des x, y, z positives, par les lignes qui diviseront en parties égales l'angle δ ou son supplément, les formules (1) et (2) continueront de subsister.

Il est bon d'observer que les équations (1) peuvent être remplacées par la seule formule

$$2\sin\frac{\delta}{2} = \frac{\alpha_{,} - \alpha}{\lambda} = \frac{\beta_{,} - \beta}{\mu} = \frac{\gamma_{,} - \gamma}{\nu}, \tag{3}$$

et les équations (2) par la seule formule

$$2\cos\frac{\delta}{2} = \frac{\alpha_{,} + \alpha}{\lambda_{,}} = \frac{\beta_{,} + \beta}{\mu_{,}} = \frac{\gamma_{,} + \gamma}{\nu_{,}}. \tag{4}$$

D'ailleurs les cosinus α, β, γ des trois angles formés par une même droite avec les demi-axes des x, y, z supposés rectangulaires, vérifieront toujours la condition

$$\alpha^2 + \beta^2 + \gamma^2 = 1, \tag{5}$$

et l'on aura pareillement

(6) $$\alpha_{,}^2+\beta_{,}^2+\gamma_{,}^2=1.$$

On trouvera de même

(7) $$\lambda^2+\mu^2+\nu^2=1$$

et

(8) $$\lambda_{,}^2+\mu_{,}^2+\nu_{,}^2=1.$$

Enfin, l'on aura, d'une part,

$$\sin\delta=2\sin\frac{\delta}{2}\cos\frac{\delta}{2},$$

et, d'autre part,

$$\cos\delta=\cos^2\frac{\delta}{2}-\sin^2\frac{\delta}{2}.$$

Cela posé, on tirera des formules (3) et (4), non seulement

$$2\sin\delta=\frac{0}{\lambda\lambda_{,}+\mu\mu_{,}+\nu\nu_{,}},$$

et, par suite,

(9) $$\lambda\lambda_{,}+\mu\mu_{,}+\nu\nu_{,}=0,$$

mais encore

(10) $$\begin{cases}\sin^2\dfrac{\delta}{2}=\dfrac{(\alpha_{,}-\alpha)^2+(\beta_{,}-\beta)^2+(\gamma_{,}-\gamma)^2}{4},\\[2ex] \cos^2\dfrac{\delta}{2}=\dfrac{(\alpha_{,}+\alpha)^2+(\beta_{,}+\beta)^2+(\gamma_{,}+\gamma)^2}{4},\end{cases}$$

et, par suite,

(11) $$\cos\delta=\alpha\alpha_{,}+\beta\beta_{,}+\gamma\gamma_{,}.$$

La formule (11), bien connue depuis longtemps, est celle qui sert à exprimer le cosinus de l'angle compris entre deux droites en fonction des cosinus des angles que forment ces deux droites avec les demi-axes des coordonnées positives, supposés rectangulaires. Quant à la formule (9), elle exprime simplement que les deux lignes qui divisent les quatre angles formés par deux droites en parties égales sont perpendiculaires entre elles.

Les valeurs de $\sin\frac{\delta}{2}$ et de $\cos\frac{\delta}{2}$, tirées des équations (10), sont respectivement

$$(12) \qquad \begin{cases} \sin\dfrac{\delta}{2} = \dfrac{1}{2}\sqrt{(\alpha_{\prime}-\alpha)^2+(\beta_{\prime}-\beta)^2+(\gamma_{\prime}-\gamma)^2}, \\ \cos\dfrac{\delta}{2} = \dfrac{1}{2}\sqrt{(\alpha_{\prime}+\alpha)^2+(\beta_{\prime}+\beta)^2+(\gamma_{\prime}+\gamma)^2}. \end{cases}$$

Si l'on substitue ces mêmes valeurs dans les formules (3) et (4), on trouvera

$$(13) \qquad \frac{\lambda}{\alpha_{\prime}-\alpha} = \frac{\mu}{\beta_{\prime}-\beta} = \frac{\nu}{\gamma_{\prime}-\gamma} = \frac{1}{\sqrt{(\alpha_{\prime}-\alpha)^2+(\beta_{\prime}-\beta)^2+(\gamma_{\prime}-\gamma)^2}},$$

$$(14) \qquad \frac{\lambda_{\prime}}{\alpha_{\prime}+\alpha} = \frac{\mu_{\prime}}{\beta_{\prime}+\beta} = \frac{\nu_{\prime}}{\gamma_{\prime}+\gamma} = \frac{1}{\sqrt{(\alpha_{\prime}+\alpha)^2+(\beta_{\prime}+\beta)^2+(\gamma_{\prime}+\gamma)^2}}.$$

Lorsque les valeurs de α, β, γ, $\alpha_{\prime}$, $\beta_{\prime}$, $\gamma_{\prime}$ seront données, celles de λ, μ, ν, $\lambda_{\prime}$, $\mu_{\prime}$, $\nu_{\prime}$ se déduiront immédiatement des formules (13) et (14).

Si les deux droites données représentent une droite mobile considérée successivement dans deux positions diverses, alors, en désignant par $\Delta\alpha$, $\Delta\beta$, $\Delta\gamma$ les accroissements que prendront les cosinus α, β, γ quand on passera de la première position à la seconde, on aura

$$\alpha_{\prime} = \alpha + \Delta\alpha, \qquad \beta_{\prime} = \beta + \Delta\beta, \qquad \gamma_{\prime} = \gamma + \Delta\gamma,$$

et, par suite, la formule (13) donnera simplement

$$(15) \qquad \frac{\lambda}{\Delta\alpha} = \frac{\mu}{\Delta\beta} = \frac{\nu}{\Delta\gamma} = \frac{1}{\sqrt{(\Delta\alpha)^2+(\Delta\beta)^2+(\Delta\gamma)^2}},$$

tandis que la première des formules (12) donnera

$$(16) \qquad \sin\frac{\delta}{2} = \frac{1}{2}\sqrt{(\Delta\alpha)^2+(\Delta\beta)^2+(\Delta\gamma)^2}.$$

II. — *Sur la rotation d'une droite mobile dans l'espace.*

Concevons qu'une droite se meuve dans l'espace de manière que sa position et sa direction varient, par degrés insensibles, avec la valeur d'une certaine variable indépendante, qui sera désignée par t; et supposons d'abord, pour plus de simplicité, que cette droite mobile ait constamment pour origine un certain point fixe O. Concevons encore que, ce point fixe étant pris pour origine des coordonnées, on rapporte tous les points de l'espace à trois axes rectangulaires des x, y, z. Enfin, considérons deux directions distinctes et successives de la droite mobile. Si l'on nomme α, β, γ les cosinus des angles que forme, avec les demi-axes des coordonnées positives, la première de ces deux directions, et si l'on indique, à l'aide de la caractéristique Δ, l'accroissement que prend une fonction quelconque de la variable indépendante, tandis que la droite mobile passe de la première direction à la seconde, l'angle δ compris entre les deux directions sera déterminé par l'équation (16) du paragraphe I, c'est-à-dire par la formule

$$\sin\frac{\delta}{2} = \frac{1}{2}\sqrt{(\Delta\alpha)^2 + (\Delta\beta)^2 + (\Delta\gamma)^2}; \tag{1}$$

et cet angle représentera ce qu'on peut appeler la *rotation de la droite mobile*, dans le passage d'une direction à l'autre. Soient d'ailleurs OA, OB deux longueurs égales à l'unité, qui se mesurent, à partir de l'origine O des coordonnées, sur les deux directions successives de la droite mobile, et nommons λ, μ, ν les cosinus des angles formés, avec les demi-axes des coordonnées positives, par la droite AB comptée à partir du point A. On aura encore, en vertu de la formule (15) du paragraphe I,

$$\frac{\lambda}{\Delta\alpha} = \frac{\mu}{\Delta\beta} = \frac{\nu}{\Delta\gamma} = \frac{1}{\sqrt{(\Delta\alpha)^2 + (\Delta\beta)^2 + (\Delta\gamma)^2}}, \tag{2}$$

ou, ce qui revient au même,

$$\frac{\Delta\alpha}{\lambda} = \frac{\Delta\beta}{\mu} = \frac{\Delta\gamma}{\nu} = \sqrt{(\Delta\alpha)^2 + (\Delta\beta)^2 + (\Delta\gamma)^2}; \tag{3}$$

et si l'on divise les deux membres de l'équation (3) par l'accroissement Δt de la variable indépendante t, on trouvera

$$\frac{1}{\lambda}\frac{\Delta\alpha}{\Delta t} = \frac{1}{\mu}\frac{\Delta\beta}{\Delta t} = \frac{1}{\nu}\frac{\Delta\gamma}{\Delta t} = \sqrt{\left(\frac{\Delta\alpha}{\Delta t}\right)^2 + \left(\frac{\Delta\beta}{\Delta t}\right)^2 + \left(\frac{\Delta\gamma}{\Delta t}\right)^2}. \tag{4}$$

Si au contraire on divise par Δt les deux membres de l'équation (1), celle qu'on obtiendra pourra être présentée sous la forme suivante :

$$\frac{\delta}{\Delta t} = \frac{\frac{1}{2}\delta}{\sin\left(\frac{1}{2}\delta\right)}\sqrt{\left(\frac{\Delta\alpha}{\Delta t}\right)^2 + \left(\frac{\Delta\beta}{\Delta t}\right)^2 + \left(\frac{\Delta\gamma}{\Delta t}\right)^2}. \tag{5}$$

Concevons maintenant que l'accroissement Δt de la variable indépendante devienne infiniment petit; l'angle δ deviendra lui-même infiniment petit, aussi bien que les accroissements $\Delta\alpha$, $\Delta\beta$, $\Delta\gamma$ des variables α, β, γ : alors, tandis que Δt décroîtra indéfiniment, la fraction $\frac{\delta}{\Delta t}$, c'est-à-dire le rapport entre l'angle δ et l'accroissement de la variable indépendante, convergera vers une certaine limite que nous nommerons le *module de rotation* de la droite mobile. En désignant par ε cette limite, et en observant que, pour des valeurs infiniment petites de Δt, les rapports

$$\frac{\frac{1}{2}\delta}{\sin\frac{1}{2}\delta}, \quad \frac{\Delta\alpha}{\Delta t}, \quad \frac{\Delta\beta}{\Delta t}, \quad \frac{\Delta\gamma}{\Delta t}$$

convergent eux-mêmes vers les limites

$$1, \quad D_t\alpha, \quad D_t\beta, \quad D_t\gamma,$$

on tirera de la formule (5)

$$\varepsilon = \sqrt{(D_t\alpha)^2 + (D_t\beta)^2 + (D_t\gamma)^2}. \tag{6}$$

De plus, quand Δt deviendra infiniment petit, la formule (4) donnera évidemment

$$\frac{1}{\lambda}D_t\alpha = \frac{1}{\mu}D_t\beta = \frac{1}{\nu}D_t\gamma = \sqrt{(D_t\alpha)^2 + (D_t\beta)^2 + (D_t\gamma)^2}, \tag{7}$$

ou, ce qui revient au même,

$$\frac{1}{\lambda}D_t\alpha = \frac{1}{\mu}D_t\beta = \frac{1}{\nu}D_t\gamma = \varepsilon; \tag{8}$$

et l'on en conclura

$$\lambda = \frac{D_t\alpha}{\varepsilon}, \qquad \mu = \frac{D_t\beta}{\varepsilon}, \qquad \nu = \frac{D_t\gamma}{\varepsilon}. \tag{9}$$

Mais alors aussi, l'angle δ étant infiniment petit, les deux autres angles du triangle isocèle OAB seront sensiblement droits, et, par suite, la base AB de ce triangle sera sensiblement perpendiculaire à chacun des côtés OA, OB. Il y a plus : les droites OA, OB étant deux arêtes du cône qui a pour sommet le point O et pour génératrice la droite mobile, le plan qui renfermera ces deux arêtes se rapprochera indéfiniment, pour des valeurs infiniment petites de δ, du plan qui touchera le cône suivant l'arête OA. Cela posé, les valeurs de λ, μ, ν, déterminées par les équations (9), exprimeront évidemment les cosinus des angles formés, avec les demi-axes des coordonnées positives, par une perpendiculaire menée à la droite mobile dans le plan tangent au cône qu'elle décrit, cette perpendiculaire étant d'ailleurs dirigée dans le sens qu'indique le mouvement de rotation de la génératrice du cône. Nous représenterons généralement le module de rotation $\varkappa$ par une longueur mesurée sur la perpendiculaire dont il s'agit, et dirigée dans le même sens qu'elle. Dès lors les projections algébriques de ce module sur les axes des x, y, z seront évidemment exprimées par les trois produits

$$\varkappa\lambda, \quad \varkappa\mu, \quad \varkappa\nu,$$

ou, ce qui revient au même, eu égard aux formules (9), par les trois dérivées

$$D_t\alpha, \quad D_t\beta, \quad D_t\gamma.$$

Nous avons supposé jusqu'ici que la droite mobile OA passait constamment par un point fixe O. Si cette condition n'était pas remplie, on pourrait imaginer une seconde droite qui, partant d'un point fixe de l'espace, resterait constamment parallèle à la droite mobile OA, et le module de rotation de cette seconde droite, transporté parallèlement à lui-même, de manière à offrir pour première extrémité un point de la droite mobile, serait ce que nous appellerions le *module de rotation* de cette dernière. Ainsi défini, le module de rotation de la droite mobile se confond avec la limite du rapport qu'on obtient quand on divise l'angle infiniment petit compris entre deux directions de cette droite, successivement considérée dans deux positions infiniment voisines, par l'accroissement qu'acquiert la variable indépendante, tandis que l'on passe de la première direction à la seconde. Ajoutons que ce même module se mesure sur une perpendiculaire menée à la première direction dans le plan qui la renferme, et qui est parallèle à la seconde direction, ou plutôt sur le demi-axe dont s'approche infiniment cette perpendiculaire, prolongée à partir d'un point situé sur la direction de la droite mobile, dans le sens indiqué par le mouvement de rotation de cette droite. Cela posé, soient toujours :

t la variable indépendante;

α, β, γ les cosinus des angles formés par la droite mobile OA avec les demi-axes des x, y, z positives;

ε le module de rotation de la droite mobile;

λ, μ, ν les cosinus des angles formés par le module de rotation ε avec les demi-axes des x, y, z positives.

Les quantités ε, λ, μ, ν se trouveront généralement liées aux cosinus α, β, γ par les formules (6), (9); et, en conséquence, les projections algébriques du module ε seront exprimées par les trois produits

$$(10) \qquad \varepsilon\lambda = D_t\alpha, \qquad \varepsilon\mu = D_t\beta, \qquad \varepsilon\nu = D_t\gamma.$$

Il est bon d'observer que les cosinus α, β, γ des trois angles formés par la droite mobile, avec les demi-axes des coordonnées positives, vérifient l'équation de condition

$$(11) \qquad \alpha^2 + \beta^2 + \gamma^2 = 1.$$

Or, de cette équation, différentiée par rapport à t, on tire

$$\alpha D_t\alpha + \beta D_t\beta + \gamma D_t\gamma = 0,$$

et par suite, eu égard aux formules (10),

$$(12) \qquad \alpha\lambda + \beta\mu + \gamma\nu = 0.$$

Le résultat auquel nous venons de parvenir pouvait être aisément prévu, car l'équation (11) exprime simplement que la direction du module ε est perpendiculaire à celle de la droite mobile.

Quel que soit, sur une droite mobile, le point à partir duquel se mesure le module de rotation de cette droite, il est clair que la direction de ce module variera généralement, comme la direction de la droite elle-même, avec la variable indépendante t. On pourra donc rechercher non seulement le module de rotation ε de la droite mobile, mais encore le module de rotation υ du module ε, puis le module de rotation du module υ, ... On trouvera ainsi successivement ce que nous appellerons les *modules de rotation des divers ordres* de la droite mobile, le module du module étant désigné sous le nom de *module du second ordre*, tout comme la différentielle de la différentielle d'une fonction quelconque est désignée sous le nom de *différentielle du second ordre*. Si d'ailleurs on représente par

$$\varphi, \quad \chi, \quad \psi$$

les cosinus des angles que formera le module du second ordre υ, ou plutôt la direction de ce module, avec les demi-axes des x, y, z positives, les quantités

$$\upsilon, \quad \varphi, \quad \chi, \quad \psi$$

auront évidemment, avec les cosinus λ, μ, ν, des relations semblables à celles que les formules (6) et (9) établissent entre les quantités

$$\varepsilon, \quad \lambda, \quad \mu, \quad \nu$$

et les cosinus α, β, γ. Donc le module du second ordre υ, et les cosinus φ, χ, ψ des angles qui déterminent la direction de ce module, se déduiront des cosinus λ, μ, ν, à l'aide des équations

$$\upsilon = \sqrt{(D_t\lambda)^2 + (D_t\mu)^2 + (D_t\nu)^2}, \tag{13}$$

$$\varphi\upsilon = D_t\lambda, \qquad \upsilon\chi = D_t\mu, \qquad \upsilon\psi = D_t\nu. \tag{14}$$

De plus, aux formules (11) et (12) on pourra joindre les formules semblables

$$\lambda^2 + \mu^2 + \nu^2 = 1, \tag{15}$$

$$\lambda\varphi + \mu\chi + \nu\psi = 0, \tag{16}$$

dont la seconde exprime que les directions sur lesquelles se mesurent les modules du premier et du second ordre sont perpendiculaires l'une à l'autre. On obtiendra des résultats du même genre, en considérant les modules de rotation des ordres supérieurs au second. Ajoutons que des équations (12), (16), différentiées par rapport à t, on déduira des formules nouvelles. Ainsi, en particulier, la formule (12) donnera

$$\lambda D_t\alpha + \mu D_t\beta + \nu D_t\gamma + \alpha D_t\lambda + \beta D_t\mu + \gamma D_t\nu = 0.$$

Mais, des formules (10) jointes à l'équation (15), on tirera

$$8 = \lambda D_t\alpha + \mu D_t\beta + \nu D_t\gamma.$$

On aura donc encore

$$8 + \alpha D_t\lambda + \beta D_t\mu + \gamma D_t\nu = 0,$$

ou, ce qui revient au même,

(17) $$8 = -(\alpha D_t\lambda + \beta D_t\mu + \gamma D_t\nu),$$

puis on tirera de l'équation (17), jointe aux formules (14),

$$8 = -\upsilon(\alpha\varphi + \beta\chi + \gamma\psi).$$

D'ailleurs le trinome

$$\alpha\varphi + \beta\chi + \gamma\psi$$

représente le cosinus de l'angle formé par la droite mobile avec la direction du module υ. Donc, si l'on désigne par ω une longueur mesurée dans la direction de la droite mobile, et par $(\widehat{\omega, \upsilon})$ l'angle compris entre cette direction et celle du module υ, on aura

(18) $$\alpha\varphi + \beta\chi + \gamma\psi = \cos(\widehat{\omega, \upsilon}),$$

et, par suite,

(19) $$8 = -\upsilon\cos(\widehat{\omega, \upsilon}).$$

Cette dernière équation fournit immédiatement la proposition suivante :

Théorème I. — *Le module de rotation du premier ordre d'une droite mobile est numériquement égal au module de rotation du second ordre, projeté sur cette droite. Mais la droite mobile et son module de rotation du second ordre, projeté sur elle-même, sont dirigés en sens inverse.*

Soient maintenant

$$a, \quad b, \quad c$$

les cosinus des angles formés, avec les demi-axes des x, y, z positives, par une perpendiculaire au plan qui renferme à la fois la droite mobile et son module de rotation ε du premier ordre. On aura non seulement

$$(20) \qquad \alpha a + \beta b + \gamma c = 0,$$

mais encore

$$(21) \qquad \lambda a + \mu b + \nu c = 0,$$

et, par suite,

$$(22) \qquad \frac{a}{\beta\nu - \gamma\mu} = \frac{b}{\gamma\lambda - \alpha\nu} = \frac{c}{\alpha\mu - \beta\lambda}.$$

Comme on aura d'ailleurs

$$(23) \qquad a^2 + b^2 + c^2 = 1,$$

et, en vertu des équations (11), (12), (15),

$$\begin{aligned}(\beta\nu - \gamma\mu)^2 &+ (\gamma\lambda - \alpha\nu)^2 + (\alpha\mu - \beta\lambda)^2 \\ &= (\alpha^2 + \beta^2 + \gamma^2)(\lambda^2 + \mu^2 + \nu^2) - (\alpha\lambda + \beta\mu + \gamma\nu)^2 = 1,\end{aligned}$$

on tirera de la formule (22)

$$(24) \qquad \frac{a}{\beta\nu - \gamma\mu} = \frac{b}{\gamma\lambda - \alpha\nu} = \frac{c}{\alpha\mu - \beta\lambda} = \pm 1.$$

La formule (24) fournira, pour a, b, c, deux systèmes de valeurs correspondants aux deux directions, opposées l'une à l'autre, suivant lesquelles peut se prolonger une droite perpendiculaire au plan qui renferme à la fois la droite mobile et le module ε. Si entre ces deux directions on choisit celle qui réduit le double signe $\pm$ au signe $+$, dans le second membre de la formule (24), on aura simplement

$$(25) \qquad \frac{a}{\beta\nu - \gamma\mu} = \frac{b}{\gamma\lambda - \alpha\nu} = \frac{c}{\alpha\mu - \beta\lambda} = 1,$$

et, par suite,

$$(26) \qquad a = \beta\nu - \gamma\mu, \qquad b = \gamma\lambda - \alpha\nu, \qquad c = \alpha\mu - \beta\lambda.$$

Concevons à présent que la droite mobile qui formait, avec les demi-axes des x, y, z positives, des angles dont les cosinus étaient α, β, γ, soit remplacée par une nouvelle droite, savoir, par celle qui forme, avec les demi-axes des coordonnées positives, des angles dont les cosinus a, b, c se déduisent des équations (26). Nommons θ le module de rotation de cette nouvelle droite, et l, m, n les cosinus des angles formés par la direction de ce module avec les demi-axes des x, y, z positives. Des relations semblables à celles que les formules (6) et (10) établissaient entre les quantités

$$\alpha,\quad \beta,\quad \gamma \quad \text{et} \quad 8,\quad \lambda,\quad \mu,\quad \nu$$

subsisteront encore évidemment entre les quantités

$$a,\quad b,\quad c \quad \text{et} \quad \theta,\quad l,\quad m,\quad n.$$

Donc le module θ et les cosinus l, m, n se déduiront des cosinus a, b, c à l'aide des formules

$$\theta = \sqrt{(\mathrm{D}_t a)^2 + (\mathrm{D}_t b)^2 + (\mathrm{D}_t c)^2}, \tag{27}$$

$$\theta l = \mathrm{D}_t a, \qquad \theta m = \mathrm{D}_t b, \qquad \theta n = \mathrm{D}_t c. \tag{28}$$

D'ailleurs, en ayant égard aux formules (10), on tirera des équations (26)

$$\mathrm{D}_t a = \beta \mathrm{D}_t \nu - \gamma \mathrm{D}_t \mu, \qquad \mathrm{D}_t b = \gamma \mathrm{D}_t \lambda - \alpha \mathrm{D}_t \nu, \qquad \mathrm{D}_t c = \alpha \mathrm{D}_t \mu - \beta \mathrm{D}_t \lambda, \tag{29}$$

et, par suite,

$$\alpha \mathrm{D}_t a + \beta \mathrm{D}_t b + \gamma \mathrm{D}_t c = 0, \tag{30}$$

ce que l'on pourrait aussi conclure de l'équation (20), différentiée par rapport à t et combinée avec les formules (10) et (26). De plus, l'équation (23), différentiée par rapport à t, donnera

$$a \mathrm{D}_t a + b \mathrm{D}_t b + c \mathrm{D}_t c = 0; \tag{31}$$

et des formules (30), (31), jointes aux équations (28), on tirera

$$\left\{ \begin{aligned} \alpha l + \beta m + \gamma n &= 0, \\ a l + b m + c n &= 0. \end{aligned} \right. \tag{32}$$

Or, pour obtenir les équations (32), qui sont linéaires par rapport à l, m, n, il suffit évidemment de remplacer, dans les équations (12) et (21), λ par l, μ par m, ν par n. Donc les valeurs des rapports $\frac{m}{l}$, $\frac{n}{l}$, tirées des formules (32), seront respectivement égales aux valeurs des rapports $\frac{\mu}{\lambda}$, $\frac{\nu}{\lambda}$, tirées des formules (12) et (19), et l'on aura

$$\frac{\mu}{\lambda}=\frac{m}{l}, \qquad \frac{\nu}{\lambda}=\frac{n}{l},$$

ou, ce qui revient au même,

$$(33) \qquad \frac{l}{\lambda}=\frac{m}{\mu}=\frac{n}{\nu};$$

puis, en ayant égard à l'équation (15) et à la suivante,

$$(34) \qquad l^2+m^2+n^2=1,$$

on conclura de la formule (33)

$$(35) \qquad \frac{l}{\gamma}=\frac{m}{\mu}=\frac{n}{\nu}=\pm 1.$$

Donc la direction, sur laquelle se mesurera le module de rotation θ, ne pourra être que la direction sur laquelle se mesurait déjà le module de rotation ε, ou la direction opposée. On arriverait encore, sans calcul, aux mêmes conclusions, en se bornant à comparer les formules (32) aux formules (12) et (21), et en observant que ces formules fournissent, pour direction du module θ ou du module ε, celle d'une perpendiculaire aux deux droites qui forment, avec les demi-axes des x, y, z positives, des angles dont les cosinus sont, d'une part, α, β, γ, et, d'autre part, a, b, c. D'ailleurs, rien ne détermine *a priori* le signe qui doit précéder l'unité dans le dernier membre de la formule (35). On peut donc énoncer la proposition suivante :

Théorème II. — *Si, après avoir construit le module de rotation ε d'une droite mobile, on élève une perpendiculaire au plan qui renferme à la fois ce module et la droite elle-même, le module de rotation θ de cette perpendiculaire et le module de rotation ε de la droite mobile se mesureront sur un même axe; mais ils pourront offrir ou une direction unique, ou des directions opposées.*

Revenons maintenant aux formules (29). De ces formules, jointes aux équations (14) et (28), on tirera

(36) $$\theta l = \upsilon(\beta\psi - \gamma\chi), \qquad \theta m = \upsilon(\gamma\varphi - \alpha\psi), \qquad \theta n = \upsilon(\alpha\chi - \beta\varphi),$$

et par suite, eu égard à la formule (34),

$$\theta^2 = \upsilon^2[(\beta\psi - \gamma\chi)^2 + (\gamma\varphi - \alpha\psi)^2 + (\alpha\chi - \beta\varphi)^2],$$

ou, ce qui revient au même,

(37) $$\theta = \upsilon\sqrt{(\beta\psi - \gamma\chi)^2 + (\gamma\varphi - \alpha\psi)^2 + (\alpha\chi - \beta\varphi)^2}.$$

Mais, d'autre part, en ayant égard aux formules (11), (18) et à l'équation

(38) $$\varphi^2 + \chi^2 + \psi^2 = 1,$$

on trouvera

$$\begin{aligned}(\beta\psi - \gamma\chi)^2 &+ (\gamma\varphi - \alpha\psi)^2 + (\alpha\chi - \beta\varphi)^2 \\ &= (\alpha^2 + \beta^2 + \gamma^2)(\varphi^2 + \chi^2 + \psi^2) - (\alpha\varphi + \beta\chi + \gamma\psi)^2 \\ &= 1 - \cos^2(\widehat{\omega, \upsilon}) = \sin^2(\widehat{\omega, \upsilon}).\end{aligned}$$

Donc la formule (37) donnera

(39) $$\theta = \upsilon \sin(\widehat{\omega, \upsilon}).$$

Mais $\upsilon \sin(\widehat{\omega, \upsilon})$ représentera évidemment le module du second ordre υ projeté sur un plan perpendiculaire à la direction de la droite mobile. Donc la formule (39) entraînera immédiatement la proposition suivante :

Théorème III. — *Si, après avoir construit les deux premiers modules de rotation d'une droite mobile, c'est-à-dire les modules de rotation du premier et du second ordre ε et υ, on élève une perpendiculaire au plan qui renferme à la fois ce module et la droite elle-même, le module de rotation de cette perpendiculaire se déduira aisément du module du second ordre υ, et sera numériquement égal à la projection de ce module sur un plan perpendiculaire à la droite.*

En ayant égard à l'équation identique

$$\cos^2(\widehat{\omega, \upsilon}) + \sin^2(\widehat{\omega, \upsilon}) = 1,$$

on tire immédiatement des formules (19) et (39)

(40) $$\varepsilon^2 + \theta^2 = \upsilon^2.$$

On arriverait aussi à la même conclusion, en observant que l'on tire des formules (28) et (29)

$$\theta^2 = (\beta D_t\nu - \gamma D_t\mu)^2 + (\gamma D_t\lambda - \alpha D_t\nu)^2 + (\alpha D_t\mu - \beta D_t\lambda)^2,$$

et de cette dernière, jointe aux formules (11), (17) et (14),

$$\varepsilon^2 + \theta^2 = (D_t\lambda)^2 + (D_t\mu)^2 + (D_t\nu)^2 = \upsilon^2.$$

On peut donc énoncer encore la proposition suivante :

Théorème IV. — *Si, après avoir construit les deux premiers modules de rotation d'une droite mobile, c'est-à-dire les modules du premier et du second ordre* ε *et* υ, *on élève une perpendiculaire au plan qui renferme à la fois le module du premier ordre* ε *et la droite elle-même, le module de rotation* θ *de cette perpendiculaire offrira un carré* θ^2, *qui, étant ajouté au carré* ε^2 *du module du premier ordre* ε, *donnera pour somme le carré* υ^2 *du module du second ordre* υ.

Jusqu'ici nous n'avons point spécifié la nature de la variable indépendante t. Dans le cas particulier où cette variable représente le temps, et où la droite mobile OA passe par un point fixe O, le module ε, c'est-à-dire le module de rotation du premier ordre de la droite OA, n'est évidemment autre chose que la vitesse du point A situé sur la droite mobile à l'unité de distance du point fixe. Donc alors le module de rotation ε se réduit à ce qu'on doit appeler la *vitesse angulaire de rotation* de la droite mobile. Alors aussi, pour établir directement les formules (10), il suffit d'observer que, le point O étant pris pour origine,

$$\alpha, \quad \beta, \quad \gamma \quad \text{et} \quad D_t\alpha, \quad D_t\beta, \quad D_t\gamma$$

représenteront, d'une part, les coordonnées du point A, et, d'autre part, les projections algébriques de la vitesse de ce même point, ou, ce qui revient au même, les projections algébriques de la vitesse angulaire de rotation de la droite OA.

Si, le temps t étant toujours pris pour variable indépendante, la droite mobile OA se meut d'une manière quelconque dans l'espace, en changeant de position et de direction par degrés insensibles, mais sans être assujettie à passer constamment par le même point fixe O, la *vitesse angulaire de rotation* de cette droite ne sera autre chose que la vitesse angulaire de rotation d'une droite parallèle, par conséquent d'une droite qui formera les mêmes angles avec les axes coordonnés. Donc, si l'on nomme toujours α, β, γ les cosinus des trois angles formés par la droite mobile avec les demi-axes des x, y, z positives, la vitesse angulaire ε de cette droite offrira encore des projections algébriques représentées par les trois dérivées

$$D_t\alpha, \quad D_t\beta, \quad D_t\gamma,$$

et ces trois dérivées seront encore liées à la vitesse angulaire et aux cosinus λ, μ, ν des angles que formera la direction de la vitesse ε, avec les demi-axes des x, y, z positives, par les équations (9).

III. — *Modules de rotation d'une droite mobile qui s'appuie constamment sur une courbe donnée.*

Supposons qu'une droite mobile s'appuie constamment sur une courbe dont les coordonnées, relatives à trois axes rectangulaires, soient représentées par

$$x, \quad y, \quad z.$$

Nommons s l'arc de cette courbe, compté positivement dans un certain sens, et aboutissant au point (x, y, z). Prenons cet arc pour variable indépendante, et soient

$$\alpha, \quad \beta, \quad \gamma$$

les fonctions de s qui représentent les cosinus des angles formés, par la droite mobile prolongée dans une certaine direction, avec les demi-axes des x, y, z positives. Enfin, Δs étant un très petit accroissement attribué à l'arc s, nommons δ l'angle infiniment petit que décrit la droite mobile tandis que son point d'appui sur la courbe donnée parcourt l'arc infiniment petit Δs; en sorte que δ désigne l'angle compris entre les deux directions extrêmes de la droite mobile correspondantes aux deux extrémités de l'arc Δs. Si par la première de ces deux directions on fait passer un plan parallèle à la seconde, et si, dans ce plan, on porte une longueur numériquement représentée par le rapport $\frac{\delta}{\Delta s}$, sur une perpendiculaire à la première direction, cette perpendiculaire étant prolongée dans le sens indiqué par le mouvement de rotation de la droite mobile OA; le rapport dont il s'agit, ou plutôt la limite $\varkappa$ vers laquelle convergera ce rapport, tandis que l'arc élémentaire Δs deviendra de plus en plus petit, représentera, en grandeur et en direction, d'après les définitions adoptées dans le paragraphe II, ce qu'on devra nommer le *module de rotation* de la droite mobile. Soient d'ailleurs

$$\lambda, \quad \mu, \quad \nu$$

les cosinus des angles formés, par la direction du module $\varkappa$, avec les demi-axes des coordonnées positives. Les valeurs des quantités

$$\varkappa, \quad \lambda, \quad \mu, \quad \nu$$

seront celles que fourniront les équations (6) et (10) du paragraphe II, quand on y remplacera la variable indépendante t par la variable indépendante s. On aura donc

$$\varkappa = \sqrt{(D_s\alpha)^2 + (D_s\beta)^2 + (D_s\gamma)^2} \tag{1}$$

et

$$\varkappa\lambda = D_s\alpha, \qquad \varkappa\mu = D_s\beta, \qquad \varkappa\nu = D_s\gamma. \tag{2}$$

Pareillement, si l'on nomme υ le module du module de rotation de la droite mobile, ou, en d'autres termes, le *module de rotation du second ordre*, et φ, χ, ψ les cosinus des angles formés, par la direction du module υ, avec les demi-axes des x, y, z positives, on aura, en prenant toujours l'arc s pour variable indépendante,

$$\upsilon = \sqrt{(D_s\lambda)^2 + (D_s\mu)^2 + (D_s\nu)^2}, \tag{3}$$

$$\upsilon\varphi = D_t\lambda, \qquad \upsilon\chi = D_t\mu, \qquad \upsilon\psi = D_t\nu. \tag{4}$$

Enfin, si par un point de la droite mobile on élève une perpendiculaire au plan qui renferme, avec cette droite, son module de rotation du premier ordre, non seulement cette perpendiculaire, prolongée dans un certain sens, formera, avec les demi-axes des x, y, z positives, des angles dont les cosinus a, b, c seront déterminés par les formules

$$(5)\qquad a=\beta\nu-\gamma\mu,\qquad b=\lambda\gamma-\alpha\nu,\qquad c=\alpha\mu-\beta\lambda;$$

mais, de plus, le module de rotation θ de cette perpendiculaire, considérée comme fonction de l'arc s pris pour variable indépendante, sera déterminé par la formule

$$(6)\qquad \theta=\sqrt{(\mathrm{D}_s a)^2+(\mathrm{D}_s b)^2+(\mathrm{D}_s c)^2},$$

et se mesurera sur le même axe que le module ȣ, sans que l'on puisse toutefois affirmer qu'il se mesurera dans le même sens.

Soit maintenant ω une longueur mesurée sur la droite mobile, et sur la direction même qui forme, avec les demi-axes des x, y, z positives, les angles dont les cosinus sont représentés par α, β, γ. Si l'on se sert de la notation $(\widehat{\omega, \upsilon})$ pour exprimer l'angle compris entre les directions de ω et de υ, on aura, en vertu des formules (19), (39), (40) du paragraphe II,

$$(7)\qquad \text{ȣ}=-\upsilon\cos(\widehat{\omega, \upsilon}),\qquad \theta=\upsilon\sin(\widehat{\omega, \upsilon}),$$

et, par suite,

$$(8)\qquad \text{ȣ}^2+\theta^2=\upsilon^2.$$

Donc, si l'on projette le module du second ordre υ : 1° sur la droite mobile; 2° sur un plan perpendiculaire à la direction de cette droite, les projections ainsi obtenues seront exprimées numériquement par le module du premier ordre ȣ et par le module θ; et ces deux derniers modules pourront représenter les deux côtés d'un triangle rectangle qui aurait pour hypoténuse le module ȣ.

Concevons à présent que l'on désigne par les lettres

$$\rho,\quad r,\quad \iota$$

les rapports inverses des modules

$$\varkappa,\quad \theta,\quad \upsilon;$$

en sorte qu'on ait

$$(9)\qquad \rho = \frac{1}{\varkappa},\qquad r = \frac{1}{\theta},\qquad \iota = \frac{1}{\upsilon},$$

et, par suite,

$$(10)\qquad \varkappa = \frac{1}{\rho},\qquad \theta = \frac{1}{r},\qquad \upsilon = \frac{1}{\iota}.$$

Chacune des quantités

$$\rho,\quad r,\quad \iota$$

pourra être représentée, comme le module qui lui correspond, par une longueur portée sur la direction de ce module. On peut même observer qu'elle se trouvera tout naturellement représentée par une longueur, si l'on exprime, suivant l'usage, les angles par de simples nombres. Car la quantité ρ, par exemple, étant l'inverse du module $\varkappa$ qui représente la limite du rapport $\frac{\delta}{\Delta s}$, sera elle-même la limite du rapport $\frac{\Delta s}{\delta}$. Elle sera donc de même nature que ce rapport et, par suite, de même nature que l'arc Δs, si l'angle δ est réduit à un simple nombre. Donc alors la quantité ρ sera de la nature des longueurs. Ajoutons qu'en vertu des formules (9) ou (10), les équations (1), (2), (3), (4), (6) donneront

$$(11)\qquad \frac{1}{\rho} = \sqrt{(D_s\alpha)^2 + (D_s\beta)^2 + (D_s\gamma)^2},$$

$$(12)\qquad \lambda = \rho D_s\alpha,\qquad \mu = \rho D_s\beta,\qquad \nu = \rho D_s\gamma,$$

$$(13)\qquad \frac{1}{\iota} = \sqrt{(D_s\lambda)^2 + (D_s\mu)^2 + (D_s\nu)^2},$$

$$(14)\qquad \varphi = \iota D_s\lambda,\qquad \chi = \iota D_s\mu,\qquad \psi = \iota D_s\nu,$$

$$(15)\qquad \frac{1}{r} = \sqrt{(D_s a)^2 + (D_s b)^2 + (D_s c)^2}.$$

Observons enfin que, la longueur ι étant mesurée sur la direction du module υ, l'angle $(\widehat{\omega, \upsilon})$ pourra être encore exprimé par la notation $(\widehat{\omega, \iota})$. Donc les formules (7), jointes aux équations (10), donneront

(16) $$\frac{1}{\rho} = -\frac{1}{\imath}\cos(\widehat{\omega, \imath}), \qquad \frac{1}{r} = \frac{1}{\imath}\sin(\widehat{\omega, \imath}),$$

tandis que la formule (8) donnera

(17) $$\frac{1}{\rho^2} + \frac{1}{r^2} = \frac{1}{\imath^2}.$$

Pour montrer une application très simple des formules diverses que nous venons d'établir, considérons, en particulier, le cas où la droite mobile se confond avec la tangente menée à la courbe proposée par l'extrémité de l'arc s, c'est-à-dire par le point dont les coordonnées sont x, y, z; cette tangente étant d'ailleurs dirigée dans le sens suivant lequel se mesurent les arcs positifs. Dans ce cas, les cosinus α, β, γ des angles formés par la droite mobile avec les demi-axes des x, y, z positives seront respectivement

(18) $$\alpha = D_s x, \qquad \beta = D_s y, \qquad \gamma = D_s z.$$

Alors aussi δ sera l'angle compris entre les deux tangentes menées par les deux extrémités de l'arc Δs. En d'autres termes, δ sera ce qu'on nomme l'*angle de contingence;* et, comme l'arc Δs, compté à partir de l'extrémité de l'arc s, sera d'autant plus courbe que l'angle δ sera plus considérable, le rapport

$$\frac{\delta}{\Delta s}$$

représentera naturellement ce qu'on peut appeler la *courbure moyenne* de l'arc Δs. Ajoutons qu'en faisant décroître indéfiniment l'arc Δs, on verra sa courbure moyenne converger vers une certaine limite $\imath$ qui sera précisément ce qu'on appelle la *courbure* de l'arc s, mesurée à l'extrémité de cet arc. Donc cette courbure ne différera pas du module de rotation de la tangente, déterminé par la formule (1). Quant aux cosinus λ, μ, ν des angles formés, avec les demi-axes des x, y, z positives, par la ligne sur laquelle se mesurera le module $\imath$, ils seront déterminés par les formules (2) desquelles on tirera, eu égard à la formule (1),

$$(19)\qquad \frac{\lambda}{D_s\alpha}=\frac{\mu}{D_s\beta}=\frac{\nu}{D_s\gamma}=\frac{1}{\sqrt{(D_s\alpha)^2+(D_s\beta)^2+(D_s\gamma)^2}},$$

ou, ce qui revient au même, eu égard aux équations (18),

$$(20)\qquad \frac{\lambda}{D_s^2x}=\frac{\mu}{D_s^2y}=\frac{\nu}{D_s^2z}=\frac{1}{\sqrt{(D_s^2x)^2+(D_s^2y)^2+(D_s^2z)^2}}.$$

Donc cette ligne sera non seulement une perpendiculaire à la tangente, ou, en d'autres termes, une des normales menées à la courbe par le point (x, y, z), mais encore celle de ces normales qui a été désignée sous le nom de *normale principale*, et qui se trouve comprise dans le plan osculateur (voir les *Leçons sur les applications du Calcul infinitésimal à la Géométrie*, t. I, p. 287) [1].

Si la courbe donnée se réduit à un cercle, l'angle de contingence δ sera équivalent à l'angle au centre qui renfermera l'arc Δs entre ses côtés. Donc le rapport $\frac{\Delta s}{\delta}$ représentera le rayon du cercle, et ce rayon sera encore représenté par la limite $\frac{1}{\varkappa}$ de ce rapport, c'est-à-dire par la longueur ρ. Donc, dans un cercle, le rayon ρ est l'inverse de la courbure $\varkappa$, et, réciproquement, la courbure $\varkappa$ est l'inverse du rayon ρ. Donc, si, après avoir désigné par $\varkappa$ la courbure d'une courbe quelconque en un certain point (x, y, z), on nomme ρ une longueur liée à la courbure $\varkappa$ par la première des équations (9), cette longueur sera le rayon d'un cercle qui offrira la même courbure que la courbe, ou, en d'autres termes, elle sera ce qu'on appelle le *rayon de courbure* de la courbe donnée au point (x, y, z). Si cette même longueur est portée, à partir du point (x, y, z), dans le sens suivant lequel se mesurait le module de rotation de la tangente, elle aboutira au point appelé le *centre de courbure*, et le cercle décrit de ce dernier point, comme centre, avec un rayon égal au rayon de courbure, sera le cercle qui aura un contact du second ordre avec la courbe, et que l'on nomme, pour cette raison, le *cercle osculateur* (*voir* les Leçons déjà citées). Cela

---

(1) *Œuvres de Cauchy*, série II, t. V, p. 295.

posé, il suffira évidemment d'attribuer aux cosinus α, β, γ les valeurs fournies par les équations (18), pour que la valeur de ρ, déterminée par la formule (11), représente le rayon du cercle osculateur, et pour que les valeurs de λ, μ, ν, déterminées par les formules (12), représentent les cosinus des angles formés, avec les demi-axes des x, y, z positives, par la droite menée du point (x, y, z) au centre de courbure. Observons, au reste, que les équations ainsi obtenues, savoir :

$$(21) \qquad \frac{1}{\rho} = \sqrt{(D_s^2 x)^2 + (D_s^2 y)^2 + (D_s^2 z)^2},$$

$$(22) \qquad \lambda = \rho D_s^2 x, \qquad \mu = \rho D_s^2 y, \qquad \nu = \rho D_s^2 z,$$

entraînent la formule (20), à laquelle on parvient en égalant entre elles les quatre valeurs que ces mêmes équations fournissent pour le rayon de courbure ρ.

Considérons maintenant, parmi les modules de rotation de la courbe donnée, celui qui est du second ordre. Ce module, déterminé par la formule (3), et mesuré dans une direction qui forme, avec les demi-axes des coordonnées positives, des angles dont les cosinus φ, χ, ψ se déterminent par les formules (4), sera ce que j'ai nommé la *seconde courbure*, et ce que M. de Saint-Venant appelle la *cambrure* de la courbe proposée. L'inverse de ce même module, ou le rayon τ, déterminé par la formule (13), sera le *rayon de seconde courbure*, ou le *rayon de cambrure*, qui se mesurera sur la droite tracée de manière à former, avec les demi-axes des coordonnées positives, des angles dont les cosinus φ, χ, ψ seront déterminés par les équations (14). Supposons d'ailleurs que par le point (x, y, z) de la courbe donnée on mène une droite perpendiculaire au plan osculateur. Cette droite, étant perpendiculaire à la tangente et au rayon de courbure, sera précisément celle qui, prolongée dans un certain sens, forme, avec les demi-axes dés x, y, z positives, des angles dont les cosinus a, b, c se déterminent par les formules (5); et si, en nommant θ le module de rotation de cette droite, on représente le rapport inverse de ce module par une longueur r mesurée sur cette même droite dans le sens que nous venons d'indiquer, la longueur r, le rayon de courbure ρ et le rayon de cambrure τ vérifieront la formule (17), en vertu de laquelle $\frac{1}{\rho}$ et $\frac{1}{r}$ seront les deux côtés d'un triangle rectangle qui aura pour hypoténuse $\frac{1}{\tau}$. Ajoutons que si l'on désigne par ω une longueur mesurée sur la tangente à la courbe donnée, dans le sens suivant lequel se mesure positivement l'arc s, et par $(\widehat{\omega, \tau})$ l'angle que forme cette tangente avec le rayon de cambrure, les longueurs ρ et r seront liées à la longueur τ et à l'angle $(\widehat{\omega, \tau})$ par les équations (16). La formule (17) a été donnée par M. de Saint-Venant (dans le Tome XIX des *Comptes rendus des séances de l'Académie des Sciences*), et, comme il l'a remarqué lui-même, elle se trouve implicitement comprise dans une équation de M. Lancret.

MÉMOIRE SUR QUELQUES PROPRIÉTÉS

DES

RÉSULTANTES A DEUX TERMES

I. — *Formules analytiques*.

Considérons deux systèmes de variables dont les unes, en nombre égal à n, soient représentées par les lettres italiques

$$x,\ y,\ z,\ \ldots, \tag{1}$$

les autres, en pareil nombre, étant représentées par les lettres romaines

$$\mathrm{x},\ \mathrm{y},\ \mathrm{z},\ \ldots. \tag{2}$$

Concevons, d'ailleurs, que l'on range quatre de ces variables sur deux lignes horizontales et en même temps sur deux lignes verticales, en plaçant, dans la première ligne horizontale, deux termes de la suite (1) et, dans la seconde ligne horizontale, les termes correspondants de la suite (2). On obtiendra ainsi un tableau de la forme

$$\left\{\begin{array}{ll} x, & y, \\ \mathrm{x}, & \mathrm{y}, \end{array}\right. \tag{3}$$

et si, après avoir construit, avec les quatre termes de ce tableau, les deux produits

$$x\mathrm{y},\quad y\mathrm{x},$$

dont chacun a pour facteurs deux variables situées non seulement dans les deux lignes horizontales, mais encore dans les deux lignes verticales, on retranche le second produit du premier, la différence ainsi trouvée, savoir,

$$x\mathrm{y} - y\mathrm{x},$$

sera une *résultante* composée seulement de *deux termes*, l'un positif $x\mathrm{y}$, l'autre négatif $-\mathrm{x}y$. Or, les résultantes de cette espèce jouissent de quelques propriétés qui méritent d'être remarquées, et dont l'énoncé fournit diverses propositions que nous allons établir.

THÉORÈME I. — *Soient*

$$u,\quad v$$

deux fonctions homogènes et linéaires des n variables

$$x,\quad y,\quad z,\quad \ldots;$$

et nommons

$$\mathrm{u},\quad \mathrm{v}$$

ce que deviennent les fonctions u, v quand on remplace les n variables x, y, z, ... par n autres variables

$$\mathrm{x},\quad \mathrm{y},\quad \mathrm{z},\quad \ldots.$$

La résultante formée avec les quatre termes du tableau

$$(4)\qquad \left\{\begin{matrix} u, & v, \\ \mathrm{u}, & \mathrm{v}, \end{matrix}\right.$$

c'est-à-dire la différence

$$u\mathrm{v} - \mathrm{u}v,$$

sera une fonction homogène et linéaire des résultantes

$$(5)\qquad x\mathrm{y} - \mathrm{x}y,\quad x\mathrm{z} - \mathrm{x}z,\quad \ldots,\quad y\mathrm{z} - \mathrm{y}z,\quad \ldots,$$

dont chacune est fournie par un tableau qui renferme pareillement quatre termes, savoir, deux termes quelconques de la suite

$$x,\quad y,\quad z,\quad \ldots,$$

écrits au-dessus des termes correspondants de la suite

$$\mathrm{x},\quad \mathrm{y},\quad \mathrm{z},\quad \ldots$$

Démonstration. — Supposons

$$(6)\qquad u = Xx + Yy + Zz + \ldots,\qquad v = \mathrm{X}x + \mathrm{Y}y + \mathrm{Z}z + \ldots,$$

$X, Y, Z, \ldots, \mathrm{X}, \mathrm{Y}, \mathrm{Z}, \ldots$ étant deux suites de coefficients constants. Puisque u et v sont ce que deviennent u et v quand aux variables $x, y,$

$z, \ldots$ on substitue les variables $\mathrm{x}, \mathrm{y}, \mathrm{z}, \ldots$; les équations (6) entraîneront les suivantes :

$$(7) \qquad \mathrm{u} = X\mathrm{x} + Y\mathrm{y} + Z\mathrm{z} + \ldots, \qquad \mathrm{v} = \mathrm{Xx} + \mathrm{Yy} + \mathrm{Zz} + \ldots.$$

Cela posé, on aura identiquement

$$(8) \qquad \begin{aligned} u\mathrm{v} - \mathrm{u}v = {} & (Xx + Yy + Zz + \ldots)(\mathrm{Xx} + \mathrm{Yy} + \mathrm{Zz} + \ldots) \\ & - (X\mathrm{x} + Y\mathrm{y} + Z\mathrm{z} + \ldots)(\mathrm{X}x + \mathrm{Y}y + \mathrm{Z}z + \ldots). \end{aligned}$$

Or, en vertu de l'équation (8), la résultante binome $u\mathrm{v} - \mathrm{u}v$ sera évidemment composée de plusieurs parties respectivement proportionnelles aux coefficients $X, Y, Z, \ldots$. D'ailleurs, la partie proportionnelle au coefficient X, étant le produit de ce coefficient par la différence

$$\begin{aligned} x\mathrm{v} - \mathrm{x}v &= (\mathrm{Xx} + \mathrm{Yy} + \mathrm{Zz} + \ldots)x - (\mathrm{X}x + \mathrm{Y}y + \mathrm{Z}z + \ldots)\mathrm{x} \\ &= \mathrm{Y}(x\mathrm{y} - \mathrm{x}y) + \mathrm{Z}(x\mathrm{z} - \mathrm{x}z) + \ldots, \end{aligned}$$

sera, ainsi que cette différence elle-même, une fonction homogène et linéaire de plusieurs termes de la suite (5); et l'on pourra en dire autant des diverses parties qui, dans le développement de la résultante $u\mathrm{v} - \mathrm{u}v$, seront respectivement proportionnelles aux coefficients Y, Z. Donc cette résultante sera une fonction homogène et linéaire des divers termes de la suite (5).

Théorème II. — *Les mêmes choses étant posées que dans le théorème précédent, écrivons l'une au-dessus de l'autre, non seulement les deux suites de variables*

$$(9) \qquad \left\{ \begin{matrix} x, & y, & z, & \ldots, \\ \mathrm{x}, & \mathrm{y}, & \mathrm{z}, & \ldots, \end{matrix} \right.$$

mais encore les deux suites de coefficients

$$(10) \qquad \left\{ \begin{matrix} X, & Y, & Z, & \ldots, \\ \mathrm{X}, & \mathrm{Y}, & \mathrm{Z}, & \ldots, \end{matrix} \right.$$

qui représentent les constantes par lesquelles les variables

$$x, \quad y, \quad z, \quad \ldots$$

se trouvent respectivement multipliées : 1° *dans la fonction* u; 2° *dans la fonction* v; *et considérons, outre les résultantes*

(5) $$xy - \mathrm{x}y,\quad xz - \mathrm{x}z,\quad \ldots,\quad yz - \mathrm{y}z,\quad \ldots,$$

dont chacune est formée avec quatre termes compris dans deux lignes verticales du tableau (9), *les résultantes semblables*

(11) $$X\mathrm{Y} - \mathrm{X}Y,\quad X\mathrm{Z} - \mathrm{X}Z,\quad \ldots,\quad Y\mathrm{Z} - \mathrm{Y}Z \ldots,$$

qui se déduisent des premières quand on remplace les termes du tableau (9) *par les termes correspondants du tableau* (10). *Il suffira de multiplier chaque terme de la série* (5) *par le terme correspondant de la série* (11), *puis d'ajouter entre eux les divers produits ainsi formés, pour obtenir une somme équivalente au produit de la résultante*

$$u\mathrm{v} - \mathrm{u}v,$$

en sorte qu'on aura

(12) $$u\mathrm{v} - \mathrm{u}v = \Sigma(X\mathrm{Y} - \mathrm{X}Y)(x\mathrm{y} - \mathrm{x}y),$$

le signe Σ *indiquant une somme de termes semblables entre eux.*

Démonstration. — En effet, pour obtenir le coefficient de l'un des termes de la série (5), par exemple du binome

$$x\mathrm{y} - \mathrm{x}y,$$

dans le développement de l'expression

$$u\mathrm{v} - \mathrm{u}v,$$

il suffira de chercher le coefficient du produit $x\mathrm{y}$ dans le développement du second membre de la formule (8). D'ailleurs, ce dernier coefficient sera évidemment celui que l'on obtiendra si l'on suppose réduits à zéro tous les termes de la série (1), à l'exception du premier x, et tous les termes de la série (2), à l'exception du second y; et, comme, dans cette hypothèse, on aurait

$$u = Xx,\qquad v = \mathrm{X}x,$$
$$\mathrm{u} = Y\mathrm{y},\qquad \mathrm{v} = \mathrm{Y}\mathrm{y},$$

par conséquent

$$u\mathrm{v} - \mathrm{u}v = (X\mathrm{Y} - \mathrm{X}Y)x\mathrm{y},$$

nous devons conclure que, dans le développement général de l'expression

$$u\mathrm{v} - \mathrm{u}v,$$

le coefficient du binome

$$xy - \mathrm{x}y$$

sera

$$X\mathrm{Y} - \mathrm{X}Y.$$

Corollaire. — Si, dans la formule (12), on substitue, pour u, v, u, v, leurs valeurs tirées des formules (6), (7), on obtiendra l'équation identique

$$(13)\qquad \begin{aligned} &(Xx + Yy + Zz + \ldots)(\mathrm{X}\mathrm{x} + \mathrm{Y}\mathrm{y} + \mathrm{Z}\mathrm{z} + \ldots) \\ &- (X\mathrm{x} + Y\mathrm{y} + Z\mathrm{z} + \ldots)(\mathrm{X}x + \mathrm{Y}y + \mathrm{Z}z + \ldots) \\ &= \Sigma(X\mathrm{Y} - \mathrm{X}Y)(x\mathrm{y} - \mathrm{x}y). \end{aligned}$$

Cette équation, qui était déjà connue, comprend évidemment les théorèmes I et II.

Théorème III. — *Soient*

$$(14)\qquad u,\quad v,\quad w,\quad \ldots$$

et

$$(15)\qquad U,\quad V,\quad W,\quad \ldots$$

deux suites composées d'un pareil nombre de termes, dont chacun représente une fonction homogène et linéaire des n variables x, y, z, ... Soient encore

$$(16)\qquad \mathrm{u},\quad \mathrm{v},\quad \mathrm{w},\quad \ldots$$

et

$$(17)\qquad \mathrm{U},\quad \mathrm{V},\quad \mathrm{W},\quad \ldots$$

ce que deviennent les deux premières séries quand on remplace les variables x, y, z, ... par les variables x, y, z, ... *Concevons, d'ailleurs, que l'on ajoute entre eux les termes de la série* (14) *ou* (16), *respectivement multipliés par les termes correspondants de la série* (15) *ou* (17), *et construisons ainsi les quatre sommes*

$$(18)\qquad \left\{ \begin{aligned} &P = Uu + Vv + Ww + \ldots, &\quad \mathcal{Q} = \mathrm{U}u + \mathrm{V}v + \mathrm{W}w + \ldots, \\ &\mathrm{Q} = U\mathrm{u} + V\mathrm{v} + W\mathrm{w} + \ldots, &\quad \mathrm{P} = \mathrm{U}\mathrm{u} + \mathrm{V}\mathrm{v} + \mathrm{W}\mathrm{w} + \ldots. \end{aligned} \right.$$

La résultante

$$P\mathrm{P} - \mathcal{Q}\mathrm{Q},$$

formée avec ces quatre sommes, dépendra uniquement des binomes qui représentent les divers termes de la série (5), *et sera une fonction de ces binomes, non seulement entière, mais encore homogène et du second degré.*

Démonstration. — Concevons qu'avec les termes des suites (14) et (16), pris quatre à quatre, on forme les résultantes

(19) $$u\mathrm{v} - \mathrm{u}v,\quad u\mathrm{w} - \mathrm{u}w,\quad \ldots,\quad v\mathrm{w} - \mathrm{v}w,\quad \ldots,$$

et, avec les termes correspondants des suites (15) et (17), les résultantes

(20) $$U\mathrm{V} - \mathrm{U}V,\quad U\mathrm{W} - \mathrm{U}W,\quad \ldots,\quad V\mathrm{W} - \mathrm{V}W,\quad \ldots.$$

Eu égard au théorème II, il suffira de multiplier chaque terme de la série (19) par le terme correspondant de la série (20) pour obtenir la résultante

$$P\mathrm{P} - Q\mathrm{Q}.$$

On aura donc

(21) $$P\mathrm{P} - Q\mathrm{Q} = \Sigma(U\mathrm{V} - \mathrm{U}V)(u\mathrm{v} - \mathrm{u}v),$$

le signe Σ indiquant une somme de termes semblables entre eux. D'ailleurs, en vertu du théorème I, chacun des binomes (19) ou (20) sera une fonction homogène et linéaire des termes de la série (5). Donc tout produit de la forme

$$(U\mathrm{V} - \mathrm{U}V)(u\mathrm{v} - \mathrm{u}v)$$

sera une fonction de ces mêmes termes, entière, homogène et du second degré, aussi bien que la résultante binome

$$P\mathrm{P} - Q\mathrm{Q},$$

représentée par une somme de semblables produits.

Corollaire I. — Il est bon d'observer qu'en vertu des formules (18), P sera une fonction des variables $x, y, z, \ldots$, non seulement entière, mais encore homogène et du second degré. De plus, P sera évidemment ce que devient P, et Q ce que devient Q, quand on remplace les variables $x, y, z, \ldots$ par les variables $\mathrm{x}, \mathrm{y}, \mathrm{z}, \ldots$.

Corollaire II. — Si l'on réduit les fonctions

$$U, \quad V, \quad W, \quad \ldots$$

aux variables

$$y, \quad z, \quad \ldots,$$

les fonctions

$$\mathrm{U}, \quad \mathrm{V}, \quad \mathrm{W}, \quad \ldots$$

se réduiront elles-mêmes aux variables

$$\mathrm{x}, \quad \mathrm{y}, \quad \mathrm{z}, \quad \ldots,$$

et la valeur de P, déterminée par la première des formules (18), deviendra

$$P = ux + vy + wz + \ldots.$$

Si d'ailleurs les fonctions linéaires, par lesquelles les variables $x, y, z, \ldots$ se trouvent respectivement multipliées dans cette valeur de P, sont représentées, non plus par diverses lettres

$$u, \quad v, \quad w, \quad \ldots,$$

mais à l'aide de la seule lettre P successivement affectée des indices x, y, z, ..., c'est-à-dire à l'aide des notations

$$P_x, \quad P_y, \quad P_z, \quad \ldots;$$

et si, pareillement, pour exprimer ce que deviennent ces mêmes fonctions linéaires quand on remplace les variables $x, y, z, \ldots$ par les variables x, y, z, ..., on se sert, non plus des lettres

$$\mathrm{u}, \quad \mathrm{v}, \quad \mathrm{w}, \quad \ldots,$$

mais des notations

$$\mathrm{P}_{\mathrm{x}}, \quad \mathrm{P}_{\mathrm{y}}, \quad \mathrm{P}_{\mathrm{z}}, \quad \ldots;$$

alors, à la place du théorème III, on obtiendra la proposition suivante :

Théorème IV. — *Soient*

$$P_x, \quad P_y, \quad P_z, \quad \ldots \tag{22}$$

n fonctions homogènes et linéaires de n variables

$$x, \quad y, \quad z, \quad \ldots,$$

et nommons

$$\mathrm{P}_{\mathrm{x}}, \quad \mathrm{P}_{\mathrm{y}}, \quad \mathrm{P}_{\mathrm{z}}, \quad \ldots \tag{23}$$

ce que deviennent les fonctions P_x, P_y, P_z, ... *quand on remplace les n variables* $x, y, z, \ldots$ *par n autres variables*

$$\mathrm{x},\quad \mathrm{y},\quad \mathrm{z},\quad \ldots.$$

Concevons, d'ailleurs, que l'on ajoute entre eux les termes de la suite

$$P_x,\quad P_y,\quad P_z,\quad \ldots,$$

ou de la suite

$$\mathrm{P_x},\quad \mathrm{P_y},\quad \mathrm{P_z},\quad \ldots.$$

respectivement multipliés par les variables

$$x,\quad y,\quad z,\quad \ldots,$$

ou par les variables

$$\mathrm{x},\quad \mathrm{y},\quad \mathrm{z},\quad \ldots;$$

et nommons

$$P,\quad Q,$$
$$\mathrm{Q},\quad \mathrm{P},$$

les quatre sommes ainsi obtenues, P *étant celle qui renferme les seules variables* $x, y, z, \ldots,$ *et* P *celle qui renferme les seules variables* $\mathrm{x}, \mathrm{y}, \mathrm{z}, \ldots,$ *en sorte qu'on ait*

$$(24)\quad \begin{cases} P = xP_x + yP_y + zP_z + \ldots, & Q = \mathrm{x}P_x + \mathrm{y}P_y + \mathrm{z}P_z + \ldots, \\ \mathrm{Q} = x\mathrm{P_x} + y\mathrm{P_y} + z\mathrm{P_z} + \ldots, & \mathrm{P} = \mathrm{x}\mathrm{P_x} + \mathrm{y}\mathrm{P_y} + \mathrm{z}\mathrm{P_z} + \ldots. \end{cases}$$

La résultante

$$P\mathrm{P} - Q\mathrm{Q},$$

formée avec ces quatre sommes, dépendra uniquement des binomes qui représentent les divers termes de la série (5), *et sera une fonction de ces binomes, non seulement entière, mais encore homogène et du second degré.*

Corollaire I. — Il est bon d'observer qu'en passant du théorème III au théorème IV on obtiendra, au lieu de l'équation (21), la formule

$$(25)\qquad P\mathrm{P} - Q\mathrm{Q} = \Sigma(P_x\mathrm{P_y} - \mathrm{P_x}P_y)(x\mathrm{y} - \mathrm{x}y).$$

Supposons maintenant que, s, t étant deux termes quelconques de la suite

$$x,\quad y,\quad z,\quad \ldots,$$

et s, t les deux termes correspondants de la suite

$$\mathrm{x},\quad \mathrm{y},\quad \mathrm{z},\quad \ldots,$$

on désigne par $P_{s,t}$ le coefficient de t dans la fonction linéaire P_s. Alors $P_{s,t}$ sera une constante qui représentera encore le coefficient de t dans la fonction linéaire $\mathrm{P_s}$, et la formule (25) pourra s'écrire comme il suit:

$$(26)\qquad P\mathrm{P} - Q\mathrm{Q} = \Sigma(P_s\mathrm{P_t} - \mathrm{P_s}P_t)(s\mathrm{t} - \mathrm{s}t),$$

le signe Σ indiquant une somme de termes semblables entre eux. Comme on aura d'ailleurs

$$(27)\qquad \left\{\begin{array}{ll} P_s = xP_{s,x} + yP_{s,y} + zP_{s,z} + \dots, & P_t = xP_{t,x} + yP_{t,y} + zP_{t,z} + \dots, \\ \mathrm{P_s} = \mathrm{x}P_{s,x} + \mathrm{y}P_{s,y} + \mathrm{z}P_{s,z} + \dots, & \mathrm{P_t} = \mathrm{x}P_{t,x} + \mathrm{y}P_{t,y} + \mathrm{z}P_{t,z} + \dots, \end{array}\right.$$

il suffira de substituer aux formules (6) et (7) les formules (27), pour obtenir, à la place de l'équation (12), l'équation semblable

$$(28)\qquad P_s\mathrm{P_t} - \mathrm{P_s}P_t = \Sigma(P_{s,x}P_{t,y} - P_{t,x}P_{s,y})(x\mathrm{y} - \mathrm{x}y).$$

Cela posé, on tirera de la formule (26), jointe à l'équation (27),

$$(29)\qquad P\mathrm{P} - Q\mathrm{Q} = \Sigma\Sigma(P_{s,x}P_{t,y} - P_{t,x}P_{s,y})(s\mathrm{t} - \mathrm{s}t)(x\mathrm{y} - \mathrm{x}y),$$

les deux signes $\Sigma\Sigma$ indiquant une double somme de termes semblables que l'on obtiendra en remplaçant successivement chacun des binomes

$$s\mathrm{t} - \mathrm{s}t, \quad x\mathrm{y} - \mathrm{x}y$$

par les divers termes de la série (5). Ajoutons qu'en vertu de la première des équations (27), on aura

$$(30)\qquad \left\{\begin{array}{l} P_x = xP_{x,x} + yP_{x,y} + zP_{x,z} + \dots, \\ P_y = xP_{y,x} + yP_{y,y} + zP_{y,z} + \dots, \\ P_z = xP_{z,x} + yP_{z,y} + zP_{z,z} + \dots, \\ \dots\dots\dots\dots\dots\dots\dots\dots, \end{array}\right.$$

et qu'en conséquence la première des formules (24) donnera

$$(31)\qquad \begin{aligned} P = {} & x^2P_{x,x} + y^2P_{y,y} + z^2P_{z,z} + \dots \\ & + xy(P_{x,y} + P_{y,x}) + xz(P_{x,z} + P_{z,x}) + \dots\ yz(P_{y,z} + P_{z,y}) + \dots, \end{aligned}$$

tandis que la seconde donnera

$$(32)\qquad \begin{aligned} Q = {} & \mathrm{x}xP_{x,x} + \mathrm{y}yP_{y,y} + \mathrm{z}zP_{z,z} + \dots \\ & + \mathrm{x}yP_{x,y} + x\mathrm{y}P_{y,x} + \mathrm{x}zP_{x,z} + x\mathrm{z}P_{z,x} + \dots + \mathrm{y}zP_{y,z} + y\mathrm{z}P_{z,y} + \dots. \end{aligned}$$

Au contraire, la quatrième et la troisième des formules (24) donneront

$$(33)\quad \begin{aligned}\mathrm{P} = {} & \mathrm{x}^2 P_{x,x} + \mathrm{y}^2 P_{y,y} + \mathrm{z}^2 P_{z,z} + \ldots \\ & + \mathrm{xy}(P_{x,y} + P_{y,x}) + \mathrm{xz}(P_{x,z} + P_{z,x}) + \ldots + \mathrm{yz}(P_{y,z} + \mathrm{P}_{z,y}) + \ldots,\end{aligned}$$

$$(34)\quad \begin{aligned}\mathrm{Q} = {} & x\mathrm{x} P_{x,x} + y\mathrm{y} P_{y,y} + z\mathrm{z} \mathrm{P}_{z,z} + \ldots \\ & + x\mathrm{y} P_{x,y} + \mathrm{x}y P_{y,x} + x\mathrm{z} P_{x,z} + \mathrm{x}z P_{z,x} + \ldots + y\mathrm{z} P_{y,z} + \mathrm{y}z P_{z,y} + \ldots.\end{aligned}$$

Corollaire II. — Si le coefficient constant de t dans P_s devient généralement égal au coefficient constant de s dans P_t, en sorte qu'on ait

$$(35)\qquad P_{t,s} = P_{s,t},$$

alors les formules (31), (32) donneront

$$(36)\quad \begin{aligned}P = {} & x^2 P_{x,x} + y^2 P_{y,y} + z^2 P_{z,z} + \ldots \\ & + 2xy P_{x,y} + 2xz P_{x,z} + \ldots + 2yz P_{y,z} + \ldots\end{aligned}$$

et

$$(37)\quad \begin{aligned}Q = {} & x\mathrm{x} P_{x,x} + y\mathrm{y} P_{y,y} + z\mathrm{z} P_{z,z} + \ldots \\ & + (x\mathrm{y} + \mathrm{x}y) P_{x,y} + (x\mathrm{z} + \mathrm{x}z) P_{x,z} + \ldots + (y\mathrm{z} + \mathrm{y}z) P_{y,z} + \ldots.\end{aligned}$$

D'ailleurs, les valeurs des coefficients

$$P_{x,x}, \quad P_{y,y}, \quad P_{z,z}, \quad \ldots, \quad P_{x,y}, \quad P_{x,z}, \quad \ldots, \quad P_{y,z}, \quad \ldots$$

pouvant être choisies arbitrairement, la fonction P déterminée par la formule (36) pourra être, parmi les fonctions entières de $x, y, z, \ldots$, l'une quelconque de celles qui seront homogènes et du second degré. Quant à la fonction P, elle sera toujours ce que devient P quand on remplace les variables $x, y, z, \ldots$ par les variables $\mathrm{x}, \mathrm{y}, \mathrm{z}, \ldots$, en sorte qu'on aura

$$(38)\quad \begin{aligned}\mathrm{P} = {} & \mathrm{x}^2 P_{x,x} + \mathrm{y}^2 P_{y,y} + \mathrm{z}^2 P_{z,z} + \ldots \\ & + 2\mathrm{xy} P_{x,y} + 2\mathrm{xz} P_{x,z} + \ldots + 2\mathrm{yz} P_{y,z} + \ldots.\end{aligned}$$

Ajoutons que, si l'on désigne par s, t deux quelconques des termes de la suite

$$x, \quad y, \quad z, \quad \ldots,$$

et par s, t les deux termes correspondants de la suite

$$\mathrm{x}, \quad \mathrm{y}, \quad \mathrm{z}, \quad \ldots,$$

il suffira, pour obtenir la valeur de Q déterminée par l'équation (37), de remplacer généralement, dans la valeur de P, le carré s^2 d'une variable par le produit $s\mathrm{s}$, et le produit st de deux variables par la demi-somme $\frac{s\mathrm{t}+\mathrm{s}t}{2}$. Enfin, comme la valeur de Q ainsi formée ne sera point altérée quand on échangera entre eux les deux systèmes de variables

$$x,\ y,\ z,\ \ldots,$$
$$\mathrm{x},\ \mathrm{y},\ \mathrm{z},\ \ldots,$$

il en résulte qu'on aura, dans l'hypothèse admise,

(39) $$\mathrm{Q}=Q,$$

et que, par suite, la résultante

$$P\mathrm{P}-Q\mathrm{Q}$$

sera réduite à la forme

$$P\mathrm{P}-Q^2.$$

Cela posé, l'équation (29) deviendra

(40) $$P\mathrm{P}-Q^2=\Sigma\Sigma(P_{s,x}P_{t,y}-P_{t,x}P_{s,y})(s\mathrm{t}-\mathrm{s}t)(x\mathrm{y}-\mathrm{x}y),$$

et le théorème IV entraînera évidemment la proposition suivante :

THÉORÈME V. — *Soit P une fonction des n variables*

$$x,\ y,\ z,\ \ldots$$

entière, homogène et du second degré. Nommons P *ce que devient P quand on remplace les n variables x, y, z, ... par n autres variables* x, y, z, ... *Enfin, nommons Q ce que devient P quand on y remplace les carrés*

$$x^2,\ y^2,\ z^2,\ \ldots$$

des variables x, y, z, ... par les produits

$$x\mathrm{x},\ y\mathrm{y},\ z\mathrm{z},\ \ldots$$

et les produits

$$xy,\ xz,\ \ldots,\ yz,\ \ldots$$

des variables x, y, z, ..., combinées deux à deux, par les demi-sommes

$$\frac{x\mathrm{y}+\mathrm{x}y}{2},\quad \frac{x\mathrm{z}+\mathrm{x}z}{2},\quad \ldots,\quad \frac{y\mathrm{z}+\mathrm{y}z}{2},\quad \ldots.$$

La différence

$$PP - Q^2$$

dépendra uniquement des binomes

$$x\mathrm{y} - \mathrm{x}y, \quad x\mathrm{z} - \mathrm{x}z, \quad \ldots, \quad y\mathrm{z} - \mathrm{y}z, \quad \ldots,$$

et sera une fonction de ces binomes, non seulement entière, mais encore homogène et du second degré. Ajoutons que si s, t étant deux quelconques des variables

$$x, \quad y, \quad z, \quad \ldots,$$

on désigne par $P_{s,s}$ le coefficient du carré s^2, et par $2P_{s,t}$ le coefficient du produit st dans la fonction P, on aura non seulement

$$(36) \qquad P = x^2 P_{x,x} + y^2 P_{y,y} + z^2 P_{z,z} + \ldots + 2xy P_{x,y} + 2xz P_{x,z} + \ldots + 2yz P_{y,z} + \ldots,$$

mais encore

$$(40) \qquad PP - Q^2 = \Sigma\Sigma (P_{s,x} P_{t,y} - P_{t,x} P_{s,y})(s\mathrm{t} - \mathrm{s}t)(x\mathrm{y} - \mathrm{x}y),$$

les deux signes ΣΣ désignant une double somme de termes semblables, que l'on obtiendra en remplaçant successivement, dans le second membre de la formule (40), chacun des binomes

$$s\mathrm{t} - \mathrm{s}t, \quad x\mathrm{y} - \mathrm{x}y$$

par les divers termes de la suite (5).

Corollaire I. — n étant le nombre des variables $x, y, z, \ldots$, le nombre des termes de la suite (5) sera $\frac{n(n-1)}{2}$, et, en remplaçant successivement chacun des binomes

$$s\mathrm{t} - \mathrm{s}t, \quad x\mathrm{y} - \mathrm{x}y$$

par ces divers termes dans le produit

$$(41) \qquad (P_{s,x} P_{t,y} - P_{t,x} P_{s,y})(s\mathrm{t} - \mathrm{s}t)(x\mathrm{y} - \mathrm{x}y),$$

on obtiendra, en tout,

$$\left[\frac{n(n-1)}{2}\right]^2$$

produits dont la somme constituera le second membre de l'équation (40), ou la valeur de la différence $PP - Q^2$. D'ailleurs, lorsque les deux binomes

$$s\mathrm{t} - \mathrm{s}t, \quad x\mathrm{y} - \mathrm{x}y$$

deviennent égaux, c'est-à-dire lorsqu'on suppose

$$s = x, \quad t = y,$$

et, en conséquence,

$$\mathrm{s} = \mathrm{x}, \quad \mathrm{t} = \mathrm{y},$$

le produit (41) se réduit au suivant :

$$(42) \qquad (P_{x,x} P_{y,y} - P_{x,y}^2)(x\mathrm{y} - \mathrm{x}y)^2.$$

Enfin, lorsque les deux binomes

$$s\mathrm{t} - \mathrm{s}t, \quad x\mathrm{y} - \mathrm{x}y$$

restent distincts, le produit (41) est évidemment égal à un autre produit de la même forme, savoir, à celui qu'on obtient quand on échange les deux binomes entre eux. Donc les produits qui représenteront les divers termes de la double somme comprise dans le second membre de l'équation (40) seront de deux espèces, et, parmi ces produits, les uns, en nombre évidemment égal à

$$\frac{n(n-1)}{2},$$

seront de la forme (42), tandis que les autres, étant de la forme (41) sans être de la forme (42), seront deux à deux égaux entre eux. Ajoutons que le nombre de ces derniers sera évidemment exprimé par la différence

$$(43) \qquad \left[\frac{n(n-1)}{2}\right]^2 - \frac{n(n-1)}{2};$$

de sorte qu'en représentant ce nombre par $2N$, on aura

$$(44) \qquad N = \frac{(n-2)(n-1)n(n+1)}{8}.$$

Corollaire II. — Pour montrer une application du théorème V, supposons que les variables x, y soient réduites à deux, et qu'en conséquence la fonction P soit de la forme

$$(45) \qquad P = ax^2 + by^2 + 2cxy,$$

a, b, c étant des coefficients constants. Alors on aura

$$n = 2, \qquad \frac{n(n-1)}{2} = 1, \qquad N = 0;$$

et, comme la suite (5) ne renfermera plus qu'un seul terme, l'équation (40) se trouvera réduite à

$$(46) \qquad P\mathrm{P} - Q^2 = (P_{x,x}P_{y,y} - P^2_{x,y})(x\mathrm{y} - \mathrm{x}y)^2.$$

Comme on aura d'ailleurs, dans cette hypothèse,

$$P_{x,x} = a, \qquad P_{y,y} = b, \qquad P_{x,y} = c,$$

l'équation (46) donnera

$$(47) \qquad P\mathrm{P} - Q^2 = (ab - c^2)(x\mathrm{y} - \mathrm{x}y)^2.$$

En substituant, dans la formule (47), aux fonctions P, P, Q leurs valeurs déduites de la formule (45) à l'aide des règles indiquées dans l'énoncé du théorème V, on obtiendra l'équation identique

$$(48) \quad \begin{cases} (ax^2 + by^2 + 2cxy)(a\mathrm{x}^2 + b\mathrm{y}^2 + 2c\mathrm{xy}) - [ax\mathrm{x} + by\mathrm{y} + c(x\mathrm{y} + \mathrm{x}y)]^2 \\ \qquad = (ab - c^2)(x\mathrm{y} - \mathrm{x}y)^2, \end{cases}$$

qui a été donnée par Lagrange dans les *Mémoires de Berlin* de 1773.

Corollaire III. — Supposons maintenant que les variables x, y, z, ... soient au nombre de 3, et qu'en conséquence la fonction P soit de la forme

$$(49) \qquad P = ax^2 + by^2 + cz^2 + 2dyz + 2ezx + 2fxy,$$

a, b, c, d, e, f désignant des coefficients constants. Alors on aura

$$n = 3, \qquad \frac{n(n-1)}{2} = 3, \qquad N = 3;$$

et si l'on pose, pour abréger,

$$(50) \qquad \mathfrak{X} = y\mathrm{z} - \mathrm{y}z, \qquad \mathfrak{Y} = z\mathrm{x} - \mathrm{z}x, \qquad \mathfrak{Z} = x\mathrm{y} - \mathrm{x}y,$$

les termes de la série (5) se réduiront, abstraction faite des signes, aux trois binomes désignés ici par les trois lettres $\mathfrak{X}$, $\mathfrak{Y}$, $\mathfrak{Z}$. Cela posé, la formule (40) donnera

$$(51) \qquad P\mathrm{P} - Q^2 = A\mathfrak{X}^2 + B\mathfrak{Y}^2 + C\mathfrak{Z}^2 + 2D\mathfrak{Y}\mathfrak{Z} + 2E\mathfrak{Z}\mathfrak{X} + 2F\mathfrak{X}\mathfrak{Y},$$

A, B, C, D, E, F étant des constantes déterminées par les équations

$$(52)\quad \left\{\begin{array}{ll} A = P_{y,y}P_{z,z} - P_{y,z}^2, & D = P_{z,x}P_{x,y} - P_{x,x}P_{y,z}, \\ B = P_{z,z}P_{x,x} - P_{x,z}^2, & E = P_{x,y}P_{y,z} - P_{y,y}P_{z,x}, \\ C = P_{x,x}P_{y,y} - P_{x,y}^2, & F = P_{y,z}P_{z,x} - P_{z,z}P_{x,y}. \end{array}\right.$$

Comme on aura d'ailleurs

$$\begin{array}{lll} P_{x,x} = a, & P_{y,y} = b, & P_{z,z} = c, \\ P_{y,z} = d, & P_{z,x} = e, & P_{x,y} = f, \end{array}$$

les équations (52) donneront

$$(53)\quad \left\{\begin{array}{lll} A = bc - d^2, & B = ca - e^2, & C = ab - f^2, \\ D = ef - ad, & E = fd - be, & F = de - cf. \end{array}\right.$$

Enfin, si, dans la formule (51), on substitue aux fonctions P, P, Q leurs valeurs déduites de la formule (49) à l'aide des règles indiquées dans l'énoncé du premier théorème, on obtiendra l'équation identique

$$(54)\quad \begin{aligned} &(ax^2 + by^2 + cz^2 + 2dyz + 2ezx + 2fxy) \\ &\times(a\mathrm{x}^2 + b\mathrm{y}^2 + c\mathrm{z}^2 + 2d\mathrm{yz} + 2e\mathrm{zx} + 2f\mathrm{xy}) \\ &-[ax\mathrm{x} + by\mathrm{y} + cz\mathrm{z} + d(y\mathrm{z} + \mathrm{y}z) + e(z\mathrm{x} + \mathrm{z}x) + f(x\mathrm{y} + \mathrm{x}y)]^2 \\ &= A\mathfrak{X}^2 + B\mathfrak{Y}^2 + C\mathfrak{Z}^2 + 2D\mathfrak{Y}\mathfrak{Z} + 2E\mathfrak{Z}\mathfrak{X} + 2F\mathfrak{X}\mathfrak{Y}, \end{aligned}$$

que l'on pourrait déduire de l'une des formules données par M. Binet dans le XVIe cahier du *Journal de l'École Polytechnique*.

Corollaire IV. — Il est bon d'observer que les coefficients constants

$$P_{x,x},\quad P_{y,y},\quad P_{z,z},\quad \ldots,\quad P_{x,y},\quad P_{x,z},\quad \ldots,\quad P_{y,z},\quad \ldots,$$

renfermés dans les seconds membres des formules (36) et (40), sont précisément les moitiés des dérivées du second ordre de la fonction P. En effet, de l'équation (36), différentiée deux fois de suite par rapport à une même variable, ou par rapport à deux variables distinctes, on déduit immédiatement les formules

$$(55)\quad \left\{\begin{array}{llll} P_{x,x} = \frac{1}{2}\mathrm{D}_x^2\, P, & P_{y,y} = \frac{1}{2}\mathrm{D}_y^2\, P, & P_{z,z} = \frac{1}{2}\mathrm{D}_z^2\, P, & \ldots, \\ P_{x,y} = \frac{1}{2}\mathrm{D}_x\mathrm{D}_y P, & P_{x,z} = \frac{1}{2}\mathrm{D}_x\mathrm{D}_z P, & P_{y,z} = \frac{1}{2}\mathrm{D}_y\mathrm{D}_z P, & \ldots, \end{array}\right.$$

toutes comprises dans la formule générale

$$P_{s,t} = \frac{1}{2} D_s D_t P, \tag{56}$$

qui subsiste dans le cas même où l'on suppose $t = s$. Ajoutons encore qu'en vertu des équations (55), la formule (36) donnera

$$\begin{aligned} 2P = {} & x^2 D_x^2 P + y^2 D_y^2 P + z^2 D_z^2 P + \ldots \\ & + 2xy D_x D_y P + 2xz D_x D_z P + \ldots + 2yz D_y D_z P + \ldots . \end{aligned} \tag{57}$$

Au reste, l'équation (57) peut se déduire immédiatement du théorème des fonctions homogènes. Effectivement, en vertu de ce théorème, la fonction P, étant homogène et du second degré par rapport aux variables $x, y, z, \ldots$, vérifiera la formule

$$2P = x D_x P + y D_y P + z D_z P + \ldots; \tag{58}$$

tandis que les fonctions $D_x P$, $D_y P$, $D_z P$, ..., étant homogènes et du premier degré, vérifieront les formules

$$\left\{ \begin{aligned} D_x P &= x D_x^2 P + y D_y D_x P + z D_z D_x P + \ldots, \\ D_y P &= x D_x D_y P + y D_y^2 P + z D_z D_y P + \ldots, \\ D_z P &= x D_x D_z P + y D_y D_z P + z D_z^2 P + \ldots, \\ & \ldots\ldots\ldots\ldots\ldots\ldots\ldots\ldots \end{aligned} \right. \tag{59}$$

et il est clair qu'en substituant dans l'équation (58) les valeurs de

$$D_x P, \quad D_y P, \quad D_z P, \quad \ldots,$$

fournies par les équations (59), on retrouvera la formule (57). Observons enfin que les équations (30), jointes aux formules (55), donneront

$$\begin{aligned} P_x &= \frac{1}{2}(x D_x^2 P + y D_y D_x P + z D_z D_x P + \ldots), \\ P_y &= \frac{1}{2}(x D_x D_y P + y D_y^2 P + z D_z D_y P + \ldots), \\ P_z &= \frac{1}{2}(x D_x D_z P + y D_y D_z P + z D_z^2 P + \ldots), \\ & \ldots\ldots\ldots\ldots\ldots\ldots\ldots\ldots \end{aligned}$$

Donc, eu égard aux formules (59), on aura

$$P_x = \frac{1}{2} D_x P, \qquad P_y = \frac{1}{2} D_y P, \qquad P_z = \frac{1}{2} D_z P, \qquad \ldots . \tag{60}$$

Ainsi, dans l'hypothèse qui nous a conduits au théorème V, les fonctions précédemment représentées par les notations

$$P_x, \quad P_y, \quad P_z, \quad \ldots,$$

se réduisent aux moitiés des fonctions dérivées

$$D_x P, \quad D_y P, \quad D_z P, \quad \ldots.$$

II. — *Interprétations géométriques de plusieurs formules établies dans le premier paragraphe.*

Plusieurs des formules établies dans le paragraphe I admettent des interprétations géométriques qui méritent d'être remarquées et que nous allons indiquer.

Supposons d'abord que la suite

$$x, \quad y, \quad z, \quad \ldots$$

renferme seulement deux variables x, y, et concevons que ces deux variables représentent les coordonnées d'un point mobile. La distance r de ce point à l'origine sera déterminée par la formule

$$r = \sqrt{x^2 + y^2}.$$

Supposons d'ailleurs que a, b, c, k étant des quantités constantes, le point mobile (x, y) soit assujetti à rester sur une courbe du second degré représentée par l'équation

$$ax^2 + by^2 + 2cxy = k. \tag{1}$$

Cette courbe sera une ellipse ou une hyperbole, qui aura pour centre l'origine des coordonnées; elle sera une ellipse si l'on a

$$ab - c^2 > 0, \quad k > 0.$$

Elle sera une hyperbole si l'on a

$$ab - c^2 < 0;$$

et, dans cette dernière hypothèse, il suffira de changer le signe du second membre de la formule (1) pour obtenir l'équation

$$ax^2 + by^2 + 2cxy = -k \tag{2}$$

d'une seconde hyperbole conjuguée à la premiere, deux *hyperboles conjuguées* étant celles qui, avec le même centre et les mêmes asymptotes, offrent des axes réels respectivement égaux et parallèles aux deux côtés d'un rectangle dont les diagonales sont dirigées suivant ces asymptotes.

Concevons à présent que par le point (x, y) on mène une tangente à la courbe représentée par l'équation (1) ou (2), et nommons

$$\xi, \quad \eta$$

les coordonnées courantes de cette tangente. On aura

$$(ax+cy)(\xi-x)+(cx+by)(\eta-y)=0, \tag{3}$$

et par suite, eu égard à l'équation (1),

$$ax\xi+by\eta+c(x\eta+\xi y)=k, \tag{4}$$

ou, eu égard à l'équation (2),

$$ax\xi+by\eta+c(x\eta+\xi y)=-k. \tag{5}$$

Ajoutons que, pour obtenir l'équation de la parallèle menée à cette tangente par l'origine des coordonnées, il suffira de remplacer k par zéro dans la formule (4) ou (5). L'équation de cette parallèle sera donc de la forme

$$ax\xi+by\eta+c(x\eta+\xi y)=0. \tag{6}$$

Soient maintenant

$$\mathrm{x}, \quad \mathrm{y}$$

les coordonnées d'un nouveau point situé sur l'ellipse représentée par l'équation (1) ou sur l'une des hyperboles conjuguées représentées par les équations (1) et (2). On aura encore

$$a\mathrm{x}^2+b\mathrm{y}^2+2c\mathrm{xy}=k, \tag{7}$$

ou

$$a\mathrm{x}^2+b\mathrm{y}^2+2c\mathrm{xy}=-k. \tag{8}$$

Soit d'ailleurs s le rayon mené de l'origine au point (x, y), en sorte qu'on ait

$$s=\sqrt{\mathrm{x}^2+\mathrm{y}^2}. \tag{9}$$

Si ce rayon est parallèle à la tangente menée par le point (x, y) à la courbe (1), on vérifiera l'équation (6) en posant

$$\xi = \mathrm{x}, \qquad \eta = \mathrm{y}.$$

On aura donc alors

(10) $$ax\mathrm{x} + by\mathrm{y} + c(x\mathrm{y} + \mathrm{x}y) = 0.$$

Si, au contraire, le rayon s n'est pas parallèle à la tangente dont il s'agit, il suffira de le prolonger indéfiniment dans les deux sens pour qu'il rencontre cette tangente en un certain point dont les coordonnées ξ, η vérifieront l'équation (4), et dont la distance à l'origine sera une longueur ς déterminée par la formule

(11) $$\varsigma = \sqrt{\xi^2 + \eta^2}.$$

Mais alors, en posant, pour abréger,

(12) $$\theta = \frac{s}{\varsigma},$$

on aura nécessairement

(13) $$\frac{\xi}{\mathrm{x}} = \frac{\eta}{\mathrm{y}} = \pm \frac{s}{\varsigma} = \pm \theta,$$

le double signe $\pm$ devant être réduit au signe $+$ ou au signe $-$, suivant que les deux longueurs s, ς se compteront, à partir de l'origine, dans le même sens ou dans des sens opposés. Or, de l'équation (13), réduite à la forme

$$\frac{\xi}{\mathrm{x}} = \frac{\eta}{\mathrm{y}} = \pm \frac{1}{\theta},$$

et combinée avec l'équation (4), on tire

(14) $$ax\mathrm{x} + by\mathrm{y} + c(x\mathrm{y} + \mathrm{x}y) = \pm \theta k,$$

par conséquent,

(15) $$\theta = \pm \frac{ax\mathrm{x} + by\mathrm{y} + c(x\mathrm{y} + \mathrm{x}y)}{k}.$$

On peut donc énoncer la proposition suivante :

Théorème I. — *Soient r, s deux rayons menés de l'origine des coordonnées supposées rectangulaires, le premier à la courbe représentée par* *l'équation* (1), *le second à l'une des courbes représentées par les équations* (1) *et* (2). *Soit, de plus,* ς *la longueur mesurée, à partir de l'origine, sur le rayon* s *indéfiniment prolongé dans les deux sens, jusqu'à la tangente menée à la courbe* (1) *par l'extrémité du rayon* r. *Enfin nommons* x, y *les coordonnées de l'extrémité du rayon* r, *et* x, y *les coordonnées de l'extrémité du rayon* s. *Les deux longueurs* s *et* ς *seront dirigées, à partir de l'origine, dans le même sens ou dans deux sens opposés, suivant que la quantité*

$$\frac{ax\mathrm{x} + by\mathrm{y} + c(x\mathrm{y} + \mathrm{x}y)}{k}$$

sera positive ou négative, et la valeur numérique de cette quantité sera précisément la valeur du rapport

$$\theta = \frac{s}{\varsigma}.$$

Corollaire I. — Lorsque la tangente menée par le point (x, y) à la courbe (1) est parallèle au rayon s, la longueur représentée par ς devient infinie. On a donc alors $\theta = 0$, et, par suite, l'équation (15) se réduit, comme on devait s'y attendre, à la formule (10).

Corollaire II. — Concevons à présent que, par l'extrémité du rayon s, c'est-à-dire par le point (x, y), on mène une tangente à la courbe (1) ou (2), sur laquelle est situé ce même point; et nommons ρ la longueur mesurée, à partir de l'origine, sur le rayon r indéfiniment prolongé, dans les deux sens, jusqu'à la tangente dont il s'agit. Alors, en posant

$$\theta = \frac{r}{\rho}, \tag{16}$$

on prouvera, comme ci-dessus, que θ se réduit à la valeur numérique de la quantité

$$\frac{ax\mathrm{x} + by\mathrm{y} + c(x\mathrm{y} + \mathrm{x}y)}{k}.$$

Donc les valeurs de θ fournies par les équations (12) et (16) seront égales entre elles, et l'on aura

$$\frac{s}{\varsigma} = \frac{r}{\rho}, \tag{17}$$

en sorte que les *deux longueurs* ρ, ς *seront respectivement proportionnelles aux deux longueurs r, s*. Cette dernière proposition peut être considérée comme offrant une interprétation géométrique de la formule (39) du paragraphe I, et, comme cette formule, elle exprime la propriété qu'a la fonction

$$ax\mathrm{x} + by\mathrm{y} + c(x\mathrm{y} + \mathrm{x}y)$$

de n'être pas altérée quand on échange entre eux les deux systèmes de variables

$$x,\quad y,$$
$$\mathrm{x},\quad \mathrm{y}.$$

Corollaire III. — Supposons maintenant que le rayon s aboutisse, comme le rayon r, à la courbe représentée par l'équation (1). Alors, non seulement les longueurs ρ et ς seront respectivement proportionnelles aux longueurs r et s, mais, de plus, ces quatre longueurs étant comptées à partir de l'origine, ρ se mesurera dans le sens de r, et ς dans le sens de s, si la quantité

$$\frac{ax\mathrm{x} + by\mathrm{y} + c(x\mathrm{y} + \mathrm{x}y)}{k}$$

est positive. Au contraire, si cette quantité devient négative, la direction de ρ sera opposée à celle de r, et la direction de ς opposée à celle de s. Donc, par suite, les longueurs r, s, d'une part, et les longueurs ρ, ς, d'autre part, représenteront des côtés homologues de deux triangles semblables dont les bases seront parallèles. On peut donc énoncer encore la proposition suivante :

Théorème II. — *Soient*

$$r,\quad s$$

deux rayons menés du centre d'une ellipse ou d'une hyperbole à deux points de cette courbe. Soient encore

$$\rho,\quad \varsigma$$

deux longueurs mesurées depuis le centre de la courbe : 1° sur le rayon r indéfiniment prolongé jusqu'à la tangente menée par l'extrémité du *rayon s; 2° sur le rayon s indéfiniment prolongé jusqu'à la tangente menée par l'extrémité du rayon r. Les deux longueurs ρ, ς seront respectivement proportionnelles aux deux longueurs r, s, et la droite qui joindra les extrémités des deux longueurs ρ, ς sera parallèle à la droite qui joindra les extrémités des deux longueurs r, s.*

Corollaire I. — Le théorème précédent est l'un de ceux auxquels on se trouve conduit par les propriétés connues des diamètres conjugués de l'ellipse et de l'hyperbole. D'ailleurs, ce théorème devient évident quand la courbe proposée se réduit à un cercle; et, du cas où la courbe est un cercle, on passe facilement au cas où la courbe est une ellipse, en observant que toute ellipse peut être considérée comme la projection orthogonale d'un cercle dont un diamètre est égal et parallèle au grand axe de l'ellipse, et dont le plan forme, avec le plan de l'ellipse, un angle qui a pour cosinus le rapport du petit axe au grand axe.

Corollaire II. — Le théorème II fournit un moyen très simple de mener, par un point donné P d'une ellipse ou d'une hyperbole, une tangente à cette courbe. En effet, soit r le rayon mené du centre de la courbe au point donné, et faisons coïncider le rayon s avec l'un des demi-axes de l'ellipse, ou avec un demi-axe réel de l'hyperbole. L'extrémité S du rayon s sera un sommet de la courbe, et la tangente menée à la courbe par ce sommet sera perpendiculaire au rayon s. Nommez R le point où cette tangente rencontrera le rayon r indéfiniment prolongé; par ce point R, menez une parallèle RT à la droite PS, qui joint le point donné P au sommet S; et soit T le point où le rayon s, indéfiniment prolongé, rencontrera la droite RT. La tangente menée à la courbe par le point donné P devra passer par le point T, ce qui permettra de la construire immédiatement.

Corollaire III. — Si le centre de la courbe proposée s'éloigne à une distance infinie de l'origine des coordonnées, cette courbe se transformera en une parabole, et les droites sur lesquelles se mesuraient les rayons r, s, en deux droites parallèles à l'axe de la parabole. Donc, pour mener une tangente à une parabole en un point donné P, il suffit de mener, par le sommet S de la parabole et par le point P, deux droites, l'une perpendiculaire, l'autre parallèle à l'axe de la parabole, de mener par le point R, où ces deux droites se coupent, une parallèle RT à la droite PS, puis de joindre le point T, où la droite RT rencontre l'axe de la parabole, avec le point P. En opérant ainsi, on obtient pour ST une longueur égale à la projection de la distance PS sur l'axe de la parabole, ce qui devait être, attendu que, dans le cas où, en supposant les coordonnées rectangulaires, on prend le sommet S pour origine, et l'axe de la parabole pour axe des abscisses, l'abscisse du point P est tout à la fois la projection de PS sur l'aire de la parabole et la moitié de la sous-tangente correspondante au point P.

Concevons maintenant que l'on combine l'équation (14), jointe à la formule (7) ou (8), avec l'équation identique

$$(18)\qquad (ax^2+by^2+2cxy)(a\mathrm{x}^2+b\mathrm{y}^2+2c\mathrm{xy})-[ax\mathrm{x}+by\mathrm{y}+c(x\mathrm{y}+\mathrm{x}y)]^2 = (ab-c^2)(x\mathrm{y}-\mathrm{x}y)^2,$$

déjà obtenue dans le paragraphe I. On trouvera ainsi

$$\pm k^2-\theta^2 k^2=(ab-c^2)(x\mathrm{y}-\mathrm{x}y)^2,$$

et en posant, pour abréger,

$$(19)\qquad K=\frac{k^2}{ab-c^2},$$

on aura simplement

$$(20)\qquad \pm 1-\theta^2=\frac{(x\mathrm{y}-\mathrm{x}y)^2}{K},$$

le signe $\pm$ devant être réduit au signe $+$ ou au signe $-$, suivant que le point (x, y) sera situé sur la courbe représentée par l'équation (1), ou sur la courbe représentée par l'équation (2), c'est-à-dire, en d'autres termes, suivant que les deux rayons r, s aboutiront à une même courbe ou à deux courbes distinctes.

D'autre part, si l'on nomme δ l'angle $(\widehat{r, s})$ compris entre les directions des deux rayons r et s, on aura, en vertu d'une formule connue,

$$(21)\qquad x\mathrm{y}-\mathrm{x}y=\pm rs\sin\delta.$$

Donc la formule (20) donnera

$$(22)\qquad \pm 1 - \theta^2 = \frac{r^2 s^2 \sin^2 \delta}{K}.$$

Il reste à savoir ce qu'exprime, dans la formule (22), la constante K, dont la valeur est fournie par l'équation (19). Or, on peut facilement résoudre cette question, à l'aide de l'équation (22) elle-même, en présentant cette équation sous la forme

$$(23)\qquad K = \frac{r^2 s^2 \sin^2 \delta}{\pm 1 - \theta^2},$$

ou, ce qui revient au même, puisque l'on a

$$\theta = \frac{s}{\varsigma},$$

sous la forme

$$(24)\qquad K = \frac{r^2 \varsigma^2 \sin^2 \delta}{\pm \frac{\varsigma^2}{s^2} - 1},$$

et en attribuant aux rayons r, s des valeurs déterminées. En effet, supposons d'abord que la courbe représentée par l'équation (1) soit une ellipse, et nommons a, b les deux demi-axes de cette ellipse. Alors, en posant

$$r = \mathrm{a}, \qquad s = \mathrm{b},$$

on aura

$$\delta = (\widehat{r, s}) = \frac{\pi}{2}, \qquad \sin \delta = 1, \qquad \varsigma = \infty,$$

$$rs \sin \delta = \mathrm{ab}, \qquad \theta = 0,$$

et, par suite, l'équation (23), dans laquelle on devra réduire le double signe $\pm$ au signe $+$, donnera

$$(25)\qquad K = \mathrm{a}^2 \mathrm{b}^2.$$

Supposons, en second lieu, que l'équation (1) représente une hyperbole, et nommons a le demi-axe réel de cette hyperbole, b étant le demi-axe réel de l'hyperbole conjuguée. Alors il suffira de poser

$$r = \mathrm{a}, \qquad s = \infty,$$

pour que la direction du rayon s se réduise à la direction de l'une des asymptotes de l'hyperbole (1), et pour que ς représente la longueur mesurée sur cette asymptote entre le centre de l'hyperbole et la tangente menée à cette courbe par l'un des sommets. Mais la portion de la tangente comprise entre ce sommet et l'asymptote sera précisément le demi-axe réel b de l'hyperbole conjuguée à celle que l'on considère, et cette portion aura pour mesure le produit

$$\varsigma \sin\left(\widehat{r, s}\right) = \varsigma \sin\delta.$$

Donc, en posant

$$r = \mathrm{a}, \qquad s = \infty,$$

on aura nécessairement

$$\varsigma \sin\delta = \mathrm{b},$$

et, par suite, on réduira l'équation (24) à la formule

$$(26) \qquad K = -\mathrm{a}^2\mathrm{b}^2.$$

Les équations (25) et (26) peuvent aussi être démontrées directement avec la plus grande facilité. En effet, lorsque la courbe représentée par l'équation (1) est une ellipse, ses demi-axes a et b sont les valeurs *maximum* et *minimum* du rayon r déterminé à l'aide de cette équation, jointe à la formule

$$(27) \qquad r^2 = x^2 + y^2,$$

et, par suite, ils se confondent avec les deux valeurs de r fournies par le système des deux équations

$$(28) \qquad (a - u)(b - u) - c^2 = 0,$$

$$(29) \qquad u = \frac{k}{r^2}.$$

Donc alors l'équation (28), que l'on peut réduire à la forme

$$(30) \qquad u^2 - (a + b)u + ab - c^2 = 0,$$

étant résolue par rapport à u, offrira pour racines les deux rapports

$$\frac{k}{\mathrm{a}^2}, \quad \frac{k}{\mathrm{b}^2},$$

et le produit de ces rapports sera équivalent à la constante $ab - c^2$, en sorte qu'on aura

$$\frac{k^2}{\mathrm{a}^2\mathrm{b}^2} = ab - c^2,$$

et, par suite,

$$\frac{k^2}{ab - c^2} = \mathrm{a}^2\mathrm{b}^2,$$

ou, ce qui revient au même,

$$\mathrm{K} = \mathrm{a}^2\mathrm{b}^2.$$

Si, au contraire, la courbe représentée par l'équation (1) est une hyperbole, le demi-axe réel a ou b de cette hyperbole ou de l'hyperbole conjuguée sera la valeur *maximum* de r déduite de la formule (27), jointe à l'équation (1) ou (2). Donc alors a ou b sera la valeur réelle et positive de r, qui se déduira de l'équation (28), jointe à la formule (29) ou à la suivante :

(31)
$$u = -\frac{k}{r^2}.$$

Donc, par suite,

$$\frac{k}{\mathrm{a}^2} \quad \text{et} \quad -\frac{k}{\mathrm{b}^2}$$

seront les deux racines de l'équation (27), et l'on aura

$$-\frac{k^2}{\mathrm{a}^2\mathrm{b}^2} = ab - c^2,$$

et

$$\frac{k^2}{ab - c^2} = -\mathrm{a}^2\mathrm{b}^2,$$

ou, ce qui revient au même,

$$\mathrm{K} = -\mathrm{a}^2\mathrm{b}^2.$$

En résumé, si la courbe représentée par l'équation (1) est une ellipse, la valeur de K sera déterminée par la formule (25), et, en conséquence, l'équation (22), dans laquelle on devra réduire le double signe $\pm$ au signe $+$, donnera

(32)
$$1 - \theta^2 = \Theta^2,$$

la valeur de Θ étant

(33)
$$\Theta = \frac{rs \sin \delta}{\mathrm{ab}}.$$

Au contraire, si la courbe représentée par l'équation (1) est une hyperbole, la valeur de K sera déterminée par la formule (26); et, en conséquence, l'équation (22) donnera

$$(34) \qquad \theta^2 \mp 1 = \Theta^2,$$

la valeur de Θ étant toujours déterminée par la formule (1), et le double signe $\mp$ devant être réduit au signe — ou au signe +, suivant que l'extrémité du rayon s sera située sur l'hyperbole (1) ou sur l'hyperbole (2).

Il importe d'observer que le produit

$$rs \sin \delta = rs \sin \left(\widehat{r, s}\right)$$

représente l'aire du parallélogramme construit sur les rayons r, s, tandis que le produit

$$\mathrm{ab}$$

représente l'aire du rectangle construit sur les demi-axes a, b. Cela posé, la quantité désignée par Θ, dans l'équation (33), représentera évidemment le rapport de ces deux aires, et les formules (32), (34) entraîneront les propositions suivantes :

Théorème III. — *Soient :*

a, b *les deux demi-axes d'une ellipse ;*

r, s *deux rayons menés du centre de l'ellipse à deux points de cette courbe ;*

$\delta = \left(\widehat{r, s}\right)$ *l'angle compris entre ces rayons ;*

ς *une longueur mesurée sur le rayon s entre le centre de l'ellipse et la tangente menée à cette courbe par l'extrémité du rayon r ;*

enfin posons

$$\theta = \frac{s}{\varsigma} \qquad \text{et} \qquad \Theta = \frac{rs \sin \delta}{\mathrm{ab}},$$

en sorte que Θ représente le quotient qu'on obtient quand on divise l'aire du parallélogramme construit sur les rayons r et s par l'aire du rectangle construit sur les demi-axes a *et* b. *Les deux rapports θ, Θ vérifieront la* *formule*

(35) $$\theta^2 + \Theta^2 = 1,$$

THÉORÈME IV. — *Soient :*

a *le demi-axe réel d'une certaine hyperbole ;*

b *le demi-axe réel d'une seconde hyperbole conjuguée à la première ;*

r *un rayon mené du centre commun des deux hyperboles à un point de la première ;*

s *un rayon mené du même centre à un nouveau point de la première hyperbole, ou à un point quelconque de la seconde ;*

$\delta = (\widehat{r, s})$ *l'angle compris entre les rayons* r, s ;

ς *une longueur mesurée sur le rayon* s *entre le centre commun des deux hyperboles et la tangente menée à la première par l'extrémité du rayon* r ;

enfin posons

$$\theta = \frac{s}{\varsigma}, \qquad \Theta = \frac{rs \sin \delta}{\mathrm{ab}},$$

en sorte que Θ *représente le quotient qu'on obtient quand on divise l'aire du parallélogramme construit sur les rayons* r *et* s *par l'aire du rectangle construit sur les demi-axes* a *et* b. *Les deux rapports* θ, Θ *vérifieront la formule*

(36) $$\theta^2 - \Theta^2 = \pm 1,$$

le signe $\pm$ *devant être réduit au signe* $+$ *ou au signe* $-$, *suivant que le rayon vecteur* s *aura pour extrémité un point situé sur la première ou sur la seconde hyperbole.*

Lorsque le rayon s devient parallèle à la tangente menée par l'extrémité du rayon r, on a évidemment

$$\varsigma = \infty, \qquad \theta = 0,$$

et l'on tire de la formule (35) ou de la formule (36), dans laquelle le signe $\pm$ se trouve réduit au signe $-$,

$$\Theta^2 = 1, \qquad \Theta = 1,$$

par conséquent,

$$(37) \qquad rs \sin \delta = \mathrm{ab}.$$

Mais alors les rayons r, s, qui offrent pour extrémités deux points d'une même ellipse ou de deux hyperboles conjuguées, sont deux *rayons conjugués*, c'est-à-dire les moitiés de deux *diamètres conjugués* de l'ellipse ou des deux hyperboles; et l'équation (37), présentée sous la forme

$$4rs \sin \delta = 4\mathrm{ab},$$

exprime une proposition bien connue, savoir, que *l'aire du parallélogramme construit sur les diamètres conjugués* $2r$, $2s$, *est équivalente à l'aire du rectangle construit sur les axes* $2\mathrm{a}$, $2\mathrm{b}$.

On pourrait encore déduire des théorèmes III et IV diverses propositions relatives à l'ellipse ou à l'hyperbole, dont quelques-unes semblent dignes d'attention. Nous citerons comme exemples les deux suivantes :

Théorème V. — *Soient, dans une ellipse,*

a, b *les deux demi-axes;*

s, t *deux rayons conjugués;*

r *un rayon quelconque;*

δ, ε *les angles* $(\widehat{r, s})$, $(\widehat{r, t})$, *que forme le rayon* r *avec les deux rayons* s *et* t.

On aura

$$(38) \qquad r^2(s^2 \sin^2 \delta + t^2 \sin^2 \varepsilon) = \mathrm{a}^2\mathrm{b}^2.$$

Démonstration. — Soient

$$\rho, \quad \rho'$$

les longueurs mesurées, sur la direction du rayon r, à partir du centre de l'ellipse jusqu'aux deux tangentes menées à cette courbe par les extrémités des rayons s et t. On aura, en vertu du théorème III,

$$(39) \qquad \frac{r^2 s^2 \sin^2 \delta}{\mathrm{a}^2\mathrm{b}^2} = 1 - \frac{r^2}{\rho^2}, \qquad \frac{r^2 t^2 \sin^2 \varepsilon}{\mathrm{a}^2\mathrm{b}^2} = 1 - \frac{r^2}{\rho'^2}.$$

Mais, d'après une proposition établie dans les *Exercices de Mathématiques* (IIIe volume, page 50 [1]), on aura aussi

$$\frac{1}{\rho^2}+\frac{1}{\rho'^2}=\frac{1}{r^2}, \tag{40}$$

par conséquent,

$$\frac{r^2}{\rho^2}+\frac{r^2}{\rho'^2}=1.$$

Donc les formules (39), combinées l'une avec l'autre par voie d'addition, produiront la suivante

$$\frac{r^2(s^2\sin^2\delta+t^2\sin^2\varepsilon}{\mathrm{a}^2\mathrm{b}^2}=1,$$

qui coïncide avec l'équation (38).

THÉORÈME VI. — *Soient :*

a *le demi-axe réel d'une première hyperbole ;*

b *le demi-axe réel d'une seconde hyperbole conjuguée à la première ;*

s, t *deux rayons conjugués de la première et de la seconde hyperbole ;*

r *un rayon quelconque de la première hyperbole ;*

δ, ε *les angles* $(\widehat{r,s})$, $(\widehat{r,t})$ *que forme le rayon* r *avec les deux rayons* s *et* t.

On aura

$$r^2(t^2\sin^2\varepsilon-s^2\sin^2\delta)=\mathrm{a}^2\mathrm{b}^2. \tag{41}$$

Démonstration. — Soient

$$\rho,\quad \rho'$$

les longueurs mesurées, sur la direction du rayon r, à partir du centre commun des deux hyperboles jusqu'aux deux tangentes menées à ces courbes par les extrémités des rayons s et t. On aura, en vertu du théorème IV,

$$\frac{r^2s^2\sin^2\delta}{\mathrm{a}^2\mathrm{b}^2}=\frac{r^2}{\rho^2}-1,\qquad \frac{r^2t^2\sin^2\varepsilon}{\mathrm{a}^2\mathrm{b}^2}=\frac{r^2}{\rho'^2}+1. \tag{42}$$

Mais, d'après une proposition établie dans les *Exercices de Mathéma-*

(1) *Œuvres de Cauchy,* série II, t VIII, p. 65.

tiques (IIIe volume, page 52) (¹), on aura aussi

$$(43)\qquad \frac{1}{\rho^2} - \frac{1}{\rho'^2} = \frac{1}{r^2},$$

par conséquent,

$$\frac{r^2}{\rho^2} - \frac{r^2}{\rho'^2} = 1.$$

Donc les formules (42), combinées l'une avec l'autre par voie de soustraction, produiront la suivante

$$\frac{r^2(t^2 \sin^2 \varepsilon - s^2 \sin^2 \delta)}{a^2 b^2} = 1,$$

qui coïncide avec l'équation (41).

Si, dans l'équation (38), on fait coïncider le rayon r avec le demi-axe a, alors, en nommant μ, ν les angles formés avec ce demi-axe par les rayons conjugués s, t, on trouvera

$$(44)\qquad s^2 \sin^2 \mu + t^2 \sin^2 \nu = b^2.$$

Si, au contraire, on fait coïncider le rayon vecteur r avec le demi-axe b, perpendiculaire au demi-axe a, les valeurs numériques de

$$\sin \delta, \quad \sin \varepsilon$$

se réduiront évidemment aux valeurs numériques de

$$\cos \mu, \quad \cos \nu.$$

Par conséquent, on trouvera

$$(45)\qquad s^2 \cos^2 \mu + t^2 \cos^2 \nu = a^2,$$

puis on tirera des formules (44), (45), combinées l'une avec l'autre par voie d'addition,

$$(46)\qquad s^2 + t^2 = a^2 + b^2.$$

Si, dans l'équation (41), on fait coïncider le rayon r avec le demi-axe réel a, alors, en nommant μ, ν les angles formés avec ce demi-axe par les rayons conjugués s, t, on trouvera

$$(47)\qquad t^2 \sin^2 \nu - s^2 \sin^2 \mu = b^2.$$

(¹) *Œuvres de Cauchy*, série II, t. VIII, p. 67.

Si maintenant on remplace l'hyperbole à laquelle appartiennent le rayon s et le demi-axe réel a, par l'hyperbole conjuguée à laquelle appartiennent le rayon t et le demi-axe réel b perpendiculaire au demi-axe a, alors, à la place de la formule (47), on obtiendra la suivante :

$$s^2 \cos^2 \mu - t^2 \cos^2 \nu = \mathrm{a}^2; \tag{48}$$

puis on tirera des formules (47), (48), combinées entre elles par voie de soustraction,

$$s^2 - t^2 = \mathrm{a}^2 - \mathrm{b}^2. \tag{49}$$

Les formules (44), (45), (46), (47), (48), (49) expriment des propriétés connues des rayons conjugués d'une ellipse ou de deux hyperboles.

Il est bon d'observer encore que, si l'on nommé ι l'angle $(\widehat{s, t})$ compris entre les deux rayons conjugués s, t, ces rayons seront liés à l'angle ι dans les théorèmes V et VI, par l'équation

$$st \sin \iota = \mathrm{ab}, \tag{50}$$

analogue à la formule (37).

Dans les formules (38), (41), (50), les lettres

$$\delta, \quad \varepsilon, \quad \iota$$

représentent des angles dont chacun est censé positif et inférieur à deux droits. On pourrait, d'ailleurs, introduire dans les deux premières, à la place des angles δ, ε, l'angle ι et un *angle polaire p* mesuré à partir du rayon s, jusqu'au rayon t, en considérant l'angle p comme positif ou comme négatif, suivant qu'il se mesurerait dans le sens de l'angle ι ou en sens inverse. Alors on trouverait

$$\sin \delta = \pm \sin p, \qquad \sin \varepsilon = \pm \sin (p - \iota), \tag{51}$$

et les équations (38), (41) deviendraient respectivement

$$r^2 [s^2 \sin^2 p + t^2 \sin^2 (p - \iota)] = \mathrm{a}^2 \mathrm{b}^2, \tag{52}$$

$$r^2 [t^2 \sin^2 (p - \iota) - s^2 \sin^2 p] = \mathrm{a}^2 \mathrm{b}^2, \tag{53}$$

les longueurs s, t des deux rayons conjugués pouvant être déterminées en fonction de ι à l'aide de la formule (46) ou (49), et de la formule (50).

Lorsque les directions des deux rayons conjugués demeurent fixes, les longueurs s, t de ces deux rayons demeurent constantes, ainsi que la quantité ι. Alors l'équation (44) ou (45), ne renfermant plus d'autres variables que le rayon vecteur mobile r et l'angle polaire p formé par ce rayon mobile avec un rayon fixe s, devient l'*équation polaire* d'une ellipse ou d'une hyperbole. Cette équation polaire suppose, d'ailleurs, que le centre de la courbe est pris pour origine des coordonnées.

Si l'on fait coïncider le rayon s avec le demi-axe a, on aura

$$s = \mathrm{a}, \qquad t = \mathrm{b}, \qquad \varpi = \frac{\pi}{2}.$$

Donc alors l'équation polaire de l'ellipse se réduira, ainsi qu'on devait s'y attendre, à la formule

$$r^2(\mathrm{a}^2 \sin^2 p + \mathrm{b}^2 \cos^2 p) = \mathrm{a}^2 \mathrm{b}^2, \tag{54}$$

et l'équation polaire de l'hyperbole, à la formule

$$r^2(\mathrm{b}^2 \cos^2 p - \mathrm{a}^2 \sin^2 p) = \mathrm{a}^2 \mathrm{b}^2. \tag{55}$$

Si la suite

$$x, \quad y, \quad z, \quad \ldots$$

renfermait trois termes au lieu de deux, on pourrait considérer ces trois termes x, y, z comme représentant les coordonnées rectangulaires d'un point mobile. Alors aussi, à la place de l'équation (48) du paragraphe I, on obtiendrait l'équation (54) du même paragraphe; et, en recherchant l'interprétation géométrique dont cette équation serait susceptible, on se trouverait conduit à certaines propriétés d'un ellipsoïde ou de deux hyperboloïdes conjugués. Mais ces propriétés, étant relatives à des points situés dans un plan diamétral, se réduiraient, en dernière analyse, à des propriétés d'une ellipse ou de deux hyperboles conjuguées, et, par conséquent, aux théorèmes que nous avons déduits de la formule (48) du paragraphe I.

MÉMOIRE

SUR LA

THÉORIE DES PROJECTIONS ORTHOGONALES

I. — *Considérations générales.*

La considération des projections orthogonales, qui permet d'établir assez facilement les théorèmes fondamentaux des deux trigonométries et de la géométrie analytique, a quelquefois l'inconvénient d'introduire dans le calcul un grand nombre de lettres destinées à représenter, avec les longueurs mesurées sur certaines droites, les trois projections de chacune de ces longueurs. Mais on peut remédier, au moins en partie, à cet inconvénient, et, en abrégeant la démonstration des théorèmes, donner au langage analytique plus de précision et plus de clarté, à l'aide d'une notation très simple que je vais indiquer en peu de mots.

Soient

$$r, \quad s, \quad t, \quad \ldots$$

diverses longueurs dont chacune se mesure suivant une droite déterminée et dans un sens déterminé. Non seulement nous désignerons par (r, s) le plan qui renfermera, ou les deux longueurs r, s, ou deux droites parallèles à ces deux longueurs, et par $(\widehat{r, s})$, suivant l'usage, l'angle que formera la direction de r avec la direction de s; mais, de plus, nous emploierons la notation

$$s_r$$

pour représenter la projection absolue de s sur une droite menée perpendiculairement à r dans le plan (r, s), et, pareillement, nous emploierons la notation

$$t_{r,s}$$

pour représenter la projection absolue de t sur une droite perpendiculaire au plan (r, s). Ces conventions étant adoptées, l'angle $(\widehat{r, s})$, compris entre deux longueurs mesurées dans des directions quelconques, pourra être un angle aigu ou obtus, par conséquent l'un quelconque des angles renfermés entre les deux limites extrêmes 0, π. Mais l'angle $(\widehat{s, s_r})$, compris entre une longueur s et la projection absolue de cette longueur sur une droite perpendiculaire à la direction de r, sera toujours un angle aigu renfermé entre les limites extrêmes 0, $\frac{\pi}{2}$. D'ailleurs on établira sans peine les propositions suivantes :

Théorème I. — *Soient*

$$r, \quad s$$

deux longueurs dont chacune se mesurera suivant une droite déterminée et dans un sens déterminé. L'angle aigu $(\widehat{s, s_r})$ *aura pour complément l'angle* $(\widehat{r, s})$ *ou le supplément de* $(\widehat{r, s})$, *en sorte que l'on aura*

$$(1) \qquad \cos(\widehat{s, s_r}) = \sin(\widehat{r, s}), \qquad \sin(\widehat{s, s_r}) = \pm \cos(\widehat{r, s}).$$

Démonstration. — En effet, l'angle compris entre deux droites qui ne sont pas situées dans un même plan, n'étant autre chose que l'angle compris entre deux autres droites parallèles aux deux premières et situées dans un même plan, il suffira, pour établir généralement le théorème I, de le démontrer dans le cas où les trois longueurs

$$r, \quad s, \quad s_r$$

sont renfermées dans un seul plan (r, s). Mais alors le théorème devient évident, puisque $(\widehat{r, s})$, $(\widehat{s, s_r})$ représentent deux angles formés, par la direction de s, avec les directions de r et de s_r, c'est-à-dire de deux longueurs mesurées sur deux axes qui se coupent à angles droits.

Théorème II. — *Les mêmes choses étant posées que dans le théorème I, on aura*

$$s_r = s\cos(\widehat{s, s_r}), \tag{2}$$

et

$$s_r = s\sin(\widehat{r, s}). \tag{3}$$

Démonstration. — En effet, si l'on divise par la longueur s la projection absolue de cette longueur sur une droite quelconque, on obtiendra pour quotient, comme on sait, le cosinus de l'angle aigu compris entre la direction de s et la droite dont il s'agit. Donc, en faisant coïncider cette droite avec celle sur laquelle se mesure la projection s_r, on aura

$$\frac{s_r}{s} = \cos(\widehat{s, s_r}),$$

ou, ce qui revient au même,

$$s_r = s\cos(\widehat{s, s_r}),$$

et par suite, eu égard à la première des formules (1),

$$s_r = s\sin(\widehat{r, s}).$$

THÉORÈME III. — *Soient*

$$r, \quad s, \quad t$$

trois longueurs dont chacune se mesure suivant une droite déterminée et dans un sens déterminé. Supposons d'ailleurs que, des longueurs

$$s_r, \quad t_r,$$

mesurées sur deux droites perpendiculaires à r, la première s_r soit projetée sur la seconde t_r. La projection ainsi obtenue sera la même que la projection de s sur t_r, et l'on aura

$$s\cos(\widehat{s, t_r}) = s_r\cos(\widehat{s_r, t_r}). \tag{4}$$

Démonstration. — Pour que le théorème III se trouve généralement démontré, il suffira évidemment de l'établir dans le cas où les trois longueurs r, s, t partent d'un même point O. Si, d'ailleurs, comme on peut le faire, on prend pour s_r la perpendiculaire abaissée sur r de l'extrémité A de la longueur s, et si, par la direction de r, on mène un plan perpendiculaire à t_r, les projections absolues de s et de s_r sur t_r se confondront l'une et l'autre avec la perpendiculaire abaissée du point A sur ce plan. Donc ces deux projections, représentées par les valeurs numériques des deux produits

$$s\cos\left(\widehat{s,\ t_r}\right),\qquad s_r\cos\left(\widehat{s_r,\ t_r}\right),$$

seront égales entre elles. D'ailleurs, ces deux produits seront tous deux positifs si les directions des longueurs s, t se mesurent d'un même côté du plan dont il s'agit, et tous deux négatifs dans la supposition contraire. Donc les deux produits

$$s\cos(s,\ t_r),\qquad s_r\cos(s_r,\ t_r)$$

offriront, dans tous les cas, non seulement des valeurs numériques égales, mais encore le même signe; donc ils seront égaux, et la formule (3) sera vérifiée.

Corollaire I. — Si, après avoir substitué, dans la formule (3), la valeur de s_r tirée de l'équation (2) ou (3), on efface, dans les deux membres, le facteur commun s, on obtiendra l'équation

$$\cos\left(\widehat{s,\ t_r}\right)=\cos\left(\widehat{s,\ s_r}\right)\cos\left(\widehat{t_r,\ s_r}\right), \tag{5}$$

ou

$$\cos\left(\widehat{s,\ t_r}\right)=\sin\left(\widehat{r,\ s}\right)\cos\left(\widehat{t_r,\ s_r}\right). \tag{6}$$

Corollaire II. — La direction de $s_{r,t}$ étant, comme celle de t_r, perpendiculaire à la direction de r, on pourra, dans les formules (4), (5), (6), remplacer t_r par $s_{r,t}$. Donc les formules (5), (6) entraîneront les suivantes :

$$\cos\left(\widehat{s,\ t_{r,s}}\right)=\cos\left(\widehat{s,\ s_r}\right)\cos\left(\widehat{s_{r,t},\ s_r}\right), \tag{7}$$

$$\cos\left(\widehat{s,\ s_{r,t}}\right)=\sin\left(\widehat{r,\ s}\right)\cos\left(\widehat{s_{r,t},\ s_r}\right). \tag{8}$$

D'ailleurs les longueurs

$$s_r,\quad t_r,\quad s_{r,t},$$

dont les trois directions sont perpendiculaires à la direction de r, peuvent être censées renfermées dans un même plan, la direction de $s_{r,t}$ étant elle-même perpendiculaire au plan $(\widehat{r, t})$, et, par suite, à la direction de t_r. Donc l'angle $(\widehat{s_{r,t}, s_r})$ doit avoir pour complément l'angle $(\widehat{s_r, t_r})$ ou le supplément de $(\widehat{s_r, t_r})$, et à l'équation (8) on peut joindre la formule

$$\cos(\widehat{s_{r,t}, s_r}) = \sin(\widehat{s_r, t_r}), \tag{9}$$

en vertu de laquelle la formule (8) se réduit à

$$\cos(\widehat{s, s_{r,t}}) = \sin(\widehat{r, s}) \sin(\widehat{s_r, t_r}). \tag{10}$$

En conséquence, on peut énoncer la proposition suivante :

THÉORÈME IV. — *Soient*

$$r, \quad s, \quad t$$

trois longueurs dont chacune se mesure sur une droite déterminée et dans une direction déterminée. On aura

$$\cos(\widehat{s, t_r}) = \sin(\widehat{r, s}) \cos(\widehat{s_r, t_r}),$$

et

$$\cos(\widehat{s, s_{r,t}}) = \sin(\widehat{r, s}) \sin(\widehat{s_r, t_r}).$$

Supposons maintenant qu'un point mobile P *passe de l'origine* O *d'une certaine longueur r à l'extrémité* A *de cette même longueur, en parcourant les divers côtés u, v, w, ... d'une portion de polygone qui joigne le point* O *au point* A, *et attribuons à chacun de ces côtés la direction indiquée par le mouvement du point* P. *Si l'on projette les diverses longueurs*

$$r, \quad u, \quad v, \quad w, \quad \ldots$$

sur la direction d'une autre longueur s, la projection algébrique de r sera équivalente (*voir* la page 157) *à la somme des projections algébriques des longueurs u, v, w, ..., et l'on aura, en conséquence,*

$$r \cos(\widehat{r, s}) = u \cos(\widehat{u, s}) + v \cos(\widehat{v, s}) + w \cos(\widehat{w, s}) + \ldots. \tag{11}$$

Si l'on réduit à trois les longueurs $u, v, w, \ldots$, elles exprimeront les côtés d'un parallélipipède dont r sera la diagonale, et alors la formule (11) donnera

$$\cos(\widehat{r, s}) = \frac{u}{r}\cos(\widehat{u, s}) + \frac{v}{r}\cos(\widehat{v, s}) + \frac{w}{r}\cos(\widehat{w, s}). \tag{12}$$

Si, d'ailleurs, on pose, pour abréger,

$$U = u_{v,w}, \qquad V = v_{w,u}, \qquad W = w_{u,v}, \tag{13}$$

U, V, W représenteront les trois dimensions de ce parallélipipède, mesurées sur des droites perpendiculaires aux faces. Enfin, comme, en projetant les longueurs r et u sur la direction U, on obtiendra évidemment pour projection la longueur U elle-même, on aura encore

$$U = r\cos(\widehat{r, U}) = u\cos(\widehat{u, U}),$$

et, par suite,

$$\frac{u}{r} = \frac{\cos(\widehat{r, U})}{\cos(\widehat{u, U})}. \tag{14}$$

On trouvera de même :

$$\left\{\begin{aligned} \frac{v}{r} &= \frac{\cos(\widehat{r, V})}{\cos(\widehat{v, V})}, \\ \frac{w}{r} &= \frac{\cos(\widehat{r, W})}{\cos(\widehat{w, W})}; \end{aligned}\right. \tag{14'}$$

et en substituant les valeurs précédentes de $\frac{u}{r}, \frac{v}{r}, \frac{w}{r}$ dans la formule (12), on en tirera

$$\cos(\widehat{r, s}) = \frac{\cos(\widehat{s, u})\cos(\widehat{r, U})}{\cos(\widehat{u, U})} + \frac{\cos(\widehat{s, v})\cos(\widehat{r, V})}{\cos(\widehat{v, V})} + \frac{\cos(\widehat{s, w})\cos(\widehat{r, W})}{\cos(\widehat{w, W})}. \tag{15}$$

Ajoutons que cette dernière formule continuera évidemment de subsister : 1° quand on échangera entre elles les longueurs r, s; 2° quand on remplacera chacune des longueurs u, v, w, U, V, W par une autre longueur portée sur la même direction, ou même sur la direction opposée, attendu que, dans le second membre de la formule (15), chaque terme reste inaltérable, quand deux des cosinus qu'il renferme viennent à changer de signe. Cela posé, il est clair que, dans la formule (15), les lettres u, v, w pourront être censées représenter trois longueurs quelconques mesurées, à partir d'un seul point O, dans trois directions arbitrairement choisies, et les lettres U, V, W trois autres longueurs quelconques mesurées, à partir du même point O, dans trois directions respectivement perpendiculaires aux trois plans (v, w), (w, u), (u, v), la longueur U étant mesurée du même côté que u par rapport au plan (v, w), la longueur V du même côté que v par rapport au plan (w, u), et la longueur W du même côté que w par rapport au plan (u, v). On se trouve ainsi ramené au théorème de la page 158. D'ailleurs l'équation (15), qui renferme ce théorème, comprend, comme cas particulier, la formule bien connue

$$(16) \quad \cos\left(\widehat{r, s}\right) = \cos\left(\widehat{r, u}\right)\cos\left(\widehat{s, u}\right) + \cos\left(\widehat{r, v}\right)\cos\left(\widehat{s, v}\right) + \cos\left(\widehat{r, w}\right)\cos\left(\widehat{s, w}\right),$$

qui se démontre de la même manière, et qui se rapporte au cas où les trois longueurs

$$u, \quad v, \quad w$$

se mesurent sur trois axes perpendiculaires entre eux.

Si les longueurs r, s étaient comprises dans le plan (u, v), l'équation (16) donnerait

$$(17) \qquad \cos\left(\widehat{r, s}\right) = \cos\left(\widehat{r, u}\right)\cos\left(\widehat{s, u}\right) + \cos\left(\widehat{r, v}\right)\cos\left(\widehat{s, v}\right).$$

Il y a plus; pour que l'équation (17) subsiste, il suffit que l'un des angles

$$\left(\widehat{r, w}\right), \quad \left(\widehat{s, w}\right)$$

devienne droit, c'est-à-dire, en d'autres termes, que l'une des longueurs r, s se mesure sur une droite, ou comprise dans le plan (u, v), ou parallèle à ce plan. Enfin l'équation (16) se réduira simplement à

$$(18) \qquad \cos(\widehat{r, s}) = \cos(\widehat{r, u})\cos(\widehat{s, u}),$$

si les droites sur lesquelles se mesurent les longueurs r, s sont perpendiculaires, l'une à la direction de v, l'autre à la direction de w. Mais alors, des deux longueurs v, w, l'une, étant perpendiculaire aux directions de r et de u, sera, par suite, perpendiculaire au plan (r, u), tandis que l'autre, étant perpendiculaire aux directions de s et de u, sera perpendiculaire au plan (s, u). Donc, puisque les longueurs v, w se coupent à angles droits, les plans (r, u), (s, u) se couperont eux-mêmes à angles droits. Réciproquement, si les deux plans (r, u), (s, u) se coupent à angles droits, alors, pour obtenir trois directions perpendiculaires entre elles, il suffira de joindre à la direction de u les directions de deux longueurs v, w mesurées sur deux droites respectivement perpendiculaires à ces deux plans, et l'équation (16) se réduira immédiatement à la formule (18).

En résumant ce qu'on vient de dire, on obtient les trois propositions suivantes, dont la première, connue depuis longtemps, renferme les deux autres comme cas particuliers.

Théorème V. — *Soient*

$$u, \quad v, \quad w$$

trois longueurs mesurées sur trois axes rectangulaires, et

$$r, \quad s$$

deux autres longueurs mesurées sur des droites quelconques. On aura

$$\cos(\widehat{r, s}) = \cos(\widehat{r, u})\cos(\widehat{s, u}) + \cos(\widehat{r, v})\cos(\widehat{s, v}) + \cos(\widehat{r, w})\cos(\widehat{s, w}).$$

Théorème VI. — *Soient*

$$u, \quad v$$

deux longueurs mesurées sur deux axes qui se coupent à angles droits, et

$$r, \quad s$$

deux autres longueurs dont l'une se mesure sur une droite comprise dans le plan (u, v) *ou parallèle à ce plan. On aura*

$$\cos(\widehat{r, s}) = \cos(\widehat{r, u})\cos(\widehat{s, u}) + \cos(\widehat{r, v})\cos(\widehat{s, v}).$$

Théorème VII. — *Nommons*

$$u$$

une longueur mesurée dans une direction quelconque, et

$$r, \quad s$$

deux autres longueurs dont les directions soient telles que les plans (r, u), (s, u) *se coupent à angles droits. On aura*

$$\cos(\widehat{r, s}) = \cos(\widehat{r, u})\cos(\widehat{s, u}).$$

Corollaire. — Pour déduire du théorème précédent la formule (5), il suffit de remplacer les trois longueurs

$$u, \quad r, \quad s$$

par les trois longueurs

$$s_r, \quad t_r, \quad s,$$

qui remplissent évidemment la condition énoncée, attendu que les plans

$$(s, s_r) \quad \text{et} \quad (t_r, s_r),$$

dont l'un peut être censé renfermer la direction de r, l'autre étant perpendiculaire à cette même direction, se coupent à angles droits.

II. — *Sur les relations qui existent entre les cosinus et sinus des angles que forment l'une avec l'autre trois droites parallèles à un même plan.*

On déduit aisément des principes établis dans le paragraphe I les relations qui existent entre les sinus et cosinus des angles que forment entre elles trois droites parallèles à un même plan, ou, ce qui revient au même, trois droites comprises dans un même plan et prolongées indéfiniment à partir du même point O dans trois directions déterminées. En effet, nommons

$$r, \quad s, \quad t$$

trois longueurs mesurées dans ces trois directions, et u, v deux autres longueurs qui se mesurent sur deux axes rectangulaires tracés à volonté dans le plan des trois premières. La formule (17) du paragraphe I donnera

$$(1)\qquad \cos(\widehat{r,s}) = \cos(\widehat{r,u})\cos(\widehat{s,u}) + \cos(\widehat{r,v})\cos(\widehat{s,v}).$$

D'ailleurs, la direction de s_t étant perpendiculaire à celle de t, rien n'empêchera de prendre

$$u = t, \qquad v = s_t.$$

On aura donc encore

$$(2)\qquad \cos(\widehat{r,s}) = \cos(\widehat{r,t})\cos(\widehat{s,t}) + \cos(\widehat{r,s_t})\cos(\widehat{s,s_t}).$$

Si, dans cette dernière formule, on échange entre elles les longueurs r, s, on trouvera

$$\cos(\widehat{r,s}) = \cos(\widehat{r,t})\cos(\widehat{s,t}) + \cos(\widehat{s,r_t})\cos(\widehat{r,r_t});$$

puis, en substituant à la longueur s la longueur s_t, on obtiendra l'équation

$$(3)\qquad \cos(\widehat{r,s_t}) = \cos(\widehat{r_t,s_t})\cos(\widehat{r,r_t})$$

entièrement semblable à la formule (5) du paragraphe I. Cela posé l'équation (2) donnera

$$(4)\qquad \cos(\widehat{r,s}) = \cos(\widehat{r,t})\cos(\widehat{s,t}) + \cos(\widehat{r,r_t})\cos(\widehat{s,s_t})\cos(\widehat{r_t,s_t}).$$

Mais, d'autre part, r_t, s_t étant perpendiculaires à t, on aura

$$\cos(\widehat{r,r_t}) = \sin(\widehat{r,t}), \qquad \cos(\widehat{s,s_t}) = \sin(\widehat{s,t}).$$

Donc la formule (4) pourra être réduite à

$$(5)\qquad \cos(\widehat{r,s}) = \cos(\widehat{r,t})\cos(\widehat{s,t}) + \sin(\widehat{r,t})\sin(\widehat{s,t})\cos(\widehat{r_t,s_t}).$$

Enfin, puisque les longueurs r_t, s_t se mesureront sur des droites situées dans un même plan, et perpendiculaires à t, on aura nécessairement

$$\cos(\widehat{r_t,s_t}) = \pm 1,$$

et, par suite,

$$(6)\qquad \cos(\widehat{r,s}) = \cos(\widehat{r,t})\sin(\widehat{s,t}) \pm \sin(\widehat{r,t})\sin(\widehat{s,t}),$$

le signe $\pm$ devant être réduit au signe $-$ ou au signe $+$, suivant que les directions des longueurs r, s comprendront ou ne comprendront pas entre elles la direction de la longueur t.

La formule (6) et celles que l'on peut en déduire par des échanges opérés entre les trois longueurs

$$r,\quad s,\quad t,$$

expriment des relations existantes entre les cosinus et sinus des angles

$$(\widehat{s,t}),\quad (\widehat{t,r}),\quad (\widehat{r,s}),$$

que forment, l'une avec l'autre, les directions de ces trois longueurs. Concevons que, pour abréger, on représente ces trois angles à l'aide des trois lettres

$$a,\quad b,\quad c.$$

Alors, si les directions des longueurs r, s comprennent entre elles la direction de la longueur t, on aura

$$(\widehat{r,s}) = a + b,$$

et, par suite, la formule (6), dans laquelle le double signe $\pm$ devra être réduit au signe $-$, donnera

$$(7)\qquad \cos(a+b) = \cos a \cos b - \sin a \sin b.$$

Si, au contraire, les directions de r et de s sont situées d'un même côté par rapport à la direction de t, on aura

$$(\widehat{r,s}) = \pm(a-b),$$

et, par suite, la formule (6), dans laquelle le double signe $\pm$ devra se réduire au signe $+$, donnera

$$(8)\qquad \cos(a-b) = \cos a \cos b + \sin a \sin b$$

On se trouve ainsi ramené aux formules connues qui déterminent le cosinus de la somme ou de la différence de deux angles a, b en fonction des sinus et cosinus de ces deux angles. A la vérité, la démonstration ici donnée de ces formules semble exiger que chacun des angles a, b soit positif et inférieur à deux droits. Mais évidemment les formules (7), (8) ne seront pas altérées si l'on fait croître ou diminuer l'un quelconque des angles a, b d'un multiple de la demi-circonférence π. Alors, en effet, chacun des termes que renferment ces formules conservera la même valeur numérique en changeant ou en ne changeant pas de signe, suivant que le multiple en question sera le produit de π par un nombre impair ou par un nombre pair; et, d'ailleurs, il est clair que, pour obtenir un angle quelconque, positif ou négatif, il suffira toujours de faire croître ou diminuer un certain angle positif, inférieur à deux droits, d'un multiple de π. Donc, pour que les formules (7), (8) se trouvent généralement démontrées, il suffit de les établir dans le cas particulier où chacun des angles a, b reste compris entre les deux limites extrêmes 0, π.

Si, dans les formules (7), (8), obtenues comme on vient de le dire, on remplace a par $a + \frac{\pi}{2}$, on obtiendra immédiatement les équations connues

$$\sin(a+b) = \sin a \cos b + \sin b \cos a, \tag{9}$$

$$\sin(a-b) = \sin a \cos b - \sin b \cos a, \tag{10}$$

qui déterminent le sinus de la somme ou de la différence de deux angles a, b, en fonction des sinus et cosinus de ces deux angles.

Enfin, des formules (7), (8), combinées l'une avec l'autre par voie d'addition, on tirera immédiatement

$$\cos(a+b) + \cos(a-b) = 2 \cos a \cos b, \tag{11}$$

puis, en posant

$$a + b = p, \qquad a - b = q,$$

on trouvera

$$\cos p + \cos q = 2 \cos\frac{p+q}{2} \cos\frac{p-q}{2}. \tag{12}$$

Il est bon d'observer que, si, dans la formule (4), on substitue à la longueur s la longueur t_s, on obtiendra la suivante :

$$(13) \qquad \cos(\widehat{r, t_s}) = \cos(\widehat{r, t})\cos(\widehat{t, t_s}) + \cos(\widehat{r, r_t})\cos(\widehat{s_t, t_s})\cos(\widehat{r_t, s_t}).$$

D'ailleurs si, dans la formule (3), on échange entre elles les deux lettres s et t, on en tirera

$$(14) \qquad \cos(\widehat{r, t_s}) = \cos(\widehat{r_s, t_s})\cos(\widehat{r, r_s}).$$

Ajoutons que, si une droite mobile, comptée à partir du point O, tourne autour de ce point de manière à s'appliquer successivement sur la direction de s, puis sur la direction de t, une longueur mesurée sur une perpendiculaire à la droite mobile s'appliquera successivement, non sur la direction des deux longueurs s_t, t_s, situées, la première, du même côté que s, par rapport à t, la seconde, du même côté que t, par rapport à s, mais sur l'une de ces deux directions et sur le prolongement de l'autre. Donc, par suite, l'angle $(\widehat{t_s, s_t})$ sera égal, non pas à l'angle $(\widehat{s, t})$, mais au supplément de $(\widehat{s, t})$, et l'on aura

$$(15) \qquad \cos(\widehat{s_t, t_s}) = -\cos(\widehat{s, t}).$$

Or, en vertu de cette dernière formule, jointe à l'équation (14), la formule (13) donnera

$$(16) \qquad \cos(\widehat{r_s, t_s})\cos(\widehat{r, r_s}) = \cos(\widehat{r, t})\cos(\widehat{t, t_s}) - \cos(\widehat{r, r_t})\cos(\widehat{s, t})\cos(\widehat{r_t, s_t}).$$

Mais, d'autre part, on aura

$$\cos(\widehat{r, r_s}) = \sin(\widehat{r, s}), \qquad \cos(\widehat{r, r_t}) = \sin(\widehat{r, t}), \qquad \cos(\widehat{t, t_s}) = \sin(\widehat{s, t}).$$

Donc la formule (16) pourra être réduite à

$$(17) \qquad \cos(\widehat{r_s, t_s})\sin(\widehat{r, s}) = \cos(\widehat{r, t})\sin(\widehat{s, t}) - \sin(\widehat{r, t})\cos(\widehat{s, t})\cos(\widehat{r_t, t_s}).$$

Cela posé, en représentant, comme ci-dessus, par a et b les deux angles $(\widehat{s, t})$, $(\widehat{r, t})$, et supposant d'abord que les directions r, s comprennent entre elles la direction de la longueur t, on trouvera

$$(\widehat{r, s}) = a + b, \qquad \cos(\widehat{r_s, t_s}) = 1, \qquad \cos(\widehat{r_t, s_t}) = -1;$$

en sorte que l'équation (17) se réduira immédiatement à l'équation (9). Si, au contraire, les directions de r et de s sont situées d'un même côté par rapport à la direction de t, on aura

$$\cos(\widehat{r_t, s_t}) = 1,$$

et, de plus,

$$(\widehat{r, s}) = a - b, \qquad \cos(\widehat{r_s, t_s}) = 1,$$

ou

$$(\widehat{r, s}) = b - a, \qquad \cos(\widehat{r_s, t_s}) = -1,$$

en sorte que l'équation (17) se réduira simplement à l'équation (10).

III. — *Sur la résolution des triangles rectilignes.*

Soient r, s, t les trois côtés d'un triangle quelconque. Si, en prenant le côté r pour base, on adopte les notations établies dans le paragraphe I, on pourra représenter la hauteur par s_r et par t_r. On aura donc

(1) $$s_r = t_r.$$

Mais, d'autre part, on aura [*voir* la formule (3) du paragraphe I]

(2) $$s_r = s \sin(\widehat{r, s}), \qquad t_r = t \sin(\widehat{r, t}).$$

Donc la formule (1) donnera

$$s \sin(\widehat{r, s}) = t \sin(\widehat{r, t}),$$

ou, ce qui revient au même,

$$\frac{\sin(\widehat{t, r})}{s} = \frac{\sin(\widehat{r, s})}{t}.$$

Cette dernière équation devant subsister quand on échange entre eux les côtés r, s, on en conclura

(3) $$\frac{\sin(\widehat{s, t})}{r} = \frac{\sin(\widehat{t, r})}{s} = \frac{\sin(\widehat{r, s})}{t}.$$

Si maintenant on nomme

$$\alpha, \quad \beta, \quad \gamma$$

les trois angles du triangle respectivement opposés aux côtés

$$r, \quad s, \quad t,$$

l'angle $(\widehat{s, t})$ se réduira évidemment, ou à l'angle α, ou au supplément de α, et l'on aura, par suite,

$$\sin(\widehat{s, t}) = \sin\alpha.$$

On trouvera de même

$$\sin(\widehat{t, r}) = \sin\beta,$$

$$\sin(\widehat{r, s}) = \sin\gamma.$$

Donc la formule (4) pourra être réduite à

(4) $$\frac{\sin\alpha}{r} = \frac{\sin\beta}{s} = \frac{\sin\gamma}{t}.$$

On se trouve ainsi ramené à cette proposition bien connue, que *dans un triangle les côtés sont proportionnels aux sinus des angles opposés.*

Rappelons d'ailleurs que, dans la formule (4), les trois angles positifs

$$\alpha, \quad \beta, \quad \gamma$$

seront toujours liés entre eux par la formule

(5) $$\alpha + \beta + \gamma = \pi,$$

de laquelle on tire

$$\pi - \alpha = \beta + \gamma,$$

et, par suite,

(6) $$\sin\alpha = \sin(\beta + \gamma), \qquad \cos\alpha = -\cos(\beta + \gamma).$$

Or, comme je l'ai fait voir dans l'*Analyse algébrique* (note I) (1), et dans les *Résumés analytiques*, on peut, des équations (4), (5), (6) jointes à

(1) *Œuvres de Cauchy*, série II, t. III, p. 357.

la formule (12) du paragraphe II, ou bien encore aux équations (7) et (9) du même paragraphe, déduire immédiatement, avec la plus grande facilité, les diverses formules de trigonométrie qui servent à la résolution des triangles rectilignes.

En terminant ce paragraphe, nous observerons que, si l'on multiplie la base r du triangle donné par la hauteur s_r correspondante à cette base, le produit

$$rs_r,$$

ainsi obtenu, sera équivalent au double de la surface du triangle. Donc, si l'on nomme A cette surface, on aura

$$(7) \qquad A = \frac{1}{2} rs_r = \frac{1}{2} rs \sin(\widehat{r, s}).$$

IV. — *Sur la trigonométrie sphérique.*

Soient

$$r, \quad s, \quad t$$

trois longueurs mesurées, à partir d'un même point O, dans trois directions déterminées. Ces trois longueurs seront les trois arêtes d'un certain angle solide trièdre formé par les trois plans

$$(s, t), \quad (t, r), \quad (r, s);$$

et comme

$$s_r, \quad t_r$$

représenteront les projections absolues des longueurs s, t sur des perpendiculaires élevées, dans les deux plans (r, s), (r, t), à la commune intersection r de ces deux plans, il est clair que

$$(\widehat{s_r, t_r})$$

représentera l'angle dièdre opposé, dans l'angle solide dont il s'agit, à l'angle plan (s, t). Cela posé, faisons, pour abréger,

$$a = (\widehat{s, t}), \qquad b = (\widehat{t, r}), \qquad c = (\widehat{r, s}),$$
$$\alpha = (\widehat{s_r, t_r}), \qquad \beta = (\widehat{t_s, r_s}), \qquad \gamma = (\widehat{r_t, s_t});$$

et traçons, sur la surface de la sphère dont le rayon est l'unité, le triangle dont les sommets coïncident avec les points où cette surface est traversée par les directions des arêtes r, s, t. Les six lettres

$$a, \quad b, \quad c; \qquad \alpha, \quad \beta, \quad \gamma$$

représenteront les trois côtés du triangle sphérique construit comme on vient de le dire, et les trois angles opposés à ces côtés. Ce n'est pas tout; si l'on pose, pour abréger,

$$R = r_{s,t}, \qquad S = s_{t,r}, \qquad T = t_{r,s},$$

les trois lettres

$$R, \quad S, \quad T$$

représenteront les projections absolues des trois longueurs

$$r, \quad s, \quad t$$

sur trois droites respectivement perpendiculaires aux trois plans

$$(s, t), \quad (t, r), \quad (r, s);$$

et les trois longueurs

$$r, \quad s, \quad t,$$

considérées comme arêtes d'un tétraèdre, formeront, avec les faces opposées à ces arêtes, des angles dont les sinus seront respectivement égaux aux cosinus des trois angles λ, μ, ν, déterminés par les formules

$$\lambda = (\widehat{r, R}), \qquad \mu = (\widehat{s, S}), \qquad \nu = (\widehat{t, T}).$$

J'ajoute que les relations existantes entre les angles

$$a, \quad b, \quad c; \qquad \alpha, \quad \beta, \quad \gamma; \qquad \lambda, \quad \mu, \quad \nu$$

pourront être aisément découvertes à l'aide des principes établis dans le paragraphe I. Entrons, à ce sujet, dans quelques détails.

Observons d'abord que si, après avoir construit un parallélipipède dont les arêtes soient les trois longueurs

$$r, \quad s, \quad t,$$

on prend pour base de ce parallélipipède le parallélogramme dont les côtés sont les longueurs

$$s, \quad t,$$

et pour base de ce parallélogramme l'arête t, l'aire A du parallélogramme et le volume V du parallélipipède se détermineront par les formules

$$(1) \qquad A = ts_t, \qquad V = Ar_{s,t},$$

desquelles on tirera

$$(2) \qquad V = ts_t r_{s,t}.$$

Comme on aura, d'ailleurs,

$$s_t = s\cos(\widehat{s, s_t}) = s\sin(\widehat{s, t}),$$

et

$$r_{s,t} = r\cos(\widehat{r, r_{s,t}}),$$

la formule (2) donnera

$$(3) \qquad V = rst\sin(\widehat{s, t})\cos(\widehat{r, r_{s,t}}).$$

Donc, si l'on désigne par θrst le volume du parallélipipède, ou, ce qui revient au même, si l'on pose

$$(4) \qquad \theta = \frac{V}{rst},$$

on aura

$$\theta = \sin(\widehat{s, t})\cos(\widehat{r, r_{s,t}}).$$

Si, dans cette dernière formule, on échange entre elles les lettres r, s, t, on obtiendra deux nouvelles valeurs de θ, et l'on trouvera

$$(5) \quad \theta = \sin(\widehat{s, t})\cos(\widehat{r, r_{s,t}}) = \sin(\widehat{t, r})\cos(\widehat{s, s_{t,r}}) = \sin(\widehat{r, s})\cos(\widehat{t, t_{r,s}}),$$

ou, ce qui revient au même,

$$(6) \qquad \theta = \sin(\widehat{s, t})\cos(\widehat{r, R}) = \sin(\widehat{t, r})\cos(\widehat{s, S}) = \sin(\widehat{r, s})\cos(\widehat{t, T}),$$

par conséquent

$$(7) \qquad \theta = \sin a\cos\lambda = \sin b\cos\mu = \sin c\cos\nu.$$

La valeur de θ fournie par chacune des équations (5), (6), (7) n'est évidemment autre chose que la valeur de V correspondante au cas où l'on aurait

$$r = 1, \qquad s = 1, \qquad t = 1,$$

c'est-à-dire le volume du parallélipipède qui a pour arêtes trois longueurs équivalentes à l'unité, et mesurées, à partir du point O, sur les directions de r, s, t. Ce volume est d'ailleurs sextuple du volume du tétraèdre, que l'on peut construire avec les mêmes arêtes, et que, pour abréger, je désignerai par la notation (r, s, t).

Il est bon d'observer encore que, les directions des longueurs S et T étant perpendiculaires à la direction de r, celle-ci sera perpendiculaire au plan (S, T). Pareillement la direction de s sera perpendiculaire au plan (T, R), et la direction de t au plan $(\widehat{R, S})$. Donc, si, comme on peut le supposer, les trois longueurs R, S, T se mesurent, ainsi que r, s, t, sur des droites qui partent du point O, le tétraèdre (r, s, t), qui aura pour arêtes les trois longueurs r, s, t, et le tétraèdre (R, S, T) qui aura pour arêtes les trois longueurs R, S, T, jouiront de cette propriété remarquable, que les arêtes de l'un seront perpendiculaires aux faces de l'autre. Ajoutons que, si une face mobile, et limitée par l'arête r, tourne autour de cette arête de manière à s'appliquer successivement sur la face (r, t), puis sur la face (r, s), une longueur mesurée à partir du point O, dans une direction perpendiculaire au plan de la face mobile, s'appliquera successivement non sur les directions des longueurs S, T situées, la première du même côté que s, par rapport au plan (r, t), la seconde du même côté que t, par rapport au plan (r, s), mais sur l'une des deux directions S, T et sur le prolongement de l'autre. Cela posé, les deux triangles sphériques qui auront pour sommets les points ou les arêtes des deux tétraèdres (r, s, t), (R, S, T) traverseront la surface de la sphère dont le rayon est l'unité, seront évidemment ce qu'on appelle deux triangles *supplémentaires* l'un de l'autre, c'est-à-dire deux triangles dont l'un a pour côtés les suppléments des angles de l'autre.

Soit maintenant Θ le volume du parallélipipède qui aurait pour arêtes trois longueurs équivalentes à l'unité, et mesurées, à partir du point O, sur les directions de R, S, T. A la formule (5) on pourra joindre la suivante

$$(8) \qquad \Theta = \sin(\widehat{S, T})\cos(\widehat{R, R_{S,T}}) = \sin(\widehat{T, R})\cos(\widehat{S, S_{T,R}}) = \sin(\widehat{R, S})\cos(\widehat{T, T_{R,S}}).$$

Mais les longueurs r, $R_{S,T}$, dont chacune sera perpendiculaire au plan (S, T), se mesureront, à partir du point O, sur une même droite; et comme l'angle aigu, formé par cette droite avec la direction de R, pourra être représenté par chacune des notations

$$\left(\widehat{r, R}\right), \quad \left(\widehat{R, R_{S,T}}\right),$$

on aura nécessairement

$$\left(\widehat{R, R_{S,T}}\right) = \left(\widehat{r, R}\right).$$

On trouvera de même

$$\left(\widehat{S, S_{T,R}}\right) = \left(\widehat{s, S}\right),$$
$$\left(\widehat{T, T_{R,S}}\right) = \left(\widehat{t, T}\right);$$

donc l'équation (8) donnera

$$(9) \qquad \Theta = \sin\left(\widehat{S, T}\right)\cos\left(\widehat{r, R}\right) = \sin\left(\widehat{T, R}\right)\cos\left(\widehat{s, S}\right) = \sin\left(\widehat{R, S}\right)\cos\left(\widehat{t, T}\right),$$

ou, ce qui revient au même,

$$(10) \qquad \Theta = \sin\alpha \cos\lambda = \sin\beta \cos\mu = \sin\gamma \cos\nu.$$

Si l'on combine entre elles, par voie de division, les formules (7) et (10), on sera immédiatement conduit à la suivante

$$(11) \qquad \frac{\theta}{\Theta} = \frac{\sin a}{\sin \alpha} = \frac{\sin b}{\sin \beta} = \frac{\sin c}{\sin \gamma}.$$

D'ailleurs $\frac{\theta}{\Theta}$ représente évidemment ici le rapport des volumes des parallélipipèdes, ou bien encore des tétraèdres dont les arêtes équivalentes à l'unité se mesurent, d'une part, sur les directions des longueurs r, s, t, d'autre part, sur les directions des longueurs R, S, T. On se trouve donc ainsi ramené à la proposition connue dont voici l'énoncé :

Théorème I. — *Un triangle, tracé sur la surface de la sphère dont le rayon est l'unité, offre des côtés dont les sinus sont proportionnels aux sinus des angles opposés à ces mêmes côtés, ou, ce qui revient au même, aux sinus des côtés du triangle supplémentaire, le rapport entre les sinus des côtés correspondants des deux triangles étant précisément le rapport entre les volumes des deux tétraèdres qui ont pour arêtes les rayons menés du centre de la sphère aux sommets de ces triangles.*

Les sinus des angles a, b, c, α, β, γ, et les cosinus des angles λ, μ, ν ne sont pas seulement liés entre eux par les formules (7), (8); ils vérifient encore certaines équations dont l'une coïncide avec l'équation (7) ou (10) du paragraphe I, tandis que les autres se déduisent de celle-ci à l'aide d'échanges opérés entre les trois lettres r, s, t. Telle est, par exemple, l'équation

$$(12) \qquad \cos(\widehat{r, r_{s,t}}) = \cos(\widehat{r, r_s})(\cos\widehat{r_s, r_{s,t}})$$

que le septième théorème du paragraphe I peut fournir immédiatement, attendu que le plan $(r_s, r_{s,t})$ passant par deux droites perpendiculaires à s sera lui-même perpendiculaire à s, et, par suite, au plan (r, r_s) qui renferme la longueur s. Comme on aura d'ailleurs [*voir* les formules (1) et (9) du paragraphe I]

$$\cos(\widehat{r, r_s}) = \sin(\widehat{r, s}), \qquad \cos(\widehat{r_s, r_{s,t}}) = \sin(\widehat{r_s, t_s}),$$

l'équation (12) pourra être réduite à

$$(13) \qquad \cos(\widehat{r, r_{s,t}}) = \sin(\widehat{r, s})\sin(\widehat{r_s, t_s}),$$

ou, ce qui revient au même, à

$$(14) \qquad \cos\lambda = \sin c \sin\beta.$$

On établira de la même manière les six équations comprises dans les trois formules

$$(15) \qquad \begin{cases} \cos\lambda = \sin b \sin\gamma = \sin c \sin\beta, \\ \cos\mu = \sin c \sin\alpha = \sin a \sin\gamma, \\ \cos\nu = \sin a \sin\beta = \sin b \sin\alpha, \end{cases}$$

desquelles on tire non seulement

$$\frac{\sin a}{\sin\alpha} = \frac{\sin b}{\sin\beta} = \frac{\sin c}{\sin\gamma},$$

mais encore

$$(16) \qquad \cos\lambda \cos\mu \cos\nu = \sin a \sin b \sin c \sin\alpha \sin\beta \sin\gamma.$$

Ajoutons que, des formules (15), combinées avec les équations (7) et (10), on tire

$$\theta\Theta = \sin\alpha \sin a \cos^2\lambda = \sin a \sin b \sin c \sin\alpha \sin\beta \sin\gamma,$$

et, par conséquent, eu égard à la formule (16),

$$(17) \qquad \cos\lambda \cos\mu \cos\nu = \theta\Theta.$$

On se trouve ainsi conduit au théorème qui s'énonce dans les termes suivants :

Théorème II. — *Deux triangles supplémentaires l'un de l'autre étant tracés sur la surface de la sphère dont le rayon est l'unité, les trois rayons menés du centre de la sphère aux sommets du premier triangle formeront, avec les trois rayons menés du même centre aux sommets correspondants du second triangle, trois angles dont les cosinus offriront un produit équivalent au produit des volumes des deux parallélipipèdes qui auront pour arêtes, l'un les trois premiers rayons, l'autre les trois derniers.*

On pourrait encore, des formules (7), (10), (11), (15), déduire immédiatement les équations

$$(18) \qquad \sin a \sin b \sin c = \frac{\theta^2}{\Theta}, \qquad \sin\alpha \sin\beta \sin\gamma = \frac{\Theta^2}{\theta},$$

qui, jointes à la formule (16), reproduisent l'équation (17).

Aux diverses formules que nous venons d'obtenir, on peut joindre les équations (5) et (17) du paragraphe II, qui continuent de subsister dans le cas même où les trois longueurs r, s, t cessent d'être renfermées dans un même plan. En effet, pour établir généralement ces équations, il suffira de recourir au théorème VI du paragraphe I. Concevons, pour fixer les idées, que l'on veuille établir la formule (5) du paragraphe II, en supposant, comme ci-dessus, que les trois longueurs r, s, t se mesurent, dans trois directions quelconques, à partir d'un même point O. Le théorème VI du paragraphe I donnera

$$(19) \qquad \cos(\widehat{r, s}) = \cos(\widehat{r, u})\cos(\widehat{s, u}) + \cos(\widehat{r, v})\cos(\widehat{s, v}),$$

u, v étant deux longueurs nouvelles mesurées sur deux droites perpendiculaires l'une à l'autre, et tellement choisies que le plan (u, v) soit parallèle à l'une des longueurs r, s. Or ces conditions seront effectivement remplies si l'on prend

$$u = t, \qquad v = s_t,$$

puisque alors le plan (u, v) pourra être censé se confondre avec le plan (s, t), et que d'ailleurs s_t sera perpendiculaire à t. En conséquence, on tirera de la formule (19)

$$(20) \qquad \cos(\widehat{r, s}) = \cos(\widehat{r, t})\cos(\widehat{s, t}) + \cos(\widehat{r, s_t})\cos(\widehat{s, s_t}).$$

Mais, d'autre part, on aura [*voir* la formule (5) du paragraphe I]

$$\cos(\widehat{r, s_t}) = \cos(\widehat{r, r_t})\cos(\widehat{r_t, s_t}).$$

Donc la formule (20) donnera

$$(21) \qquad \cos(\widehat{r, s}) = \cos(\widehat{r, t})\cos(\widehat{s, t}) + \cos(\widehat{r, r_t})\cos(\widehat{s, s_t})\cos(\widehat{r_t, s_t}).$$

Enfin l'on aura [*voir* la première des formules (1) du paragraphe I]

$$\cos(\widehat{r, r_t}) = \sin(\widehat{r, t}), \qquad \cos(\widehat{s, s_t}) = \sin(\widehat{s, t}).$$

Donc la formule (21) pourra être réduite à

$$(22) \qquad \cos(\widehat{r, s}) = \cos(\widehat{r, t})\cos(\widehat{s, t}) + \sin(\widehat{r, t})\sin(\widehat{s, t})\cos(\widehat{r_t, s_t}).$$

Ainsi, en partant du théorème VI du paragraphe I, et raisonnant, d'ailleurs, comme dans le paragraphe II, on établit immédiatement, pour tous les cas, la formule (5) de la page 350, et il est clair que l'on établira généralement de la même manière la formule (17) de la page 353, c'est-à-dire l'équation

$$(23) \qquad \sin(\widehat{r, s})\cos(\widehat{r_s, t_s}) = \cos(\widehat{r, t})\sin(\widehat{s, t}) - \sin(\widehat{r, t})\cos(\widehat{s, t})\cos(\widehat{r_t, s_t}).$$

Ajoutons qu'en vertu des notations adoptées, les formules (22), (23) pourront s'écrire comme il suit :

$$(24) \qquad \cos c = \cos a \cos b + \sin a \sin b \cos\gamma,$$

$$(25) \qquad \sin c \cos\beta = \sin a \cos b - \sin b \cos a \cos\gamma.$$

Si, aux formules (22), (23), on joint celles que l'on peut en déduire à l'aide d'échanges opérés entre les trois lettres *r*, *s*, *t*, on obtiendra en tout neuf équations, savoir, trois équations semblables à la formule (22), qui pourront s'écrire comme il suit :

$$(26)\quad \begin{cases} \cos a = \cos b \cos c + \sin b \sin c \cos \alpha, \\ \cos b = \cos c \cos a + \sin c \sin a \cos \beta, \\ \cos c = \cos a \cos b + \sin a \sin b \cos \gamma, \end{cases}$$

et six équations semblables à la formule (23) qui pourront s'écrire comme il suit :

$$(27)\quad \begin{cases} \sin a \cos \beta = \sin c \cos b - \sin b \cos c \cos \alpha, \\ \sin a \cos \gamma = \sin b \cos c - \sin c \cos b \cos \alpha; \end{cases}$$

$$(28)\quad \begin{cases} \sin b \cos \gamma = \sin a \cos c - \sin c \cos a \cos \beta, \\ \sin b \cos \alpha = \sin c \cos a - \sin a \cos c \cos \beta; \end{cases}$$

$$(29)\quad \begin{cases} \sin c \cos \alpha = \sin b \cos a - \sin a \cos b \cos \gamma, \\ \sin c \cos \beta = \sin a \cos b - \sin b \cos a \cos \gamma. \end{cases}$$

D'ailleurs, pour obtenir les équations (27), il suffit de substituer, dans la deuxième et la troisième des formules (26), la valeur de cos a fournie par la première; et, par suite, on peut, de l'équation (24), tirer, avec la plus grande facilité, non seulement les trois formules (26), mais encore les formules (27), (28), (29).

Il y a plus : on peut, comme on sait, déduire de la seule équation (24), ou, ce qui revient au même, de la première des équations (26), les principales formules de la trigonométrie sphérique, telles qu'on les trouve dans un grand nombre d'ouvrages et de mémoires, entre lesquels on doit remarquer le Mémoire inséré par Euler dans les *Acta Academiæ Petropolitanæ* de l'année 1779. Avant de terminer ce paragraphe, je rappellerai, en peu de mots, comment ces déductions s'effectuent.

D'abord, si l'on échange entre eux les deux triangles sphériques supplémentaires l'un de l'autre, dont le premier a pour côtés a, b, c, et pour angles α, β, γ, on obtiendra, non plus les formules (26), (27), (28), (29), mais celles qu'on en déduit quand on y remplace

$$a, \quad b, \quad c, \qquad \alpha, \quad \beta, \quad \gamma$$

par

$$\pi-\alpha,\quad \pi-\beta,\quad \pi-\gamma,\quad \pi-a,\quad \pi-b,\quad \pi-c;$$

c'est-à-dire les équations

$$(30)\quad \begin{cases} \cos\alpha = \sin\beta\sin\gamma\cos a - \cos\beta\cos\gamma, \\ \cos\beta = \sin\gamma\sin\alpha\cos b - \cos\gamma\cos\alpha, \\ \cos\gamma = \sin\alpha\sin\beta\cos c - \cos\alpha\cos\beta; \end{cases}$$

$$(31)\quad \begin{cases} \sin\alpha\cos b = \sin\gamma\cos\beta + \sin\beta\cos\gamma\cos a, \\ \sin\alpha\cos c = \sin\beta\cos\gamma + \sin\gamma\cos\beta\cos a; \end{cases}$$

$$(32)\quad \begin{cases} \sin\beta\cos c = \sin\alpha\cos\gamma + \sin\gamma\cos\alpha\cos b, \\ \sin\beta\cos a = \sin\gamma\cos\alpha + \sin\alpha\cos\gamma\cos b; \end{cases}$$

$$(33)\quad \begin{cases} \sin\gamma\cos a = \sin\beta\cos\alpha + \sin\alpha\cos\beta\cos c, \\ \sin\gamma\cos b = \sin\alpha\cos\beta + \sin\beta\cos\alpha\cos c. \end{cases}$$

Observons d'ailleurs : 1° que les équations (27), (28), (29) sont linéaires par rapport aux trois sinus

$$\sin a,\quad \sin b,\quad \sin c,$$

et les équations (31), (32), (33) par rapport aux trois sinus

$$\sin\alpha,\quad \sin\beta,\quad \sin\gamma;$$

2° que, pour déduire les équations (31), (32), (33) des équations (27), (28), (29), il suffit de remplacer, dans celles-ci,

$$\sin a,\quad \sin b,\quad \sin c$$

par

$$\sin\alpha,\quad \sin\beta,\quad \sin\gamma.$$

Il résulte immédiatement de ces observations, que les valeurs des rapports

$$\frac{\sin b}{\sin a},\quad \frac{\sin c}{\sin a},$$

déterminées par deux quelconques des équations (27), (28), (29), se confondent avec les valeurs des rapports

$$\frac{\sin\beta}{\sin\alpha},\quad \frac{\sin\gamma}{\sin\alpha},$$

déterminées par deux des équations (31), (32), (33). Donc l'équation (24) entraîne avec elle les deux formules

$$(34)\qquad \frac{\sin\beta}{\sin\alpha}=\frac{\sin b}{\sin a},\qquad \frac{\sin\gamma}{\sin\alpha}=\frac{\sin c}{\sin a},$$

comprises l'une et l'autre dans la suivante :

$$(35)\qquad \frac{\sin\alpha}{\sin a}=\frac{\sin\beta}{\sin b}=\frac{\sin\gamma}{\sin c},$$

et, par conséquent, dans la formule (11). Au reste, on peut encore déduire immédiatement la première ou la seconde des formules (34), des équations (33) ou (32), jointes aux formules (26). Ainsi, par exemple, quand on élimine $\sin\gamma$ entre les équations (33), on obtient la formule

$$\frac{\sin\beta}{\sin\alpha}=\frac{(\cos a-\cos b\cos c)\cos\beta}{(\cos b-\cos c\cos a)\cos\alpha},$$

qui, étant jointe aux deux premières des équations (26), reproduit la formule (34).

Lorsque, étant donnés les trois côtés a, b, c d'un triangle sphérique, on veut déterminer l'un des angles α, β, γ, il suffit de recourir à l'une des équations (26). S'agit-il, par exemple, de fixer la valeur de l'angle γ ou $(\widehat{r_\prime, s_\prime})$; on aura en vertu de l'équation (24),

$$(36)\qquad \cos\gamma=\frac{\cos c-\cos a\cos b}{\sin a\sin b}$$

Alors aussi on déduira sans peine les valeurs des lignes trigonométriques

$$\sin\frac{\gamma}{2},\quad \cos\frac{\gamma}{2}$$

de l'équation (36), jointe aux deux formules

$$\sin^2\frac{\gamma}{2}=\frac{1-\cos\gamma}{2},\qquad \cos^2\frac{\gamma}{2}=\frac{1+\cos\gamma}{2},$$

et, en posant, pour abréger,

$$a+b+c=2p,$$

on trouvera

$$(37)\qquad \left\{\begin{aligned} \sin\frac{\gamma}{2} &= \sqrt{\left[\frac{\sin(p-a)\sin(p-b)}{\sin a \sin b}\right]},\\ \cos\frac{\gamma}{2} &= \sqrt{\left[\frac{\sin p \sin(p-c)}{\sin a \sin b}\right]}. \end{aligned}\right.$$

On pourra même, de ces deux dernières formules, tirer immédiatement les valeurs de

$$\operatorname{tang}\frac{\gamma}{2} = \frac{\sin\frac{\gamma}{2}}{\cos\frac{\gamma}{2}}, \qquad \sin\gamma = 2\sin\frac{\gamma}{2}\cos\frac{\gamma}{2},$$

et l'on trouvera ainsi :

$$(38)\qquad \operatorname{tang}\frac{\gamma}{2} = \sqrt{\left[\frac{\sin(p-a)\sin(p-b)}{\sin p \sin(p-c)}\right]},$$

$$(39)\qquad \sin\gamma = 2\,\frac{\sqrt{[\sin p \sin(p-a)\sin(p-b)\sin(p-c)]}}{\sin a \sin b};$$

par conséquent,

$$\frac{\sin\gamma}{\sin c} = 2\,\frac{\sqrt{[\sin p \sin(p-a)\sin(p-b)\sin(p-c)]}}{\sin a \sin b \sin c}.$$

Le second membre de la dernière équation n'étant pas altéré, quand on échange entre eux les sommets et, par suite, les côtés du triangle sphérique que l'on considère, le premier membre devra jouir de la même propriété; d'où il résulte qu'on peut encore revenir immédiatement de l'équation (39) à la formule (35). D'ailleurs, l'équation (39) pouvant s'écrire comme il suit

$$2\sqrt{[\sin p \sin(p-a)\sin(p-b)\sin(p-c)]} = \sin a \sin b \sin\gamma,$$

donnera, eu égard aux formules (7) et (15),

$$(40)\qquad \theta = 2\sqrt{[\sin p \sin(p-a)\sin(p-b)\sin(p-c)]}.$$

L'équation (40) entraîne évidemment le théorème dont voici l'énoncé :

Théorème III. — *Soient*

$$a,\quad b,\quad c$$

les trois côtés d'un triangle sphérique, tracé sur la surface de la sphère qui a l'unité pour rayon, et p le demi-périmètre de ce triangle. Le produit des sinus des quatre angles

$$p, \quad p-a, \quad p-b, \quad p-c$$

offrira, pour racine carrée, la moitié du volume du parallélipipède dont les arêtes seront les rayons menés du centre de la sphère aux trois sommets du triangle sphérique ou, ce qui revient au même, le triple du volume du tétraèdre construit avec ces arêtes.

Il est bon d'observer que chacune des formules (36), (37), (38) détermine complètement la valeur de l'angle γ, toujours positif et inférieur à deux droits, ou, ce qui revient au même, la valeur de l'angle $\frac{\gamma}{2}$, toujours positif et inférieur à un droit. Cela posé, il est clair que les formules (37), (38), qui se prêtent d'elles-mêmes aux calculs par logarithmes, fournissent le moyen de résoudre très facilement un triangle sphérique dont les trois côtés sont connus. Les formules analogues que l'on déduira de celles-ci, en substituant au triangle sphérique proposé le triangle supplémentaire, fourniront le moyen de calculer les côtés a, b, c, du premier triangle, lorsque ses trois angles α, 6, γ seront connus. Supposons, pour fixer les idées, qu'il s'agisse de calculer le côté c. Alors, en posant

$$\alpha + 6 + \gamma = 2\varpi,$$

et remplaçant, dans les formules (37), (38),

$$a, \quad b, \quad c, \quad p, \quad \gamma$$

par

$$\pi-\alpha, \quad \pi-6, \quad \pi-\gamma, \quad \frac{3\pi}{2}-\varpi, \quad \pi-c,$$

on trouvera

(41)
$$\left\{\begin{aligned} \cos\frac{c}{2} &= \sqrt{\left[\frac{\cos(\varpi-\alpha)\cos(\varpi-6)}{\sin\alpha\sin6}\right]}, \\ \sin\frac{c}{2} &= \sqrt{\left[\frac{\cos\varpi\cos(\varpi-\gamma)}{\sin\alpha\sin6}\right]}, \end{aligned}\right.$$

(42)
$$\operatorname{tang}\frac{c}{2} = \sqrt{\left[\frac{\cos\varpi\cos(\varpi-\gamma)}{\cos(\varpi-\alpha)\cos(\varpi-6)}\right]}.$$

Quant à la résolution d'un triangle sphérique, dans lequel on connaît deux côtés et l'angle compris, ou un côté et les deux angles adjacents à ce côté, elle se tire sans peine des considérations suivantes.

Concevons que l'on combine par voie d'addition ou de soustraction les deux formules (29). On trouvera ainsi :

$$(43)\qquad \begin{cases} (\cos\alpha + \cos 6)\sin c = (1 - \cos\gamma)\sin(a+b), \\ (\cos 6 - \cos\alpha)\sin c = (1 + \cos\gamma)\sin(a-b). \end{cases}$$

Mais, d'autre part, on tirera de la formule (35)

$$(44)\qquad \frac{\sin\alpha + \sin 6}{\sin a + \sin b} = \frac{\sin\alpha - \sin 6}{\sin a - \sin b} = \frac{\sin\gamma}{\sin c};$$

par conséquent,

$$(45)\qquad \begin{cases} (\sin\alpha + \sin 6)\sin c = \sin\gamma(\sin a + \sin b), \\ (\sin\alpha - \sin 6)\sin c = \sin\gamma(\sin a - \sin b). \end{cases}$$

Enfin, on aura identiquement

$$\cos\alpha + \cos 6 = 2\cos\frac{\alpha+6}{2}\cos\frac{\alpha-6}{2}, \qquad \cos 6 - \cos\alpha = 2\sin\frac{\alpha+6}{2}\sin\frac{\alpha-6}{2},$$

$$\sin\alpha + \sin 6 = 2\sin\frac{\alpha+6}{2}\cos\frac{\alpha-6}{2}, \qquad \sin\alpha - \sin 6 = 2\sin\frac{\alpha-6}{2}\cos\frac{\alpha+6}{2},$$

et, par suite,

$$\operatorname{tang}\frac{\alpha+6}{2} = \frac{\sin\alpha + \sin 6}{\cos\alpha + \cos 6} = \frac{\cos 6 - \cos\alpha}{\sin\alpha - \sin 6},$$

$$\operatorname{tang}\frac{\alpha-6}{2} = \frac{\cos 6 - \cos\alpha}{\sin\alpha + \sin 6} = \frac{\sin\alpha - \sin 6}{\cos\alpha + \cos 6}.$$

Donc, eu égard aux formules (43) et (45), on trouvera

$$(46)\qquad \begin{cases} \operatorname{tang}\dfrac{\alpha+6}{2} = \dfrac{\sin\gamma}{1-\cos\gamma}\,\dfrac{\sin a + \sin b}{\sin(a+b)} = \dfrac{1+\cos\gamma}{\sin\gamma}\,\dfrac{\sin(a-b)}{\sin a - \sin b}, \\ \operatorname{tang}\dfrac{\alpha-6}{2} = \dfrac{1+\cos\gamma}{\sin\gamma}\,\dfrac{\sin(a-b)}{\sin a + \sin b} = \dfrac{\sin\gamma}{1-\cos\gamma}\,\dfrac{\sin a - \sin b}{\sin(a+b)}, \end{cases}$$

ou, ce qui revient au même,

$$(47)\qquad \begin{cases} \operatorname{tang}\dfrac{\alpha+6}{2} = \dfrac{\cos\dfrac{a-b}{2}}{\cos\dfrac{a+b}{2}}\cot\dfrac{\gamma}{2}, \\ \operatorname{tang}\dfrac{a-b}{2} = \dfrac{\sin\dfrac{a-b}{2}}{\sin\dfrac{a+b}{2}}\cot\dfrac{\gamma}{2}. \end{cases}$$

Si l'on remplace le triangle sphérique donné par le triangle supplémentaire, on devra, dans les formules (47), remplacer

$$a,\quad b,\quad c,\quad \alpha,\quad \beta,\quad \gamma$$

par

$$\pi-\alpha,\quad \pi-\beta,\quad \pi-\gamma,\quad \pi-a,\quad \pi-b,\quad \pi-c.$$

On aura donc encore

$$(48)\qquad \left\{\begin{aligned} \operatorname{tang}\frac{a+b}{2} &= \frac{\cos\frac{\alpha-\beta}{2}}{\cos\frac{\alpha+\beta}{2}}\operatorname{tang}\frac{c}{2},\\ \operatorname{tang}\frac{a-b}{2} &= \frac{\sin\frac{\alpha-\beta}{2}}{\sin\frac{\alpha+\beta}{2}}\operatorname{tang}\frac{c}{2}, \end{aligned}\right.$$

puis on en conclura

$$(49)\qquad \left\{\begin{aligned} \frac{\cos\frac{\alpha+\beta}{2}}{\cos\frac{\alpha-\beta}{2}} &= \cot\frac{a+b}{2}\operatorname{tang}\frac{c}{2},\\ \frac{\sin\frac{\alpha+\beta}{2}}{\sin\frac{\alpha-\beta}{2}} &= \cot\frac{a-b}{2}\operatorname{tang}\frac{c}{2}. \end{aligned}\right.$$

D'ailleurs, les formules (43) peuvent s'écrire comme il suit :

$$(50)\qquad \left\{\begin{aligned} \cos\frac{\alpha+\beta}{2}\cos\frac{\alpha-\beta}{2} &= \frac{\sin(a+b)}{\sin c}\sin^2\frac{\gamma}{2},\\ \sin\frac{\alpha+\beta}{2}\sin\frac{\alpha-\beta}{2} &= \frac{\sin(a-b)}{\sin c}\cos^2\frac{\gamma}{2}; \end{aligned}\right.$$

et, en ayant égard aux deux équations identiques

$$\sin c \operatorname{tang}\frac{c}{2} = 2\sin^2\frac{c}{2},\qquad \sin c\cot\frac{c}{2} = 2\cos^2\frac{c}{2},$$

on tire des formules (49), combinées avec les formules (50) par voie de multiplication ou de division,

$$(51)\quad\left\{\begin{aligned}
&\cos^2\frac{\alpha+6}{2}=\cos^2\frac{a+b}{2}\,\frac{\sin^2\frac{\gamma}{2}}{\cos^2\frac{c}{2}}, &\quad& \cos^2\frac{\alpha-6}{2}=\sin^2\frac{a+b}{2}\,\frac{\sin^2\frac{\gamma}{2}}{\sin^2\frac{c}{2}},\\
&\sin^2\frac{\alpha+6}{2}=\cos^2\frac{a-b}{2}\,\frac{\cos^2\frac{\gamma}{2}}{\cos^2\frac{c}{2}}, && \sin^2\frac{\alpha-6}{2}=\sin^2\frac{a-b}{2}\,\frac{\cos^2\frac{\gamma}{2}}{\sin^2\frac{c}{2}}.
\end{aligned}\right.$$

Pour réduire ces dernières aux équations connues

$$(52)\quad\left\{\begin{aligned}
&\cos\frac{\alpha+6}{2}\cos\frac{c}{2}=\cos\frac{a+b}{2}\sin\frac{\gamma}{2}, &\quad& \cos\frac{\alpha-6}{2}\sin\frac{c}{2}=\sin\frac{a+b}{2}\sin\frac{\gamma}{2},\\
&\sin\frac{\alpha+6}{2}\cos\frac{c}{2}=\cos\frac{a-b}{2}\cos\frac{\gamma}{2}, && \sin\frac{\alpha-6}{2}\sin\frac{c}{2}=\sin\frac{a-b}{2}\cos\frac{\gamma}{2},
\end{aligned}\right.$$

il suffira d'extraire les racines carrées de chaque membre, puis d'observer : 1° que, chacun des angles

$$\frac{a}{2},\quad \frac{b}{2},\quad \frac{c}{2},\qquad \frac{\alpha}{2},\quad \frac{6}{2},\quad \frac{\gamma}{2}$$

étant inférieur à un droit, chacune des lignes trigonométriques

$$\sin\frac{c}{2},\quad \cos\frac{c}{2},\quad \sin\frac{\gamma}{2},\quad \cos\frac{\gamma}{2},\quad \sin\frac{a+b}{2},\quad \sin\frac{\alpha+6}{2},\quad \cos\frac{a-b}{2},\quad \cos\frac{\alpha-6}{2}$$

sera positive; 2° qu'en vertu des formules (49), $\cos\frac{\alpha+6}{2}$ sera un cosinus affecté du même signe que les deux quantités

$$\cot\frac{a+b}{2},\quad \cos\frac{a+b}{2},$$

et $\sin\frac{\alpha-6}{2}$ un sinus affecté du même signe que les deux quantités

$$\cot\frac{a-b}{2},\quad \sin\frac{a-b}{2}.$$

Les formules (47) et (48), analogues à celle qui, dans la Trigonométrie rectiligne, sert à la résolution d'un triangle dans lequel on connaît deux côtés et l'angle compris, constituent ce qu'on appelle les *analogies de Néper*. Observons d'ailleurs qu'on les reproduira immédiatement si l'on combine entre elles, par voie de division, les formules (52).

Les formules (47), jointes à l'une quelconque des formules (48) ou (52), fournissent le moyen de résoudre complètement un triangle sphérique dans lequel on connaît deux côtés a, b et l'angle compris γ. En effet, un tel triangle étant proposé, on pourra déduire immédiatement des formules (47) les demi-sommes

$$\frac{\alpha+\beta}{2}, \quad \frac{\alpha-\beta}{2},$$

renfermées, la première entre les limites 0, π, la seconde entre les limites $-\frac{\pi}{2}$, $+\frac{\pi}{2}$, et, par suite, les angles α, β; puis de l'une quelconque des formules (48) ou (52), la valeur de $\frac{c}{2}$ comprise entre les limites 0, $\frac{\pi}{2}$, et, par suite, la valeur de c.

Pareillement les formules (48), jointes à l'une quelconque des équations (47) ou (52), fournissent le moyen de résoudre un triangle sphérique dans lequel on connaît un côté c et les deux angles adjacents α, β. En effet, un tel triangle étant proposé, on pourra déduire immédiatement des formules (48) les demi-sommes

$$\frac{a+b}{2}, \quad \frac{a-b}{2},$$

comprises, la première entre les limites 0, π, la seconde entre les limites $-\frac{\pi}{2}$, $+\frac{\pi}{2}$, et, par suite, les côtés a, b; puis, de l'une quelconque des formules (47) ou (52), la valeur de $\frac{\gamma}{2}$ comprise entre les limites 0, $\frac{\pi}{2}$, et, par suite, la valeur de γ.

Si l'on donnait, dans un triangle sphérique, deux côtés a, b et l'angle α opposé à l'un d'eux, ou deux angles α, β et le côté a opposé à l'un d'eux, on commencerait par déterminer l'angle β ou le côté b, à l'aide de la formule (35) réduite à

$$\frac{\sin\beta}{\sin b}=\frac{\sin\alpha}{\sin a};$$

mais à la valeur de $\sin 6$ ou de $\sin b$, tirée de cette formule, correspondraient deux valeurs de 6 ou de b, également admissibles, et représentées par deux angles, l'un aigu, l'autre obtus. D'ailleurs, les côtés a, b et les angles α, 6 étant supposés connus, on pourrait déduire la valeur de c de l'une quelconque des équations (48), et la valeur de γ de l'une quelconque des équations (47).

Dans le cas particulier où l'un des angles du triangle sphérique, l'angle γ par exemple, se réduit à un angle droit, on a

$$\cos\gamma = 0, \qquad \sin\gamma = 1,$$

et les formules (24) et (35) se réduisent aux suivantes :

$$\cos c = \cos a \cos b, \tag{53}$$

$$\frac{\sin\alpha}{\sin a} = \frac{\sin 6}{\sin b} = \frac{1}{\sin c}, \tag{54}$$

dont la dernière peut être remplacée par les deux équations

$$\sin a = \sin\alpha \sin c, \qquad \sin b = \sin 6 \sin c. \tag{55}$$

Alors aussi les formules (30) donnent

$$\cos\alpha = \cos a \sin 6, \qquad \cos 6 = \cos b \sin\alpha. \tag{56}$$

On doit remarquer d'ailleurs que ces diverses équations peuvent toutes se déduire directement du théorème VII du paragraphe I. La première, c'est-à-dire l'équation (53), qui subsiste entre les côtés a, b et l'hypoténuse c d'un triangle sphérique rectangle, est précisément, comme on l'a fort bien observé, celle qui remplace le théorème de Pythagore, quand on passe de la géométrie plane à la théorie des figures tracées sur la surface d'une sphère. Ajoutons qu'en réduisant $\cos\gamma$ à zéro, et $\sin\gamma$ à l'unité, on tire des formules (27), (28), (29), (30), (31), (32),

$$\left\{\begin{aligned} \operatorname{tang} a &= \operatorname{tang} c \cos 6, \\ \operatorname{tang} b &= \operatorname{tang} c \cos\alpha, \end{aligned}\right. \tag{57}$$

$$\left\{\begin{aligned} \sin c \cos\alpha &= \sin b \cos a, \\ \sin c \cos 6 &= \sin a \cos b, \end{aligned}\right. \tag{58}$$

$$\operatorname{tang}\alpha \operatorname{tang} 6 \cos c = 1, \tag{59}$$

$$\left\{\begin{aligned} \sin\alpha \cos c &= \cos 6 \cos a, \\ \sin 6 \cos c &= \cos\alpha \cos b. \end{aligned}\right. \tag{60}$$

Au reste, les équations (57), (58), (59), (60) pourraient se déduire immédiatement des formules (53), (55), (56), ou, ce qui revient au même, de l'équation (53) jointe aux deux formules

$$(61)\qquad \sin\alpha = \frac{\sin a}{\sin c} = \frac{\cos 6}{\cos b}, \qquad \sin 6 = \frac{\sin b}{\sin c} = \frac{\cos\alpha}{\cos a}.$$

La formule (53), jointe aux équations (57) et (58), fournit immédiatement la résolution d'un triangle sphérique rectangle, dans lequel on connaît les trois côtés, puisqu'un tel triangle étant donné, on peut déduire, 1° le côté inconnu de la formule (53); 2° les angles α, 6 des équations (57) ou (58).

Les formules (56) et (59) fournissent immédiatement les trois côtés a, b, c d'un triangle sphérique rectangle dans lequel on connaît les deux angles α, 6.

Si l'on connaissait un angle α avec un côté adjacent b ou c, le second des deux côtés adjacents à l'angle α serait déterminé par l'une des formules (57) et l'on se trouverait ainsi ramené au cas où deux côtés étaient connus.

Enfin, si l'on connaissait, dans un triangle sphérique rectangle, un angle α et le côté opposé a, on ne pourrait plus, comme dans les cas précédents, déterminer chaque angle ou côté inconnu à l'aide de son cosinus ou de sa tangente, c'est-à-dire à l'aide d'une ligne trigonométrique à laquelle répond toujours un seul angle compris entre les limites 0, π. Mais l'équation (54) fournirait la valeur de $\sin c$, à laquelle répondraient deux valeurs de c également admissibles, et représentées par deux angles, l'un aigu, l'autre obtus. D'ailleurs a et c étant connus, la résolution s'achèverait comme dans le premier cas.

Si le triangle sphérique, dont les côtés sont a, b, c et les angles α, 6, γ, était tracé sur la surface d'une sphère décrite non plus avec le rayon 1, mais avec le rayon ι, le triangle sphérique semblable, tracé sur la surface de la sphère dont le rayon serait l'unité, aurait évidemment pour côtés

$$\frac{a}{\iota}, \quad \frac{b}{\iota}, \quad \frac{c}{\iota},$$

les angles étant toujours

$$\alpha, \quad 6, \quad \gamma.$$

Donc alors aux formules trouvées dans ce paragraphe, on devrait substituer celles qu'on en déduit, quand on remplace a, b, c par $\frac{a}{\iota}$, $\frac{b}{\iota}$, $\frac{c}{\iota}$.

V. — *Sur la réduction de la trigonométrie sphérique à la trigonométrie rectiligne.*

Ainsi que Lagrange l'a remarqué, les formules de la trigonométrie sphérique peuvent être aisément réduites à celles que présente la trigonométrie rectiligne. Cette réduction permettant de mieux saisir les analogies qui existent entre les formules correspondantes des deux trigonométries, il n'est pas sans intérêt de voir comment elle s'effectue. Or on peut établir à ce sujet une règle très simple, que nous allons démontrer en peu de mots.

Nommons a, b, c les côtés et α, 6, γ les angles d'un triangle sphérique tracé sur la surface de la sphère dont le rayon est ι. Ces côtés et ces angles auront entre eux les relations qu'expriment les formules établies dans le paragraphe IV, quand on y remplace a, b, c par $\frac{a}{\iota}$, $\frac{b}{\iota}$, $\frac{c}{\iota}$.

Concevons maintenant que, dans les formules du paragraphe IV, modifiées comme on vient de le dire, le rayon ι devienne infiniment grand. Les angles $\frac{a}{\iota}$, $\frac{b}{\iota}$, $\frac{c}{\iota}$ deviendront infiniment petits, et, après avoir développé les sinus, cosinus et tangentes de chaque angle infiniment petit en séries ordonnées suivant les puissances ascendantes de cet angle, on pourra faire disparaître le rayon ι de chaque formule en y réduisant $\frac{1}{\iota}$ à zéro. Il y a plus : les formules nouvelles auxquelles on parviendra, en opérant de cette manière, coïncideront évidemment avec celles que l'on déduirait des équations diverses établies dans le paragraphe IV, en considérant chacun des angles représentés par a, b, c, ou par une fonction linéaire de a, b, c, comme une quantité infiniment petite du premier ordre, et en négligeant les infiniment petits d'ordre supérieur par rapport aux infiniment petits d'ordre inférieur; elles seront donc homogènes par rapport aux côtés a, b, c, si l'on donne ce nom aux équations et formules qu'on obtient en égalant à zéro des fonctions homogènes de a, b, c. D'autre part, lorsque $\frac{1}{\iota}$ deviendra nul, et ι infini, le triangle sphérique tracé sur la surface de la sphère, dont ι était le rayon, se transformera évidemment en un triangle rectiligne. On peut donc énoncer la proposition suivante :

Théorème. — *Considérons l'une quelconque des formules de trigonométrie sphérique qui lient entre eux les trois côtés a, b, c et les trois angles α, β, γ d'un triangle sphérique tracé sur la surface de la sphère qui a pour rayon l'unité. Pour que cette formule devienne applicable à un triangle rectiligne dont les côtés seraient encore représentés par a, b, c, et les angles par α, β, γ, il suffira de la rendre homogène par rapport aux côtés a, b, c, et d'opérer comme si, ces côtés étant infiniment petits du premier ordre, on négligeait les infiniment petits d'ordre supérieur par rapport aux infiniment petits d'ordre inférieur.*

Corollaire I. — Si l'on veut, en opérant comme on vient de le dire, rendre homogènes les formules (27), (28), (29) du paragraphe IV, il suffira d'y pousser l'approximation jusqu'au premier ordre dans l'évaluation des sinus et cosinus des arcs considérés comme infiniment petits; il suffira donc d'y remplacer les sinus des arcs a, b, c par ces arcs eux-mêmes, et leur cosinus par l'unité. Donc, en vertu du théorème énoncé, les équations analogues aux formules (27), (28), (29) du paragraphe IV seront, dans la trigonométrie rectiligne,

$$(1) \quad a = b\cos\gamma + c\cos\gamma, \qquad b = c\cos\alpha + a\cos\gamma, \qquad c = a\cos\beta + b\cos\gamma.$$

Effectivement, étant donné un triangle rectiligne dont les côtés sont représentés par a, b, c et les angles par α, β, γ, on peut établir immédiatement chacune des formules (7), en projetant les trois côtés sur la direction de l'un d'entre eux.

Corollaire II. — En opérant comme dans le corollaire I, c'est-à-dire en remplaçant le cosinus de chacun des angles a, b, c par l'unité, et en ayant égard aux équations (7), (8), (9), (10) du paragraphe II, on réduira les formules (30), (31), (32), (33) du paragraphe IV aux six équations

$$(2)\quad \begin{cases} \cos\alpha = -\cos(6+\gamma), & \cos 6 = -\cos(\gamma+\alpha), & \cos\gamma = -\cos(\alpha+6), \\ \sin\alpha = \sin(6+\gamma), & \sin 6 = \sin(\gamma+\alpha), & \sin\gamma = \sin(\alpha+6). \end{cases}$$

Or il résulte de ces dernières que les sinus et cosinus des angles

$$6+\gamma,\quad \gamma+\alpha,\quad \alpha+6$$

sont en même temps les sinus et cosinus des angles

$$\pi-\alpha,\quad \pi-6,\quad \pi-\gamma,$$

et que, par suite, l'angle

$$\alpha+6+\gamma-\pi$$

est un terme de la série

$$0,\quad 2\pi,\quad 4\pi,\quad \ldots.$$

Donc, puisque, chacun des angles α, 6, γ étant inférieur à π, la différence $\alpha+6+\gamma-\pi$ devra rester inférieure à 2π, cette différence sera nécessairement nulle, et les équations (2) entraîneront la suivante :

$$(3)\qquad \alpha+6+\gamma=\pi.$$

Donc, en partant des formules (30), (31), (32), (33) du paragraphe IV, on se trouve ramené à celle qui exprime que, *dans un triangle rectiligne, la somme des trois angles est égale à deux droits.*

Corollaire III. — En opérant comme dans le corollaire I, c'est-à-dire en remplaçant les sinus des arcs a, b, c par les arcs eux-mêmes, on réduira la formule (35) du paragraphe IV à la suivante :

$$(4)\qquad \frac{\sin\alpha}{a}=\frac{\sin 6}{b}=\frac{\sin\gamma}{c},$$

qui s'accorde avec l'équation (4) du paragraphe III.

Corollaire IV. — Lorsque les côtés a, b, c sont infiniment petits du premier ordre, on peut en dire autant de la demi-somme, $\frac{a+b}{2}$, de la demi-différence $\frac{a-b}{2}$, et du demi-périmètre

$$p = \frac{a+b+c}{2}.$$

Alors aussi, pour rendre homogènes les formules (37), (38), (39), (47) du paragraphe IV, il suffit évidemment d'y remplacer le sinus de chaque arc infiniment petit par cet arc lui-même et son cosinus par l'unité. Donc, en vertu de ces formules et du théorème énoncé, les côtés a, b, c, les angles α, β, γ et le demi-périmètre p d'un triangle rectiligne quelconque sont liés entre eux par les équations

$$(5) \quad \begin{cases} \sin\frac{\gamma}{2} = \sqrt{\left[\frac{(p-a)(p-b)}{ab}\right]}, \qquad \cos\frac{\gamma}{2} = \sqrt{\left[\frac{p(p-c)}{ab}\right]}, \\ \tang\frac{\gamma}{2} = \sqrt{\left[\frac{(p-a)(p-b)}{p(p-c)}\right]}, \end{cases}$$

$$(6) \quad \sin\gamma = 2\frac{\sqrt{[p(p-a)(p-b)(p-c)]}}{ab},$$

$$(7) \quad \tang\frac{\alpha+\beta}{2} = \cot\frac{\gamma}{2}, \qquad \tang\frac{\alpha-\beta}{2} = \frac{a-b}{a+b}\cot\frac{\gamma}{2}.$$

Parmi ces équations, les trois premières sont celles qui s'appliquent le plus aisément à la résolution d'un triangle rectiligne dont les trois côtés sont connus. Ajoutons que l'avant-dernière se déduit encore de la formule

$$\alpha + \beta + \gamma = \pi,$$

et que la dernière, jointe à cette même formule, fournit le moyen de résoudre un triangle rectiligne dans lequel on connaît deux côtés a, b et l'angle γ compris entre ces côtés.

Corollaire V. — Lorsque, en considérant les côtés a, b, c comme infiniment petits, on veut rendre homogène, par rapport à ces côtés, l'une des formules (26) du paragraphe IV, par exemple la formule (24), ou, ce qui revient au même, l'équation (36) du même paragraphe, il ne suffit plus de pousser l'approximation jusqu'aux infiniment petits du premier ordre dans l'évaluation des sinus et cosinus des arcs a, b, c, et de substituer ces arcs à leurs sinus, en remplaçant leurs cosinus par l'unité. Il devient nécessaire de faire entrer en ligne de compte les infiniment petits du second ordre, et de prendre, en conséquence, pour valeurs approchées de

$$\sin a,\quad \sin b,\quad \cos a,\quad \cos b,\quad \cos c,\quad \cos a \cos b,$$

les quantités

$$a,\quad b,\quad 1-\frac{a^2}{2},\quad 1-\frac{b^2}{2},\quad 1-\frac{c^2}{2},\quad 1-\frac{a^2+b^2}{2}.$$

Cela posé, en rendant homogène, par rapport aux côtés a, b, c, l'équation (24) ou (36) du paragraphe IV, on obtiendra la formule connue

(8) $$c^2 = a^2 + b^2 - 2ab\cos\gamma,$$

ou

(9) $$\cos\gamma = \frac{a^2+b^2-c^2}{2ab},$$

qui, en vertu du théorème énoncé, devra, dans un triangle rectiligne quelconque, déterminer le cosinus d'un angle en fonction des trois côtés.

Dans le cas particulier où l'angle γ devient nul, l'équation (24) du paragraphe IV se réduit à l'équation (53) du même paragraphe. Alors aussi l'équation (8), réduite à la formule

(10) $$c^2 = a^2 + b^2,$$

reproduit le théorème de Pythagore, ainsi qu'on devait s'y attendre, puisque, dans la trigonométrie sphérique, ce théorème se trouve remplacé par la formule (53) du paragraphe IV, ou, en d'autres termes, par le théorème VII du paragraphe I.

VI. — *Sur les relations qui existent entre les systèmes de coordonnées rectilignes relatives à deux systèmes d'axes conjugués.*

Nommons

$$x,\quad y,\quad z$$

les coordonnées d'un point mobile P, rapportées à trois axes quelconques menés par l'origine O, et

$$X,\quad Y,\quad Z$$

les coordonnées du même point mobile, rapportées à trois autres axes *conjugués* aux trois premiers, c'est-à-dire à trois autres axes menés par la même origine perpendiculairement aux plans des y, z, des z, x et des x, y. Supposons d'ailleurs, pour plus de commodité, les demi-axes des X, Y et Z positives situés par rapport aux plans coordonnés des y, z, des z, x et des x, y, des mêmes côtés que les demi-axes des x, y et z positives. Enfin soient

$$\mathrm{x},\quad \mathrm{y},\quad \mathrm{z} \quad \text{et} \quad \mathrm{X},\quad \mathrm{Y},\quad \mathrm{Z}$$

six longueurs mesurées à partir de l'origine O, d'une part sur les demi-axes des x, y, z positives, d'autre part sur les demi-axes des X, Y, Z positives. Les deux angles solides

$$(\mathrm{x}, \mathrm{y}, \mathrm{z}), \quad (\mathrm{X}, \mathrm{Y}, \mathrm{Z}),$$

dont les arêtes auront pour directions celles de x, y, z et de X, Y, Z, seront, comme les deux triangles sphériques auxquels ils répondent, *supplémentaires* l'un de l'autre. Cela posé, si, en considérant le premier de ces angles solides, celui qui a pour arêtes les demi-axes sur lesquels se mesurent les trois longueurs x, y, z, on nomme

$$a, \quad b, \quad c$$

les angles plans opposés à ces arêtes,

$$\alpha, \quad \beta, \quad \gamma$$

les angles dièdres opposés à ces angles plans, et

$$\lambda, \quad \mu, \quad \nu$$

les angles aigus que forment ces trois arêtes avec les demi-axes perpendiculaires aux plans des faces opposées, on aura

$$(1)\qquad \left\{ \begin{array}{lll} (\widehat{\mathrm{y}, \mathrm{z}}) = a, & (\widehat{\mathrm{z}, \mathrm{x}}) = b, & (\widehat{\mathrm{x}, \mathrm{y}}) = c, \\ (\widehat{\mathrm{Y}, \mathrm{Z}}) = \pi - \alpha, & (\widehat{\mathrm{Z}, \mathrm{X}}) = \pi - \beta, & (\widehat{\mathrm{X}, \mathrm{Y}}) = \pi - \gamma, \\ (\widehat{\mathrm{x}, \mathrm{X}}) = \lambda, & (\widehat{\mathrm{y}, \mathrm{Y}}) = \mu, & (\widehat{\mathrm{z}, \mathrm{Z}}) = \nu. \end{array} \right.$$

Ajoutons que, si l'on nomme r le rayon vecteur mené de l'origine O au point mobile P, on aura, en vertu des formules (12) de la page 160,

$$(2) \qquad x = r\frac{\cos(\widehat{r, X})}{\cos(\widehat{x, X})}, \qquad y = r\frac{\cos(\widehat{r, Y})}{\cos(\widehat{y, Y})}, \qquad z = r\frac{\cos(\widehat{r, Z})}{\cos(\widehat{z, Z})}.$$

Si maintenant on échange entre eux les deux systèmes d'axes conjugués, alors, à la place des formules (2), on obtiendra les suivantes :

$$(3) \qquad X = r\frac{\cos(\widehat{r, x})}{\cos(\widehat{x, X})}, \qquad Y = r\frac{\cos(\widehat{r, y})}{\cos(\widehat{y, Y})}, \qquad Z = r\frac{\cos(\widehat{r, z})}{\cos(\widehat{z, Z})}.$$

D'autre part, comme on l'a vu dans le paragraphe I, la considération des projections orthogonales fournit immédiatement la formule (15) de la page 346, par conséquent les formules (10), (11) des pages 159, 160. Donc, s étant un rayon mesuré toujours à partir de l'origine O, mais distinct de r, on aura encore

$$(4) \quad \cos(\widehat{r, s}) = \frac{\cos(\widehat{r, x})\cos(\widehat{s, X})}{\cos(\widehat{x, X})} + \frac{\cos(\widehat{r, y})\cos(\widehat{s, Y})}{\cos(\widehat{y, Y})} + \frac{\cos(\widehat{r, z})\cos(\widehat{s, Z})}{\cos(\widehat{z, Z})}$$

et

$$(5) \quad \cos(\widehat{r, s}) = \frac{\cos(\widehat{r, X})\cos(\widehat{s, x})}{\cos(\widehat{x, X})} + \frac{\cos(\widehat{r, Y})\cos(\widehat{s, y})}{\cos(\widehat{y, Y})} + \frac{\cos(\widehat{r, Z})\cos(\widehat{s, z})}{\cos(\widehat{z, Z})}.$$

Ajoutons qu'en vertu des formules (2), (3), les équations (4), (5) se réduiront aux deux suivantes :

$$(6) \qquad r\cos(\widehat{r, s}) = x\cos(\widehat{s, x}) + y\cos(\widehat{s, y}) + z\cos(\widehat{s, z}),$$

et

$$(7) \qquad r\cos(\widehat{r, s}) = X\cos(\widehat{s, X}) + Y\cos(\widehat{s, Y}) + Z\cos(\widehat{s, Z})$$

c'est-à-dire à deux équations semblables l'une à l'autre, et dont chacune peut se déduire directement de la formule (5) de la page 158. Cela posé, pour obtenir les valeurs des coordonnées x, y, z exprimées en fonctions linéaires des coordonnées X, Y, Z, ou les valeurs de X, Y, Z exprimées en fonctions linéaires de x, y, z, il ne restera plus qu'à substituer, dans les formules (2), les valeurs de

$$\cos(\widehat{r, \mathrm{X}}), \quad \cos(\widehat{r, \mathrm{Y}}), \quad \cos(\widehat{r, \mathrm{Z}}),$$

tirées de l'équation (7), ou, dans les formules (3), les valeurs de

$$\cos(\widehat{r, \mathrm{x}}), \quad \cos(\widehat{r, \mathrm{y}}), \quad \cos(\widehat{r, \mathrm{z}}),$$

tirées de l'équation (6).

Si l'on a égard aux équations (1), les formules (2), (3) deviendront

$$(8) \qquad x = r\frac{\cos(\widehat{r, \mathrm{X}})}{\cos\lambda}, \qquad y = r\frac{\cos(\widehat{r, \mathrm{Y}})}{\cos\mu}, \qquad z = r\frac{\cos(\widehat{r, \mathrm{Z}})}{\cos\nu},$$

$$(9) \qquad X = r\frac{\cos(\widehat{r, \mathrm{x}})}{\cos\lambda}, \qquad Y = r\frac{\cos(\widehat{r, \mathrm{y}})}{\cos\mu}, \qquad Z = s\frac{\cos(\widehat{r, \mathrm{z}})}{\cos\nu};$$

et l'on tirera des formules (6), (7),

$$(10) \qquad \begin{cases} r\cos(\widehat{r, \mathrm{x}}) = x + y\cos c + z\cos b, \\ r\cos(\widehat{r, \mathrm{y}}) = x\cos c + y + z\cos a, \\ r\cos(\widehat{r, \mathrm{z}}) = x\cos b + y\cos a + z; \end{cases}$$

$$(11) \qquad \begin{cases} r\cos(\widehat{r, \mathrm{X}}) = X - Y\cos\gamma - Z\cos6, \\ r\cos(\widehat{r, \mathrm{Y}}) = -X\cos\gamma + Y - Z\cos\alpha, \\ r\cos(\widehat{r, \mathrm{Z}}) = -X\cos6 - Y\cos\alpha + Z. \end{cases}$$

Or ces dernières, combinées avec les formules (8), (9), donneront

$$(12) \quad X = \frac{x + y\cos c + z\cos b}{\cos\lambda}, \qquad Y = \frac{x\cos c + y + z\cos a}{\cos\mu}, \qquad Z = \frac{x\cos b + y\cos a + z}{\cos\nu},$$

$$(13) \quad x = \frac{X - Y\cos\gamma - Z\cos6}{\cos\lambda}, \qquad y = \frac{-X\cos\gamma + Y - Z\cos\alpha}{\cos\mu}, \qquad z = \frac{-X\cos6 - Y\cos\alpha + Z}{\cos\nu}.$$

Remarquons d'ailleurs que chacune des équations (12), (13) se trouve comprise, comme cas particulier, dans la formule (16) de la page 161, de laquelle on pourrait les déduire immédiatement.

Il est bon d'observer que les équations (12), présentées sous les formes

$$(14) \qquad \begin{cases} x + y\cos a + z\cos b = X\cos\lambda, \\ x\cos c + y + z\cos a = Y\cos\mu, \\ x\cos b + y\cos a + z = Z\cos\nu, \end{cases}$$

peuvent être facilement résolues par rapport à x, y, z. Concevons que, pour abréger, l'on désigne par K la résultante formée avec les neuf termes du tableau

$$(15)\qquad \begin{cases} 1, & \cos c, & \cos b, \\ \cos c, & 1, & \cos a, \\ \cos b, & \cos a, & 1; \end{cases}$$

puis par

$$A,\ B,\ C,\ D,\ E,\ F,$$

les résultantes formées avec les mêmes termes pris quatre à quatre dans deux lignes horizontales, et dans deux lignes verticales, en sorte qu'on ait

$$(16)\qquad K = 1 - \cos^2 a - \cos^2 b - \cos^2 c + 2\cos a\cos b\cos c$$

et

$$(17)\qquad \begin{cases} A = 1 - \cos^2 a, & B = 1 - \cos^2 b, & C = 1 - \cos^2 c, \\ D = \cos b\cos c - \cos a, & E = \cos c\cos a - \cos b, & F = \cos a\cos b - \cos c. \end{cases}$$

Les valeurs de A, B, C pourront être réduites à

$$(18)\qquad A = \sin^2 a,\qquad B = \sin^2 b,\qquad C = \sin^2 c,$$

et, en effectuant la résolution des formules (14), par rapport à x, y, z, on trouvera

$$(19)\qquad \begin{cases} x = \dfrac{AX\cos\lambda + FY\cos\mu + EZ\cos\nu}{K}, \\ y = \dfrac{FX\cos\lambda + BY\cos\mu + DZ\cos\nu}{K}, \\ z = \dfrac{EX\cos\lambda + DY\cos\mu + CZ\cos\nu}{K}. \end{cases}$$

Or ces dernières valeurs de x, y, z devront s'accorder avec celles que fournissent les équations (13), quelles que soient d'ailleurs les valeurs attribuées aux variables X, Y, Z. Donc les coefficients constants, par lesquels ces variables se trouvent multipliées, doivent être les mêmes dans les formules (13) et (19). Cette seule observation fournit immédiatement la formule

$$(20)\qquad \begin{aligned} K &= A\cos^2\lambda = B\cos^2\mu = C\cos^2\nu \\ &= -D\frac{\cos\mu\cos\nu}{\cos\alpha} = -E\frac{\cos\nu\cos\lambda}{\cos6} = -F\frac{\cos\lambda\cos\mu}{\cos\gamma}, \end{aligned}$$

de laquelle on tire, eu égard aux équations (18),

$$K = \sin^2 a \cos^2 \lambda = \sin^2 b \cos^2 \mu = \sin^2 c \cos^2 \nu, \tag{21}$$

et, par suite,

$$\theta = \sin a \cos \lambda = \sin b \cos \mu = \sin c \cos \nu, \tag{22}$$

θ étant une quantité positive liée à K par l'équation

$$\theta^2 = K. \tag{23}$$

Ajoutons que, de la formule (20), jointe aux équations (16), (17), (22), on tirera

$$\left\{\begin{aligned} \cos\alpha &= \frac{\cos a - \cos b \cos c}{\sin b \sin c}, \\ \cos 6 &= \frac{\cos b - \cos c \cos a}{\sin c \sin a}, \\ \cos\gamma &= \frac{\cos c - \cos a \cos b}{\sin a \sin b}. \end{aligned}\right. \tag{24}$$

Enfin, si, dans l'équation (23), on substitue pour K sa valeur, on trouvera

$$\theta^2 = 1 - \cos^2 a - \cos^2 b - \cos^2 c + 2 \cos a \cos b \cos c. \tag{25}$$

Si, au lieu de tirer les valeurs de x, y, z des équations (12), on comparait les valeurs de X, Y, Z, tirées des équations (13), à celles que fournissent les équations (12), alors, à la place des formules (22) et (24), on obtiendrait les suivantes :

$$\Theta = \sin \alpha \cos \lambda = \sin 6 \cos \mu = \sin \gamma \cos \nu, \tag{26}$$

$$\left\{\begin{aligned} \cos a &= \frac{\cos\alpha + \cos 6 \cos\gamma}{\sin 6 \sin\gamma}, \\ \cos b &= \frac{\cos 6 + \cos\gamma \cos\alpha}{\sin\gamma \sin\alpha}, \\ \cos c &= \frac{\cos\gamma + \cos\alpha \cos 6}{\sin\alpha \sin 6}, \end{aligned}\right. \tag{27}$$

Θ étant une quantité déterminée par la formule

$$\Theta^2 = 1 - \cos^2\alpha - \cos^2 6 - \cos^2\gamma - 2 \cos\alpha \cos 6 \cos\gamma. \tag{28}$$

Les formules (22), (24), (26), (27) coïncident avec les formules (7), (26), (10) et (30) du paragraphe IV. Ainsi, les équations fondamentales de la trigonométrie sphérique sont comprises parmi celles auxquelles on se trouve conduit par la comparaison des formules (12) et (13).

Au reste, il est juste d'observer que les formules établies ou rappelées dans ce paragraphe, et les démonstrations que nous en avons données, ne diffèrent pas, au fond, des formules et démonstrations présentées par M. Sturm, dans un Mémoire que renferme le Tome XV des *Annales de Mathématiques* de M. Gergonne. Telle est, en effet, la conviction qu'a produite en nous une étude approfondie de ce Mémoire. Seulement il nous semble que les notations dont nous nous sommes servis donnent au langage analytique une clarté, une précision nouvelles. Dans le Mémoire de M. Sturm, les angles formés par le rayon vecteur r avec les axes coordonnés des x, y, z, prolongés du côté des coordonnées positives, et avec des perpendiculaires aux plans de ces axes, sont exprimés à l'aide des notations

$$(r, x), \quad (r, y), \quad (r, z),$$
$$(r, yz), \quad (r, zx), \quad (r, xy);$$

et ces expressions sont admises dans des formules où l'auteur désigne avec nous, par x, y, z, les coordonnées de l'extrémité du rayon r. Pour rendre les notations uniformes et plus précises, il nous paraît utile de considérer toujours, dans l'expression (r, s) ou $(\widehat{r, s})$, employée pour désigner un angle, les lettres r et s comme représentant deux longueurs absolues, mesurées dans des directions déterminées, et de remplacer, en conséquence, dans l'expression $(\widehat{r, s})$, la lettre s, non par la lettre x ou par le système de deux lettres yz, mais par une longueur nouvelle x ou X, mesurée sur le demi-axe des x positives, ou sur un demi-axe perpendiculaire au plan des yz, quand il s'agit de représenter l'angle formé par ce demi-axe avec la direction du rayon vecteur r. Observons encore que, si la formule (4) ou (5) n'est pas écrite en toutes lettres dans le Mémoire de M. Sturm, elle peut, du moins, être considérée comme comprise dans les équations qu'il a données, et spécialement dans les formules (13) et (18) du Mémoire cité, c'est-à-dire, en d'autres termes, dans les équations (2) et (6), d'où on la déduit immédiatement, et d'où l'auteur a effectivement déduit celle en laquelle elle se transforme dans le cas particulier où l'on fait coïncider le rayon vecteur s avec le rayon vecteur r.

Remarquons à présent que l'on pourrait tirer encore les équations fondamentales de la trigonométrie sphérique, et spécialement la formule (20), non plus des équations (14), résolues généralement par rapport à x, y, z, quelles que soient d'ailleurs les valeurs attribuées aux variables X, Y, Z, mais des équations (10), résolues par rapport à x, y, z, pour des positions particulières et déterminées du rayon r. En effet, concevons d'abord que l'on fasse coïncider le rayon r avec la longueur X, mesurée sur le demi-axe des X positives. Alors la formule (8) donnera

$$(29) \qquad x = \frac{r}{\cos\lambda}, \qquad y = -\frac{r\cos\gamma}{\cos\mu}, \qquad z = -\frac{r\cos\beta}{\cos\nu},$$

et les formules (10) se réduiront à celles-ci :

$$(30) \qquad \begin{cases} r\cos\lambda = x + y\cos c + z\cos b, \\ \quad\; 0 = x\cos c + y + z\cos a, \\ \quad\; 0 = x\cos b + y\cos a + z. \end{cases}$$

Or, des équations (3) résolues par rapport à x, y, z, on tirera

$$(31) \qquad \frac{x}{A} = \frac{y}{F} = \frac{z}{E} = \frac{r\cos\lambda}{K},$$

ou, ce qui revient au même,

$$(32) \qquad \frac{A}{x} = \frac{F}{y} = \frac{E}{z} = \frac{K}{r\cos\lambda},$$

puis, en substituant dans la formule (32) les valeurs de x, y, z, fournies par les équations (29), on trouvera

$$A\cos\lambda = -F\frac{\cos\mu}{\cos\gamma} = -E\frac{\cos\nu}{\cos\beta} = \frac{K}{\cos\lambda};$$

par conséquent,

$$K = A\cos^2\lambda = -F\frac{\cos\lambda\cos\mu}{\cos\gamma} = -E\frac{\cos\nu\cos\lambda}{\cos\beta}.$$

On trouvera de même, en faisant coïncider le rayon r avec la longueur Y, mesurée sur le demi-axe des Y positives,

$$K = B\cos^2\mu = -D\frac{\cos\mu\cos\nu}{\cos\alpha} = -F\frac{\cos\lambda\cos\mu}{\cos\gamma},$$

puis, en faisant coïncider le rayon r avec la longueur Z mesurée sur le demi-axe des Z positives,

$$K = C\cos^2\nu = -E\frac{\cos\nu\cos\lambda}{\cos6} = -D\frac{\cos\mu\cos\nu}{\cos\alpha};$$

et il est clair qu'en réunissant les trois valeurs précédentes de K, on reproduira précisément la formule (20).

Il est bon d'observer que les numérateurs des fractions qui, dans les formules (24), représentent les cosinus des angles α, 6, γ, se réduisent précisément aux résultantes

$$-D, \quad -E, \quad -F,$$

formées chacune avec quatre termes du tableau (15). D'ailleurs, ce tableau est précisément celui qu'on obtient quand on réduit à son expression la plus simple chacun des termes du suivant :

$$(33) \qquad \begin{cases} \cos(\widehat{x, x}), & \cos(\widehat{x, y}), & \cos(\widehat{x, z}), \\ \cos(\widehat{y, x}), & \cos(\widehat{y, y}), & \cos(\widehat{y, z}), \\ \cos(\widehat{x, z}), & \cos(\widehat{z, y}), & \cos(\widehat{z, z}). \end{cases}$$

Donc, la forme la plus naturelle des équations (24) est celle à laquelle on arrive quand aux numérateurs des rapports qui expriment les valeurs de $\cos\alpha$, $\cos6$, $\cos\gamma$, on substitue trois résultantes, dont chacune est formée avec quatre termes du tableau (33). Concevons, en particulier, que dans la valeur de $\cos\gamma$, déterminée par la dernière des équations (24), ou, ce qui revient au même, par la suivante :

$$\cos\gamma = -\frac{F}{\sin a \sin b},$$

on substitue la valeur de $-F$ déduite du tableau (33), savoir

$$-F = \cos(\widehat{x, y})\cos(\widehat{z, z}) - \cos(\widehat{x, z})\cos(\widehat{y, z}),$$

on trouvera

$$(34)\qquad \cos\gamma = \frac{\cos(\widehat{x, y})\cos(\widehat{z, z}) - \cos(\widehat{x, z})\cos(\widehat{y, z})}{\sin(\widehat{x, z})\sin(\widehat{y, z})}.$$

Comme on devait s'y attendre, l'équation (34) se réduira simplement à la formule

$$(35)\qquad \cos\gamma = \frac{\cos(\widehat{x, y}) - \cos(\widehat{x, z})\cos(\widehat{y, z})}{\sin(\widehat{x, z})\sin(\widehat{y, z})},$$

si l'on a égard à l'équation identique

$$\cos(\widehat{z, z}) = 1.$$

Mais la formule (34), qui conserve mieux que la formule (35) la trace des opérations à l'aide desquelles on l'a construite, est aussi plus élégante et plus facile à retenir, puisque le numérateur de son second membre est la différence de deux produits de mêmes dimensions, dont le second se déduit du premier par un échange opéré entre les lettres qui occupent la seconde place dans les deux expressions $(\widehat{x, y})$, $(\widehat{z, z})$.

Il est bon d'observer encore que la formule (25) coïncide avec l'équation (40) du paragraphe IV. En effet, on tire de cette dernière équation

$$(36)\qquad \theta^2 = 4\sin p \sin(p - a)\sin(p - b)\sin(p - c),$$

la valeur de $2p$ étant

$$2p = a + b + c,$$

ou, ce qui revient au même,

$$(37)\quad \theta^2 = 4\sin\left(\frac{a+b+c}{2}\right)\sin\left(\frac{b+c-a}{2}\right)\sin\left(\frac{c+a-b}{2}\right)\sin\left(\frac{a+b-c}{2}\right).$$

D'ailleurs, les deux formules

$$2\sin p \sin q = \cos(p - q) - \cos(p + q),$$
$$2\cos p \cos q = \cos(p - q) + \cos(p + q),$$

donneront, d'une part,

$$2\sin\frac{a+b+c}{2}\sin\frac{b+c-a}{2}=\cos a-\cos(b+c),$$
$$2\sin\frac{c+a-b}{2}\sin\frac{a+b-c}{2}=\cos(b-c)-\cos a,$$

et, d'autre part,

$$\cos(b+c)+\cos(b-c)=2\cos b\cos c,$$
$$\cos(b+c)+\cos(b-c)=\frac{\cos 2b+\cos 2c}{2}=1-\cos^2 b-\cos^2 c.$$

Donc, on tirera de la formule (37)

$$\begin{aligned}\theta^2 &= [\cos a-\cos(b+c)][\cos(b-c)-\cos a]\\ &= 1-\cos^2 a-\cos^2 b-\cos^2 c+2\cos a\cos b\cos c.\end{aligned}$$

Ajoutons que, si au triangle sphérique dont les côtés sont a, b, c, on substitue le triangle sphérique supplémentaire, on obtiendra, au lieu de la formule (36), la suivante :

$$\Theta^2=-4\cos\varpi\cos(\varpi-\alpha)\cos(\varpi-\beta)\cos(\varpi-\gamma), \tag{38}$$

et que l'équation (28) coïncidera précisément avec la formule (38).

Avant de terminer ce paragraphe, nous allons encore déduire des équations (2), (3), (4), (5), (6), quelques formules qui méritent d'être remarquées.

Si, dans l'équation (6), on remplace successivement la lettre s par chacune des lettres r, x, y, z, alors, comme l'a observé M. Sturm dans le Mémoire déjà cité, on obtiendra successivement les formules

$$r=x\cos(\widehat{r,\mathrm{x}})+y\cos(\widehat{r,\mathrm{y}})+z\cos(\widehat{r,\mathrm{z}}), \tag{39}$$

$$\left\{\begin{aligned} r\cos(\widehat{r,\mathrm{x}}) &= x+y\cos(\widehat{\mathrm{x},\mathrm{y}})+z\cos(\widehat{\mathrm{x},\mathrm{z}}),\\ r\cos(\widehat{r,\mathrm{y}}) &= x\cos(\widehat{\mathrm{x},\mathrm{y}})+y+z\cos(\widehat{\mathrm{y},\mathrm{z}}),\\ r\cos(\widehat{r,\mathrm{z}}) &= x\cos(\widehat{\mathrm{x},\mathrm{z}})+y\cos(\widehat{\mathrm{y},\mathrm{z}})+z,\end{aligned}\right. \tag{40}$$

dont les trois dernières coïncident avec les formules (10), tandis que la première multipliée par r, puis combinée avec les trois dernières, reproduit l'équation connue

$$(41)\quad r^2 = x^2 + y^2 + z^2 + 2yz\cos(\widehat{\mathrm{y},\mathrm{z}}) + 2zx\cos(\widehat{\mathrm{z},\mathrm{x}}) + 2xy\cos(\widehat{\mathrm{x},\mathrm{y}}).$$

En opérant de la même manière, on tirera de la formule (7) :

$$(42)\quad r^2 = X^2 + Y^2 + Z^2 + 2YZ\cos(\widehat{\mathrm{Y},\mathrm{Z}}) + 2ZX\cos(\widehat{\mathrm{Z},\mathrm{X}}) + 2XY\cos(\widehat{\mathrm{X},\mathrm{Y}}).$$

Si dans l'équation (6) on échange entre eux les rayons r, s, alors, en nommant

$$x',\quad y',\quad z'$$

ce que deviennent les coordonnées x, y, z quand on passe de l'extrémité du rayon r à l'extrémité du rayon s, on trouvera

$$(43)\qquad s\cos(\widehat{r,s}) = x'\cos(\widehat{r,\mathrm{x}}) + y'\cos(\widehat{r,\mathrm{y}}) + z'\cos(\widehat{r,\mathrm{z}});$$

et de l'équation (43), multipliée par r, puis combinée avec les équations (40), on tirera la formule

$$(44)\quad rs\cos(\widehat{r,s}) = xx' + yy' + zz' + (yz' + y'z)\cos(\widehat{\mathrm{y},\mathrm{z}}) + (zx' + z'x)\cos(\widehat{\mathrm{z},\mathrm{x}}) + (xy' + x'y')\cos(\widehat{\mathrm{x},\mathrm{y}}),$$

qui est l'une de celles que M. Binet a données dans le Tome XV du *Journal de l'École Polytechnique*. Pareillement, si l'on nomme X', Y', Z' ce que deviennent les coordonnées X, Y, Z quand on passe de l'extrémité du rayon r à l'extrémité du rayon s, on obtiendra la formule

$$(45)\quad rs\cos(\widehat{r,s}) = XX' + YY' + ZZ' + (YZ' + Y'Z)\cos(\widehat{\mathrm{Y},\mathrm{Z}}) + (ZX' + Z'X)\cos(\widehat{\mathrm{Z},\mathrm{X}}) + (XY' + X'Y)\cos(\widehat{\mathrm{X},\mathrm{Y}}),$$

donnée encore par M. Binet. De plus, si dans les formules (44), (45) on substitue les valeurs de

$$x,\quad y,\quad z,\quad X,\quad Y,\quad Z,$$

tirées des formules (2), (3), et les valeurs semblables de

$$x', \quad y', \quad z', \quad X', \quad Y', \quad Z',$$

on obtiendra deux équations dont la première a été indiquée par M. Sturm, dans le Mémoire cité, et dont la seconde sera

$$(46)\quad \begin{aligned}\cos(\widehat{r,s}) &= \frac{\cos(\widehat{r,\mathrm{x}})\cos(\widehat{s,\mathrm{x}})}{\cos^2(\widehat{\mathrm{x},\mathrm{X}})} + \frac{\cos(\widehat{r,\mathrm{y}})\cos(\widehat{s,\mathrm{y}})}{\cos^2(\widehat{\mathrm{y},\mathrm{Y}})} + \frac{\cos(\widehat{r,\mathrm{z}})\cos(\widehat{s,\mathrm{z}})}{\cos^2(\widehat{\mathrm{z},\mathrm{Z}})}\\ &+ \frac{\cos(\widehat{r,\mathrm{y}})\cos(\widehat{s,\mathrm{z}}) + \cos(\widehat{r,\mathrm{z}})\cos(\widehat{s,\mathrm{y}})}{\cos(\widehat{\mathrm{y},\mathrm{Y}})\cos(\widehat{\mathrm{z},\mathrm{Z}})}\cos(\widehat{\mathrm{Y},\mathrm{Z}})\\ &+ \frac{\cos(\widehat{r,\mathrm{z}})\cos(\widehat{s,\mathrm{x}}) + \cos(\widehat{r,\mathrm{x}})\cos(\widehat{s,\mathrm{z}})}{\cos(\widehat{\mathrm{z},\mathrm{Z}})\cos(\widehat{\mathrm{x},\mathrm{X}})}\cos(\widehat{\mathrm{Z},\mathrm{X}})\\ &+ \frac{\cos(\widehat{r,\mathrm{x}})\cos(\widehat{s,\mathrm{y}}) + \cos(\widehat{r,\mathrm{y}})\cos(\widehat{s,\mathrm{x}})}{\cos(\widehat{\mathrm{x},\mathrm{X}})\cos(\widehat{\mathrm{y},\mathrm{Y}})}\cos(\widehat{\mathrm{X},\mathrm{Y}}),\end{aligned}$$

ou, ce qui revient au même, eu égard aux formules (1),

$$(47)\quad \begin{aligned}\cos(\widehat{r,s}) &= \frac{\cos(\widehat{r,\mathrm{x}})\cos(\widehat{s,\mathrm{x}})}{\cos^2\lambda} + \frac{\cos(\widehat{r,\mathrm{y}})\cos(\widehat{s,\mathrm{y}})}{\cos^2\mu} + \frac{\cos(\widehat{r,\mathrm{z}})\cos(\widehat{s,\mathrm{z}})}{\cos^2\nu}\\ &- \frac{\cos(\widehat{r,\mathrm{y}})\cos(\widehat{s,\mathrm{z}}) + \cos(\widehat{s,\mathrm{y}})\cos(\widehat{r,\mathrm{z}})}{\cos\mu\cos\nu}\cos\alpha\\ &- \frac{\cos(\widehat{r,\mathrm{z}})\cos(\widehat{s,\mathrm{x}}) + \cos(\widehat{s,\mathrm{z}})\cos(\widehat{r,\mathrm{x}})}{\cos\nu\cos\lambda}\cos6\\ &- \frac{\cos(\widehat{r,\mathrm{x}})\cos(\widehat{s,\mathrm{y}}) + \cos(\widehat{s,\mathrm{x}})\cos(\widehat{r,\mathrm{y}})}{\cos\lambda\cos\mu}\cos\gamma.\end{aligned}$$

Enfin, si l'on fait coïncider le rayon s avec le rayon r, les formules (44), (45) se réduiront aux formules (41), (42), la formule (4) ou (5) sera réduite à l'équation

$$(48)\quad 1 = \frac{\cos(\widehat{r,\mathrm{x}})\cos(\widehat{r,\mathrm{X}})}{\cos(\widehat{\mathrm{x},\mathrm{X}})} + \frac{\cos(\widehat{r,\mathrm{y}})\cos(\widehat{r,\mathrm{Y}})}{\cos(\widehat{\mathrm{y},\mathrm{X}})} + \frac{\cos(\widehat{r,\mathrm{z}})\cos(\widehat{r,\mathrm{Z}})}{\cos(\widehat{\mathrm{z},\mathrm{Z}})},$$

que l'on trouve déjà dans le Mémoire de M. Sturm, et les formules (46), (47) donneront

$$(49)\quad 1 = \frac{\cos^2(\widehat{r, x})}{\cos^2(\widehat{x, X})} + \frac{\cos^2(\widehat{r, y})}{\cos^2(\widehat{y, Y})} + \frac{\cos^2(\widehat{r, z})}{\cos^2(\widehat{z, Z})}$$
$$+ 2\frac{\cos(\widehat{r, y})\cos(\widehat{r, z})}{\cos(\widehat{y, Y})\cos(\widehat{z, Z})}\cos(\widehat{Y, Z}) + 2\frac{\cos(\widehat{r, z})\cos(\widehat{r, x})}{\cos(\widehat{z, Z})\cos(\widehat{x, X})}\cos(\widehat{Z, X})$$
$$+ 2\frac{\cos(\widehat{r, x})\cos(\widehat{r, y})}{\cos(\widehat{x, X})\cos(\widehat{y, Y})}\cos(\widehat{X, Y}),$$

ou, ce qui revient au même,

$$(50)\quad 1 = \frac{\cos^2(\widehat{r, x})}{\cos^2\lambda} + \frac{\cos^2(\widehat{r, y})}{\cos^2\mu} + \frac{\cos^2(\widehat{r, z})}{\cos^2\nu} - 2\frac{\cos(\widehat{r, y})\cos(\widehat{r, z})}{\cos\mu\cos\nu}\cos\alpha$$
$$- 2\frac{\cos(\widehat{r, z})\cos(\widehat{r, x})}{\cos\nu\cos\lambda}\cos6 - 2\frac{\cos(\widehat{r, x})\cos(\widehat{r, y})}{\cos\lambda\cos\mu}\cos\gamma.$$

La formule (46) ou (47) est celle qui sert à exprimer généralement le cosinus de l'angle compris entre deux directions données, en fonction des cosinus des angles formés par ces deux directions avec trois axes quelconques rectangulaires ou obliques. La formule (49) ou (50) fournit la relation connue qui existe entre les cosinus des trois angles formés par une seule direction avec les trois axes que l'on considère.

Dans le cas particulier où les axes coordonnés des x. y, z sont rectangulaires, ils se confondent avec les axes conjugués, c'est-à-dire avec les axes coordonnés des X, Y, Z, en sorte qu'on a

$$X = x, \qquad Y = y, \qquad Z = z.$$

Alors aussi, chacun des angles a, b, c, α, 6, γ étant droit, et chacun des angles λ, μ, ν étant réduit à zéro, chacune des quantités

$$\cos a, \quad \cos b, \quad \cos c$$

s'évanouit, et chacune des suivantes

$$\sin a, \quad \sin b, \quad \sin c, \quad \cos\lambda, \quad \cos\mu, \quad \cos\nu,$$

se réduit à l'unité. En conséquence, les formules (10), (22), (41), (44),

(47), (50) se réduisent aux équations connues

$$(51)\qquad x = r\cos(\widehat{r,\mathrm{x}}),\qquad y = r\cos(\widehat{r,\mathrm{y}}),\qquad z = r\cos(\widehat{r,\mathrm{z}}),$$

$$(52)\qquad \theta = 1,$$

$$(53)\qquad r^2 = x^2 + y^2 + z^2,$$

$$(54)\qquad rs = xx' + yy' + zz',$$

$$(55)\qquad \cos(\widehat{r,s}) = \cos(\widehat{r,\mathrm{x}})\cos(\widehat{s,\mathrm{x}}) + \cos(\widehat{r,\mathrm{y}})\cos(\widehat{s,\mathrm{y}}) + \cos(\widehat{r,\mathrm{z}})\cos(\widehat{s,\mathrm{z}}),$$

$$(56)\qquad 1 = \cos^2(\widehat{r,\mathrm{x}}) + \cos^2(\widehat{r,\mathrm{y}}) + \cos^2(\widehat{r,\mathrm{z}}).$$

Supposons maintenant que des axes coordonnés, l'un, par exemple l'axe des z, soit perpendiculaire aux deux autres, c'est-à-dire aux axes des x et y, l'angle

$$c = (\widehat{\mathrm{x},\mathrm{y}})$$

compris entre ces deux derniers axes pouvant d'ailleurs être aigu ou obtus. Alors, le plan des x, y, étant en même temps le plan des X, Y, l'axe des Z viendra se confondre avec l'axe des z, en sorte qu'on aura

$$(57)\qquad Z = z,\qquad \nu = 0.$$

Alors aussi on aura évidemment

$$(58)\qquad \alpha = \beta = a = b = \frac{\pi}{2},\qquad \gamma = c,$$

par conséquent,

$$(59)\qquad \begin{cases} \cos\alpha = \cos\beta = \cos a = \cos b = 0, & \sin\alpha = \sin\beta = \sin a = \sin b = 1,\\ \cos\gamma = \cos c, & \sin\gamma = \sin c,\end{cases}$$

et les formules (15) de la page 322 donneront

$$(60)\qquad \cos\lambda = \cos\mu = \sin c,\qquad \cos\nu = 1.$$

Au reste, la seconde des formules (60) se tire immédiatement de la seconde des formules (57), et quant à la première des formules (60), on peut la déduire de cette seule considération que les axes des X et Y, tous deux renfermés dans le plan des x, y, seront, dans l'hypothèse admise, perpendiculaires, le premier à l'axe des y, le second à l'axe des x. Les valeurs des angles

$$a,\quad b,\quad \alpha,\quad \beta,\quad \gamma,\quad \lambda,\quad \mu,\quad \nu$$

et celles de leurs sinus et cosinus étant déterminées par les équations qui précèdent, les formules (12), (13), (22), (26), (41), (44), (47), (50) donneront

$$(61)\qquad X=\frac{x+y\cos c}{\sin c},\qquad Y=\frac{x\cos c+y}{\sin c},\qquad Z=z;$$

$$(62)\qquad x=\frac{X-Y\cos c}{\sin c},\qquad y=\frac{Y-X\cos c}{\sin c},\qquad z=Z;$$

$$(63)\qquad \theta=\Theta=\sin c;$$

$$(64)\qquad r^2=x^2+y^2+z^2+2xy\cos c;$$

$$(65)\qquad rs\cos(r,s)=xx'+yy'+zz'+(xy'+x'y)\cos c;$$

$$(66)\quad \left\{\begin{aligned} \cos(\widehat{r,s}) &= \frac{\cos(\widehat{r,\mathrm{x}})\cos(\widehat{s,\mathrm{x}})+\cos(\widehat{r,\mathrm{y}})\cos(\widehat{s,\mathrm{y}})}{\sin^2 c}+\cos(\widehat{r,\mathrm{z}})\cos(\widehat{s,\mathrm{z}})\\ &\quad -\frac{\cos(\widehat{r,\mathrm{x}})\cos(\widehat{s,\mathrm{y}})+\cos(\widehat{s,\mathrm{x}})\cos(\widehat{r,\mathrm{y}})}{\sin^2 c}\cos c.\end{aligned}\right.$$

Ajoutons que, si des deux rayons vecteurs r, s le premier est perpendiculaire à l'axe des x, et le second à l'axe des y, on aura

$$\cos(r,\mathrm{x})=0,\qquad \cos(s,\mathrm{y})=0.$$

Donc alors la formule (66) se trouvera réduite à l'équation

$$(67)\qquad \cos(\widehat{r,s})=\cos(\widehat{r,\mathrm{z}})\cos(\widehat{s,\mathrm{z}})-\frac{\cos c}{\sin^2 c}\cos(\widehat{s,\mathrm{x}})\cos(\widehat{r,\mathrm{y}}),$$

que l'on peut écrire comme il suit :

$$(68)\qquad \cos(\widehat{r,z})\cos(\widehat{s,z})-\cos(\widehat{r,s})=\frac{\cos(\widehat{s,\mathrm{x}})\cos(\widehat{r,\mathrm{y}})}{\sin c\,\operatorname{tang} c},$$

la valeur de c étant toujours

$$c=(\widehat{\mathrm{x},\mathrm{y}}).$$

D'ailleurs, en vertu de la formule (35), le premier membre de l'équation (68), pris en signe contraire et divisé par le produit

$$\sin(\widehat{r,\mathrm{z}})\sin(\widehat{s,\mathrm{z}}),$$

donne pour quotient le cosinus de l'angle dièdre opposé à l'angle plan $(\widehat{r, s})$ dans l'angle solide (r, s, z). Donc l'équation (68) entraîne la proposition suivante :

THÉORÈME. — *Étant donnés trois axes des x, y, z dont le troisième est perpendiculaire aux deux premiers, si l'on nomme*

$$\text{x}, \quad \text{y}, \quad \text{z}$$

trois longueurs mesurées sur ces trois axes, à partir de l'origine, dans le sens des coordonnées positives, et r, s deux droites qui, partant elles-mêmes de l'origine, soient respectivement perpendiculaires la première à l'axe des x, la seconde à l'axe des y, le cosinus de l'angle dièdre opposé à l'angle plan $(\widehat{r, s})$ dans l'angle solide (r, s, z) sera égal au rapport

$$\frac{\cos(\widehat{s, \text{x}})\cos(\widehat{r, \text{y}})}{\sin(\widehat{r, \text{z}})\sin(\widehat{s, \text{z}})\sin(\widehat{\text{x}, \text{y}})\operatorname{tang}(\widehat{\text{x}, \text{y}})},$$

pris en signe contraire. Nous montrerons, dans un autre Mémoire, comment l'on peut faire servir cette proposition, ou, ce qui revient au même, la formule (67) à la recherche de l'équation différentielle que vérifie généralement le cosinus de l'angle compris entre deux lignes tracées sur une même surface courbe.

VII. — *Sur la transformation des coordonnées rectilignes et d'autres coordonnées de même espèce.*

Nommons

$$x, \quad y, \quad z$$

les coordonnées d'un point mobile P rapportées à trois axes quelconques menés par l'origine O. Soient d'ailleurs

$$\text{x}, \quad \text{y}, \quad \text{z} \quad \text{et} \quad \text{X}, \quad \text{Y}, \quad \text{Z}$$

six longueurs mesurées à partir de l'origine O, d'une part sur les demi-axes des x, y, z positives, d'autre part sur trois perpendiculaires aux plans coordonnés des y, z, des z, x, des x, y ; et supposons, pour fixer les idées, ces perpendiculaires prolongées à partir des plans coordonnés des mêmes côtés que les demi-axes des coordonnées positives, en sorte que chacun des trois angles

$$(\widehat{\mathrm{x}, \mathrm{X}}),\quad (\widehat{\mathrm{y}, \mathrm{Y}}),\quad (\widehat{\mathrm{z}, \mathrm{Z}})$$

se réduise à un angle aigu. Enfin soient

$$x_1,\quad y_1,\quad z_1$$

de nouvelles coordonnées du point P, relatives à de nouveaux axes rectilignes qui continuent de passer par l'origine O; et supposons que, pour ce nouveau système d'axes, les longueurs précédemment représentées par

$$\mathrm{x},\quad \mathrm{y},\quad \mathrm{z},\quad \mathrm{X},\quad \mathrm{Y},\quad \mathrm{Z}$$

deviennent

$$\mathrm{x}_1,\quad \mathrm{y}_1,\quad \mathrm{z}_1,\quad \mathrm{X}_1,\quad \mathrm{Y}_1,\quad \mathrm{Z}_1.$$

On passera des coordonnées x, y, z aux coordonnées x_1, y_1, z_1, et réciproquement, par le moyen d'équations toutes semblables à l'équation (16) de la page 161, par conséquent à l'aide des formules

$$(1)\quad \begin{cases} x_1 = \dfrac{x\cos(\widehat{\mathrm{x}, \mathrm{X}_1}) + y\cos(\widehat{\mathrm{y}, \mathrm{X}_1}) + z\cos(\widehat{\mathrm{z}, \mathrm{X}_1})}{\cos(\widehat{\mathrm{x}_1, \mathrm{X}_1})}, \\[2ex] y_1 = \dfrac{x\cos(\widehat{\mathrm{x}, \mathrm{Y}_1}) + y\cos(\widehat{\mathrm{y}, \mathrm{Y}_1}) + z\cos(\widehat{\mathrm{z}, \mathrm{Y}_1})}{\cos(\widehat{\mathrm{y}_1, \mathrm{Y}_1})}, \\[2ex] z_1 = \dfrac{x\cos(\widehat{\mathrm{x}, \mathrm{Z}_1}) + y\cos(\widehat{\mathrm{y}, \mathrm{Z}_1}) + z\cos(\widehat{\mathrm{z}, \mathrm{Z}_1})}{\cos(\widehat{\mathrm{z}_1, \mathrm{Z}_1})}, \end{cases}$$

ou à l'aide des formules

$$(2)\quad \begin{cases} x = \dfrac{x_1\cos(\widehat{\mathrm{x}_1, \mathrm{X}}) + y_1\cos(\widehat{\mathrm{y}_1, \mathrm{X}}) + z_1\cos(\widehat{\mathrm{z}_1, \mathrm{X}})}{\cos(\widehat{\mathrm{x}, \mathrm{X}})}, \\[2ex] y = \dfrac{x_1\cos(\widehat{\mathrm{x}_1, \mathrm{Y}}) + y_1\cos(\widehat{\mathrm{y}_1, \mathrm{Y}}) + z_1\cos(\widehat{\mathrm{z}_1, \mathrm{Y}})}{\cos(\widehat{\mathrm{y}, \mathrm{Y}})}, \\[2ex] z = \dfrac{x_1\cos(\widehat{\mathrm{x}_1, \mathrm{Z}}) + y_1\cos(\widehat{\mathrm{y}_1, \mathrm{Z}}) + z_1\cos(\widehat{\mathrm{z}_1, \mathrm{Z}})}{\cos(\widehat{\mathrm{z}, \mathrm{Z}})} \end{cases}$$

En vertu de ces formules qui étaient déjà connues [*voir* en particulier le Mémoire de M. Sturm, inséré dans le Tome XV des *Annales de Mathématiques* de M. Gergonne], les coordonnées x_1, y_1, z_1 seront des fonctions linéaires de x, y, z, et réciproquement. D'ailleurs, en résolvant les équations (2) par rapport aux coordonnées nouvelles

$$x_1, \quad y_1, \quad z_1,$$

on obtiendra, pour ces coordonnées, des valeurs qui devront évidemment coïncider avec celles que fournissent les formules (1), quelles que soient d'ailleurs les valeurs attribuées à x, y, z. Donc les constantes qui représentent les coefficients de x, y, z, dans les formules (1), pourront être exprimées en fonction des constantes qui représentent les coefficients de x_1, y_1, z_1 dans les formules (2), et réciproquement, en sorte qu'on pourra obtenir neuf équations de condition entre les cosinus des six angles

$$(\widehat{\mathrm{x}, \mathrm{X}}), \quad (\widehat{\mathrm{y}, \mathrm{Y}}), \quad (\widehat{\mathrm{z}, \mathrm{Z}}),$$
$$(\widehat{\mathrm{x}_1, \mathrm{X}}), \quad (\widehat{\mathrm{y}_1, \mathrm{Y}}), \quad (\widehat{\mathrm{z}_1, \mathrm{Z}})$$

et les cosinus des angles formés : 1° par les directions des longueurs x, y, z avec les directions des longueurs X_1, Y_1, Z_1 ; 2° par les directions des longueurs x_1, y_1, z_1 avec les directions des longueurs X, Y, Z.

Dans le cas particulier où les nouveaux demi-axes des coordonnées positives coïncident avec ceux sur lesquels se mesurent les longueurs X, Y, Z, les nouvelles coordonnées du point P, relatives à ces nouveaux demi-axes, sont précisément celles que, dans le paragraphe VI, nous avons représentées par les trois lettres

$$X, \quad Y, \quad Z.$$

Alors aussi les formules (1) et (2) se réduisent aux formules (12), (13) du paragraphe VI, et les équations de condition, que vérifient les coefficients renfermés dans ces formules, aux six équations comprises dans la formule (20) du paragraphe VI.

Lorsque les axes coordonnés des x_1, y_1, z_1 se coupent à angles droits, les directions des longueurs X_1, Y_1, Z_1 se confondent avec celles des longueurs x_1, y_1, z_1, et, par suite, les formules (1) donnent simplement

$$(3)\quad \left\{\begin{aligned} x_1 &= x\cos(\widehat{\mathrm{x},\mathrm{x}_1}) + y\cos(\widehat{\mathrm{y},\mathrm{x}_1}) + z\cos(\widehat{\mathrm{z},\mathrm{x}_1}),\\ y_1 &= x\cos(\widehat{\mathrm{x},\mathrm{y}_1}) + y\cos(\widehat{\mathrm{y},\mathrm{y}_1}) + z\cos(\widehat{\mathrm{z},\mathrm{y}_1}),\\ z_1 &= x\cos(\widehat{\mathrm{x},\mathrm{z}_1}) + y\cos(\widehat{\mathrm{y},\mathrm{z}_1}) + z\cos(\widehat{\mathrm{z},\mathrm{z}_1}).\end{aligned}\right.$$

Pareillement, lorsque les axes des x, y, z se coupent à angles droits, les directions des longueurs X, Y, Z se confondent avec celles des longueurs x, y, z, et, par suite, les formules (2) deviennent simplement

$$(4)\quad \left\{\begin{aligned} x &= x_1\cos(\widehat{\mathrm{x},\mathrm{x}_1}) + y_1\cos(\widehat{\mathrm{x},\mathrm{y}_1}) + z_1\cos(\widehat{\mathrm{x},\mathrm{z}_1}),\\ y &= x_1\cos(\widehat{\mathrm{y},\mathrm{x}_1}) + y_1\cos(\widehat{\mathrm{y},\mathrm{y}_1}) + z_1\cos(\widehat{\mathrm{y},\mathrm{z}_1}),\\ z &= x_1\cos(\widehat{\mathrm{z},\mathrm{x}_1}) + y_1\cos(\widehat{\mathrm{z},\mathrm{y}_1}) + z_1\cos(\widehat{\mathrm{z},\mathrm{z}_1}).\end{aligned}\right.$$

Si les deux systèmes d'axes coordonnés sont rectangulaires, les formules (4) subsisteront en même temps que les équations (3).

Concevons maintenant qu'il s'agisse de transformer les coordonnées obliques

$$x,\quad y,\quad z$$

en coordonnées rectangulaires

$$\mathfrak{x},\quad \mathfrak{y},\quad \mathfrak{z},$$

relatives encore à trois axes qui passent par l'origine O, et supposons que ces trois axes, prolongés dans le sens des

$$\mathfrak{x},\quad \mathfrak{y},\quad \mathfrak{z}$$

positives, soient respectivement ceux sur lesquels se mesurent les trois longueurs

$$\mathrm{x},\quad \mathrm{y}_{\mathrm{x}},\quad \mathrm{z}_{\mathrm{x},\mathrm{y}}.$$

En d'autres termes, supposons que le demi-axe des $\mathfrak{x}$ positives se confonde avec le demi-axe des x positives; le demi-axe des $\mathfrak{y}$ positives, avec une droite menée, dans le plan des x, y, perpendiculairement à l'axe des x, et dirigée de manière à former, avec le demi-axe des y positives, un angle aigu; enfin le demi-axe des $\mathfrak{z}$ positives, avec une droite perpendiculaire au plan des x, y, et dirigée de manière à former, avec le demi-axe des z positives, un angle aigu. En remplaçant dans les équations (3) et (2),

$$x_1, \quad y_1, \quad z_1 \quad \text{par} \quad \mathcal{X}, \quad \mathcal{Y}, \quad \mathcal{Z},$$

et $\mathrm{x}_1, \mathrm{y}_1, \mathrm{z}_1$ par $\mathrm{x}, \mathrm{y}_{\mathrm{x}}, \mathrm{z}_{\mathrm{x},\mathrm{y}}$, on trouvera

$$(5)\quad \left\{\begin{aligned} \mathcal{X} &= x + y\cos(\widehat{\mathrm{y},\mathrm{x}}) + z\cos(\widehat{\mathrm{z},\mathrm{x}}), \\ \mathcal{Y} &= y\cos(\widehat{\mathrm{y},\mathrm{y}_{\mathrm{x}}}) + z\cos(\widehat{\mathrm{z},\mathrm{y}_{\mathrm{x}}}), \\ \mathcal{Z} &= z\cos(\widehat{\mathrm{z},\mathrm{z}_{\mathrm{x},\mathrm{y}}}), \end{aligned}\right.$$

et

$$(6)\quad \left\{\begin{aligned} x &= \mathcal{X} + \mathcal{Y}\frac{\cos(\widehat{\mathrm{y}_{\mathrm{x}},\mathrm{X}})}{\cos(\widehat{\mathrm{x},\mathrm{X}})} + \mathcal{Z}\frac{\cos(\widehat{\mathrm{z}_{\mathrm{y},\mathrm{z}},\mathrm{X}})}{\cos(\widehat{\mathrm{x},\mathrm{X}})}, \\ y &= \mathcal{Y}\frac{\cos(\widehat{\mathrm{y}_{\mathrm{x}},\mathrm{Z}})}{\cos(\widehat{\mathrm{y},\mathrm{Y}})} + \mathcal{Z}\frac{\cos(\widehat{\mathrm{z}_{\mathrm{x},\mathrm{y}},\mathrm{Y}})}{\cos(\widehat{\mathrm{y},\mathrm{Y}})}, \\ z &= \frac{Z}{\cos(\widehat{\mathrm{z},\mathrm{Z}})}. \end{aligned}\right.$$

D'autre part, les trois longueurs

$$\mathrm{X}, \quad \mathrm{Y}, \quad \mathrm{Z}$$

pourront être censées se confondre, en grandeur comme en direction, avec les trois longueurs

$$\mathrm{x}_{\mathrm{y},\mathrm{z}}, \quad \mathrm{y}_{\mathrm{z},\mathrm{x}}, \quad \mathrm{z}_{\mathrm{x},\mathrm{y}};$$

et si, en considérant l'angle solide (x, y, z), on nomme :

a, b, c les trois angles opposés aux trois arêtes x, y, z;

α, β, γ les trois angles dièdres opposés à ces angles plans;

λ, μ, ν les angles aigus formés par les trois arêtes x, y, z avec les perpendiculaires aux trois faces opposées à ces arêtes, on aura

$$\begin{gathered} (\widehat{\mathrm{y},\mathrm{z}}) = a, \qquad (\widehat{\mathrm{z},\mathrm{x}}) = b, \qquad (\widehat{\mathrm{x},\mathrm{y}}) = c, \\ (\mathrm{y}_{\mathrm{x}}, \mathrm{z}_{\mathrm{x}}) = \alpha, \qquad (\mathrm{z}_{\mathrm{y}}, \mathrm{x}_{\mathrm{y}}) = \beta, \qquad (\mathrm{x}_{\mathrm{z}}, \mathrm{y}_{\mathrm{z}}) = \gamma, \\ (\widehat{\mathrm{Y},\mathrm{Z}}) = \pi - \alpha, \qquad (\widehat{\mathrm{Z},\mathrm{X}}) = \pi - \beta, \qquad (\widehat{\mathrm{X},\mathrm{Y}}) = \pi - \gamma, \\ (\widehat{\mathrm{x},\mathrm{X}}) = \lambda, \qquad (\widehat{\mathrm{y},\mathrm{Y}}) = \mu, \qquad (\widehat{\mathrm{z},\mathrm{Z}}) = \nu. \end{gathered}$$

Cela posé, en ayant égard aux formules (1), (6), (8), (9) des pages 342 et 344, on trouvera

$$\cos\left(\widehat{y, x}\right) = \cos c, \qquad \cos\left(\widehat{z, x}\right) = \cos b,$$

$$\cos\left(\widehat{y, y_x}\right) = \sin\left(\widehat{x, y}\right) = \sin c, \qquad \cos\left(\widehat{z, y_x}\right) = \sin(z, x)\cos(y_x, z_x) = \sin b \cos\alpha,$$

$$\cos\left(\widehat{z, z_{x,y}}\right) = \cos\left(\widehat{z, x}\right) = \cos\nu,$$

$$\cos(z_{x,y}, X) = \cos\left(\widehat{Z, Y}\right) = -\cos6, \qquad \cos(z_{x,y}, Y) = \cos\left(\widehat{Z, Y}\right) = -\cos\gamma.$$

De plus, les longueurs

$$y_x, \quad Y = y_{z,x}, \qquad Z = z_{x,y}$$

étant toutes trois comprises dans un même plan perpendiculaire à l'axe des x, et les deux longueurs

$$y_x, \qquad Z = z_{x,y}$$

étant, dans le plan dont il s'agit, perpendiculaires l'une à l'autre, l'angle aigu

$$\left(\widehat{y_x, Y}\right)$$

aura pour complément l'angle

$$\left(\widehat{Z, Y}\right) = \pi - \alpha$$

ou son supplément α. On aura donc

$$\cos\left(\widehat{y_x, Y}\right) = \sin\alpha,$$

et l'on trouvera de même

$$\cos\left(\widehat{x_y, X}\right) = \sin6.$$

Enfin, les plans des deux angles

$$\left(\widehat{x_y, y_x}\right), \qquad \left(\widehat{x_y, X}\right) = \left(\widehat{x_y, x_{y,z}}\right)$$

étant perpendiculaires l'un à l'autre, puisque le premier de ces deux plans, c'est-à-dire le plan des x, y, passe par l'axe des y, tandis que le plan $\left(\widehat{x_y, x_{y,z}}\right)$ est perpendiculaire au même axe, le septième théorème de la page 349 donnera

$$\cos(\widehat{\mathrm{y_x}, \mathrm{X}}) = \cos(\widehat{\mathrm{x_y}, \mathrm{y_x}}) \cos(\widehat{\mathrm{x_y}, \mathrm{X}}) = \cos(\widehat{\mathrm{x_y}, \mathrm{y_x}}) \sin \beta ;$$

et comme évidemment l'angle

$$(\widehat{\mathrm{x_y}, \mathrm{y_x}})$$

sera le supplément de l'angle $(\widehat{\mathrm{x}, \mathrm{y}}) = c$, la valeur précédente de $\cos(\widehat{\mathrm{y_x}, \mathrm{X}})$ deviendra

$$\cos(\widehat{\mathrm{y_x}, \mathrm{X}}) = -\cos c \sin \beta.$$

Donc, en définitive, si l'on exprime, en fonction des neuf angles

$$a, \quad b, \quad c, \quad \alpha, \quad \beta, \quad \gamma, \quad \lambda, \quad \mu, \quad \nu,$$

les coefficients de x, y, z ou de $\mathfrak{X}, \mathfrak{Y}, \mathfrak{Z}$, renfermés dans les seconds membres des formules (5) et (6), ces formules se réduiront aux suivantes :

$$(7) \qquad \begin{cases} \mathfrak{X} = x + y \cos c + z \cos \beta, \\ \mathfrak{Y} = y \sin c + z \sin b \cos \alpha, \\ \mathfrak{Z} = z \cos \nu, \end{cases}$$

$$(8) \qquad \begin{cases} x = \mathfrak{X} - \dfrac{\mathfrak{Y} \sin \beta \cos c + \mathfrak{Z} \cos \beta}{\cos \lambda}, \\ y = \dfrac{\mathfrak{Y} \sin \alpha - \mathfrak{Z} \cos \alpha}{\cos \mu}, \\ z = \dfrac{\mathfrak{Z}}{\cos \nu}. \end{cases}$$

On ne doit pas oublier que, dans les formules (7), (8), les trois cosinus

$$\cos \lambda, \quad \cos \mu, \quad \cos \nu$$

sont liés aux sinus des angles

$$a, \quad b, \quad c, \quad \alpha, \quad \beta, \quad \gamma$$

par les équations (15) de la page 361, ce qui permet d'éliminer les trois angles

$$\lambda, \quad \mu, \quad \nu.$$

Si, pour fixer les idées, on tire des équations dont il s'agit des valeurs de $\cos\lambda$, $\cos\mu$, $\cos\nu$, exprimées à l'aide des seuls angles

$$b,\quad c,\quad \alpha,\quad 6,$$

déjà renfermés dans les formules (7) et (8), on aura

$$\cos\lambda = \sin c \sin 6,\qquad \cos\mu = \sin c \sin\alpha,\qquad \cos\nu = \sin b \sin\alpha;$$

et, par suite, les formules (7), (8) donneront

$$(9)\qquad \begin{cases} \mathfrak{X} = x + y\cos c + z\cos b, \\ \mathfrak{Y} = y\sin c + z\sin b\cos\alpha, \\ \mathfrak{Z} = z\sin b\sin\alpha; \end{cases}$$

$$(10)\qquad \begin{cases} x = \mathfrak{X} - \mathfrak{Y}\cot c - \mathfrak{Z}\,\text{coséc}\, c\cot 6, \\ y = (\mathfrak{Y} - \mathfrak{Z}\cot\alpha)\,\text{coséc}\, c, \\ z = \mathfrak{Z}\,\text{coséc}\,\alpha\,\text{coséc}\, b. \end{cases}$$

Les équations (9), (10) s'accordent avec des formules déjà connues. Elles offrent cela de remarquable, qu'elles renferment seulement les deux angles plans

$$b = (\widehat{z, x}),\qquad c = (\widehat{x, y}),$$

formés par les demi-axes des y et z positives avec le demi-axe des x positives, et l'angle dièdre α compris entre les plans des deux angles b, c. Les deux dernières des équations (10) remplissent aussi cette condition, à laquelle la première des équations (10) satisfera elle-même, si l'on substitue, à la place de $\cot 6$, sa valeur déduite des formules (27) et (35) du paragraphe IV. En effet, ces formules donneront

$$\sin a\cos 6 = \sin c\cos b - \sin b\cos c\cos\alpha,$$
$$\sin a\sin 6 = \sin b\sin\alpha,$$

et, par suite,

$$\cot 6 = \frac{\sin c\cos b - \sin b\cos c\cos\alpha}{\sin b\sin\alpha},$$

puis on en conclura

$$\text{coséc}\, c\cot 6 = \frac{\cot b - \cos\alpha\cot c}{\sin\alpha}.$$

Donc, les formules (10) peuvent s'écrire comme il suit :

$$(11)\qquad \begin{cases} x = \mathfrak{X} - \mathfrak{Y}\cot c - \mathfrak{Z}\dfrac{\cot b - \cos\alpha\cot c}{\sin\alpha}, \\ y = (\mathfrak{Y} - \mathfrak{Z}\cot\alpha)\,\text{coséc}\, c, \\ z = \mathfrak{Z}\,\text{coséc}\,\alpha\,\text{coséc}\, b. \end{cases}$$

Au reste pour obtenir immédiatement les formules (11), il suffit de résoudre, par rapport à $x, y\ z$, les équations (9).

Dans le cas particulier où le point P est l'un de ceux que renferme le plan des x, y, les ordonnées z et $\mathfrak{Z}$ s'évanouissent. Alors les relations linéaires qui, en vertu des formules (9) et (11), subsistent entre les coordonnées x, y et $\mathfrak{X}$, $\mathfrak{Y}$, se réduisent aux suivantes :

$$\mathfrak{X} = x + y\cos c, \qquad \mathfrak{Y} = y\cos c, \tag{12}$$

$$x = \mathfrak{X} - \mathfrak{Y}\cot c, \qquad y = \mathfrak{Y}\,\mathrm{coséc}\,c, \tag{13}$$

qu'il serait d'ailleurs facile d'établir directement.

MÉMOIRE

SUR LES

FONCTIONS DE VARIABLES IMAGINAIRES

I. — *Des expressions imaginaires, de leurs arguments et de leurs modules.*

Ainsi que je l'ai remarqué dans mon *Analyse algébrique*, une *expression imaginaire* n'est autre chose qu'une expression symbolique de la forme

$$\alpha + 6\sqrt{-1},$$

α, 6 désignant deux quantités réelles. On dit que deux expressions imaginaires

$$\alpha + 6\sqrt{-1}, \qquad \gamma + \delta\sqrt{-1}$$

sont égales, lorsqu'il y a égalité de part et d'autre : 1° entre les parties réelles α et γ; 2° entre les coefficients de $\sqrt{-1}$, savoir, 6 et δ. L'égalité de deux expressions imaginaires s'indique, comme celle de deux quantités réelles, par le signe $=$, et il en résulte ce qu'on appelle une *équation imaginaire*. Cela posé, toute équation imaginaire n'est autre chose que la *représentation symbolique* de deux équations entre quantités réelles. Par exemple, l'équation symbolique

$$\alpha + 6\sqrt{-1} = \gamma + \delta\sqrt{-1}$$

équivaut seule aux deux équations réelles

$$\alpha = \gamma, \qquad 6 = \delta.$$

L'emploi des expressions imaginaires, en permettant de remplacer deux équations par une seule, offre souvent le moyen de simplifier les calculs et d'écrire sous une forme abrégée des résultats fort compliqués.

Tel est même le motif principal pour lequel on doit continuer à se servir de ces expressions qui, prises à la lettre et interprétées d'après les conventions généralement établies, ne signifient rien et n'ont pas de sens. Le signe $\sqrt{-1}$ n'est en quelque sorte qu'un outil, un instrument de calcul, qui peut être employé avec succès, dans un grand nombre de cas, pour rendre beaucoup plus simples et plus concises, non seulement les formules analytiques, mais encore les méthodes à l'aide desquelles on parvient à les établir.

Deux expressions imaginaires qui ne diffèrent l'une de l'autre que par le signe du terme que renferme $\sqrt{-1}$, par exemple

$$\alpha + 6\sqrt{-1}, \quad \alpha - 6\sqrt{-1},$$

sont ce qu'on appelle *conjuguées*.

Concevons maintenant que l'on effectue l'addition ou la multiplication de deux ou de plusieurs expressions imaginaires, en opérant d'après les règles généralement établies, comme si $\sqrt{-1}$ était un facteur réel dont le carré fût égal à -1. On obtiendra pour résultat une nouvelle expression imaginaire, qui sera ce qu'on appelle la *somme* ou le *produit* des expressions données. Il est d'ailleurs naturel d'indiquer cette somme ou ce produit à l'aide des notations adoptées pour représenter la somme ou le produit de quantités réelles. C'est ce que l'on fait toujours. Lorsque l'on multiplie l'une par l'autre deux expressions imaginaires conjuguées, le produit devient réel. On a effectivement

$$(1) \qquad (\alpha + 6\sqrt{-1})(\alpha - 6\sqrt{-1}) = \alpha^2 + 6^2.$$

Dans le cas particulier où les quantités réelles

$$\alpha, \quad 6$$

se réduisent au cosinus et au sinus d'un même arc ϖ, alors, de l'équation (1) jointe à la formule

$$(2) \qquad \cos^2\varpi + \sin^2\varpi = 1,$$

on tire

$$(3) \qquad (\cos\varpi + \sqrt{-1}\sin\varpi)(\cos\varpi - \sqrt{-1}\sin\varpi) = 1.$$

Toute expression imaginaire

$$\alpha + \beta\sqrt{-1}$$

peut être présentée sous la forme

$$\rho(\cos\varpi + \sqrt{-1}\sin\varpi),$$

ρ désignant une quantité positive et ϖ un arc réel. Effectivement, si l'on pose

$$\alpha + \beta\sqrt{-1} = \rho(\cos\varpi + \sqrt{-1}\sin\varpi),$$

ou, ce qui revient au même,

$$(4)\qquad \alpha = \rho\cos\varpi, \qquad \beta = \rho\sin\varpi,$$

on tirera des équations (4), jointes à la formule (2),

$$(5)\qquad \rho^2 = \alpha^2 + \beta^2,$$

puis, en supposant ρ positif,

$$(6)\qquad \rho = \sqrt{\alpha^2 + \beta^2},$$

$$(7)\qquad \cos\varpi = \frac{\alpha}{\sqrt{\alpha^2 + \beta^2}}, \qquad \sin\varpi = \frac{\beta}{\sqrt{\alpha^2 + \beta^2}};$$

et il est clair qu'on pourra satisfaire aux équations (7) par une valeur réelle, et même par une infinité de valeurs réelles de l'arc ϖ. Le facteur ρ, dont la valeur unique se détermine par la formule (6), est ce qu'on appelle *le module* de l'expression imaginaire

$$\alpha + \beta\sqrt{-1};$$

l'arc ϖ est ce que je nommerai *l'argument* de cette expression. Si ω désigne une des valeurs de cet argument, on vérifiera généralement les équations (7) en prenant

$$(8)\qquad \varpi = \omega \pm 2k\pi,$$

k étant un nombre entier quelconque; et, par suite, les diverses valeurs de l'argument ϖ formeront une progression arithmétique dont la raison sera la circonférence 2π. Ajoutons que, si l'on désigne par φ un arc réel quelconque, une seule des valeurs de l'argument ϖ se trouvera renfermée entre les limites

$$\varphi - \pi, \quad \varphi + \pi.$$

Comme il suffira de changer le signe de ϖ pour transformer l'une dans l'autre les deux expressions

$$\alpha + 6\sqrt{-1} = \rho(\cos\varpi + \sqrt{-1}\sin\varpi), \qquad \alpha - 6\sqrt{-1} = \rho(\cos\varpi - \sqrt{-1}\sin\varpi),$$

il est clair que deux expressions imaginaires conjuguées offriront toujours, avec un module commun équivalent à la racine carrée de leur produit, deux arguments égaux, au signe près, mais affectés de signes contraires.

Si l'on multiplie l'une par l'autre les deux expressions imaginaires

$$\cos\varpi + \sqrt{-1}\sin\varpi, \quad \cos\varpi' + \sqrt{-1}\sin\varpi',$$

dont ϖ, ϖ' représentent les arguments, et dont les modules se réduisent à l'unité, on trouvera

$$(9) \qquad \begin{aligned}(\cos\varpi + \sqrt{-1}\sin\varpi)(\cos\varpi' + \sqrt{-1}\sin\varpi') \\ = \cos(\varpi + \varpi') + \sqrt{-1}\sin(\varpi + \varpi').\end{aligned}$$

Par suite, si l'on multiplie l'une par l'autre les deux expressions imaginaires

$$\alpha + 6\sqrt{-1} = \rho(\cos\varpi + \sqrt{-1}\sin\varpi), \qquad \alpha' + 6'\sqrt{-1} = \rho'(\cos\varpi' + \sqrt{-1}\sin\varpi'),$$

dont les modules ρ, ρ' peuvent différer de l'unité, on trouvera non seulement

$$(10) \qquad (\alpha + 6\sqrt{-1})(\alpha' + 6'\sqrt{-1}) = \alpha\alpha' - 66' + (\alpha 6' + \alpha' 6)\sqrt{-1},$$

mais encore

$$(11) \quad (\alpha + 6\sqrt{-1})(\alpha' + 6'\sqrt{-1}) = \rho\rho'[\cos(\varpi + \varpi') + \sqrt{-1}\sin(\varpi + \varpi')].$$

Il suit de la formule (10), que *le produit de deux expressions imaginaires a pour module le produit de leurs modules, et pour argument la somme de leurs arguments*. D'ailleurs, le produit $\rho\rho'$ étant, en vertu des formules (10) et (11), le module de l'expression imaginaire

$$\alpha\alpha' - 66' + (\alpha 6' + \alpha' 6)\sqrt{-1},$$

l'équation (5) donnera

$$\rho^2\rho'^2 = (\alpha\alpha' - 6 6')^2 + (\alpha 6' + \alpha' 6)^2,$$

ou, ce qui revient au même,

$$(12) \qquad (\alpha^2 + 6^2)(\alpha'^2 + 6'^2) = (\alpha\alpha' - 6 6')^2 + (\alpha 6' + \alpha' 6)^2.$$

La formule (9) n'est autre chose que la représentation symbolique des deux équations réelles qui servent à exprimer le cosinus et le sinus de la somme de deux arcs en fonctions des sinus et cosinus de ces deux arcs. La formule (11), appliquée au cas où les quantités α, α', 6, $6'$ deviennent des nombres entiers, fait voir que, si l'on multiplie l'un par l'autre deux nombres entiers dont chacun soit la somme de deux carrés, le produit sera encore une somme de deux carrés.

Si l'on multipliait l'une par l'autre trois, quatre, etc. expressions imaginaires, alors, à la place de la formule (11), on obtiendrait une formule analogue de laquelle on conclurait que *le produit de plusieurs expressions imaginaires a pour module le produit de leurs modules, et pour argument la somme de leurs arguments.*

II. — *Des variables imaginaires.*

Lorsqu'on suppose variables les deux quantités réelles s, t, ou au moins l'une d'entre elles, l'expression imaginaire x déterminée par la formule

$$(1) \qquad x = s + t\sqrt{-1},$$

est ce qu'on appelle une *variable imaginaire.*

Si l'on nomme r le module et p l'argument de la variable imaginaire x, on aura généralement

$$(2) \qquad x = r(\cos p + \sqrt{-1}\sin p),$$

r, p étant liés à s et t par les formules

$$(3) \qquad s = r\cos p, \qquad t = r\sin p;$$

et il sera nécessaire que des deux quantités r et p, l'une au moins, soit variable avec x.

Rien n'empêche de considérer les quantités réelles s, t comme représentant les coordonnées rectilignes d'un point situé dans un plan donné. Alors les diverses valeurs de x que l'on déduira de la formule (1), en attribuant aux variables s, t divers systèmes de valeurs, correspondront aux diverses positions que pourra prendre un point mobile P dans le point dont il s'agit. Si les coordonnées s, t sont non seulement rectilignes, mais rectangulaires, le module r et l'argument p, liés à s et t par les formules (3), représenteront le rayon vecteur mené de l'origine à ce point, et l'*angle polaire* que décrira ce rayon vecteur en tournant autour de l'origine considérée comme *pôle;* par conséquent, r et p seront ce qu'on appelle les *coordonnées polaires* du point P.

Si, dans l'équation (1), on fait converger la variable s vers une certaine limite S, et la variable t vers une certaine limite T, la variable x convergera elle-même vers une *limite* correspondante X qui sera déterminée par la formule

$$X = S + T\sqrt{-1}.$$

Une expression imaginaire variable est appelée *infiniment petite* lorsqu'elle converge vers la limite zéro, ce qui suppose que, dans l'expression donnée, la partie réelle et le coefficient de $\sqrt{-1}$ convergent en même temps vers cette limite. Cela posé, représentons par

$$\alpha + \beta\sqrt{-1} = \rho(\cos\varpi + \sqrt{-1}\sin\varpi)$$

une expression imaginaire variable, α, β désignant deux quantités réelles auxquelles on peut substituer le module ρ et l'argument ϖ. Pour que cette expression soit infiniment petite, il sera nécessaire et il suffira que son module ρ soit lui-même infiniment petit.

III. — *Sur les fonctions de variables imaginaires et sur celles de ces fonctions que l'on nomme entières ou rationnelles.*

Les variables imaginaires peuvent être soumises, aussi bien que les variables réelles, à diverses opérations dont les résultats sont des *fonctions* de ces variables. Ces fonctions se trouvent complètement définies quand les opérations ont été définies elles-mêmes et quand on a complètement fixé le sens des notations employées dans le calcul.

Ainsi, par exemple, en vertu des définitions et conventions admises dans le paragraphe I, la *somme* ou le *produit* de plusieurs expressions imaginaires

$$\alpha + 6\sqrt{-1}, \quad \alpha' + 6'\sqrt{-1}, \quad \alpha'' + 6''\sqrt{-1}, \quad \ldots,$$

ne sera autre chose que l'expression de même forme à laquelle on parvient quand on *ajoute* entre elles, ou quand on *multiplie* l'une par l'autre les expressions données, en opérant, d'après les règles établies pour les quantités réelles, comme si $\sqrt{-1}$ était un facteur réel dont le carré fût égal à -1; et cette somme ou ce produit s'indiquera toujours à l'aide des notations dont on se sert pour représenter la somme ou le produit de quantités réelles. Donc, si l'on nomme

$$a, \; b, \; c, \; \ldots, \; x, \; y, \; z, \; \ldots$$

plusieurs constantes et variables imaginaires, les valeurs des fonctions de x représentées par les notations

$$x + a, \quad x + a + b, \quad \ldots, \quad ax, \quad abx, \quad abcx, \quad \ldots,$$

et des fonctions de $x, y, z, \ldots$ représentées par les notations

$$x + y, \quad x + y + z, \quad \ldots, \quad xy, \quad xyz, \quad \ldots, \quad axyz, \quad \ldots,$$

seront toujours complètement déterminées.

De la notion des produits, on passe immédiatement, comme l'on sait, à celle des puissances entières. En effet, si l'on désigne par n un nombre entier quelconque, et par x une variable réelle, la $n^{\text{ième}}$ puissance de x, représentée par la notation x^n, ne sera autre chose que le produit de n facteurs égaux à x. Or, il suffira évidemment d'étendre cette définition et cette notation au cas même où la variable x devient imaginaire, pour que la fonction

$$x^n$$

soit toujours complètement déterminée.

Si l'on nomme r le module et p l'argument de x, alors, en vertu de la dernière des propositions énoncées dans le paragraphe I, x^n aura pour module le produit r^n de n facteurs égaux à r, et pour argument la somme np de n quantités égales à p. On aura donc

$$(1) \qquad x^n = r^n(\cos np + \sqrt{-1}\sin np).$$

Ces principes étant admis, une fonction d'une ou de plusieurs variables imaginaires pourra être considérée comme complètement déterminée, quand elle résultera d'une ou de plusieurs opérations dont chacune sera une addition, une multiplication ou l'élévation d'une expression imaginaire variable à une puissance entière. En effet, pour obtenir la valeur d'une telle fonction, il suffira d'effectuer, l'une après l'autre, les opérations dont il s'agit. Les fonctions ainsi construites avec des variables imaginaires sont appelées *fonctions entières* de ces variables, c'est-à-dire qu'on leur donne le nom assigné aux fonctions de même nature, construites avec des variables réelles. Cela posé, les fonctions entières de variables imaginaires jouiront évidemment des mêmes propriétés que les fonctions entières des variables réelles, et vérifieront les mêmes formules. Ainsi, en particulier, *la somme ou le produit de plusieurs variables imaginaires*, tout comme la somme ou le produit de plusieurs variables réelles, *offrira une valeur indépendante de l'ordre dans lequel les additions ou les multiplications seront effectuées*. Ainsi encore les deux formules

$$(x+y)(x-y) = x^2 - y^2,$$
$$(x+y)^2 = x^2 + 2xy + y^2,$$

et les formules plus générales

$$(2) \qquad x^n - y^n = (x-y)(x^{n-1} + x^{n-2}y + \ldots + xy^{n-1} + y^n),$$

$$(3) \qquad (x+y)^n = x^n + nx^{n-1}y + \frac{n(n-1)}{2}x^{n-2}y^2 + \ldots + y^n,$$

$$(4) \qquad x^{m+n} = x^m x^n,$$

$$(5) \qquad (xy)^n = x^n y^n,$$

$$(6) \qquad (x^n)^m = x^{mn},$$

dans lesquelles m et n désigneront des nombres entiers quelconques, subsisteront pour des valeurs imaginaires, aussi bien que pour des valeurs réelles des variables x, y.

Les opérations inverses de l'addition et de la multiplication peuvent être effectuées sur des variables imaginaires, aussi bien que sur des variables réelles. Il est naturel de désigner, sous les mêmes noms, dans les deux cas, ces opérations inverses et leurs résultats, et de représenter ces résultats à l'aide des mêmes notations. C'est ce que l'on fait, autant qu'il est possible. Entrons, à ce sujet, dans quelques détails.

Étant données deux variables réelles ou imaginaires x et y, la *soustraction* ou l'opération inverse de l'addition consiste à trouver, par exemple, une nouvelle variable z qui, ajoutée à la variable x, reproduise la variable y, et vérifie en conséquence la formule

(7) $$x + z = y.$$

Le résultat de la soustraction s'appelle *différence*. Or, comme pour tirer de l'équation (1) la valeur de z, il suffira d'ajouter $-x$ aux deux membres, il est clair que la différence z de y à x sera déterminée par la formule

(8) $$z = y - x,$$

et représentée, pour des valeurs quelconques de x et y, par la notation

$$y - x.$$

Ainsi la soustraction peut être réduite à l'addition; et, pour soustraire la variable x de la variable y, il suffira d'ajouter à cette dernière la variable $-x$.

La *division* n'étant autre chose que l'opération inverse de la multiplication, pour diviser y par x, il suffira de chercher la valeur de z qui, multipliée par x, reproduit y, et vérifie en conséquence la formule

(9) $$xz = y.$$

Le résultat de la division s'appelle *quotient* ou *rapport géométrique*. Le quotient de y par x s'indique, pour des valeurs quelconques réelles ou imaginaires de x, à l'aide de la notation

$$\frac{y}{x},$$

en sorte que l'équation (9) entraîne toujours la suivante

$$(10) \qquad z = \frac{y}{x}.$$

D'ailleurs, si l'on nomme r, r' le module des variables x, y, et p, p' leurs arguments, on aura

$$x = r(\cos p + \sqrt{-1} \sin p), \qquad y = r'(\cos p' + \sqrt{-1} \sin p'),$$

et, pour tirer la valeur de z de l'équation (9), réduite à la forme

$$rz(\cos p + \sqrt{-1} \sin p) = r'(\cos p' + \sqrt{-1} \sin p'),$$

il suffira évidemment de multiplier les deux membres : 1° par le facteur $\frac{1}{r}$; 2° par le facteur

$$\cos p - \sqrt{-1} \sin p.$$

En opérant ainsi, on trouvera, pour des valeurs du rapport $\frac{y}{x} = z$,

$$(11) \qquad \frac{y}{x} = \frac{r'}{r}[\cos(p' - p) + \sqrt{-1} \sin(p' - p)],$$

et l'on pourra, en conséquence, affirmer que *le rapport de deux expressions imaginaires a pour module le rapport de leurs modules, et pour argument la différence de leurs arguments*. Cette proposition, qui pourrait évidemment se déduire de celle que nous avons énoncée à la fin du paragraphe I, prouve que le quotient de deux variables imaginaires est toujours complètement déterminé, à moins que le diviseur y ne s'évanouisse avec son module r.

Dans le cas particulier où y se réduit à l'unité, le rapport z, réduit à $\frac{1}{x}$, devient ce que nous appelons l'expression ou la variable *inverse* de x. Alors la formule (11) donne

$$(12) \qquad \frac{1}{x} = \frac{1}{r}(\cos p - \sqrt{-1} \sin p).$$

Donc *l'inverse $\frac{1}{x}$ de la variable imaginaire x offre un module inverse du* *module de x, avec un argument égal, au signe près, à l'argument de x, mais affecté d'un signe contraire.*

Comme on aura d'ailleurs, en vertu des formules (11) et (12), jointes à la formule (11) du paragraphe I,

$$\frac{y}{x} = y \times \frac{1}{x}, \tag{13}$$

il est clair que, pour diviser y par x, il suffira de multiplier y par l'inverse de x. Ainsi *le rapport de deux variables imaginaires est le produit de la première par l'inverse de la seconde.* Cette proposition, jointe à celle que nous avons énoncée tout à l'heure, permet de substituer une multiplication à une division.

Une fonction d'une ou de plusieurs variables imaginaires est appelée rationnelle lorsqu'elle est le résultat de plusieurs opérations dont chacune se réduit à une addition, à une multiplication, à la formation d'une puissance entière, ou à une division. Cela posé, les fonctions rationnelles de variables imaginaires jouiront évidemment des mêmes propriétés que les fonctions rationnelles de variables réelles, et vérifieront les mêmes formules. Ainsi, en particulier, *toute fonction rationnelle pourra être réduite au rapport de deux fonctions entières;* et, de plus, *un tel rapport ne sera point altéré si ses deux termes sont multipliés ou divisés par un même facteur.* Ainsi, encore, on tirera de la formule (4), pour des valeurs imaginaires, aussi bien que pour des valeurs réelles de x,

$$x^m = \frac{x^{m+n}}{x^n}. \tag{14}$$

Ajoutons que, pour obtenir une définition générale de x^m, dans le cas où m désigne une quantité réelle, positive, nulle ou négative, mais dont la valeur numérique est un nombre entier, il suffira d'étendre la formule (14) au cas même où l'exposant m devient nul ou négatif. En effet, si, n étant un nombre entier quelconque, l'on remplace successivement, dans cette formule, m par zéro et par $-n$, on trouvera

$$x^0 = 1 \tag{15}$$

et

(16) $$x^{-n} = \frac{1}{x^n}.$$

Il est bon d'observer qu'en désignant, comme ci-dessus, par r le module et par p l'argument de x, on tirera de la formule (16), jointe aux équations (1) et (12),

(17) $$x^{-n} = r^{-n}(\cos np - \sqrt{-1}\sin np).$$

Cela posé, si l'on nomme a une quantité positive ou négative dont la valeur numérique soit un nombre entier n, on aura, en vertu des formules (1) et (17),

(18) $$x^a = r^a(\cos ap + \sqrt{-1}\sin ap).$$

IV. — *Sur les fonctions algébriques et irrationnelles de variables imaginaires.*

On est conduit à la notion des fonctions algébriques et irrationnelles, lorsqu'on cherche à effectuer l'opération inverse de celle qui a pour objet l'élévation d'une variable à des puissances entières, ou à généraliser l'emploi de la notation par laquelle on exprime ces puissances, et à étendre cet emploi au cas même où les exposants deviennent fractionnaires ou irrationnels. Pour bien comprendre ce que nous devons dire à ce sujet, il est nécessaire de rappeler d'abord en peu de mots la définition générale des racines et la définition des puissances fractionnaires ou irrationnelles d'une quantité positive.

L'opération inverse de celle qui a pour objet l'élévation d'une variable à la $n^{\text{ième}}$ puissance, la lettre n désignant un nombre entier quelconque, c'est ce qu'on appelle l'*extraction de la racine du degré n*. Ainsi, extraire la racine $n^{\text{ième}}$ de la variable réelle ou imaginaire x, c'est tout simplement chercher une autre variable y dont la $n^{\text{ième}}$ puissance reproduise x, en sorte qu'on ait

(1) $$y^n = x.$$

D'ailleurs cette équation admet généralement n racines dont une seule est réelle et positive, quand on suppose que la variable x elle-même est réelle et positive. Adoptons cette supposition, et, en désignant, suivant l'usage, par $\sqrt[n]{x}$ la racine $n^{\text{ième}}$ et positive de x, faisons, pour abréger,

$$\mathrm{x} = \sqrt[n]{x}. \tag{2}$$

On aura

$$x = \mathrm{x}^n; \tag{3}$$

et si, en nommant a un nombre entier quelconque, on élève les deux membres de la formule (3) à la puissance du degré a, on trouvera

$$x^a = \mathrm{x}^{na}. \tag{4}$$

Or, pour obtenir la définition générale de x^a, dans le cas où l'exposant a devient fractionnaire, il suffira d'étendre à ce cas la formule (4). En effet, si, dans cette formule, on remplace successivement a par $\frac{1}{n}$ et par $\frac{m}{n}$, elle donnera

$$x^{\frac{1}{n}} = \mathrm{x}, \qquad x^{\frac{m}{n}} = \mathrm{x}^m; \tag{5}$$

en sorte que $x^{\frac{1}{n}}$ ne différera pas de $\sqrt[n]{x}$. Il y a plus; si l'on attribue successivement à la constante a les valeurs négatives $-\frac{1}{n}$, $-\frac{1}{m}$, la formule (4) donnera

$$x^{-\frac{1}{n}} = \mathrm{x}^{-1}, \qquad x^{-\frac{m}{n}} = \mathrm{x}^{-m}; \tag{6}$$

et, par suite, la quantité positive x^{-a} sera toujours inverse de x^a, c'est-à-dire égale à $\frac{1}{x^a}$, tout comme, en vertu de la formule (16) du paragraphe III, x^{-1} est inverse de x, et x^{-m} de x^m. Ajoutons que, si la constante a, étant positive ou négative, a pour valeur numérique un nombre irrationnel μ, on pourra obtenir de ce nombre irrationnel des valeurs aussi approchées que l'on voudra, exprimées par des nombres fractionnaires. Or, soit $\frac{m}{n}$ une de ces valeurs approchées. En vertu de la définition généralement admise par les géomètres, les puissances irrationnelles

$$x \quad \text{et} \quad x^{-\mu}$$

ne seront autre chose que les limites vers lesquelles convergeront les puissances fractionnaires

$$x^{\frac{m}{n}} \quad \text{et} \quad x^{-\frac{m}{n}},$$

tandis que le degré de l'approximation croîtra indéfiniment. D'ailleurs, ces dernières puissances se réduisant toujours à deux nombres inverses l'un de l'autre, on pourra en dire autant de leurs limites, en sorte qu'on aura encore

$$(7) \qquad x^{-a} = \frac{1}{x^a}.$$

En résumé, si la variable x est réelle et positive, alors, parmi ses racines du degré n, c'est-à-dire parmi les valeurs de y propres à vérifier l'équation (1), une seule sera réelle et positive. Si, en désignant cette racine positive par la lettre x, on veut déterminer complètement la valeur de la fraction

$$x^a,$$

il suffira, quand l'exposant a sera fractionnaire, de recourir à l'équation (4), et, dans le cas contraire, de faire converger un exposant fractionnaire vers la limite a.

Considérons maintenant le cas général où la variable x est imaginaire. Nommons r le module, et p l'argument de cette variable. Les diverses racines $n^{\text{ièmes}}$ de x seront toujours les n valeurs de y propres à vérifier l'équation (1). Soient ρ et ϖ le module et l'argument de l'une quelconque de ces valeurs ; on aura, non seulement

$$x = r(\cos p + \sqrt{-1}\sin p), \qquad y = \rho(\cos\varpi + \sqrt{-1}\sin\varpi),$$

mais encore, en vertu de la formule (1) du paragraphe III,

$$y^n = \rho^n(\cos n\varpi + \sqrt{-1}\sin n\varpi);$$

et puisqu'à une expression imaginaire donnée correspond toujours un seul module, les deux modules

$$\rho^n, \quad r$$

des expressions égales y^n et x seront nécessairement égaux entre eux. On aura donc

$$(8) \qquad \rho^n = r;$$

et, par suite, la valeur de y^n étant réduite à

$$y^n = r(\cos n\varpi + \sqrt{-1}\sin n\varpi),$$

l'équation (1) donnera

$$\cos n\varpi + \sqrt{-1}\sin n\varpi = \cos p + \sqrt{-1}\sin p,$$

ou, ce qui revient au même,

(9) $$\cos n\varpi = \cos p, \qquad \sin n\varpi = \sin p.$$

Or, on tirera de l'équation (8)

$$\rho = \sqrt[n]{r},$$

ou, ce qui revient au même,

(10) $$\rho = r^{\frac{1}{n}}.$$

De plus, en vertu des formules (9), l'arc $n\varpi$ admettra une infinité de valeurs équidistantes; mais, comme ces valeurs se réduiront aux divers termes d'une progression arithmétique dont la raison sera la circonférence 2π, elles coïncideront précisément avec les diverses valeurs que peut admettre l'argument p de la variable x. Donc, par suite, les diverses valeurs des inconnues ϖ et y seront celles que l'on pourra déduire des formules

(11) $$\varpi = \frac{p}{n}$$

et

(12) $$y = r^{\frac{1}{n}}\left(\cos\frac{p}{n} + \sqrt{-1}\sin\frac{p}{n}\right),$$

en y substituant pour p l'un quelconque des arguments de la variable x.

Il importe beaucoup de distinguer les unes des autres les diverses valeurs de y qui peuvent se tirer de la formule (12), et l'on s'exposerait à introduire une étrange confusion dans le calcul, si on les désignait toutes indistinctement par la notation

$$\sqrt[n]{x}.$$

Il est donc nécessaire de n'appliquer cette notation qu'à une seule des racines $n^{\text{ièmes}}$ de x, convenablement choisie. D'ailleurs, la racine que l'on choisira devra évidemment remplir deux conditions. En premier lieu, elle devra se réduire, pour une valeur réelle et positive de x, à la racine que nous représentons alors par la notation

$$\sqrt[n]{x} \quad \text{ou} \quad x^{\frac{1}{n}}.$$

En second lieu, elle devra se réduire à $\sqrt{-1}$, quand on posera $n=2$ et $x=-1$. Or ces conditions seront remplies si, dans le second membre de la formule (12), on réduit toujours l'angle p à celui des arguments de la variable x qui se trouve compris entre les limites $-\pi$, $+\pi$, en faisant coïncider p avec la limite supérieure π, dans le cas particulier où la variable x deviendrait réelle et négative. En effet, l'argument p étant choisi comme on vient de le dire, on aura : 1° pour une valeur réelle et positive de x,

$$p=0, \qquad \frac{p}{n}=0, \qquad x=r;$$

2° pour $x=-1$, et $n=2$,

$$p=\pi, \qquad \frac{p}{n}=\frac{\pi}{2}, \qquad r=1;$$

et la formule (12) donnera, dans le premier cas,

$$y=r^{\frac{1}{n}}=x^{\frac{1}{n}}=\sqrt[n]{x};$$

dans le second cas,

$$y=\sqrt{-1}.$$

Le choix que nous venons d'indiquer est celui auquel nous nous arrêterons, et, en conséquence, nous poserons

$$\sqrt[n]{x}=r^{\frac{1}{n}}\left(\cos\frac{p}{n}+\sqrt{-1}\sin\frac{p}{n}\right), \tag{13}$$

p étant l'argument de x compris entre la limite inférieure $-\pi$, qu'il ne doit jamais atteindre, et la limite supérieure π, qu'il atteindra si l'on attribue à la variable x une valeur réelle, mais négative.

Il est bon d'observer qu'on satisferait encore aux deux conditions énoncées si, dans la formule (13), on attribuait toujours à l'argument p

une valeur comprise entre les limites

$$\varphi - \pi, \qquad \varphi + \pi,$$

l'une de ces limites étant exclue, et φ étant un angle positif inférieur à π; ou même si, en considérant l'argument p comme représentant un angle polaire, on faisait varier cet angle polaire, suivant l'usage reçu dans la géométrie analytique, entre les limites

$$\pi - \pi = 0, \qquad \pi + \pi = 2\pi,$$

sans lui permettre néanmoins d'atteindre jamais la plus grande de ces deux limites. Mais, dans cette dernière hypothèse, il suffirait d'attribuer à la variable x, supposée réelle et positive, un accroissement infiniment petit, dans lequel le coefficient de $\sqrt{-1}$ fût négatif, pour que la fonction $\sqrt[n]{x}$ changeât brusquement de valeur; et l'on évite cet inconvénient en s'arrêtant à la supposition que nous avons admise.

En résumé, nous supposerons toujours, dans ce qui va suivre, la valeur de $\sqrt[n]{x}$ déterminée par la formule (13), dans laquelle l'argument p de x ne pourra varier que depuis la limite $-\pi$ exclusivement jusqu'à la limite π inclusivement. Le sens de la notation $\sqrt[n]{x}$ étant ainsi fixé, si l'on pose, pour abréger,

$$\text{x} = \sqrt[n]{x},$$

on aura

$$x = \text{x}^n,$$

et même on tirera de cette dernière formule, en élevant les deux membres à une puissance entière dont le degré soit représenté par a,

$$x^a = \text{x}^{na}.$$

On se trouvera ainsi ramené à l'équation (4), déjà établie pour le cas où la variable x était réelle et positive, et l'on peut ajouter que, si, dans cette équation, l'on substitue à $\text{x} = \sqrt[n]{x}$ sa valeur tirée de la formule (13), on verra reparaître l'équation (18) du paragraphe III, savoir,

(14) $$x^a = r^a(\cos ap + \sqrt{-1}\sin ap).$$

Cela posé, rien n'empêchera d'étendre les définitions et conventions admises dans le cas où la variable était réelle et positive, au cas où cette variable devient imaginaire. C'est ce que nous ferons; et, en conséquence, pour définir la valeur de x^a correspondante à des valeurs fractionnaires positives ou négatives de l'exposant a, nous étendrons à ces valeurs fractionnaires de a l'équation (4), ou, ce qui revient au même, la formule (14); puis, quand l'exposant a deviendra irrationnel, nous regarderons la puissance irrationnelle x^a comme la limite vers laquelle convergera une autre puissance dont l'exposant fractionnaire s'approchera indéfiniment de la limite a. Nous parviendrons ainsi à fixer, pour une valeur réelle quelconque de l'exposant a, le sens qui devra être attaché à la notation x^a, et qui se trouvera, dans tous les cas, déterminé par la formule (14).

On nomme *fonction algébrique irrationnelle* celle qui est le résultat de plusieurs opérations algébriques dont chacune se réduit à une addition, à une multiplication, à une division, ou à la formation d'une puissance entière, fractionnaire ou irrationnelle. Les fonctions algébriques irrationnelles de variables imaginaires jouissent de propriétés analogues à celles des fonctions algébriques irrationnelles de variables réelles, et vérifient des formules du même genre, seulement plusieurs de ces formules ne subsistent que sous certaines conditions, et entre certaines limites, quand les variables deviennent imaginaires. Ainsi, par exemple, a, b, c, ... étant des exposants réels quelconques, et $x, y, z, \ldots$ des variables imaginaires, les formules

$$(15) \qquad x^a x^b = x^{a+b}, \qquad x^a x^b x^c = x^{a+b+c}, \qquad \ldots$$

subsisteront pour une valeur quelconque de x. Mais on ne pourra pas en dire autant des formules

$$(16) \qquad x^a y^a = (xy)^a, \qquad x^a y^a z^a = (xyz)^a, \qquad \ldots,$$

et si l'on représente par

$$p, \quad p', \quad p'', \quad \ldots$$

les arguments des variables

$$x, \quad y, \quad z, \quad \ldots,$$

en supposant chacun de ces arguments supérieur à la limite $-\pi$, mais inférieur ou tout au plus égal à π, les formules (16) subsisteront sous la condition que la somme

$$p+p' \quad \text{ou} \quad p+p'+p'', \quad \ldots$$

des arguments des diverses variables soit elle-même supérieure à $-\pi$, et inférieure ou tout au plus égale à π.

V. — *Sur les fonctions exponentielles, trigonométriques et logarithmiques de variables imaginaires.*

Ainsi que nous l'avons remarqué dans le paragraphe III, une fonction de plusieurs variables imaginaires offre une valeur complètement déterminée, quand elle se réduit à une fonction entière de ces variables. Il y a plus; cette proposition, qui reste vraie quel que soit le nombre des termes compris dans la fonction entière, peut être évidemment étendue au cas même où le nombre de ces termes devient infini, et où cette fonction est représentée par la somme d'une série convergente. Pour qu'une telle fonction soit complètement déterminée, il suffit que l'on attribue à la variable ou aux variables qu'elle renferme, des valeurs qui laissent subsister la convergence de la série.

Cela posé, concevons qu'une fonction de x, représentée par une certaine notation, soit développable, pour des valeurs réelles de la variable x en une série ordonnée suivant les puissances ascendantes de cette variable. Si cette série reste convergente pour des valeurs imaginaires de x, comprises entre certaines limites, elle offrira un moyen facile de fixer entre ces limites le sens de la notation dont il s'agit; et, pour y parvenir, il suffira de considérer cette notation comme propre à exprimer la somme de la série, tant qu'elle demeure convergente.

Pour montrer une application de ces principes, considérons en particulier les trois fonctions que l'on nomme *exponentielle népérienne*, *cosinus* et *sinus*, et que l'on représente par les notations

$$e^x, \quad \cos x, \quad \sin x,$$

la lettre e désignant la base des logarithmes népériens. En raisonnant comme je l'ai fait dans mon *Analyse algébrique*, on établira sans peine les formules connues

$$(1)\qquad e^x = 1 + \frac{x}{1} + \frac{x^2}{1.2} + \frac{x^3}{1.2.3} + \ldots,$$

$$(2)\qquad \cos x = 1 - \frac{x^2}{1.2} + \ldots \qquad \sin x = \frac{x}{1} - \frac{x^3}{1.2.3} + \ldots,$$

et l'on prouvera que les séries comprises dans les seconds membres de ces formules restent convergentes pour une valeur quelconque réelle ou imaginaire de la variable x. Cela posé, pour fixer, dans tous les cas possibles, le sens des notations

$$e^x, \quad \cos x, \quad \sin x,$$

il suffira évidemment de suivre la règle énoncée et d'étendre les formules (1) et (2) au cas même où la variable x devient imaginaire.

Ajoutons que, si l'on désigne par A une quantité positive et par a le logarithme népérien de A, l'équation

$$(3)\qquad A = e^a$$

entraînera la suivante

$$(4)\qquad A^x = e^{ax},$$

quand la variable x sera réelle ; et qu'il suffira d'étendre la formule (4) au cas où x deviendra imaginaire, pour fixer, dans ce dernier cas, le sens qui devra être attaché à la notation A^x. Au reste, pour déterminer, dans tous les cas possibles, la valeur de l'*exponentielle* A^x, il suffirait encore de la considérer comme une expression propre à représenter toujours la somme de la série convergente, qui représente le développement de cette même exponentielle, dans le cas où x est réel.

Les exponentielles, les sinus et les cosinus, définis comme on vient de l'expliquer, jouissent, quand les variables sont imaginaires, de plusieurs propriétés remarquables. Quelques-unes de ces propriétés, par exemple celles qu'expriment les formules

$$(5)\qquad \begin{cases} e^{x+y} = e^x . e^y, \\ A^{x+y} = A^x . A^y, \end{cases}$$

$$(6)\qquad \begin{cases} \cos(x+y) = \cos x \cos y - \sin x \sin y, \\ \sin(x+y) = \sin x \cos y + \sin y \cos x, \end{cases}$$

sont précisément celles qu'offraient déjà les fonctions semblables de variables réelles. D'autres propriétés des mêmes fonctions se rapportent spécialement au cas où les variables deviennent imaginaires. Telle est, en particulier, la relation importante qui existe entre les deux lignes trigonométriques $\sin x$, $\cos x$ et $e^{x\sqrt{-1}}$. Cette relation, qu'Euler a découverte, et qui se déduit immédiatement des formules (1) et (2), se trouve exprimée par la suivante

$$e^{x\sqrt{-1}} = \cos x + \sqrt{-1}\,\sin x. \tag{7}$$

Elle entraîne immédiatement les deux équations

$$\cos x = \frac{e^{x\sqrt{-1}} + e^{-x\sqrt{-1}}}{2}, \qquad \sin x = \frac{e^{x\sqrt{-1}} - e^{-x\sqrt{-1}}}{2\sqrt{-1}}, \tag{8}$$

en vertu desquelles le sinus et le cosinus d'un arc réel x peuvent être exprimés à l'aide d'exponentielles que je nomme, pour cette raison, *trigonométriques*, c'est-à-dire à l'aide d'exponentielles dont les exposants n'offrent pas de parties réelles. Les coefficients de $\sqrt{-1}$, dans ces exposants, sont les *arguments* des exponentielles trigonométriques. Si, la variable x étant supposée non plus réelle, mais imaginaire, on nomme r le module et p l'argument de cette variable, on aura, en vertu de la formule (7), jointe à l'équation (2) du paragraphe II,

$$x = r\,e^{p\sqrt{-1}}. \tag{9}$$

Ainsi *une variable imaginaire quelconque est équivalente au produit de son module par l'exponentielle trigonométrique qui a pour argument l'argument même de la variable.*

L'opération inverse de celle qui donne pour résultat une exponentielle, fournit précisément ce qu'on appelle un logarithme. Ainsi, par exemple, les divers logarithmes népériens de x ne sont autre chose que les diverses valeurs de y propres à vérifier la formule

$$e^{y} = x. \tag{10}$$

Dans le cas particulier où la variable x est réelle et positive, un seul des logarithmes népériens de x, celui-là même que l'on désigne par la notation $1(x)$, est réel et positif. Dans le cas où x devient imaginaire, on tire des formules (9) et (10)

(11) $$e^y = r e^{p\sqrt{-1}}.$$

Soit d'ailleurs

$$y = u + v\sqrt{-1}$$

une quelconque des valeurs de y, les lettres u, v désignant deux quantités réelles. La première des équations (5) donnera

$$e^y = e^u e^{v\sqrt{-1}}$$

Donc l'exponentielle e^y aura pour module e^u, et pour argument v. Mais, en vertu de la formule (11), la même exponentielle a pour module r, et pour argument l'angle p. Donc, puisqu'à une expression imaginaire correspondent toujours un seul module et une infinité d'arguments qui forment les divers termes d'une progression arithmétique dont la raison est 2π, on aura, d'une part,

$$e^u = r,$$

par conséquent

(12) $$u = 1(r),$$

et, d'autre part,

(13) $$v = p,$$

p désignant l'un quelconque des arguments de la variable x. Donc, par suite, les diverses valeurs de y seront toutes comprises dans la formule

(14) $$y = 1(r) + p\sqrt{-1}.$$

Parmi ces valeurs, il importe d'en choisir une à laquelle on applique constamment la notation $1(x)$, Or, pour y parvenir, il est naturel de nous conformer encore ici à la règle que nous avons suivie dans le précédent paragraphe, quand nous avons fixé le sens qu'il convenait d'attacher à la notation x^a. C'est ce que nous ferons, et, en conséquence, nous supposerons

(15) $$1(x) = 1(r) + p\sqrt{-1},$$

la lettre p désignant, non plus l'un quelconque des arguments de la variable x, mais celui des arguments de cette variable qui, étant supérieur à la limite $-\pi$, est en même temps inférieur, ou tout au plus égal à π. Cet argument s'évanouira quand la variable x sera réelle et positive, et alors, x étant égal à r, la formule (15) sera vérifiée, puisqu'elle donnera $\mathrm{l}(x) = \mathrm{l}(r)$.

Après avoir fixé, comme on vient de le dire, le sens qui devra être attaché, pour des valeurs quelconques réelles ou imaginaires de x, à la notation $\mathrm{l}(x)$, ou, en d'autres termes, la valeur du logarithme népérien que cette notation représente, on déterminera sans peine le sens qu'il convient d'attribuer généralement à d'autres notations par lesquelles on exprime, quand x est réel, des fonctions dont la définition peut se déduire de celle du logarithme népérien; par exemple, le sens qu'il convient d'attribuer aux notations

$$\mathrm{L}(x), \quad x^a,$$

l'exposant a étant réel ou imaginaire, et la lettre L indiquant un logarithme pris dans un système dont la base A diffère du nombre e. En effet, pour y parvenir, il suffira d'étendre les formules

$$\mathrm{L}(x) = \frac{\mathrm{l}(x)}{\mathrm{l}(A)}, \tag{16}$$

$$x^a = e^{a\mathrm{l}(x)}, \tag{17}$$

qu'il est facile d'établir, quand x et a sont réels, au cas même où x et a deviennent imaginaires. Cette convention étant adoptée, on aura, en vertu des formules (15) et (16),

$$\mathrm{L}(x) = \frac{\mathrm{l}(r)}{\mathrm{l}(A)} + \frac{p}{\mathrm{l}(A)}\sqrt{-1},$$

ou, ce qui revient au même,

$$\mathrm{L}(x) = \mathrm{L}(r) + p\,\mathrm{L}(a)\sqrt{-1}. \tag{18}$$

De plus, si l'on pose

$$a = \alpha + 6\sqrt{-1},$$

α et 6 étant réels, on aura

$$a\,\mathrm{l}(x) = \alpha\,\mathrm{l}(r) - 6p + [\alpha p + 6\,\mathrm{l}(r)]\sqrt{-1};$$

et, par suite, la formule (17) donnera

$$x^a = e^{\alpha\,l(r) - 6p}\, e^{[\alpha p + 6\,l(r)]\sqrt{-1}},$$

ou, ce qui revient au même,

$$(19)\qquad x^a = r^\alpha\, e^{-6p}\, e^{[\alpha p + 6\,l(r)]\sqrt{-1}}.$$

Dans le cas particulier où l'exposant a est réel, on a

$$\alpha = a, \qquad 6 = 0,$$

et l'équation (19), réduite à

$$(20)\qquad x^a = r^a\, e^{ap\sqrt{-1}},$$

peut encore, en vertu de la formule (7), s'écrire comme il suit :

$$(21)\qquad x^a = r^a(\cos ap + \sqrt{-1}\sin ap).$$

On se trouve ainsi ramené, par la considération des exponentielles, à la valeur de x^a déterminée par la formule (14) du paragraphe IV; et l'on voit en même temps que cette formule, relative au cas où l'exposant a est réel, peut être non seulement étendue au cas où l'exposant devient imaginaire, mais encore remplacée avec avantage par une autre, plus concise, savoir, par l'équation (20).

Considérons maintenant l'opération inverse de celle par laquelle on détermine le cosinus ou le sinus de la variable x. Cette opération donnera pour résultat une nouvelle variable y qui vérifiera la formule

$$(22)\qquad \cos y = x,$$

ou

$$(23)\qquad \sin y = x.$$

Si d'ailleurs x, étant réel, offre une valeur numérique inférieure à l'unité, une seule des valeurs de y sera représentée par la notation

$$\text{arc}\cos x,$$

à l'aide de laquelle nous désignons toujours un arc renfermé entre les limites o, π, ou par la notation

$$\text{arc}\sin x,$$

à l'aide de laquelle nous désignons toujours un arc renfermé entre les limites $-\frac{\pi}{2}$, $+\frac{\pi}{2}$. En étendant les mêmes notations au cas où x devient imaginaire, on doit nécessairement appliquer chacune d'elles à une valeur de y tellement choisie, que cette valeur coïncide, quand y est réel, avec la fonction alors exprimée par $\operatorname{arc}\cos x$, ou par $\operatorname{arc}\sin x$. Cette condition est remplie quand on détermine $\operatorname{arc}\cos x$ et $\operatorname{arc}\sin x$ à l'aide des formules que j'ai données dans mon *Analyse algébrique*, et que je vais rappeler.

Si l'on pose, pour plus de commodité,

$$x = s + t\sqrt{-1}, \qquad y = u + v\sqrt{-1},$$

s, t, u, v étant réels, la formule (22) donnera

$$s + t\sqrt{-1} = \cos(u + v\sqrt{-1}) = \frac{e^v + e^{-v}}{2}\cos u - \frac{e^v - e^{-v}}{2}\sin u\sqrt{-1},$$

ou, ce qui revient au même,

$$(24) \qquad \frac{e^v + e^{-v}}{2}\cos u = s, \qquad \frac{e^v - e^{-v}}{2}\sin u = -t.$$

On aura, par suite,

$$(25) \qquad e^v = \frac{s}{\cos u} - \frac{t}{\sin u}, \qquad e^{-v} = \frac{s}{\cos u} + \frac{t}{\sin u},$$

et l'on en conclura

$$\frac{s^2}{\cos^2 u} - \frac{t^2}{\sin^2 u} = 1.$$

De cette dernière formule, combinée avec l'équation

$$\cos^2 u + \sin^2 u = 1,$$

on déduira sans peine les valeurs de $\cos^2 u$, $\sin^2 u$; et, en posant, pour abréger,

$$(26) \qquad \begin{cases} S = \left\{\sqrt{\left[\left(\frac{1 + s^2 + t^2}{2}\right)^2 - s^2\right]} + \frac{1 + s^2 + t^2}{2}\right\}^{\frac{1}{2}}, \\ T = \left\{\sqrt{\left[\left(\frac{1 - s^2 - t^2}{2}\right)^2 + t^2\right]} - \frac{1 - s^2 - t^2}{2}\right\}^{\frac{1}{2}}, \end{cases}$$

on trouvera

$$(27) \qquad \cos^2 u = \frac{s^2}{S^2}, \qquad \sin^2 u = \frac{t^2}{T^2}.$$

D'ailleurs, en vertu de la première des formules (24), s et $\cos u$ seront des quantités de même signe. Donc la première des équations (27) donnera

$$\cos u = \frac{s}{S}. \tag{28}$$

On satisfait à l'équation (28) en posant

$$u = \pm \operatorname{arc} \cos \frac{s}{S} \pm 2k\pi, \tag{29}$$

k étant un nombre entier. Mais, si l'on veut que la variable

$$y = u + v\sqrt{-1}$$

se réduise à la quantité réelle

$$\operatorname{arc} \cos x,$$

quand x, étant réel, offrira une valeur numérique inférieure à l'unité, c'est-à-dire, en d'autres termes, quand on aura

$$t = 0,$$

et, par suite,

$$x = s, \qquad S = 1, \qquad T = 0, \qquad v = 0,$$

il faudra nécessairement supposer, dans la formule (29), $k = 0$, et réduire en même temps au signe $+$ le double signe placé devant l'arc qui a pour cosinus le rapport $\frac{s}{S}$; il faudra donc prendre

$$u = \operatorname{arc} \cos \frac{s}{S}. \tag{30}$$

La valeur de u étant ainsi déterminée, $\sin u$ sera positif, à moins que t ne s'évanouisse, et la seconde des équations (27) donnera, en général,

$$\sin u = \frac{\sqrt{t^2}}{T}. \tag{31}$$

Cela posé, la première des formules (25) donnera

$$v = l(S \mp T), \tag{32}$$

le double signe $\mp$ devant être réduit au signe $-$ ou au signe $+$, suivant que t sera positif ou négatif. Comme on aura d'ailleurs

$$\left(\frac{1+s^2+t^2}{2}\right)^2-s^2=\left(\frac{1-s^2-t^2}{2}\right)^2+t^2,$$

les formules (26) donneront

$$S^2-T^2=1,$$

et, par suite, la valeur de v pourra être réduite à

(33) $$v=\mp 1(S+T),$$

la détermination du signe devant s'effectuer conformément à la règle énoncée. En d'autres termes, on aura

(34) $$v=-\frac{\sqrt{t^2}}{t}1(S+T),$$

et celle des valeurs de

$$y=u+v\sqrt{-1},$$

qu'il conviendra de représenter par la notation arc cos$x$, sera déterminée par la formule

(35) $$\operatorname{arc}\cos x=\operatorname{arc}\cos\frac{s}{S}-\frac{\sqrt{t^2}}{t}\sqrt{-1}\,1(S+T),$$

ou, ce qui revient au même, par la formule

(36) $$\operatorname{arc}\cos x=\operatorname{arc}\cos\frac{s}{S}\mp\sqrt{-1}\,1(S+T),$$

le signe $\mp$ devant être réduit au signe $-$ ou au signe $+$, suivant que t sera positif ou négatif.

Lorsque x, étant réel, offre une valeur numérique inférieure à l'unité, on a, comme nous l'avons déjà remarqué,

$$S=1,\qquad T=0,$$

et, par suite, l'équation (36) devient identique, s étant alors égal à x. Mais si l'on suppose que x, étant réel, offre une valeur numérique supérieure à l'unité, ou, en d'autres termes, si l'on suppose

$$t=0,\qquad s^2>1,$$

les équations (26) donneront

$$S = s, \qquad T = \sqrt{s^2 - 1},$$

et le second membre de la formule (36) se trouvera réduit à

(37) $$\mp \sqrt{-1}\, l(s + \sqrt{s^2 - 1}).$$

Pour ne laisser planer aucune incertitude sur le sens qui devra être attribué dans tous les cas à la notation

$$\text{arc} \cos x,$$

il sera nécessaire de faire disparaître le double signe qui affecte le produit (37), à l'aide d'une convention nouvelle. Celle que nous adopterons consiste à réduire le double signe au signe —, c'est-à-dire au signe qu'on obtient quand on considère la valeur nulle, attribuée à t, comme la limite d'une valeur positive infiniment petite.

Quant à la valeur de arc sin$x$, il suffit, pour la déterminer complètement, d'étendre à des valeurs quelconques réelles ou imaginaires de la variable x, l'équation

(38) $$\text{arc} \sin x + \text{arc} \cos x = \frac{\pi}{2},$$

qui subsiste toujours quand x est réelle. Cela posé, on aura généralement

(39) $$\text{arc} \sin x = \frac{\pi}{2} - \text{arc} \cos x.$$

Les logarithmes, les puissances à exposants quelconques réels ou imaginaires, et les arcs de cercle qui répondent à des sinus ou cosinus donnés, vérifient, quand les variables deviennent imaginaires, des formules analogues à celles qui se rapportaient au cas où les variables étaient réelles. Seulement plusieurs de ces formules ne continuent de subsister que sous certaines conditions, et entre certaines limites. Ainsi, par exemple,

$$x, \quad y, \quad z, \quad \ldots$$

étant des variables imaginaires, et a, b, c, ... des exposants quelconques, les formules

(40) $$x^a x^b = x^{a+b}, \qquad x^a x^b x^c = x^{a+b+c}, \qquad \ldots$$

subsisteront, il est vrai, pour une valeur quelconque de x; mais on ne pourra plus en dire autant des formules

$$(41)\qquad x^a y^a = (xy)^a, \qquad x^a y^a z^a = (xyz)^a, \qquad \ldots,$$

ni des formules

$$(42)\qquad l(x) + l(y) = l(xy), \qquad l(x) + l(y) + l(z) = l(xyz), \qquad \ldots,$$

et si l'on représente par

$$p, \quad p', \quad p'', \quad \ldots$$

les arguments des variables $x, y, z, \ldots$, en supposant chacun de ces arguments supérieur à $-\pi$, mais inférieur ou tout au plus égal à π, les formules (41), (42) subsisteront sous la condition que la somme

$$p + p', \quad p + p' + p'', \quad \ldots$$

des arguments des diverses variables soit elle-même supérieure à $-\pi$, et inférieure ou tout au plus égale à π.

On pourra combiner entre elles les diverses notations dont nous avons jusqu'ici déterminé le sens, et alors on obtiendra des fonctions de fonctions ou des fonctions composées dont les valeurs seront encore complètement déterminées. Si ces fonctions nouvelles renferment des exponentielles, des logarithmes, des sinus et cosinus, elles seront du nombre de celles que l'on nomme *fonctions exponentielles*, *logarithmiques*, *trigonométriques*, etc. Parmi les fonctions trigonométriques, on doit distinguer les fonctions rationnelles de sinus et cosinus, particulièrement celles de ces fonctions rationnelles qui, pour des valeurs réelles de la variable, sont représentées à l'aide de notations particulières. Pour fixer complètement le sens de ces mêmes notations, il suffit évidemment d'étendre les formules qui établissent les relations existantes entre les sinus, les cosinus et les fonctions dont il s'agit, au cas même où la variable devient imaginaire. Ainsi, par exemple, les valeurs des fonctions

$$\operatorname{tang} x, \quad \cot x, \quad \operatorname{séc} x, \quad \operatorname{coséc} x$$

peuvent toujours être, quel que soit x, complètement déterminées à l'aide des formules

$$(43)\quad \text{tang}\,x = \frac{\sin x}{\cos x}, \qquad \cot x = \frac{\cos x}{\sin x}, \qquad \text{séc}\,x = \frac{1}{\cos x}, \qquad \text{coséc}\,x = \frac{1}{\sin x}.$$

Les conventions admises dans ce Mémoire donnent une extension nouvelle à diverses formules, et particulièrement à celles qui renferment les fonctions représentées par les notations

$$l(x), \quad L(x), \quad x^a.$$

Dans mon *Analyse algébrique*, et dans mes précédents Ouvrages, je m'étais borné à employer ces notations dans le cas où la variable x offrait une partie réelle positive. En se conformant aux règles ci-dessus établies, on pourra, sans inconvénient, faire encore usage de ces mêmes notations dans le cas où la partie réelle de x sera négative.

Au reste, les conditions auxquelles on satisfait en attribuant aux notations dont il s'agit, et spécialement à la notation x^a, la valeur que nous avons indiquée, pourraient être, comme nous l'avons remarqué dans le paragraphe IV, remplies de diverses manières. On pourrait, par exemple, supposer que, dans les équations (15), (21), et dans les formules du même genre, p est un angle polaire assujetti à varier, suivant l'usage, entre les limites π, 2π. Cette supposition est précisément celle qui a été admise par M. Ernest Lamarle, dans un Mémoire sur la convergence des séries. Mais, comme on l'a dit dans le paragraphe IV, elle entraînerait une variation brusque de la fonction x^a et même des fonctions $l(x)$, $L(x)$, dans le voisinage d'une valeur réelle et positive de x. Ajoutons qu'elle entraînerait aussi la discontinuité de certaines fonctions auxquelles il peut être utile de conserver le caractère de fonctions continues. Telle serait, en particulier, la fonction $(1+x)^a$ qui, dans la supposition dont il s'agit, deviendrait fonction discontinue non seulement de la variable x, mais encore de son argument p, pour une valeur du module r inférieure à l'unité.

Dans un prochain Mémoire, je reviendrai sur la nature et les propriétés des fonctions de variables imaginaires, et je les envisagerai d'une manière spéciale, sous le rapport de la continuité, en désignant toujours sous le nom de fonctions continues celles qui reçoivent des accroissements infiniment petits quand on fait varier infiniment peu les variables elles-mêmes.

P.-S. — Depuis que j'ai rédigé ce Mémoire, j'ai rencontré, au bas de l'une des pages de celui que M. Bjœrling a publié sur le développement d'une puissance quelconque réelle ou imaginaire d'un binome, une Note où il est dit que cet auteur a présenté à l'Académie d'Upsal une Dissertation sur l'utilité qu'il peut y avoir à conserver dans le calcul les deux notations x^a, $\mathrm{l}(x)$, dans le cas même où la partie réelle de x est négative. M. Bjœrling verra que, sur ce point, je suis d'accord avec lui. Il reste à savoir si les conventions auxquelles il aura eu recours, pour fixer complètement, dans tous les cas, le sens des notations x^a, $\mathrm{l}(x)$, sont exactement celles que j'ai adoptées moi-même; et, pour le savoir, je suis obligé d'attendre qu'il me soit possible de connaître la Dissertation dont il s'agit.

NOTE

SUR

LES MODULES DES SÉRIES

Soit

$$u_0, \quad u_1, \quad u_2, \quad \ldots \tag{1}$$

une série dont u_n désigne le terme général correspondant à l'indice n, ce terme général pouvant d'ailleurs être réel ou imaginaire. Désignons d'ailleurs par la notation

$$\operatorname{mod} u_n$$

le module de ce terme général, et par u la limite unique, ou du moins la plus grande des limites dont s'approche indéfiniment, pour des valeurs croissantes du nombre n, l'expression

$$(\operatorname{mod} u_n)^{\frac{1}{n}}.$$

La quantité positive u sera ce que nous appellerons le *module* de la série (1). D'après ce qui a été démontré dans l'*Analyse algébrique*, la série sera convergente si l'on a

$$\mathrm{u} < 1, \tag{2}$$

divergente si l'on a

$$\mathrm{u} > 1. \tag{3}$$

De plus, si, pour des valeurs croissantes de n, le module du rapport

$$\frac{u_{n+1}}{u_n}$$

s'approche indéfiniment d'une limite fixe, cette limite sera précisément le module de la série (1).

Soit maintenant

$$(4) \qquad \ldots, \quad u_{-2}, \quad u_{-1}, \quad u_0, \quad u_1, \quad u_2, \quad \ldots$$

une série qui se prolonge indéfiniment dans deux sens opposés, de manière à offrir deux termes généraux

$$u_n \quad \text{et} \quad u_{-n},$$

correspondant, le premier à l'indice n, le second à l'indice $-n$. Concevons d'ailleurs que, le nombre venant à croître, on cherche la limite unique, ou la plus grande des limites dont s'approche indéfiniment chacune des expressions

$$(\text{mod}\, u_n)^{\frac{1}{n}}, \qquad (\text{mod}\, u_{-n})^{\frac{1}{n}};$$

et représentons par u la limite de $(\text{mod}\, u_n)^{\frac{1}{n}}$, par $\text{u}_{\prime}$ la limite de $(\text{mod}\, u_{-n})^{\frac{1}{n}}$. Les deux quantités positives

$$\text{u}, \quad \text{u}_{\prime}$$

seront les deux *modules* de la série (4), qui sera convergente si ces deux modules sont inférieurs à l'unité, divergente si l'un d'eux ou si les deux à la fois deviennent supérieurs à l'unité.

Il est bon d'observer que le module d'une série prolongée indéfiniment dans un seul sens n'est point altéré dans le cas où le rang de chaque terme est diminué d'une ou de plusieurs unités, en vertu de la suppression du premier, ou des deux premiers, ou des trois premiers, ... termes. Pareillement les deux modules d'une série prolongée indéfiniment en deux sens opposés ne seront point altérés si l'on déplace simultanément tous les termes en les faisant marcher vers la droite ou vers la gauche avec celui qui servait de point de départ pour la fixation des rangs et des indices.

Considérons à présent une série

$$(5) \qquad a_0, \quad a_1 x, \quad a_2 x^2, \quad \ldots$$

ordonnée suivant les puissances entières et ascendantes d'une variable réelle ou imaginaire x. Nommons r le module de cette variable, et p

son argument, en sorte que l'on ait

$$x = r\, e^{p\sqrt{-1}}.$$

Soit d'ailleurs a le module de la série

$$a_0, \quad a_1, \quad a_2, \quad \ldots,$$

c'est-à-dire la plus grande limite dont s'approche indéfiniment, pour des valeurs croissantes de n, l'expression

$$(\operatorname{mod} a_n)^{\frac{1}{n}}.$$

Comme on aura

$$\operatorname{mod}(a_n x^n) = r^n \operatorname{mod} a_n,$$

on en conclura

$$(\operatorname{mod} a_n x^n)^{\frac{1}{n}} = r(\operatorname{mod} a_n)^{\frac{1}{n}},$$

et, par conséquent, il est clair que le module de la série (5) se réduira au produit

$$\mathrm{a}\, r.$$

Donc la série (5) sera convergente si l'on a

$$\mathrm{a}\, r < 1 \quad \text{ou} \quad r < \frac{1}{\mathrm{a}};$$

divergente si l'on a

$$\mathrm{a}\, r > 1 \quad \text{ou} \quad r > \frac{1}{\mathrm{a}}.$$

Considérons enfin une série

(6) $$\ldots, \quad a_{-2}x^{-2}, \quad a_{-1}x^{-1}, \quad a_0, \quad a_1 x, \quad a_2 x^2, \quad \ldots$$

ordonnée à la fois suivant les puissances ascendantes et suivant les puissances descendantes de la variable x. Si l'on nomme a la plus grande des limites vers lesquelles converge, pour des valeurs croissantes de n, l'expression

$$(\operatorname{mod} a_n)^{\frac{1}{n}},$$

et $\mathrm{a}_{,}$, la plus grande des limites vers lesquelles converge l'équation

$$(\operatorname{mod} a_{-n})^{\frac{1}{n}},$$

les deux modules de la série (6) seront évidemment

$$\mathrm{a}_{,}\, r^{-1}, \quad \mathrm{a}\, r;$$

et, par suite, la série (6) sera convergente si le module r de x vérifie les deux conditions

$$r < \frac{1}{a}, \qquad r > a_{,};$$

divergente si r vérifie les deux conditions

$$r > \frac{1}{a}, \qquad r < a_{,},$$

ou seulement l'une d'entre elles.

En résumé, il y aura généralement deux limites extrêmes, l'une inférieure, l'autre supérieure, entre lesquelles le module r de x pourra varier, sans que la série (5) ou (6) cesse d'être convergente. Soient

$$k_{,}, \quad k$$

ces limites extrêmes, k désignant la limite supérieure. D'après ce qu'on vient de dire, on aura, pour la série (6),

$$k_{,} = a_{,}, \qquad k = \frac{1}{a}, \tag{7}$$

et, par suite, les deux modules de la série (6) seront

$$\frac{k_{,}}{r}, \quad \frac{r}{k}. \tag{8}$$

D'ailleurs, $k_{,}$ devra être remplacé par zéro si la série (6) est réduite à la série (5).

Ajoutons que la quantité k sera certainement la limite extrême et supérieure du module r si, la série étant convergente pour $r < k$, la somme de cette série devient infinie pour $r = k$, et pour une valeur convenablement choisie de l'argument p.

Pareillement, $k_{,}$ sera certainement la limite extrême et inférieure du module r si, la série (6) étant convergente pour $r > k_{,}$, la somme de cette série devient infinie pour $r = k_{,}$, et pour une valeur convenablement choisie de l'argument p.

En effet, une série ne peut acquérir une somme infinie sans devenir divergente, et par conséquent sans offrir un module égal ou supérieur à l'unité.

Lorsque les divers termes d'une série sont fonctions d'une certaine variable x, la nouvelle série qu'on obtient en substituant à chaque terme de la première sa dérivée prise par rapport à x, doit naturellement s'appeler la *série dérivée*. Concevons, pour fixer les idées, que la première série se réduise à la série (5), dont le terme général est $a_n x^n$, ou même à la série (6), dont les termes généraux sont

$$a_{-n}x^{-n} \quad \text{et} \quad a_n x^n;$$

alors la série dérivée aura pour terme général le produit

$$na_n x^{n-1},$$

ou bien elle aura pour termes généraux les produits

$$-na_{-n}x^{-n-1}, \quad na_n x^{n-1}.$$

D'ailleurs, comme on a

$$-na_{-n}x^{-n-1} = -nx^{-1}(a_{-n}x^{-n}), \qquad na_n x^{n-1} = nx^{-1}(a_n x^n),$$

on en conclut que les deux expressions

$$(9) \qquad [\operatorname{mod}(-na_{-n}x^{-n-1})]^{\frac{1}{n}}, \quad [\operatorname{mod}(na_n x^{n-1})]^{\frac{1}{n}}$$

s'approchent indéfiniment, pour des valeurs croissantes de n, des produits que l'on obtient quand on multiplie respectivement les quantités positives

$$\text{a}_{,} r^{-1} \quad \text{et} \quad \text{a} r$$

par la limite de l'expression

$$(nr^{-1})^{\frac{1}{n}}.$$

Enfin, cette limite qui se confond avec la limite fixe du rapport

$$\frac{(n+1)r^{-1}}{nr^{-1}} = 1 + \frac{1}{n},$$

se réduit à l'unité. Donc les limites des expressions (9) se réduiront simplement aux produits

$$\text{a}_{,} r^{-1} \quad \text{et} \quad \text{a} r.$$

Donc *le module ou les modules de la série* (5) *ou* (6) *seront en même temps le module ou les modules de la série dérivée.*

Nous avons ici supposé que l'on différentiait une seule fois chaque terme de la série donnée (5) ou (6) ; mais, après avoir ainsi obtenu ce qu'on doit appeler la *série dérivée du premier ordre*, on pourrait former encore la dérivée de celle-ci, puis la dérivée de sa dérivée, . . . , et l'on obtiendrait alors, à la place de la série (5) ou (6), des *séries dérivées de divers ordres*. Or, de ce que nous avons dit tout à l'heure, il résulte évidemment que le *module ou les modules de toutes ces séries seront précisément le module ou les modules de la série* (5) *ou* (6).

TABLE DES MATIÈRES DU TOME XIII.

FIN DE LA TABLE DU TREIZIÈME VOLUME.

Printed in the United States
By Bookmasters